工程力学

主编 / 李立新 张向阳 副主编 / 孙方遒

内容简介

全书共分三部分。第一部分静力分析，包括静力分析基础、平面力系、空间力系、重心与形心；第二部分构件承载能力分析，包括轴向拉伸、轴向压缩、剪切与挤压、扭转、弯曲、组合变形、压杆稳定；第三部分运动分析与动力分析，包括质点和刚体基本运动时的运动分析和动力分析、动静法、动载荷与交变应力。

本书适用于高等职业技术院校机械类、近机械类、非机械类各专业学生使用，也可供相关教师教学参考或自学者使用。

图书在版编目(CIP)数据

工程力学/李立新，张向阳主编.—哈尔滨：哈尔滨工程大学出版社，2007.2(2011.1 重印)
ISBN 978-7-81073-926-9

Ⅰ.工… Ⅱ.①李…②张… Ⅲ.工程-力学-高等学校-教材 Ⅳ.TB12

中国版本图书馆 CIP 数据核字(2007)第 005404 号

出版发行 哈尔滨工程大学出版社
社　　址 哈尔滨市南岗区东大直街 124 号
邮政编码 150001
发行电话 0451-82519328
传　　真 0451-82519699
经　　销 新华书店
印　　刷 肇东市一兴印刷有限责任公司
开　　本 787mm×1 092mm 1/16
印　　张 16.25
字　　数 360 千字
版　　次 2007 年 2 月第 1 版 2009 年 8 月第 2 版
印　　次 2011 年 1 月第 3 次印刷
定　　价 28.00 元
http://press.hrbeu.edu.cn
E-mail:heupress@hrbeu.edu.cn

21世纪高职系列教材编委会

前 言

本教材是根据《高等职业教育力学课程教学内容体系改革建设的研究与实践》的研究成果，针对高等职业技术院校学生教学实际而编写的。教材对知识模块进行了重新构建，全面审视知识内容，重新整合教学内容、体系，力求使工程力学重归实际，向学生展示一部鲜活的工程力学，以达到提高学生学习质量的目的。本教材还在构建以培养学生技术应用能力为主方向，以知识内容对后续课程和学生未来实际工作有用、够用为适度等方面进行了探讨。

与现行众多工程力学教材相比，本教材突出了以下几点：

1.这是一本真正面向学生的教材　对于初学者来说，常常觉得力学教材难读。本教材在保证内容完整性和理论严谨性的同时，力争用通俗的语言向初学者进行解释。但是，看完全书会发现，全书并不是一味地追求通俗化，而是时刻注意由浅入深、由简到繁的变化与发展。大量新知识内容都是由引入物理学或已经学过的知识开始的，这既让初学者感到有一种亲近感，也让学生能通过学习更深地领会知识的连续性和相互贯通性。

2.让工程力学重归工程　工程力学本来就是一门实践性很强的课程，过度的理论化使其变得十分抽象，因而也就很难懂。本教材采用了由提出工程实际问题到理论的引出，再由理论指导解决工程问题的一般思路，还特意选择了几个例子在几处连续进行细致剖析，希望能使学生真正领会到工程力学对工程的实际指导意义。

3.重构教学内容体系　本教材各编都贯彻着这样的思想：我们要进行设计和制造，为达此目的我们应该掌握什么。由此形成了有层次的各部分关系。比如，关于构件承载能力设计编就是在完成了外力分析后，完全按照由外力到内力到应力的思路组成的，对各类变形情况的讨论是结合到相应问题中进行的，对剪切变形和挤压变形是结合在连接件计算中进行讨论的，组合变形也是结合到相应的变形中，作为一种特殊情况进行讨论的。

4.工程力学的教学目的不仅仅是向学生传授力学知识，以保证后续课程学习和学生未来工作需要，而是还应该包括让学生在工程认识上形成正迁移。为此，本教材在有限的篇幅内尽力向学生展示了应力分析的一部分内容，引入了失效、判据等概念，提高了学生的认知深度。本教材还在每一章都设立了“问题讨论与说明”，用以加深学生对知识的领悟。在每一个环节都尽量向学生展示实际工程问题与我们所见到的问题之间的关系，努力使学生建立起实物与力学模型之间的联系。

5.对有些内容进行了大胆的删减　比如对于物理学中已经讲过的问题，本教材进行了删除或采用简单介绍形式，对于一些意义不大的单纯理论推导和证明不再进行讲授，对于已经可以由计算机完成的繁琐计算过程不再要求，等等。但是，本教材仍然保留了几处理论推导，其目的是使学生能产生一定的理论认识高度，这无论是对于本课程的学习，还是对于后续课程的学习，都是很有意义的。

本教材由渤海船舶职业学院李立新副教授、张向阳副教授任主编，渤海船舶职业学院孙方遒任副主编，参加编写工作的还有渤海船舶职业学院康晓华、郑学贵和于凤荣。其中李立新编写第四、五、六、七章；孙方遒编写第一、二、三章；张向阳编写第八、九、十章；康晓华编写第十一章；郑学贵编写第十二章；于凤荣编写第十三章。全书由李立新统稿。

本教材成稿后几经修改，但由于编者水平有限，书中难免疏漏和不妥之处，请使用本教材的教师和学生对发现的问题一定如实相告，编者在此深表感谢！欢迎多提意见和建议，以利于本教材不断完善。

意见与建议请寄给主编李立新。电子信箱：bhcy2008@sina.com

编　者

2006年11月

目录

第三编　运动分析与动力分析

绪 论

一、关于“工程力学”

1.“工程力学”的内涵

如果单纯谈到“工程力学”(Engineering mechanic)这个概念的话,许多人都会觉得很难向人解释清楚。事实上,这个概念可以涵盖众多的力学学科分支与广泛的工程技术学科,人们对它的理解存在着很大的差异,因此我们必须对本书所讲的“工程力学”予以定义。本书作为高等职业院校工科专业基础课教材,所讲的“工程力学”主要包括以下三个部分:

(1)静力分析;

(2)构件承载能力分析;

(3)运动与动力分析。

由此可见,本课程主要讲授的是物体机械运动规律以及构件承载能力的分析计算。

平衡是机械运动的特殊形式,所以我们首先研究物体的受力与平衡规律以及这些规律在工程中的应用,这正是静力分析部分要完成的主要任务。

构件承载能力分析部分的主要任务是研究物体在外力作用下的变形、受力和破坏的规律,从而为合理设计构件提供计算方法。

运动与动力分析部分的主要任务是研究物体的运动规律,分析物体产生运动的原因,建立物体运动与作用在物体上力的相互关系。

总之,工程力学就是要为设计工程构件提供一套行之有效的基础理论分析和计算方法。

2.工程力学史话

工程力学是一门历史悠久、实践性很强的学科。世界上最早的关于力学理论的论述是我国春秋时期的墨子关于力的概念及杠杆平衡原理的论述。古希腊阿基米德也论述了杠杆平衡原理,但他的论述比墨子的论述晚了近二百年。虽然我们至今仍然可以从世界各地保存下来的那些宏伟而耐久、精轻而实用的结构中去体验古代力学的发展成果,但是由于材料的缺失,当我们谈到力学理论的发展时,不得不由此而跃至欧洲文艺复兴时期。

在力学发展史上,有一位传奇人物是不能不提的,他就是画出了那幅不朽之作《蒙娜丽沙》的达·芬奇。达·芬奇不仅是艺术家,更是一位伟大的科学家和工程师。现在人们公认,是他最早提出了力矩的概念。由于达·芬奇没有发表科学作品,他的所有发明全部记在笔记本里,所以他的许多伟大的发明并没有对当时产生影响。

牛顿是力学发展史上另一位伟大人物,1687 年科学史上最伟大的一部著作《自然哲学的数学原理》问世,它向世人宣告牛顿力学的完成。英国著名诗人波普曾在一首诗中赞美牛顿:“大自然和它的规律/隐藏在黑暗之中/上帝说:让牛顿去吧/一切便灿然明朗。”

最早的工程力学实验是伽利略做的木梁弯曲实验。

18 世纪是一个广泛应用科研成果的世纪。同时,出于现实的需要,对各类材料做了许多力学性能实验。18 世纪后期开始的工业革命，以及后来一直延续下来的技术进步，为工程力学的应用与发展提供了许多新的领域。蒸汽机、内燃机、铁路、桥梁、船舶、兵器等领域的不断发展与进步，不断地向工程力学的理论与应用提出新要求。随着新知识的不断补充，以及新知识与几个世纪以来人类所积累的知识的不断融合，工程力学的知识体系逐渐得以完善。

在工程力学发展史上，有关于工程实践对工程力学理论的巨大推进的例证数不胜数，其中最生动的就是法国著名科学家纳维。纳维是世界上第一本《材料力学》的作者，这本书出版于 1826 年。在正式出版前，这本书曾以手抄本讲义的形式应用了许多年，书中一直在重复着马略特在应力与应变两个方面的错误。1821 年和 1823 年法国政府两次派纳维去英国研究建造悬索桥技术。这一经历对纳维的学术影响显然是十分巨大的，他在正式出版《材料力学》时，不仅纠正了力学界一直存在的错误，而且有了新的研究成果。

纵观力学发展史和世界科技发展史，我们不难发现，20 世纪以前推动近代社会和科学进步的各项技术，都是在工程力学知识的不断累积、应用和完善的基础上逐步形成和发展起来的。20 世纪后产生的诸多高新技术，更在工程力学知识的指导下得以实现和不断完善。可以说工程力学在工程技术中无处不在。

在工程力学发展史上，我们还应该记住几位我国的力学家，他们都对工程力学的发展做出过巨大贡献，更对我国的科学技术发展产生了巨大影响。在今天看来，中国力学家的许多研究成果都为国际力学界所瞩目。如周培源的湍流模式理论、胡海昌的广义变分原理、郭永怀对奇异摄动方法的发展、气体力学中的卡门 - 钱学森方法、钱学森的工程控制论、钱伟长的弹性薄壳的内禀理论等等。

周培源先生是我国现代力学的奠基人。他毕生致力于两个力学与理论物理学的最难的问题：湍流与广义相对论的研究。在这两个领域中都取得了世人瞩目的成就。由他牵头在北京大学组建了中国的第一个力学专业，并从 1952 年开始招收第一届学生。在 20 世纪 40 年代至 50 年代，他每年都上一门理论力学课，后来写成讲义，并在 1951 年由人民教育出版社出版。由于这本教材的高水平和高起点，为北京大学理论力学教学的高水平奠定了很重要的基础。

钱学森先生是一位德高望重的著名的力学家、航空专家与火箭专家。作为力学家，他在流体力学、固体力学、一般力学方面都有重要贡献。作为航空航天专家，他在空气动力学、飞机火箭有关的结构力学、飞行控制方面都有极高的造诣，他是一位有多方面才能、少有的学者。他是中国火箭、导弹和航天事业的开拓者。

在中国灿若星河的力学家中有一颗耀眼的明星，他就是使我国甩掉贫油国帽子的、我国地质力学的开拓者李四光先生。他一直从事古生物学、冰川学和地质力学的研究和教学工作。地质力学是李四光先生一生心血的结晶，为寻找我国紧缺的矿产资源和解决国家重大地质工程问题发挥了作用。地质力学理论的核心是构造体系的思想，这一理论在地球科学飞速发展的今天仍然闪烁着光芒。

二、课程的研究对象与模型

1.课程的研究对象

本课程的研究对象主要是机器的零件或部件、结构的构件等等,通常称之为物体。这些物体在实际工作环境下都要承受一定的载荷。在载荷的作用下物体都会发生变形,但在实际工程问题中,绝大多数受力物体,如弹簧,其变形也被限制在弹性范围内,这时的变形均为弹性变形(elastic deformation)。发生弹性变形的物体也称为弹性体(elastic body)。

由此可见,本课程研究对象是发生了小变形的弹性体。

2.课程的研究模型

从本质上说,工程力学的研究对象就是这种发生了小变形的弹性体,但在研究不同的问题时,采用了两种不同的抽象模型。

在对实际问题进行力学分析时,第一步要做的是把这个实际问题理想化。也就是说需合理地去掉一些次要因素(或者说研究者认为可以忽略不计的的次要因素),将实际问题抽象为力学模型,一般表现为一个方程或一个方程组。然后对这一个方程或方程组求解,最后对结果进行分析,特别重要的是需要与实验结果相比较。如果误差符合需求,说明力学模型的建立与实际问题相符合,如果误差较大,则说明力学模型的建立与实际问题有较大差距,力学模型建立有误,应重新修改力学模型。这是解决工程实际问题的一般分析程序。它充分说明了力学模型的合理性对实际工程计算的直接影响。工程力学课程的学习也必须从力学模型的建立开始。

(1)刚体

所谓刚体,就是在任何外力作用下,大小和形状始终保持不变的物体。事实上刚体是不存在的。前面已经说过,工程力学研究的是弹性体的小变形问题。由于这种变形十分微小,在研究物体的运动和平衡规律时,其影响十分微小,故可忽略不计,所以本课程第一编和第三编采用的模型为刚体。

(2)变形固体

任何固体受力后其内部质点之间都会产生相对运动,使其初始位置发生改变,这种改变称为位移(displacement);导致物体发生了形状和尺寸的改变,称之为变形(deformation),这时的物体即视为变形固体。由于实际工程上对机器零件和结构部件的精度、安全性等指标都有明确要求,而这些问题又与变形密切相关,因此即使是微小变形也必须予以考虑,物体必须看成是可以变形的。所以本课程第二部分在研究与变形有关的问题时,模型为变形固体。

结合前述内容可知,这里所说的变形固体其实就是弹性体,只不过是一种特殊的弹性体,是经过如下简化过程后的一个理想模型。

①各向同性假设　认为材料在各个不同的方向具有相同的力学性质。大多数工程材料虽然在微观上并不是各向同性的,比如工程中最常使用的金属材料就是这样。金属的单个晶粒是呈结晶各向异性的,但当形成多晶聚集体的金属时,晶粒微观呈现随机取向,故而可在宏观上表现为各向同性。钢、铜、玻璃及混凝土等都可以看作是各向同性材料。纤维整齐的木材、轧钢等,不是各向同性材料。某些纤维织物增强复合材料既不是完全各向同性,也

非完全各向异性，其板材在板所在平面内两个相互正交的方向，具有相同的力学和物理性能，这种性能称之为正交各向异性。

②均匀连续性假设　认为整个物体内充满了物质，没有任何空隙存在。同时还认为物体内部的性质完全一样。事实上，各种材料是由微小颗粒组成的，物质内部存在着不同程度的孔隙，而且各颗粒的性质也不尽相同，但是从统计学的角度看，只要所考察的物体几何尺寸足够大，而且所考察的物体上的每一"点"都是宏观上的点，则可以认为物体的全部体积内材料是均匀连续的。这样，就可以用表示各点上坐标的连续函数来描述物体内的动力、变形等物理量，还可以实现用一个参数描写多点在各个方向上的某种力学性能。

我们已经知道，实际工程问题中的物体在外力作用下产生的变形与物体自身的尺寸相比是很小的。并据此产生了"刚体"假设。由此可以推知，在对变形固体进行平衡计算时，也可以不计其变形，直接按刚体平衡时的分析法进行计算。但在其他分析中，则应采用"变形固体"的模型进行分析。

三、工程结构与构件

工程结构是工程中各种结构的统称，包括机械结构、土木结构、水利结构、电站结构、核反应堆结构、航空航天结构、船舶结构、电器电子元件结构等等。工程结构的组成部分统称为结构构件(element of structure)，简称为构件(element)，包括各种零件、部件、元件、器件等。在机械结构中通常称为零件。由若干个零件通过某种形式组合在一起则称为机构。由若干机构组合在一起完成某种特定功能则称为机器。构件(零件)是构成工程结构的最小单元。本课程的研究就从这个最小单元开始。

结合前述知识可以知道，构件实际上就是前面说的在实际工作中发生了小变形的弹性体。在研究具体问题时，根据不同的情况分别简化成"刚体"和"变形固体"两种模型。

根据实际构件几何形状以及各个方向上尺寸的差异，一般分为杆、板、壳、体四大类。

(1)杆　一个方向的尺寸远远大于其他两个方向的尺寸的构件称为杆。

(2)板　一个方向的尺寸远远小于其他两个方向的尺寸，且各处曲率均为零的构件称为板。

(3)壳　一个方向的尺寸远远小于其他两个方向的尺寸，且至少一个方向的曲率不为零的构件称为壳。

(4)体　三个方向的尺寸相差不多的构件称为体。

本课程研究的构件主要是杆件。

第一编　静 力 分 析

为了实现本课程的最终目的,必须从静力分析的学习入手,因为静力分析不仅是学习构件承载能力分析编及运动分析与动力分析编的关键,而且也是正确进行工程设计必备的基础。

人们研究问题时总是按照"由简到繁、由浅入深"的原则进行的,这也是组织本课程学习的一般原则。本编所研究的正是机械运动的特殊情形,也就是机械运动的最简单形式——物体的平衡规律。

本编主要解决以下三方面的问题:

1.受力分析;

2.力系简化;

3.物体的平衡条件。

第一章　静力分析基础

本章是静力分析编的基础。本章的学习内容主要有三方面:一是静力学基本概念、基本假设和公理;二是工程中常见的几种约束及其约束力;三是对工程中的零件或构件进行受力分析,画出正确的受力图。

本章讲授的许多内容在物理学中都有所接触,初学者有可能忽视。但对于工程实际问题,物理学中所学内容是不够的。学习本章要特别注意体会新的思想和解题方法,特别注意掌握工程问题中受力分析的基本方法。

第一节　力 的 概 念

一、力的定义

关于“力”的一些基本概念性的问题我们在物理学中已经有了较深入的学习。我们已经知道,力是物体间相互机械作用。力有三要素,即力的大小、力的方向和力的作用点。力是矢量,力的单位是牛(N)或千牛(kN)等等。工程力学中的所谓“力”,仍然是指物体间相互机械作用。它能使物体的机械运动状态发生变化,同时使物体发生变形。在此,我们不再更多讲述力的基本概念问题,而把目光转向工程力学更多关注的问题,即力对物体的作用效应。

二、力的效应

作用在物体上的力可以使物体产生两种效应,一是可以引起物体运动状态变化或速度变化,一般称为力的“**外效应**”或“**运动效应**”;二是可以引起物体形状改变,一般称为“**内效应**”或“**变形效应**”。这两种效应既可能单独出现,也可能同时出现。对于刚体,只会出现运动效应,而对于变形固体则既会出现运动效应,也会出现变形效应。

实践证明,力的运动效应与变形效应均与力的三要素有关。三要素中任何一个要素改变,都会引起力对物体作用效应的改变。

三、力的可传递性及其限制

在物理学中曾经学过力的可传递性,即作用在物体上的力可以沿着力的作用线在同一物体上移动。现在我们需要指出的是,力的可传递性只是对刚体才成立。或者说,是在只研究力对物体的运动效应时才成立,而在研究物体的变形效应时是不成立的。

四、集中力与均布载荷

作用于物体的力又可称为**载荷**。无论其来源如何,按其作用方式可分为**体积力**和**表面力**。体积力是作用在物体内所有质点上的力,例如重力、惯性力等。体积力的单位是 N/m^3 或 kN/m^3。表面力是作用于物体表面的力,可分为**集中力**和**分布力**。

沿某一面积或长度连续作用于构件上的力,称为**分布力或分布载荷**。分布在一定面积

上的分布力,单位用 N/m^2 或 kN/m^2。当分布力在其作用面上呈均匀分布时,也称为**均布力**或**均布载荷**。作用于油缸内壁的油压力、作用于船体上的水压力等均为沿面积的分布力。沿长度分布的分布力单位用 N/m 或 kN/m。楼板对屋梁的作用力,就是以沿梁的轴线每单位长度内作用多少力来度量的。

若作用于构件上外力分布的面积远远小于物体的整体尺寸,或沿长度的分布力其分布长度远小于轴线的长度,则这样的外力就可以看成是作用于一点的集中力。火车轮子对钢轨的压力、轴承对轴的反力都是集中力。集中力的单位是 N 或 kN。

五、力系的概念及其分类

作用于同一物体上的若干力所组成的系统称为**力系**。

如果作用在一物体上的力系可以用另一力系代替,而不改变对物体的作用效应,则这两个力系互为**等效力系**。

力系可分为平面力系和空间力系两大类。组成力系各力的作用线都处在同一平面内,则称为**平面力系**;若组成力系各力的作用线不都处在同一平面内,则称为**空间力系**。有关这两类力系的相关问题将在后续内容中进一步详细讲述。

第二节 平衡的概念

由物理学已经知道,所谓平衡是指物体相对于参考系保持静止或匀速直线运动状态。要特别注意的是,当我们讨论平衡问题时,物体实际上已经被抽象为刚体。

刚体不是在任何力系作用下都能处于平衡状态的,只有构成力系的所有力满足一定条件时,刚体才能实现平衡,这个条件称为**平衡条件**。能够使刚体保持平衡的力系,称为**平衡力系**。

如果一个力对刚体的作用效应与一个力系对同一刚体的作用效应相同,我们就把这个力称为该力系的**合力**;组成该力系的各力则称为**分力**。合力可以代替原力系对刚体的作用。

一、力的平行四边形法则

作用于物体上同一点的两个力,其合力也作用于该点,合力的大小与方向由这两个力为邻边所组成的平行四边形的对角线确定(图 1-1),这就是力的平行四边形法则。根据这个公理作出平行四边形也称为力的平行四边形。这种求合力的方法称为矢量加法。合力矢等于原来两力的矢量和(几何和),可用公式表示为

$$\boldsymbol{R} = \boldsymbol{F}_1 + \boldsymbol{F}_2$$

用平行四边形法则求合力时,可以不画出整个平行四边形,而是过 B 点作一个与力 $\boldsymbol{F}_2$

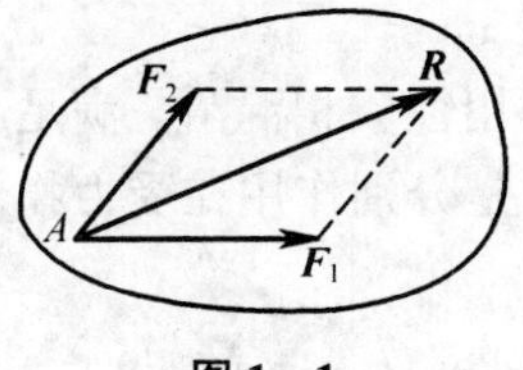

图 1-1

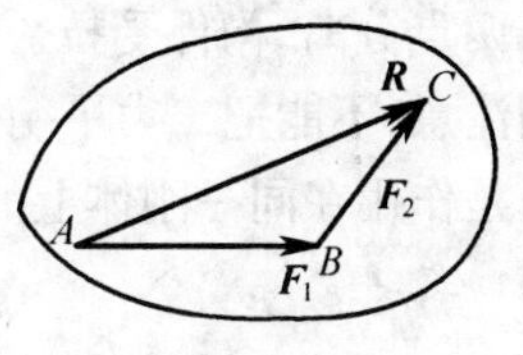

图 1-2

大小相等、方向相同的矢量 **BC**,则 **AC** 就是力 $\boldsymbol{F}_1$、$\boldsymbol{F}_2$ 的合力 **R**(图 1-2)。这种求合力的方法,称为力三角形法则。

由前述可知,**R** 称为 $\boldsymbol{F}_1$、$\boldsymbol{F}_2$ 的合力,$\boldsymbol{F}_1$、$\boldsymbol{F}_2$ 就是 **R** 的分力。由 $\boldsymbol{F}_1$、$\boldsymbol{F}_2$ 可以求得合力 **R**,反之,由 **R** 也可以分解成两个分力 $\boldsymbol{F}_1$、$\boldsymbol{F}_2$,分解也是按力的平行四边形法则进行的。显然,由一个已知力为对角线是可以作无数个平行四边形的,因此必须要附加一定的条件才能得到确切解。附加条件一般为(1)规定两个分力的方向;(2)规定其中一个分力的大小与方向;(3)规定一个分力的方向和另一个分力的大小;(4)规定两个分力的大小。

二、二力平衡条件

作用在刚体上两个力平衡的必要与充分条件是:两个力大小相等、方向相反并且作用在同一直线上。这也称为二力平衡公理。

对于刚体,这一结论显然成立。例如图 1-3 中所示构件,当平衡时,显然有 $F_1 = F_2$ 且方向相反(必要条件);当 $F_1 = F_2$,且方向相反时,构件保持平衡(充分条件)。

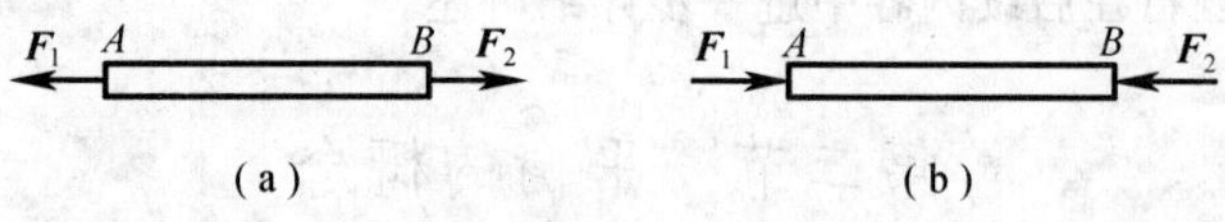

图 1-3

但是,对于变形固体来说,这个条件仅是必要的,却不是充分的。也就是说,在二力作用下物体平衡时,这两个力大小相等、方向相反并沿同一直线作用;但当作用在某些变形固体上的二力大小相等、方向相反并沿同一直线作用时,物体却不能平衡。例如,绳索受两个大小相等,方向相反的拉力时可以平衡(图 1-4)(a),但受两个大小相等、方向相反的压力时,却不能平衡了(图 1-4)(b)。

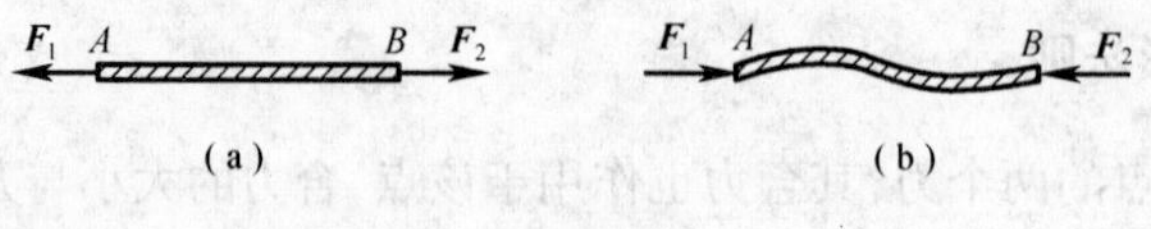

图 1-4

在机械或结构中凡只受两个力作用处于平衡状态的构件称为**二力构件(或二力杆)**。二力构件上的力必须满足二力平衡条件。例如图 1-5(a)中撑杆 BC,图 1-5(b)中三铰拱桥中的 BC 拱,若不计自重,则都是在 B、C 两点处受力,所受之力必在两力作用点的连线 BC 上。若要判断受力构件是受拉还是受压,则可假想将构件抽掉,如 B, C 两点靠拢,构件受压;如 B, C 两点分离,构件受拉。

要特别注意,不能把二力平衡条件与力的作用与反作用性质相混淆。满足二力平衡条件的两个力是作用在同一刚体上的,而作用力与反作用力是分别作用在受力物体和施力物体上的。

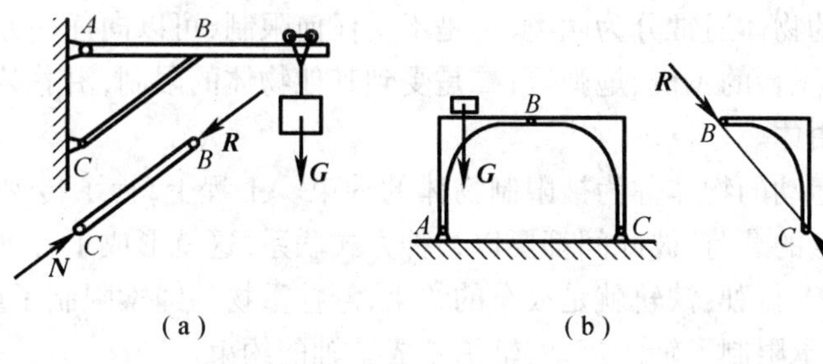

图 1－5

三、加减平衡力系公理

在已知力系上加上或者减去任意平衡力系，不会改变原力系对刚体的效应。这一结论显然是成立的，因为平衡力系中各力对于刚体的运动效应彼此抵消，从而使刚体保持平衡，所以加上或减去平衡力系不会改变原力系对于刚体的运动效应。

需要指出的是，这里谈的是“不改变刚体的运动效应”，对于变形的效应是不成立的。

四、不平行三力的平衡条件

我们已经知道，如图 1－6 中，在刚体上同一平面内，作用于 A，B 两点上的不平行的两个力 $\boldsymbol{F}_1$，$\boldsymbol{F}_2$ 总会有一个作用线交点 O。根据力的可传递性，可将此二力移至 O 点，再根据力的平行四边形法则，可知此二力的合力 $\boldsymbol{R}$ 必在此平面内，且通过 O 点。此时，若刚体上恰有一力 $\boldsymbol{F}_3$，其大小与 $\boldsymbol{R}$ 相等，方向与 $\boldsymbol{R}$ 相反，且与 $\boldsymbol{R}$ 共线，则根据二力平衡条件可知，刚体处于平衡状态，如图 1－7 所示。可见，当刚体受同一平面内互不平行的三个力作用而平衡时，此三力的作用线必交汇于一点。

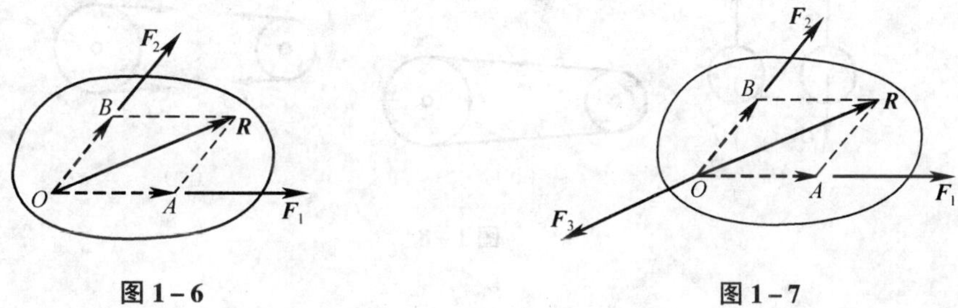

图 1－6　　　　图 1－7

要特别注意，前述内容强调的是在“三个力”作用下达到“平衡”时，此三力的作用线才汇交于一点。如果是一个刚体受同一平面内“三个汇交于一点的力”作用，那么刚体是不一定能达到平衡的。

第三节　约束与约束反力

各类机械和工程结构中的每个零件和构件，都是相互联系而又相互制约的，它们之间存在着相互作用的力，所以在解决工程中一般的力学问题时，都必须首先对零件、构件进行受力情况分析。

工程上所遇到的物体通常分为两类，一是不受任何限制，可以向任一方向自由运动的物体称为**自由体**，例如飞行的飞机、炮弹等；二是受到其他物体的限制，沿着某些方向不能产生运动的物体称**非自由体**。

限制非自由体运动的物体称为被限制物体的约束。工程上，为了传递运动实现所需要的动作以及承受确定的载荷，彼此间都要以某种方式联系，这就形成了各种各样的约束。例如，火车必须在铁轨上行驶，铁轨就是火车的约束；悬挂重物的绳索限制了重物的下落，绳索就是重物的约束；轴承限制了轴的运动，轴承就成了轴的约束。

使物体产生运动或运动趋势的力称为**主动力**。它一般是物体承受的载荷，如重力、水压、油压、电磁力等。

物体在主动力的作用下将产生运动或运动趋势。此时如果有约束限制了物体的运动，那么这个受主动力作用的物体就会给约束一定的作用力，同时约束也会给物体一个大小相等、方向相反的反作用力，这种力称为约束反力，简称**约束力或反力**。

主动力一般是已知的，或是可以根据已有资料确定的；约束力是未知的。静力分析的重要任务之一就是确定未知的约束力。

约束力与约束的性质有关，下面介绍几种工程中常见的约束及其约束力。

一、柔性约束

由绳索、链条、皮带或胶带等非刚性体形成的约束，只能限制沿某一个方向的运动，而不能限制沿相反方向的运动，这一类约束称为柔性约束。这种约束的性质决定了它们提供的约束力只能是拉力。也就是说，柔性约束对被约束物体的约束反力的方向，是沿着约束的轴线背离被约束物体，柔性约束的约束反力常用 $\boldsymbol{T}$ 表示，如图 1-8 所示。

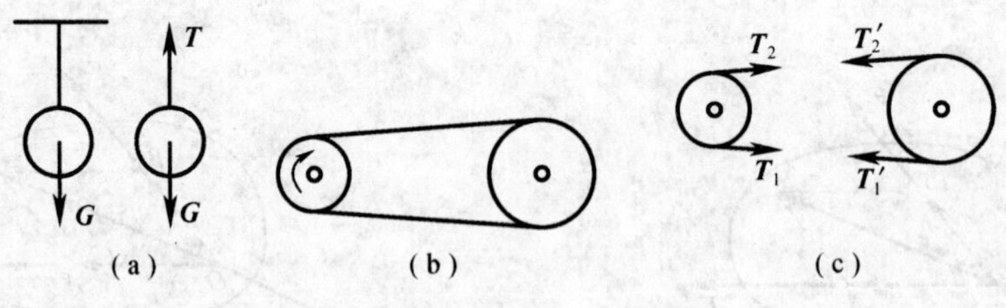

图 1-8

二、不考虑摩擦的刚性约束

我们把约束为刚体、约束与被约束物体之间为刚性接触的约束形式称为刚性约束。工程实际中的刚性约束，其接触面大多数为光滑面（表示光洁度高，润滑较好），接触面之间的摩擦力可以忽略不计。这类约束常见的有以下几种。

（一）光滑面约束

由光滑平面或曲面构成的约束，称为光滑面约束。这类约束可以与被约束物体之间形成点、线、面接触。这类约束无论是平面还是曲面，都只能限制沿接触面公法线方向上，向着约束体内方向的运动。因此，光滑面约束对被约束事物的约束反力的方向应沿接触面公法线且指向被约束物体。显然，当物体与这种光滑面接触且接触点位置可以确定时，约束力的

方向和作用点均可确定。光滑面约束的约束反力常用 **N** 表示。

工程上常见的光滑面约束的接触形式可以简化为三种类型：点接触(曲面和曲面)、线接触(柱面和平面)、面接触(平面和平面)。

图 1－9(a)为点接触，A 为接触点，约束反力为 **N**。图 1－9(b)为线接触，可将接触线段的中点 A 视为接触点，约束反力 **N** 作用于 A 点。图 1－9(c)为面接触，可将接触面的形心位置视为接触点，约束反力 **N** 作用于接触面形心位置 A 处。

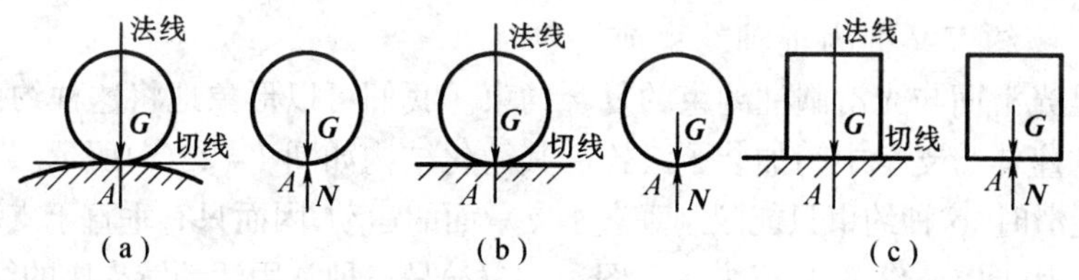

图 1－9

(二)圆柱铰链约束

这类约束的共同特点是，两个物体用光滑圆柱体(例如销钉)相连接，二者都可绕光滑圆柱体自由转动，但对所连接物体的移动形成约束。其结构为，光滑圆柱体(销钉)与一个物体固连，插入另一个物体的孔内，如图 1－10(a)、(b)所示。

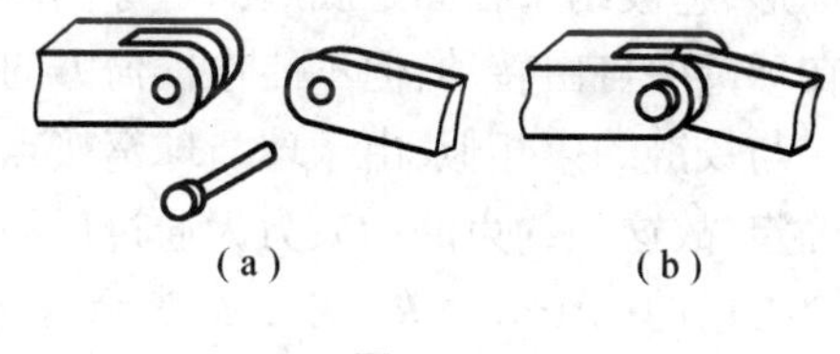

图 1－10

1.固定铰支座约束

如果圆柱铰链约束中用光滑圆柱体连接的两个物体有一个固定，称为固定铰支座约束(图 1－11(a))。这类约束从本质上看仍然是光滑面约束，故其约束反力必在沿圆柱面接触点的公法线方向(图 1－11(b))。但是，这个接触面的具体位置在哪里？约束反力的指向是什么方向？这两个判定约束力的的重要问题并不是总能准确地确定出来。

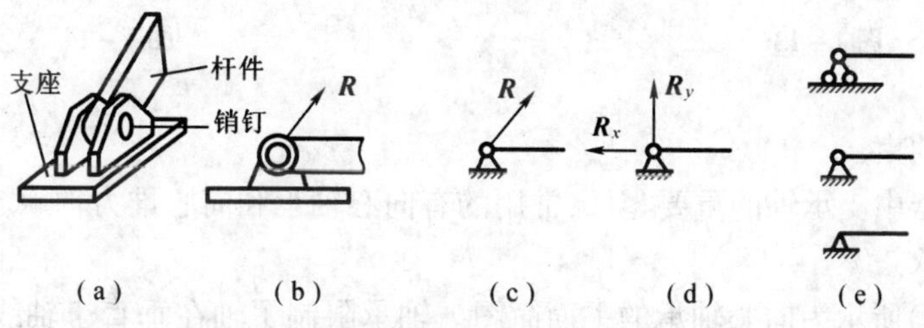

图 1－11

事实上，在通过计算后是可以准确找到这个力的，但在外力未定，接触点位置不确定的情况下，我们只能肯定两点，一是这个约束反力一定存在；二是这个约束反力通过圆柱体(销钉)中心。对于这种约束力，通常用通过铰链中心两个互相垂直的分力来表示，记为 $\boldsymbol{R}_x$，$\boldsymbol{R}_y$(图 1－11(d))。图 1－11(e)所示为三种常见的固定铰支座约束的简单记法。

2.中间铰

如果圆柱铰链约束中用光滑圆柱体连接的两个物体都不是完全固定的称为中间铰(图

1－12(a))。

中间铰与固定铰支座力约束形式很相似,也只有一个不确定方向的约束力,故也用通过铰链中心的两个垂直的分力来表示,记为 $\boldsymbol{R}_x$,$\boldsymbol{R}_y$,如图 1－12(c)、图 1－12(b)所示为中间铰的二种简单记法。

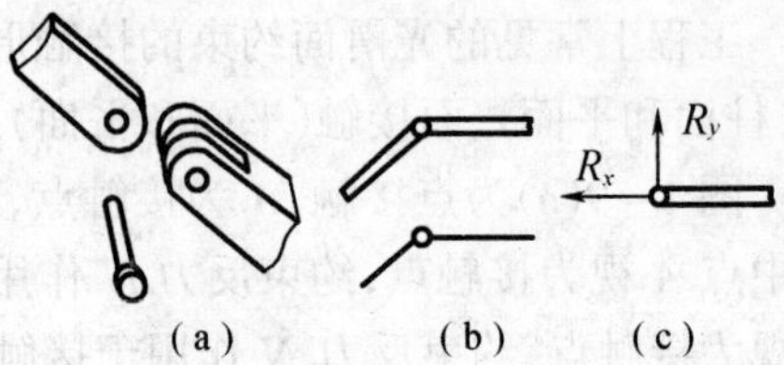

(a)　(b)　(c)

图 1－12

3.活动铰支座约束

活动铰支座约束又称为辊轴约束或辊轴支座。其实质是光滑面与光滑圆柱约束的复合约束。我们可以形象地将这种约束理解为在固定铰链支座的座体与支承中间加装了滚轮。其简化结构如图 1－13(a)所示。

当接触光滑时,这种约束只能限制垂直于支承面的运动,因而只有垂直于支承面并通过铰链中心的约束力(图 1－13(b)),记为 $\boldsymbol{R}$。图 1－13(c)是三种常用活动铰支座的简单记法。

(三)球铰链约束

球铰链约束是一种空间约束结构,工程上称为球铰(图 1－14(a))。被约束的构件端部为球形,它被约束在固定底座的一球窝内。球与球窝的直径近似相等,球心固定不动,球可以在球窝中自由转动,但不能作任何方向的移动。

与铰链约束相似,由于球与球窝接点的位置因与被约束构件所受载荷有关,因而不能预先确定,故这种约束的约束力为通过球心、方向不定的力,可以用沿空间直角坐标轴 x,y,z 三个方向的三个分力 $\boldsymbol{R}_x$,$\boldsymbol{R}_y$,$\boldsymbol{R}_z$ 表示,如图 1－14(b)所示。图 1－14(c)为球铰的简单记法。

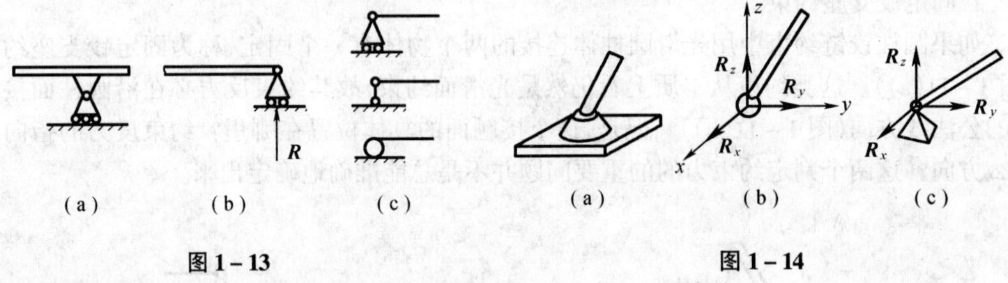

(a)　(b)　(c)

图 1－13

(a)　(b)　(c)

图 1－14

(四)轴承约束

轴承是机器中支承轴的重要零件,常用的有向心轴承和向心推力轴承。

1.向心轴承

图 1－15(a)所示为向心轴承的平面简图。轴承限制了轴在垂直于轴线平面内的移动,但轴仍可在轴承内转动。于是,其约束力与圆柱铰链约束力有相似之处,即约束力通过轴心,但方向不定。这样的约束力也可以用两个相互垂直的分力 $\boldsymbol{N}_x$、$\boldsymbol{N}_y$ 来表示(图 1－15(b)),图 1－15(c)为向心轴承的简单记法。

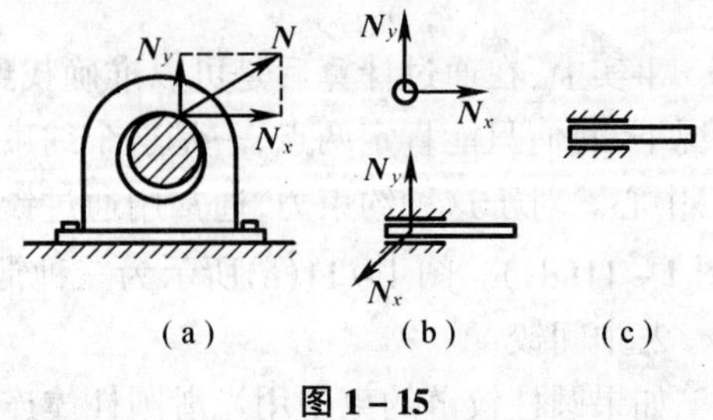

(a)　(b)　(c)

图 1－15

2.向心推力轴承

图 1－16(a)所示为向心推力轴承平面简图。与向心轴承相似的是,向心推力轴承同样

限制了轴在垂直其轴线平面内的移动；与向心轴承不同的是，向心推力轴承还限制了轴沿轴线方向的运动，因此约束力可以用三个分力 N_x，N_y，N_z 表示(图 1－16(b))。图 1－16(c)为向心推力轴承的简单记法。

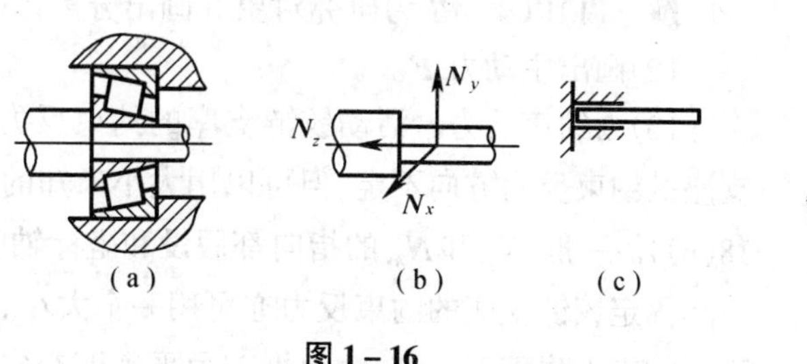

图 1－16

除上述约束外，工程中还有一种常见的约束——固定端约束，该约束及其约束力的问题将在第三章中讲解。

第四节　受力分析与受力图

受力分析是指分析所研究物体的受力情况。

由前面的学习知道，工程实际中的构件或零件上都会有力的作用，这些力一般可以分为两类：一是主动力；二是约束力。

我们要进行研究，首先就要搞清楚这些力。主要要搞清两个问题，一是要知道有哪些力，以及这些力作用的位置和方向；二是要知道哪些力是已知的，哪些力是未知的，并能确定未知力的数值。受力分析要解决的正是这两个问题中的第一个问题。

受力分析时所研究的物体称为研究对象。

为了正确进行受力分析，必须将研究对象的约束全部解除，并将其从周围物体中分离出来。这种解除了约束并被分离出来的研究对象，称为分离体。

将分离体所受的主动力和约束力都用力矢量标在分离体相应的位置上，就得到了分离体的受力图，简称受力图。

受力图就是受力分析结果的最终体现。上述过程也就是进行受力分析的关键步骤。

画受力图的一般步骤如下：

1.确定研究的对象，画出分离体；

2.在分离体上画出全部主动力；

3.在分离体上画出全部的约束反力。

最后要提醒注意的是，在画受力图时，有时可以根据二力平衡条件和三力平衡条件，确定某些约束力的作用位置和方向。

下面举例说明受力图的画法。

例 1－1　重力为 G 的球，用绳挂在光滑的铅直墙上(图 1－17(a))，画出此球的受力图。

解　(1)以球为研究对象，并画出分离体(图 1－17(b))。解除了绳和墙的约束。

(2)画出主动力 G。

(3)画出全部约束反力，即绳的约束反力 T 和光滑面约束反力 N_A。

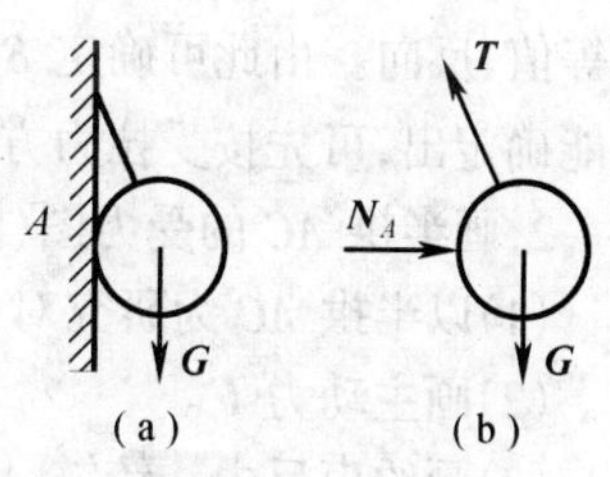

图 1－17

例 1－2　梁 AB，A 端为固定铰链支座，B 端为活动铰链支座，梁中点 C 受主动力 F 作用(图 1－18(a))，梁重不计，试分析梁的受力情况。

解 (1)以梁 AB 为研究对象并画出分离体(图 1-18(b))。

(2)画出主动力 $\boldsymbol{F}$。

(3)画约束反力。活动铰链支座的约束反力 N_B 铅垂向上且通过铰链中心。固定铰链支座的约束反力方向不定,但可以用大小未知的水平分力 N_{Ax} 和垂直分力 N_{Ay} 来表示(图 1-18(b))。一般 N_{Ax} 和 N_{Ay} 的指向都假设和坐标轴的正向相同。

固定铰链支座的约束反力亦可用一个大小、方向均未知的力 N_A 表示,因梁 AB 受同平面内的三力作用而平衡,故根据三力平衡汇交定理,N_A 的方向极易确定。延长 N_B 和 $\boldsymbol{F}$ 力的作用线交于 D 点,梁平衡时,N_A 必在 AD 连线上,如图 1-18(c)所示。

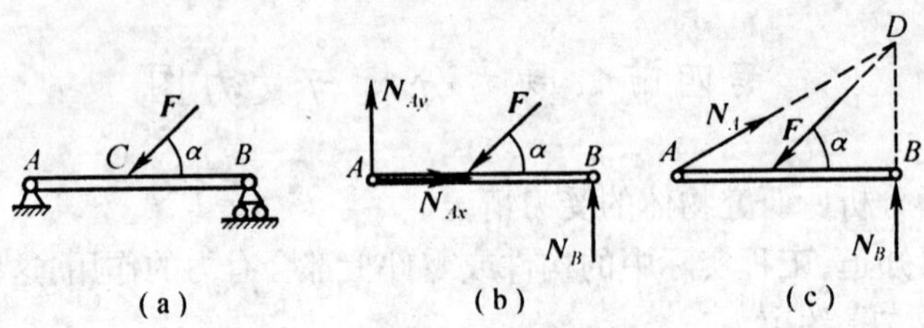

图 1-18

有时,我们研究的问题是由几个物体组成的一个系统,则称其为物体系或物系。下例说明物系受力图的画法。

例 1-3 如图 1-19(a)所示的三铰拱桥,由左、右两半拱铰接而成。设各半拱自重不计,在半拱 AC 上作用有载荷 $\boldsymbol{F}$。试分别画出半拱 AC 和 CB 的受力图。

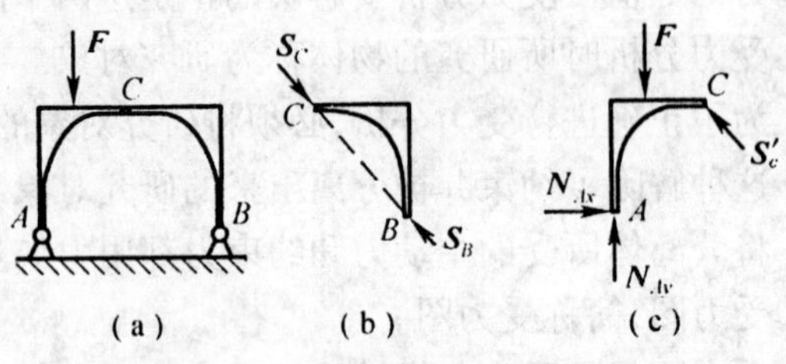

图 1-19

解 1.画半拱 BC 的受力图(图 1-19(b))

(1)以半拱 BC 为研究对象并画出分离体。

(2)半拱 BC 上无主动力,不能画出。

(3)半拱 BC 只在 B,C 处受到铰链的约束反力 S_B 和 S_C 的作用。根据光滑铰链的性质,这两个约束反力必定通过铰链 B,C 的中心,方向暂时不能确定。如果进一步考虑到半拱 BC 只在 S_B 和 S_C 两个力作用下处于平衡,则根据二力平衡公理,这两个力必定沿同一直线,且等值、反向。由此可确定 S_B 和 S_C 的作用线应沿 B 与 C 的连线。一般情况下,力的方向不能确定出,可先按受拉力方向画出。

2.画半拱 AC 的受力图(图 1-19(c))

(1)以半拱 AC 为研究对象并画分离体。

(2)画主动力 $\boldsymbol{F}$。

(3)画约束反力 铰链 A 处的反力 N_{Ax},N_{Ay};铰链 C 处可根据作用力与反作用力的关系画出 $S'_C = -S_C$。

例 1-4 两只油桶堆放在槽中,如图 1-20(a)所示,桶重分别为 P_1,P_2。试分析每个桶的受力情况。

解 首先分析桶Ⅰ的受力情况。取Ⅰ为研究对象，画出分离体；桶Ⅰ上的主动力只有自重 $\boldsymbol{P}_1$，桶Ⅰ在 A 和 B 两处都受到光滑面约束，其反力 $\boldsymbol{N}_A$，$\boldsymbol{N}_B$ 都通过桶Ⅰ的中心。桶Ⅰ的受力如图 1-20(b)所示。

再分析桶Ⅱ的受力情况。取桶Ⅱ位研究对象，画出分离体(图 1-20(c))；桶Ⅱ上的主动力除自重 $\boldsymbol{P}_2$ 外，还有上面桶Ⅰ传来的压力 $\boldsymbol{N'}_B$，注意到 $\boldsymbol{N'}_B$ 与 $\boldsymbol{N}_B$ 互为作用力与反作用力关系，$\boldsymbol{N'}_B$ 必通过桶Ⅱ的中心，且有 $\boldsymbol{N}_B=-\boldsymbol{N}'_B$，桶Ⅱ在 C、D 处受有光滑面约束，其约束反力 $\boldsymbol{N}_C$，$\boldsymbol{N}_D$ 都指向桶Ⅱ且通过其中心。

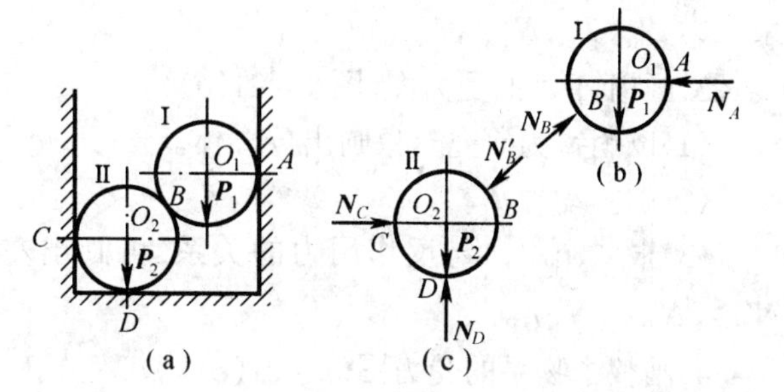

图 1-20

例 1-5 如图 1-21(a)所示，梯子的两部分 AB 和 AC 在点 A 处用光滑铰链(圆柱形销钉)连接，又在 D，E 两点用水平绳相连。梯子放在光滑水平面上，不计自重。在 A 点的销钉上作用一铅直载荷 $\boldsymbol{F}$。试分别画出梯子的 AB，AC 部分、销钉 A 及整个物系的受力图。

解 1.画梯子 AB 部分的受力图(图 1-21(b))

(1)以 AB 杆为研究对象画出分离体。

(2)AB 上无主动力，不能画出。

(3)因 B 点为光滑面约束，D 点为柔性约束，A 点为光滑铰链约束，故可相应地画出约束反力 $\boldsymbol{N}_B$，$\boldsymbol{T}_D$，$\boldsymbol{N}_{Ax左}$，$\boldsymbol{N}_{Ay左}$。

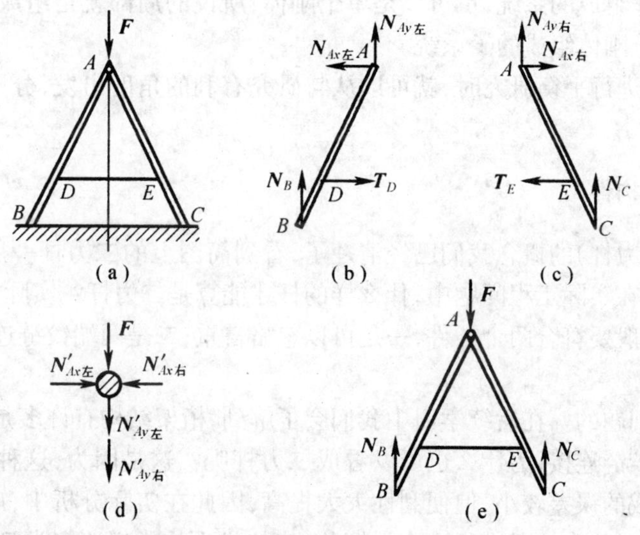

图 1-21

2.画梯子 AC 部分的受力图(图 1-21(c))

(1)以 AC 为研究对象画出分离体。

(2)AC 上无主动力，不能画出。

(3)因 C 处为光滑面约束,E 处为柔体约束,A 处为光滑铰链约束,故可相应地画出约束反力 $\boldsymbol{N}_C$,$\boldsymbol{T}_E$,$\boldsymbol{N}_{Ax右}$,$\boldsymbol{N}_{Ay右}$。

3.画销钉 A 的受力图(图 1-21(d))

(1)以销钉为研究对象画出分离体。

(2)画主动力 $\boldsymbol{F}$。

(3)根据作用力与反作用力的关系,可画出左、右两侧梯子对销钉的约束反力 $\boldsymbol{N}'_{Ax左}$,$\boldsymbol{N}'_{Ay左}$,$\boldsymbol{N}'_{Ax右}$,$\boldsymbol{N}'_{Ay右}$。

4.画整个物系的受力图(1-21(e))

(1)以整个物系为研究对象画出分离体。

(2)画主动力 $\boldsymbol{F}$。

(3)因 B,C 处为光滑面约束,故可画出其约束反力 N_B,N_C。铰链 A 和绳 DE 在物系内部,铰链 A 处和绳子连接的点 D 和 E 处所受的力为作用力与反作用力,这些力都成对地作用在整个物系内,故称为物系内力。内力对系统的作用效果相互抵销,因此不用画出。

第五节　问题讨论与说明

一、关于平衡

平衡这个概念是我们在物理学中很早就接触过的。在工程力学中,平衡是一个十分重要的概念。要特别注意对平衡的理解和把握。

比如我们谈到整体平衡,则应认识到,组成整体的每个局部也必然平衡。这里说的整体可以是由若干刚体组成的系统,也可以是单个刚体;所说的局部就是组成系统的每个刚体,或者由其中的部分刚体组成的子系统。

据此,我们在进行平衡研究时,就可以从与研究有利的角度出发,分别或全部研究整体或局部。

二、关于二力构件

二力构件(二力杆)的概念我们已经清楚了,看到简图上的二力杆一般也都能正确判断出来。但问题是,在实际工程问题中,什么样的杆才能算是二力杆?实际工程中可以简化为二力杆的构件,一般要符合两个条件,一是可以忽略自重;二是两端铰链连接,两端之间无其他外力作用。

但这还是有问题的。在后续学习中我们会了解到,桁架结构有许多是焊接或铆接的,并不是定义的那种铰链连接,为什么也可以看成二力杆呢?这是因为,这种连接的刚性不大,简化成铰链所造成的误差较小,但便利性大大提高,因此在实际分析中,应根据约束对约束物体运动的限制,对约束情况进行适当的简化,使其成为与典型约束类型更为接近的,更为简单的约束形式。

三、从工程实例到力学简图

教材中见到的工程实例都已经变成了力学简图的形式。关于这一抽象过程的重要意义在引论中已经阐述。经过本章学习我们更进一步知道,一个工程实例抽象为力学模型,是经

过了一系列的理想化,即合理抽象化的。

比如本编采用的力学模型是刚体。刚体实质就是对物体的理想化,它忽略了研究平衡时微小变形的影响。前面提到的分布力与集中力的概念,其实质是对受力情况的理想化。事实上,真正的集中力是不存在的,它本身就是对分布力的理想化,另一方面,分布力的实际分布情况也是很复杂的,我们所见到的那些很有规律的分布形式,也是近似的,或者说是理想化的结果。最后再看一下我们所讲过的各类约束和约束力。那实质上就是对物体间接触性质和连接方式的理想化。事实上摩擦是无处不在的,绝对光滑的接触面是不存在的。但我们把接触面都看成了绝对光滑,这就是理想约束。

综上所述,一个工程实例是经过了一系列的理想化后才成为力学模型的,再把力学模型用可以突出其主要力学特征的简图表示出来,就成了力学简图,通常依据力学简图进行力学分析和计算。

习　　题

1-1　合力是否一定比分力大?

1-2　已知题图 1-2 中力 $\boldsymbol{F}_1$ 与 $\boldsymbol{F}_2$ 等值、反向、共线,试判断系统是否平衡。

1-3　如题图 1-3 所示,将作用于刚体上的 A 点的力 $\boldsymbol{F}$ 移到 B 点,该力对刚体的作用效应是否相同?

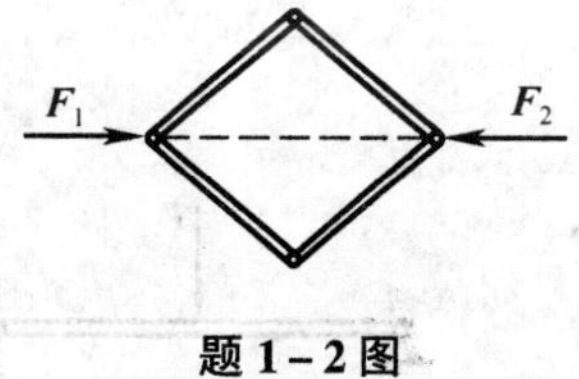

题 1-2 图

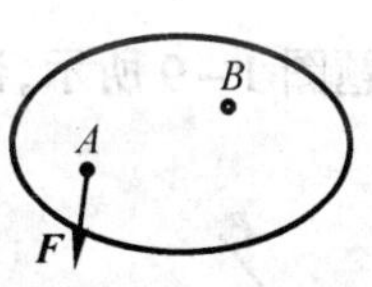

题 1-3 图

1-4　试说明下列等式(或说法)的意义。

(1)$\boldsymbol{F}_1=\boldsymbol{F}_2$;(2)$F_1=F_2$;(3)$\boldsymbol{F}_1$ 等效于 $\boldsymbol{F}_2$

1-5　如题图 1-5 所示,试指出下列做法是否正确,为什么?

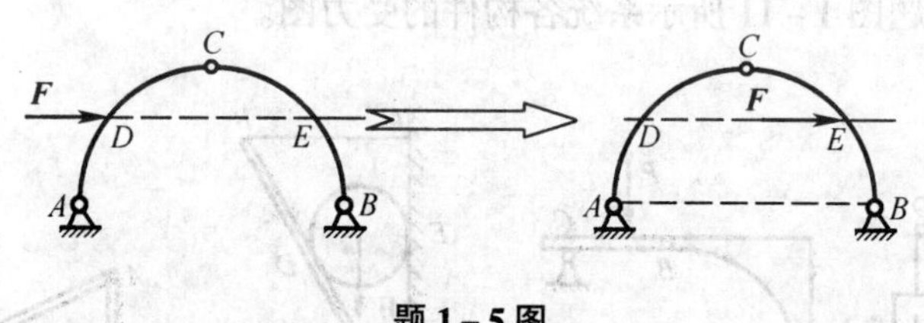

题 1-5 图

1-6　试画出下列题 1-6 图所示各物体的受力图(各接触都是光滑的)。

1-7　如题图 1-7 所示,试画出 AB 杆的受力图(各接触都是光滑的)。

1-8　试画出 AB 杆的受力图,并判断在题图 1-8 所示位置是否处于平衡状态(各接触都是光滑的)。

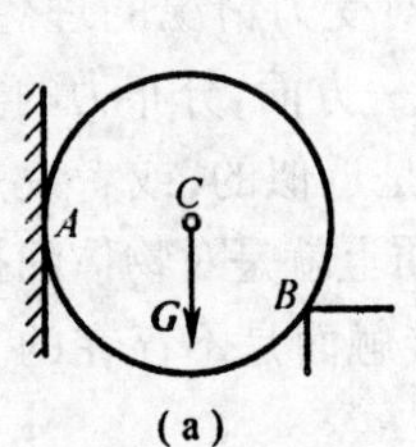

(a)

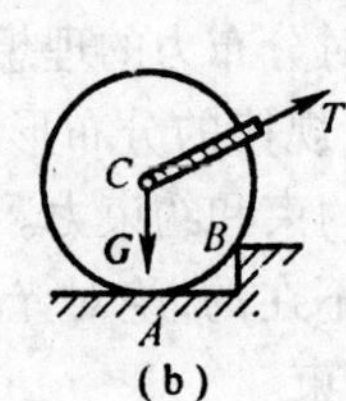

(b)

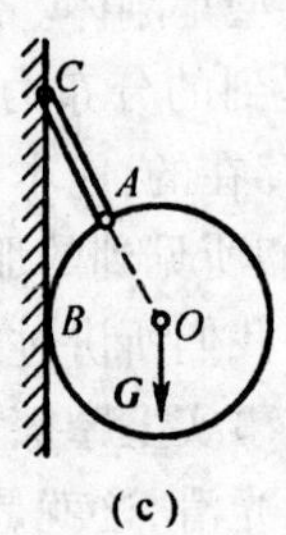

(c)

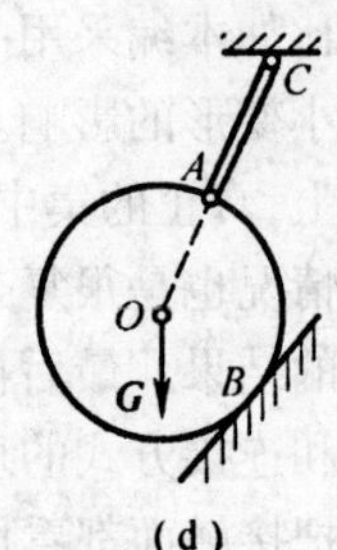

(d)

题 1-6 图

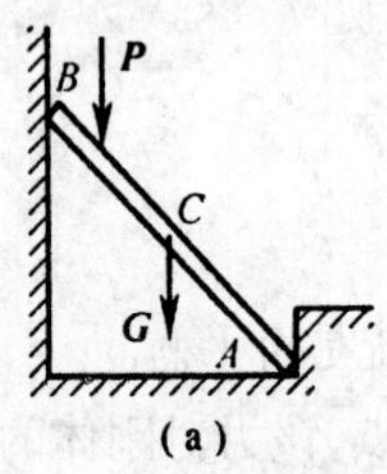

(a)

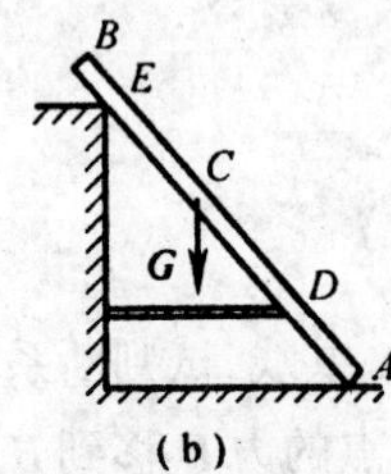

(b)

题 1-7 图

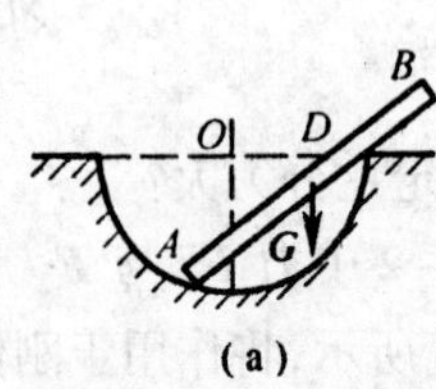

(a)

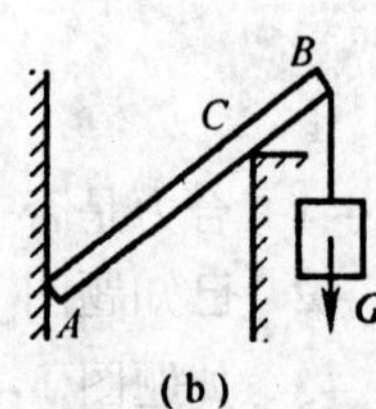

(b)

题 1-8 图

1-9 如题图 1-9 所示，试画出 *AB* 杆的受力图。

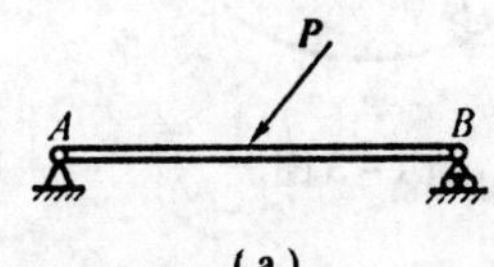

(a)

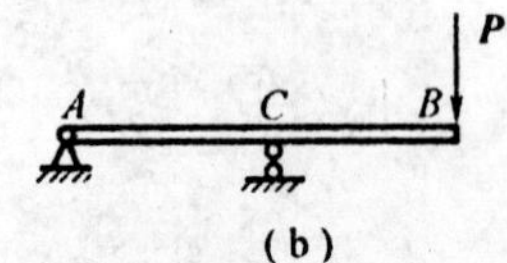

(b)

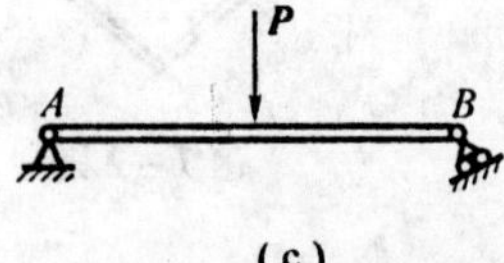

(c)

题 1-9 图

1-10 试画出题图 1-10 所示系统各构件的受力图。

1-11 试画出题图 1-11 所示系统各构件的受力图。

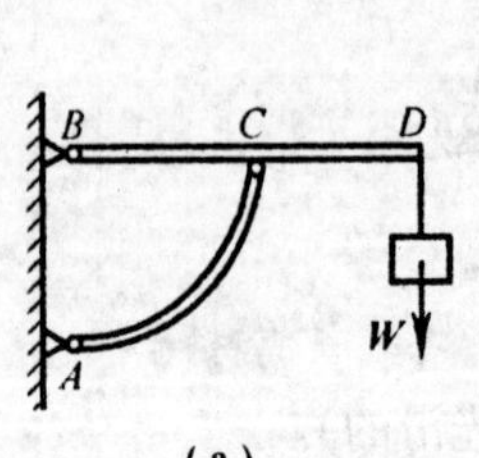

(a)

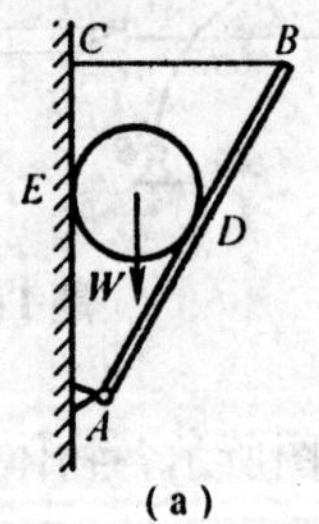

(b)

题 1-10 图

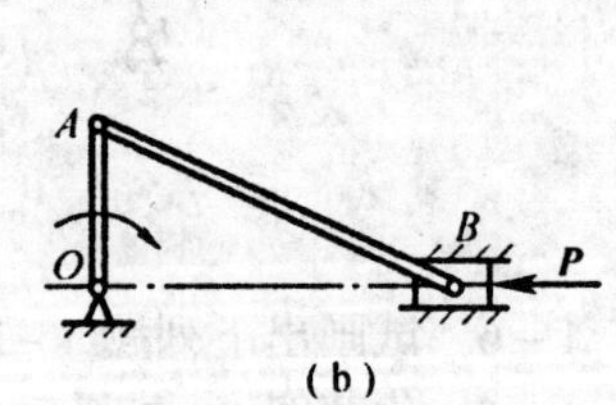

(a) (b)

题 1-11 图

1-12 综合分析题图 1-12 所示系统，画出其机构简图并分析各构件的受力。

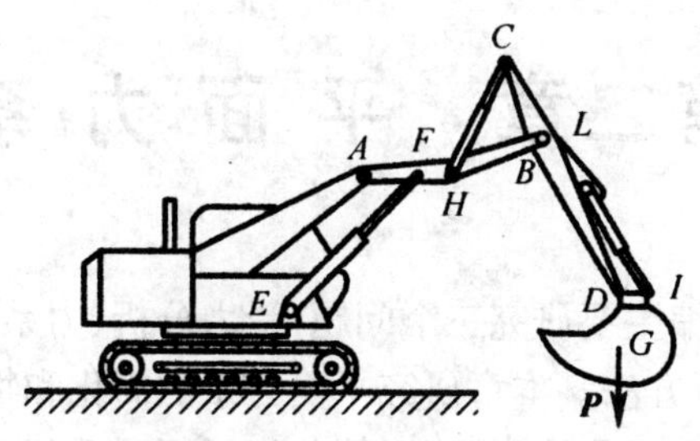

题 1-12 图

第二章　平面力系

我们已经知道,静力学编主要研究三个问题:受力分析、力系的简化和物体的平衡条件。第一章已经学习了受力分析方法。本章研究平面力系的简化和物体的平衡条件。在工程实践中,多数力系问题具有平面对称性,都可以简化为平面力系问题,即使是空间问题,亦可简化为平面问题解决,故本章是重要的一章。

显然,物体上只有一个力作用的形式是最简单的受力形式。综合前述知识可知,合力就是可以代替一个力系的最简单形式,因此力系的简化过程也就是求合力的过程,这一过程也称为力的合成或简化。反之,合力也可以用各分力组成的力系来代替,把合力分解成分力的过程称为力的分解或投影。

现在我们从刚体上只有一个力作用的情况来研究。

第一节　力的投影与合力投影定理

一、单力的分解与投影

如图 2-1(a)所示刚体上任意一点 A 作用一个力 $\boldsymbol{F}$,这显然是物体受力最简单的形式。由平行四边形法则可知,$\boldsymbol{F}$ 可以认为是$\boldsymbol{F}_1$、$\boldsymbol{F}_2$ 的合力。同样,也可以认为是 $\boldsymbol{F}_3$、$\boldsymbol{F}_4$ 的合力,如图 2-1(b)所示。事实上,$\boldsymbol{F}$ 可以按这样的方式分解出无数对分力。

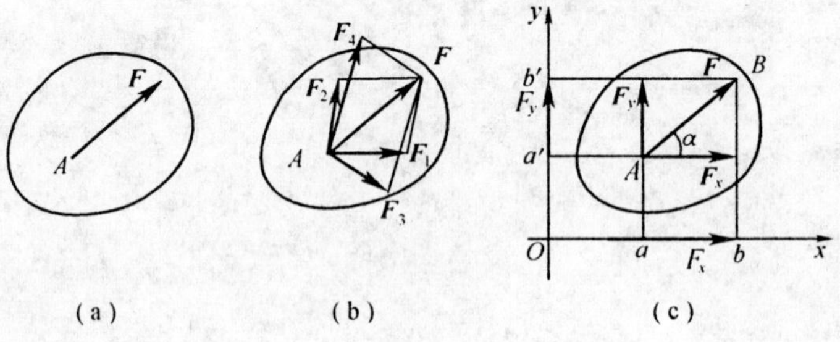

图 2-1

在这无数对分力中,一定存在一对相互垂直的分力。这会使我们自然联想到直角坐标系。显然,如果将刚体放在一个直角坐标系中,如图 2-1(c)所示。则力 $\boldsymbol{F}$ 可以用 $\boldsymbol{AB}$ 表示,则 $\boldsymbol{F}_x$、$\boldsymbol{F}_y$ 是 $\boldsymbol{F}$ 沿 x、y 轴方向的分力;也可以说 $\boldsymbol{F}$ 是 $\boldsymbol{F}_x$、$\boldsymbol{F}_y$ 两个分力的合力。$\boldsymbol{F}_x$、$\boldsymbol{F}_y$ 是 $\boldsymbol{F}$ 沿 x、y 轴方向的投影。分力 $\boldsymbol{F}_x$、$\boldsymbol{F}_y$ 的值分别与力 $\boldsymbol{F}$ 在同轴上的投影 F_x、F_y 相等,力 $\boldsymbol{F}$ 的分力 $\boldsymbol{F}_x$、$\boldsymbol{F}_y$ 是矢量,作用于 A 点处;力 $\boldsymbol{F}$ 的投影是代数量,在坐标轴上,投影方向与坐标轴正向相同时为正,相反为负。

若已知力 $\boldsymbol{F}$ 的大小及其与 x 轴所夹锐角 α,则有

$$F_x = F\cos\alpha$$

$$F_y = F\sin\alpha \tag{2-1}$$

若已知 F_x、F_y 值,同理可求出 F 的大小和方向

$$\left.\begin{aligned} F &= \sqrt{F_x^2 + F_y^2} \\ \tan\alpha &= \left|\frac{F_y}{F_x}\right| \end{aligned}\right\} \tag{2-2}$$

二、平面汇交力系的合成与合力投影定理

研究问题总是本着由已知求未知、由简到繁、由易到难的原则进行的。现在,我们已掌握了一个力分解的方法,并可以求得其沿直角坐标轴上的投影;也可以依据力的平行四边行法则将两个力合成一个力(相互垂直也可用解析法),即求得两个力的合力。也就是对由两个力组成的力系进行简化。

要注意的是,前面我们合成的两个力都是作用在同一点上的。这种各力作用线都汇交于一点的平面力系称为**平面汇交力系**。

这是一种较为简单的平面力系,在工程上常常遇见。比如,图 2-2(a)所示为内燃机的曲柄滑块机构工作图,图 2-2(b)为其简图。在解题时,这个机构常常画成图 2-2(c)的形式。当活塞 C 所在汽缸内燃气燃烧时,所产生的推力 $\boldsymbol{F}$ 推动活塞向左移动,通过两端铰接的连杆 BC 带动曲柄克服工作阻力矩 $\boldsymbol{M}$,绕 A 作定轴转动。滑块 C 的受力图如图 2-2(d)所示。

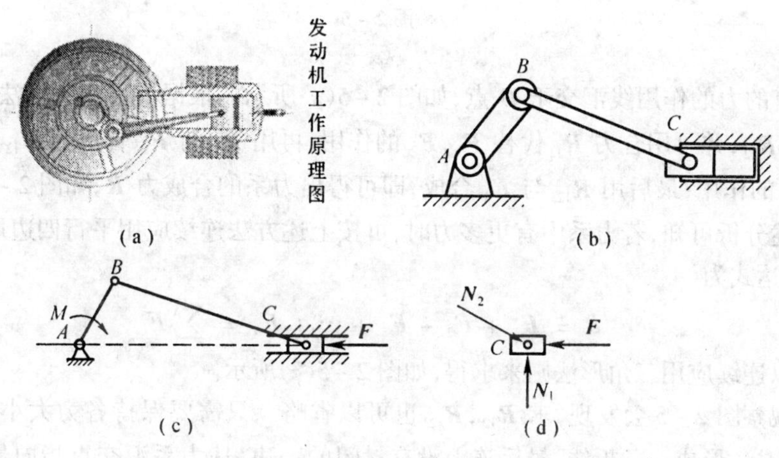

图 2-2

再比如船上栓缆绳的各类钩环,如图 2-3 所示;桥梁等桁架结构的节点受力,如图 2-4 所示等,都是工程中的平面汇交力系形式。

工程上这类受力构件的具体形式及其受力的具体形式是多种多样的。为了更普通地对各种不同存在的工程问题进行研究,我们将各类具有具体形状的构件,抽象为忽略形状大小的刚体;将具体的受力情况只保留汇交力系的基本特征。这就成了平面汇交力系作用于刚体上的一般情形,如图 2-5 所示。这样的研究思想在后面的学习中会经常用到,请读者用心体会。

1.平面汇交力系合成(简化)的几何法

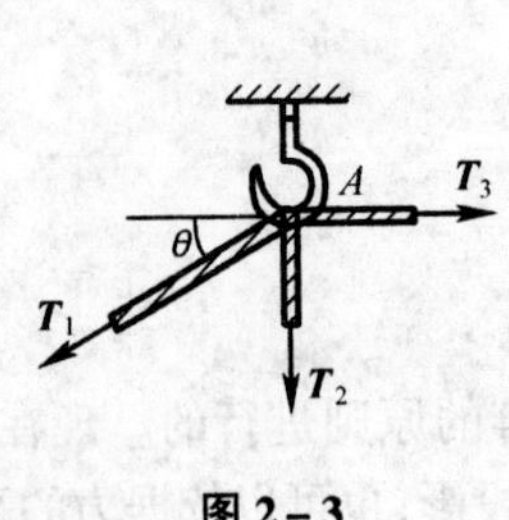

图 2－3

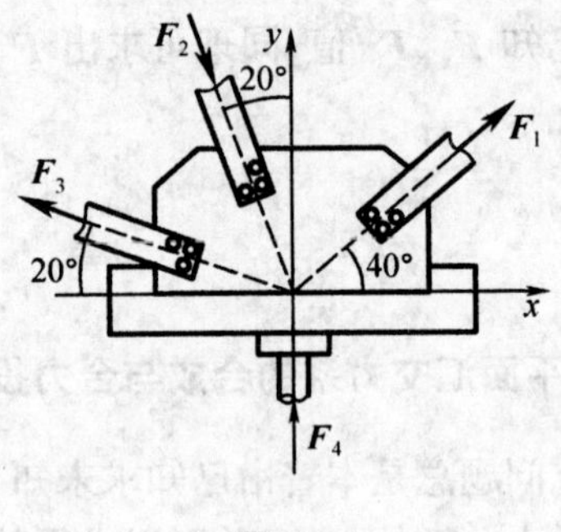

图 2－4

现在我们来研究一下作用于刚体上的平面汇交力系的一般情况，如图 2－5 所示。

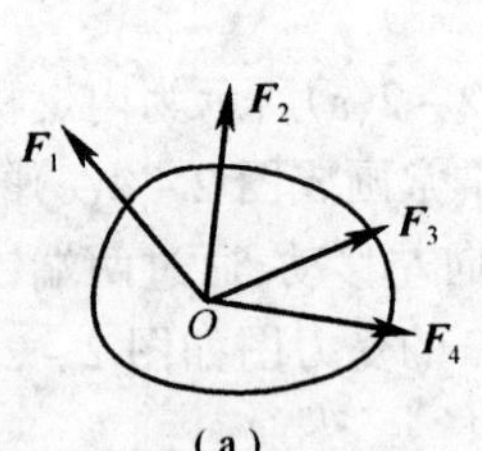

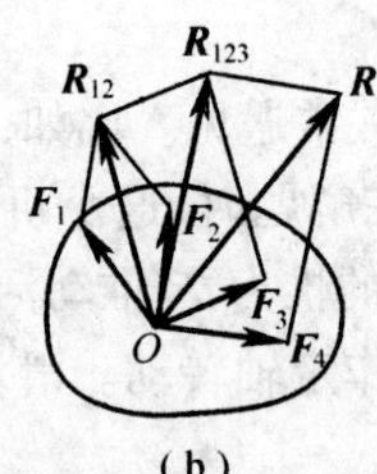

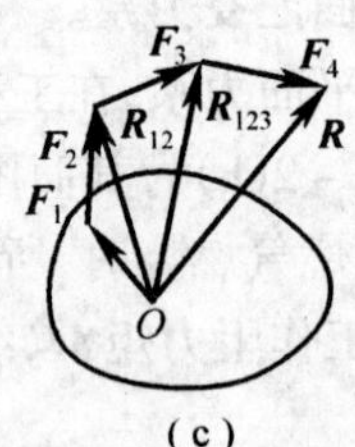

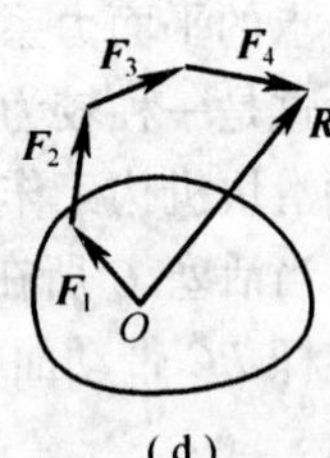

图 2－5

设所有的力的作用线汇交于 O 点，如图 2－5(a)所示。根据平行四边形法则，可将 $\boldsymbol{F}_1$，$\boldsymbol{F}_2$ 合成为 $\boldsymbol{R}_{12}$，并可用合力 $\boldsymbol{R}_{12}$ 代替 $\boldsymbol{F}_1$，$\boldsymbol{F}_2$ 的作用；再用 $\boldsymbol{R}_{12}$ 与 $\boldsymbol{F}_3$ 合成为 $\boldsymbol{R}_{123}$，用 $\boldsymbol{R}_{123}$ 代替 $\boldsymbol{F}_1$，$\boldsymbol{F}_2$，$\boldsymbol{F}_3$ 的作用；最后用 $\boldsymbol{R}_{123}$ 与 $\boldsymbol{F}_4$ 合成，即可得出力系的合成力 $\boldsymbol{R}$，如图 2－5(b)所示。

由上述分析可知，若力系中有更多力时，可按上述方法连续应用平行四边形法则求得合力，数学表达式为

$$\boldsymbol{R} = \boldsymbol{F}_1 + \boldsymbol{F}_2 + \boldsymbol{F}_3 + \cdots + \boldsymbol{F}_n = \sum \boldsymbol{F} \tag{2-3}$$

还可以连续应用三角形法则来求得，如图 2－5(c)所示。

仔细观察图 2－5 会发现，求 $\boldsymbol{R}_{12}$，$\boldsymbol{R}_{123}$ 也可以省略。只需要保持各力大小方向不变，将各力首尾相接，形成一条折线，最后连上没有封闭的一边，从力系汇交点指向最后力的末端形成的矢量即为合力 $\boldsymbol{R}$ 的大小和方向，如图 2－5(d)所示示。这个方法称为**力的多边形法则**。

合力的作用点为力的汇交点，其大小、方向与各力相加次序无关。

结论：平面汇交力系简化的结果是一个力。

2.平面汇交力系合成简化的解析法——合力投影定理

据式(2－3)知

$$\boldsymbol{R} = \boldsymbol{F}_1 + \boldsymbol{F}_2 + \boldsymbol{F}_3 + \cdots + \boldsymbol{F}_n = \sum \boldsymbol{F}$$

将上式两边分别向 x 及 y 轴投影有

$$\left.\begin{aligned} R_x &= F_{1x} + F_{2x} + F_{3x} + \cdots + F_{nx} = \sum F_x \\ R_y &= F_{1y} + F_{2y} + F_{3y} + \cdots + F_{ny} = \sum F_y \end{aligned}\right\} \quad (2-4)$$

上式说明,力系的合力在某轴上的投影等于力系中在同轴上投影的代数和,这就是**合力投影定理**。根据式(2-5)可求得合力 $\boldsymbol{R}$ 的大小方向,如图 2-6 所示。

$$\left.\begin{aligned} R &= \sqrt{\left(\sum F_x\right)^2 + \left(\sum F_y\right)^2} \\ \tan\alpha &= \left|\frac{\sum F_y}{\sum F_x}\right| \end{aligned}\right\} \quad (2-5)$$

例 2-1 试求图 2-3 所示钩环所受的合力的大小及方向。已知:$T_1 = 2\,000$ N, $T_2 = 732$ N, $T_3 = 732$ N, $\theta = 30°$。

解 以三力汇交点 A 为坐标原点建立直角坐标系,如图 2-7 所示。利用公式(2-4)可求得

$$R_x = T_{1x} + T_{2x} + T_{3x} = -2\,000\cos30° + 0 + 732 = -1\,000(\text{N})$$
$$R_y = T_{1y} + T_{2y} + T_{3y} = -2\,000\sin30° - 732 + 0 = -1\,732(\text{N})$$

图 2-6 图 2-7

再应用公式(2-5)可求得

$$R = \sqrt{\left(\sum F_x\right)^2 + \left(\sum F_y\right)^2} = 2\,000 \text{ N}$$

$$\tan\alpha = \left|\frac{\sum F_y}{\sum F_x}\right| = \sqrt{3}, \alpha = 60°$$

第二节 力对点之矩

实践告诉我们,力的运动效应中有一种情况是使受力物体产生转动效应。描述这种作用的概念有两个:**力矩**和**力偶**。本节研究力矩及相关问题。下一节研究力偶及相关问题。

一、力矩的概念

在物理学中我们曾经接触过力矩的概念,通过分析杠杆,引入力 $\boldsymbol{F}$ 对固定支点 O 的矩,如图 2-8 所示,记为 $m_O = \pm F \cdot d$;O 点称为矩心,d 为力臂,M_O 为矩。它是力 $\boldsymbol{F}$ 使物体绕支点 O 转动效应的度量,并规定:绕矩心逆时针转动为正,反之为负。

本节的研究中,上述内容仍有意义,称为力对点之矩,简称力矩,记为

$$m_O(\boldsymbol{F}) = \pm F \cdot d \qquad (2-6)$$

一切皆与以前所学相同。但要说明两点:

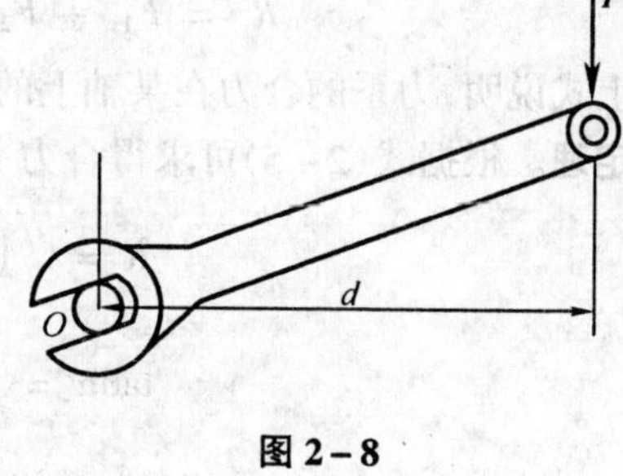

图 2-8

1.力矩的概念不仅适用于描述力对有固定支点的物体的作用效应,也适用于描述力对没有固定支点的物体的作用效应;或者是描述力对有固定支点的物体上固定支点以外各点的作用效应。也就是说,矩心也可以是固定点或者是可转动的支点,也可以是物体上或者是物体外任意一点。

2.在平面问题中,力矩是代数量,单位为 N·m 或 kN·m。在空间问题中,力矩实际是矢量,但其物理意义与平面问题基本相同。

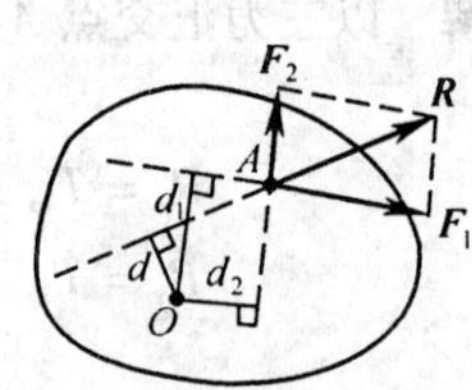

图 2-9

由力矩的定义和公式(2-6)可知:

1.当力的作用线通过矩心时,力臂值为零,则力矩值为零;当力的大小为零时,力矩值为零。

2.力沿其作用线滑移时,不会改变力矩的值,因为此时没有改变力和力臂的大小及力矩的转向。

二、合力矩定理

平面汇交力系的合力,对于平面上任一点之矩,等于力系中所有的力对同一点之矩的代数和(图 2-9)。这就是合力矩定理,数学表达式为

$$m_O(\boldsymbol{R}) = m_O(\boldsymbol{F}_1) + m_O(\boldsymbol{F}_2) + \cdots + m_O(\boldsymbol{F}_n) = \sum m_O(\boldsymbol{F}) \qquad (2-7)$$

上述合力矩定理不仅适用于平面汇交力系,也适用于其他各类力系。

合力矩定理为我们提供了求解力系合力对某点之矩的方法,同时也提供了求解一个力的合力对某点之矩的方法。在计算力矩时,有时力臂值计算较繁,可应用此定理,简化力沿已知尺寸方向作正交分解,分别计算两个分力的力矩,然后相加求得原力对同点之矩。

例 2-2 为了竖起塔架,在 O 点处以固定铰链支座与塔架相连接,如图 2-10 所示。设在图示位置钢丝绳的拉力为 $\boldsymbol{F}$,图中 a, b 和 α 均为已知量。计算力 $\boldsymbol{F}$ 对 O 点之矩。

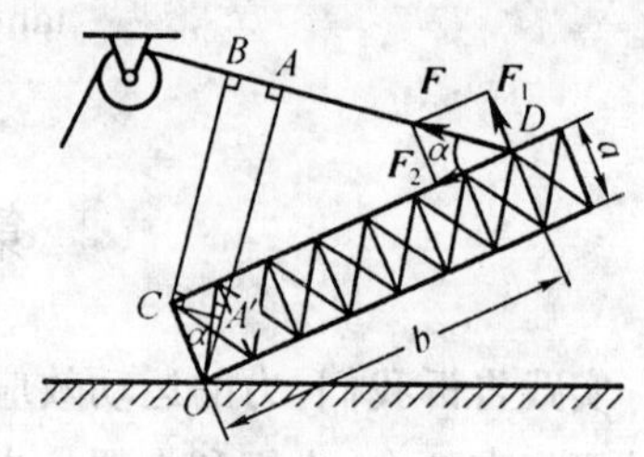

图 2-10

解 若用式(2-1)计算,必须求出力臂 OA。

$$OA = OA' + A'A$$

$$A'A = CB = b\sin\alpha$$

而

$$OA' = a\cos\alpha$$

所以

$$OA = OA' + A'A = a\cos\alpha + b\sin\alpha$$

$$M_O(\boldsymbol{F}) = F \cdot OA = F(a\cos\alpha + b\sin\alpha) = Fa\cos\alpha + Fb\sin\alpha$$

若应用合力矩定理,则可根据已知条件直接进行计算。先把力 $\boldsymbol{F}$ 分解为与塔架两边相平行的二分力 $\boldsymbol{F}_1$ 与 $\boldsymbol{F}_2$,其大小分别为

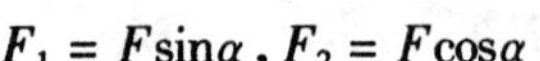

$$F_1 = F\sin\alpha, F_2 = F\cos\alpha$$

由合力矩定理得

$$M_O(\mathrm{F}) = M_O(F_1) + M_O(F_2) = F_1 b + F_2 a = Fa\cos\alpha + Fb\sin\alpha$$

显然，用合力矩定理计算比较简便。

第三节 力偶及其性质

本节我们来研究描述物体转动效应的另一个概念——力偶。

一、力偶的概念

工程中经常会见到物体受一对大小相等，方向相反，但不在同一直线上的平行力作用，例如图 2－11 所示的转动汽车方向盘和套丝板牙等。具有上述特征的一对力称为力偶，通常用符号(F,F')表示。力偶的作用使物体产生单纯转动运动。

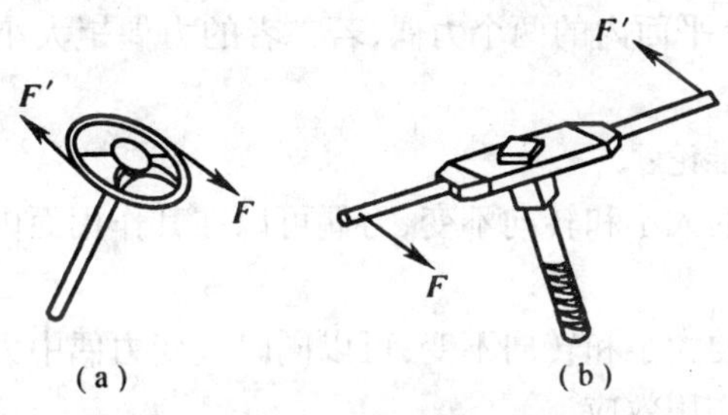

图 2－11

我们可以将上述具体实例中的力偶作用形式用图 2－12 所示刚体的力偶作用来表示。力偶中两力作用线所确定的平面称为“力偶作用面”，两力作用线间垂直距离称为力偶臂。

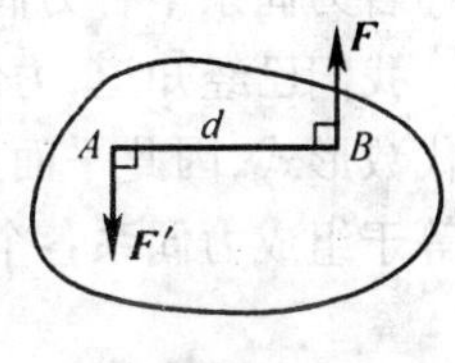

图 2－12

由实践知，在力偶的作用面内，力偶对物体的转动效应取决于组成力偶的力的大小、力偶臂的大小及力偶的转向。在力学上，以 F 与 d 的乘积及其正负号作为量度力偶在其作用面内对物体转动效应的物理量称为力偶矩，记作 $m(F,F')$ 或 m，即

$$m(F,F') = \pm F\cdot d \qquad (2-8)$$

规定：逆时针转向的力偶为正，顺时针转向的力偶为负。力偶矩的单位与力矩的单位相同，N·m 或 kN·m

需要注意的是，组成力偶的两个力虽然大小相等，方向相反，但由于二力作用线并不在一条直线上，因此组成力偶的二力不能实现二力平衡。力偶对刚体的作用是使刚体产生转动效应。

二、力偶的三要素

力偶和单力都是工程力学中不能再简化的一个基本作用量。与力的三要素相类似，力偶对物体的转动效应，也取决于三要素：

1. 力偶矩的大小；

2.力偶的转向；

3.力偶作用面的方位。

三要素相同的力偶，彼此等效，可以相互替换。

需要说明的是，三要素中力偶的作用面方位是由垂直于作用面的垂线指向来表达的，它表征作用面在空间的位置及旋转轴的方向。简而言之，在空间相互平行的平面，即具有相同的方位。也就是说，在空间相互平行的平面上作用的大小相等，转向相同的力偶，相互是等效的。这就是许多机械运动(如齿轮传动，带传动等)能够实现的基本依据。

三、力偶的性质

虽然力偶与单力都是力学中的基本要素，但是由于力偶是由两个具有特殊关系的力组成的，所以力偶具有自己独特的性质。

性质 1　力偶无合力，故力偶不能与一个力等效。

性质 2　力偶对其作用面内任意点的力矩值恒等于此力偶的力偶矩，与该点(即矩心)在平面内位置无关。

性质 3　作用在同一平面内的两个力偶，若二者的力偶矩大小相等且转向相同，则两个力偶对刚体的作用等效。

由此得出以下两个推论：

1.只要保持力偶矩的大小和转向不变，力偶可以在其作用面内任意转动，而不改变它对刚体的作用效应。

2.只要保持力偶矩的大小和转向不变，可以同时改变力偶中力的大小和力偶臂的大小，而不改变力偶对刚体的作用效应。

四、平面力偶系的合成

若力偶系中各力偶作用面均在同一平面内，则称为平面力偶系。

我们已经知道，力偶没有合力，其作用效应完全取决于力偶矩，而力偶矩在平面上表现为代数形式，因此平面力偶系简化(或合成)的结果，也必然是一个力偶，且合力偶的力偶矩应等于组成力偶系各个力偶的力偶矩的代数和，即

$$M = m_1 + m_2 + m_3 + \cdots + m_n = \sum m \tag{2-9a}$$

当平面力偶系达到平衡状态时，即平面力偶系对刚体没有任何作用效应(外效应)。其平衡条件为构成平面力偶系各分力偶矩代数和为零，即

$$M = m_1 + m_2 + m_3 + \cdots + m_n = \sum m = 0 \tag{2-9b}$$

例 2－3　用四轴钻床加工一工件上四个孔，如图 2－13 所示。每个钻头对工件的切削力偶 $m = 6\ \text{N}\cdot\text{m}$，固定工件的两螺栓 A、B 与工件成光滑接触，且 $AB = 0.3$ m。求两螺栓所受的力。

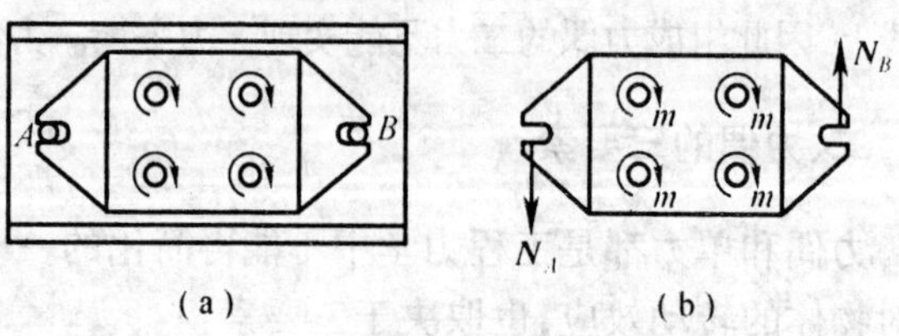

图 2－13

解　(1)取工件为研究对象，画出

其受力图(图 2-13(b))。

(2)工件受四个力偶 m 及反向平行力 $\boldsymbol{N}_A$、$\boldsymbol{N}_B$ 的作用而处于平衡状态,故 $\boldsymbol{N}_A$、$\boldsymbol{N}_B$ 必等值、反向组成一个力偶。工件受一组平面力偶系的作用,其平衡条件为

$$\sum m = 0\ , N_A(AB) - 4m = 0$$

$$N_A = N_B = \frac{4m}{(AB)} = 80\ \text{N}$$

第四节　力的平移定理

前面已经讲过,作用在刚体上的力可以对任一点产生力矩作用。实验证明,一个不受其他约束的刚体,只有通过其质心的力,才会使刚体产生单纯的移动,否则刚体就会一边移动,一边转动,这是为什么,这其中蕴含了什么道理呢?

如图 2-14(a),C 为刚体质心,A 点作用一力 $\boldsymbol{F}$。根据加减平衡力系公理知,若在 C 点处加一对大小等于 $\boldsymbol{F}$ 力值、作用线与 $\boldsymbol{F}$ 平行的平衡力 $\boldsymbol{F}'$、$\boldsymbol{F}''$,则刚体状态不变,如图 2-14(b)所示。显然,$\boldsymbol{F}$ 与 $\boldsymbol{F}'$ 可以构成一对力偶,且可知是力偶矩值等于原力 $\boldsymbol{F}$ 对 C 点之矩,即 $M = m_C(\boldsymbol{F}) = F \cdot d$(本问题中为正,实际也可能负)。这个力偶通常称为附加力偶,于是原来作用在 A 点的力 $\boldsymbol{F}$ 就与作用在质心 C 点的力 $\boldsymbol{F}''$ 及附加力偶 M 的联合作用等效,如图 2-14(c)所示。这就是刚体边移动边转动的原因。

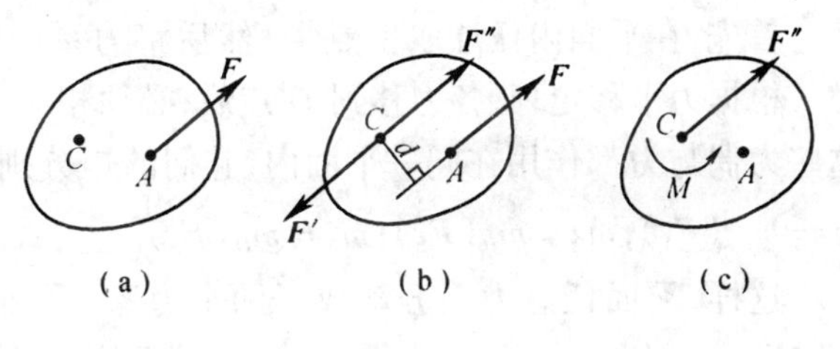

图 2-14

上述结果可以推广为一般结论:作用在刚体上的力可以向平面内任意点平移,平移后除了这力之外,还会产生一个附加力偶,附加力偶的力偶矩值等于力在原位置对平移点的力矩。也就是说,平移前的一个力对刚体的效应,与平移后的一个力和一个力偶对刚体的联合效应相等效。这就是力的平移定理。

有此定理,作用在刚体上的力就可以在刚体内任意平行移动了,这个意义十分重大。

第五节　平面力系的简化

平面力系有许多种形式,前面讲的平面汇交力系和平面力偶系都是平面力学中的特殊形式。图 2-15(a)为简易吊车架,吊车轨道架 AB 的受力图如图 2-15(b)所示。显然,AB 杆上各力除共面外,找不到其他共性,所有各力任意排列,称为**平面任意力系**。

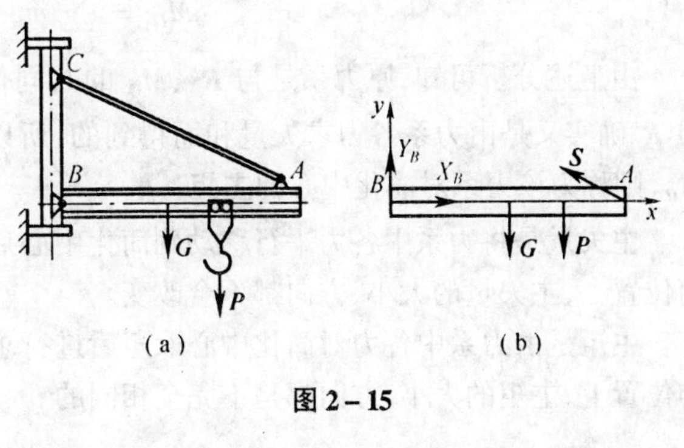

图 2-15

本章的最终目的就是要对任意形式的平面力系进行简化和平衡计算。

一、平面任意力系的简化

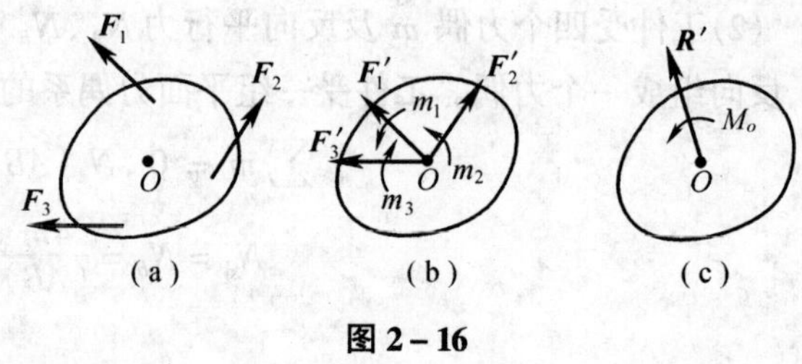

图 2-16

为了使我们的结论更具有普遍性,仍采用前面的研究方法,将 AB 杆抽象为普遍意义上的刚体,保持各力任意作用于刚体同一平面的特点,如图 2-16(a)所示,构成一平面任意力系。

为了对图 2-16(a)各力进行简化,我们不妨先对已经学过的相关知识进行一下简单的梳理。所谓对力系进行简化,也就是寻找力系的合力、合力偶或者是合力和合力偶;我们已经掌握了平面汇交力系和平面力偶系简化(或者说合成)的方法。如果平面任意力系可以转化成已知的两种形式,那就可以进行简化了。现在的问题就是,这种想法能实现吗?显然,应用力的平移定理,可以实现刚体上各力在平面内移动的目的。

首先,在平面内任意取一点 O,然后将力系中的各力平移到 O 点。点 O 称为简化中心。根据力平移定理,各力移到 O 点后,必须相应增加一个附加力偶。如图 2-16(b)所示。这些力偶与力都作用在同一平面内,它们的矩分别等于力 $\boldsymbol{F}_1,\boldsymbol{F}_2,\boldsymbol{F}_3$ 对点 O 的矩,分别为 $m_1=m_O(\boldsymbol{F}_1)$;$m_2=m_O(\boldsymbol{F}_2)$;$m_3=m_O(\boldsymbol{F}_3)$。

这样,平面任意力系分解成了两个力系:平面汇交力系和平面力偶系。也就是说,图 2-16(b)中的的平面汇交力系和平面力偶系的联合作用与图 2-16(a)中的平面任意力系的作用等效。

我们已经知道,简化后的平面汇交力系 $\boldsymbol{F}'_1,\boldsymbol{F}'_2,\boldsymbol{F}'_3$ 和平面力偶系 m_1,m_2,m_3 可以分别合成为一个作用于简化中心的合力 $\boldsymbol{R}'$ 和一个合力偶 M_O,如图 2-16(c)所示。

因为 $\boldsymbol{F}'_1,\boldsymbol{F}'_2,\boldsymbol{F}'_3$ 分别与 $\boldsymbol{F}_1,\boldsymbol{F}_2,\boldsymbol{F}_3$ 大小相等方向相同,所以

$$\boldsymbol{R}'=\boldsymbol{F}'_1+\boldsymbol{F}'_2+\boldsymbol{F}'_3=\boldsymbol{F}_1+\boldsymbol{F}_2+\boldsymbol{F}_3$$

合力偶的矩等于原来各力对简化中心的矩的代数和。

$$M_O=m_1+m_2+m_3=m_O(\boldsymbol{F}_1)+m_O(\boldsymbol{F}_2)+m_O(\boldsymbol{F}_3)$$

若作用于刚体上力系变为力的数目为 n 的平面任意力系,依据上述思路,则可很容易将上述结论推广为

$$\boldsymbol{R}'=\sum_{i=1}^{n}\boldsymbol{F}_i \tag{2-10}$$

$$M_O=\sum_{i=1}^{n}m_O(\boldsymbol{F}_i) \tag{2-11}$$

由上述分析可知,原力系是与 $\boldsymbol{R}'$、M_O 的共同作用等效的,故 $\boldsymbol{R}'$ 不能称为力系的合力,但 $\boldsymbol{R}'$ 确实又是由力系各力求矢量和而得到的,所以称为该力系的**主矢量**,简称**主矢**。对于 M_O,则称为该力系对简化中心的**主矩**。

主矢量是将力系中各力平行移动到简化中心后合成得到的,所以无论简化中心定在任何位置上,主矢量的大小、方向都不会改变。

主矩是由力系中各力对简化中心取矩后进行求代数和得到的,所以简化中心定在不同的位置上,主矩的大小、方向都是不完全相同的。

得如下结论:平面任意力系向任一点简化,其一般结果为作用在简化中心的一个主矢量和一个作用在平面上的主矩。

二、固定端的约束反力

物体的一部分固嵌于另一物体所构成的约束,称为**固定端约束**。这种约束不仅限制物体在约束处沿任何方向的移动,也限制物体在约束处的转动。如建筑中的阳台、跳水比赛中的跳板等都是受固定端约束的实例。固定端约束的力学模型,如图 2-17(a)所示。

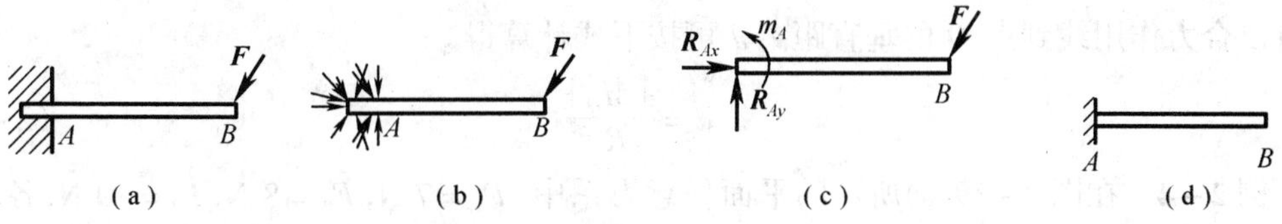

图 2-17

梁 AB 在主动力 $\boldsymbol{F}$ 作用下,其插入部分受到墙的约束,梁上每个与墙接触的点所受到的约束反力的大小和方向都不一样,这样杂乱分布的约束反力组成了一个平面任意力系,如图 2-17(b)所示。把这个力系向 A 点简化,可得到一个作用在梁 A 点的约束反力和一个力偶矩为 m_A 约束反力偶。约束反力一般用两个正交分力 $\boldsymbol{R}_{Ax}$ 和 $\boldsymbol{R}_{Ay}$ 来代替,如图 2-17(c)所示。约束反力 $\boldsymbol{R}_{Ax}$、$\boldsymbol{R}_{Ay}$ 限制梁的移动,约束反力偶 m_A 则限制梁绕 A 点的转动。以上分析只说明了固定端约束反力的性质,而这些约束反力的大小和方向可以用平面任意力系的平衡方程来确定。固定端约束还可以更简单地表示为图 2-17(d)所示的形式。

三、平面任意力系简化结果的分析

平面任意力系向平面内一点简化结果有四种情况。

1. $\boldsymbol{R}'=0, M_O=0$

这时作用于 O 点的汇交力系及附加力偶系都自成平衡,所以原力系平衡。

2. $\boldsymbol{R}'=0, M_O\neq 0$

此时作用于简化中心的汇交力系自成平衡,主矩 M_O 可以代替原力系对刚体的作用,故原力系可简化为一个力偶,其矩 $M_O=\sum_{i=1}^{n} m_O(\boldsymbol{F}_i)$。在这种情况下,主矩与简化中心的位置无关。因为原力系与一个力偶等效,根据力偶的性质可知,此力偶对任意一点的主矩都保持不变。

3. $\boldsymbol{R}'\neq 0, M_O=0$

即各附加力偶自成平衡,此时作用于简化中心的主矢可以代替原力系对刚体的作用,因此,这个主矢就是力系的合力。

4. $\boldsymbol{R}'\neq 0, M_O\neq 0$

必须将 $\boldsymbol{R}'$ 和 M_O 进一步简化,才能求得力系的合力。

将主矩 M_O 用两个力 $\boldsymbol{R}$ 和 $\boldsymbol{R}''$ 表示,并令 $\boldsymbol{R}''=-\boldsymbol{R}'$,且使 $\boldsymbol{R}''=\boldsymbol{R}=\boldsymbol{R}'$(图 2-18(b)),于是可将作用于 O 点的力 $\boldsymbol{R}'$ 和力偶($\boldsymbol{R}'$, $\boldsymbol{R}''$)合成为一个作用在点 O' 的力 $\boldsymbol{R}$,如图 2-18(c)所

示。这个力 $\boldsymbol{R}$ 就是原力系的合力，合力的大小等于主矢。合力的作用线在点的哪一侧，需根据主矢和主矩的方向确定。目光顺着主矢量看去，当主矩为逆时针转向时，合力 $\boldsymbol{R}$ 在主矢(或简化中心)的右侧，如图 2-18(c)所示；当主矩为顺时针转向时，合力 $\boldsymbol{R}$ 在主矢(或简化中心)的左侧。因为 $M_O = Rd = R'd$，所以合力作用线到点 O 的垂直距离 d 可按下式计算得

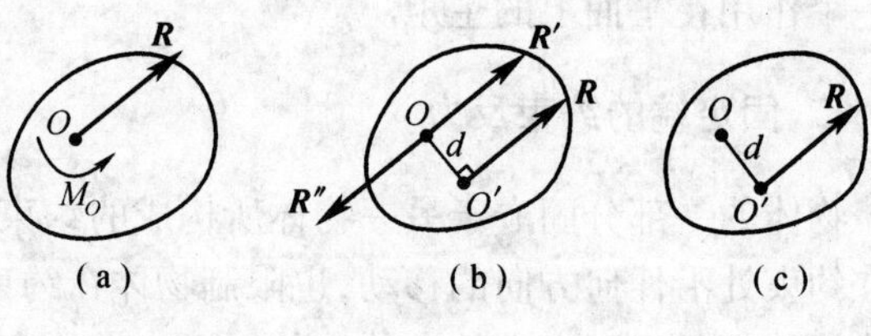

图 2-18

$$d = \frac{|M_O|}{R'} \tag{2-12}$$

例 2-4 在图 2-19(a)所示的平面任意力系中，$F_1 = 7$ N，$F_2 = 8$ N，$F_3 = 10$ N，各力的位置如图所示，试求此力系的合力。

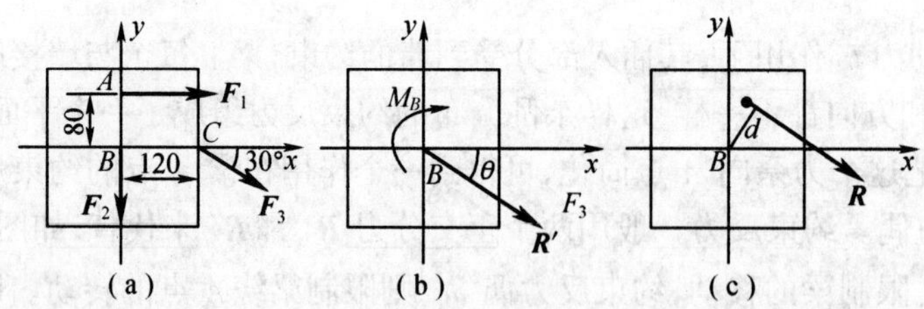

图 2-19

解 以 B 为简化中心(将力系向 B 点简化)。

(1)主矢 $\boldsymbol{R}'_B$

$$\sum_{i=1}^{3} F_{ix} = F_1 + F_3\cos30° = 15.7 \text{ N}$$

$$\sum_{i=1}^{3} F_{iy} = -F_2 - F_3\sin30° = -13 \text{ N}$$

主矢的大小 $$R'_B = \sqrt{(15.7)^2 + (-13)^2} = 20.4 \text{ N}$$

主矢与 x 轴的夹角 $$\theta = \arctan\left|\frac{\sum_{i=1}^{3} F_{iy}}{\sum_{i=1}^{3} F_{ix}}\right| = \arctan\left|\frac{-13}{15.7}\right| = 39.7°$$

因 $\sum_{i=1}^{3} F_{ix}$ 为正，$\sum_{i=1}^{3} F_{iy}$ 为负，故主矢指向右下方，如图 2-19(b)所示。

(2)主矩 M_B

$$M_B = \sum_{i=1}^{3} M_B(\boldsymbol{F}_i) = -80F_1 - 120F_3\sin30° = -1\ 160 \text{ N}\cdot\text{mm}$$

(3)合力 $\boldsymbol{R}$

合力的大小 $$R = R'_B = 20.4 \text{ N}$$

合力与 x 轴的夹角 $$\alpha = \theta = 39.7°$$

因为 $$d=\frac{|M_B|}{R'}=\frac{|-1\ 160|}{20.4}=57.1\ \text{mm}$$

且主矩为顺时针转向，故合力作用线的位置如图 2－19(c)所示。

第六节 平面力系的平衡条件及其应用

根据对平面任意力系简化结果的讨论可知，若平面任意力系向任一点 O 简化，所得到的主矢和主矩同时等于零，则刚体处于平衡状态。反之，若某力系是平衡力系，则它向任意点简化的主矢和主矩也同时等于零。所以平面任意力系平衡的必要和充分条件可以表示为

$$\left.\begin{aligned}\boldsymbol{R}'&=0\\M_0&=\sum m_o(\boldsymbol{F})=0\end{aligned}\right\}\tag{2-13}$$

上式中，主矢量 $\boldsymbol{R}'$ 是矢量，主矩 M_O 是代数量。但我们知道，只要能够保证主矢量 $\boldsymbol{R}'$ 的大小等于零，式(2－13)就可以成立，所以可以将上式表示为

$$\left.\begin{aligned}R'&=\sqrt{\left(\sum F_x\right)^2+\left(\sum F_y\right)^2}=0\\M_o&=\sum m_0(\boldsymbol{F})=0\end{aligned}\right\}\tag{2-14}$$

若式(2－14)成立，则可得平面任意力系的平衡方程为

$$\left.\begin{aligned}\sum F_x&=0\\\sum F_y&=0\\\sum m_O(\boldsymbol{F})&=0\end{aligned}\right\}\tag{2-15}$$

式(2－15)说明，平面任意力系平衡的必要和充分条件是力系中各力在任何方向的坐标轴上投影的代数和为零，力系中各力对平面内任一点之矩的代数和同时等于零。也就是说，$\sum F_x=0$ 和 $\sum F_y=0$，说明力系对物体没有产生任何方向的移动；$\sum m_O(\boldsymbol{F})=0$ 说明，力系也没有对物体产生绕任何一点的转动，故此物体处于平衡状态。

至此，本章要研究的问题都已得解，现在的问题是如何应用平面任意力系平衡方程求解平面任意力系问题。那就让我们再回头看一下图 2－15 所示的简易吊车架在实际工程中的情况，请看例 2－5。

例 2－5 图 2－20(a)所示起重机的横梁 AC 重 $W=10$ kN，重心位于 C 点，重物重 $G=24$ kN，现小车停于 M 处。$AC=6$ m，$AM=10$ m，$\alpha=30°$。求此时钢索 BE 上的拉力及支座 A 铰处的约束反力。

解 (1)取横梁 AC 为研究对象，画受力图，如图 2－20(b)所示。

(2)列平衡方程求解

由前面的分析可知，要运用平衡方程求解平面任意力系问题，应首先建立直角坐标系。为了解题方便，我们通常选择有多个未知力平行或者有相互正交的两个未知力的方向作为坐标轴方向。

本题中，铰 A 的一对约束反力恰好可以作为坐标轴方向。选取 $\boldsymbol{R}_{Ax}$，$\boldsymbol{T}$，$\boldsymbol{W}$ 的交点 C 为矩心可得方程组

$$\sum F_x=0;\quad R_{Ax}-T\cos30°=0 \qquad ①$$

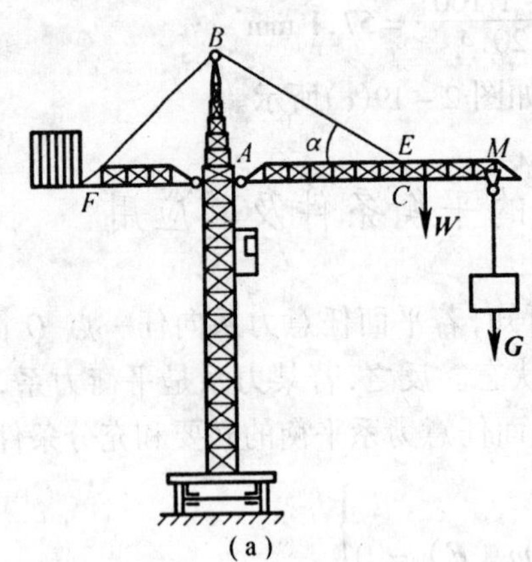

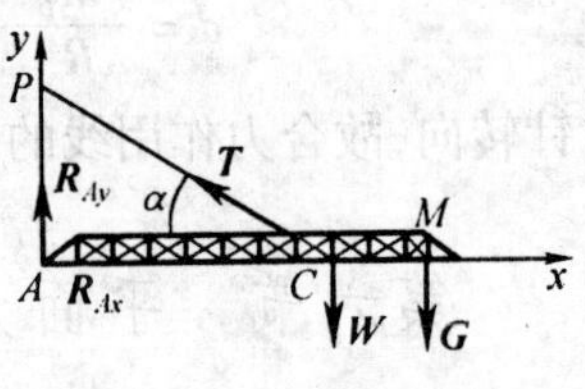

图 2-20

$$\sum F_y = 0; \quad T\sin 30° + R_{Ay} - W - G = 0 \qquad ②$$

$$\sum m_C(\boldsymbol{F}) = 0; \quad -G \cdot (CM) - R_{Ay} \cdot (AC) = 0 \qquad ③$$

求解上述联立方程组，显然方程③首先得解

$$R_{Ay} = -G\frac{CM}{AC} = -24 \times \frac{4}{6} = -16\ \text{kN} \qquad ④$$

将④式代入②式得解

$$T = \frac{W + G - R_{Ay}}{\sin 30°} = \frac{[10 + 24 - (-16)]}{1/2} = 100\ \text{kN} \qquad ⑤$$

将⑤式代入①式得解

$$R_{Ax} = T\cos 30° = 36.6\ \text{kN}$$

至此题目求解完成。

下面我们再对这个题目涉及的一些问题进行一下讨论和说明。

问题 1　关于建立直角坐标系

无论是从前面的分析看，还是从本题求解过程看，建立直角坐标系都是重要的，也是必不可少的。但直角坐标系的建立是任意的，怎么建立要看解题的方便。解题过程中所讲到的两点都体现了这一要求。所以在实际解题时，直角坐标系常常不明确标出，而是用某些特殊约束的正交分解的约束反力来指明。如本题中已有了 A 铰约束反力 $\boldsymbol{R}_{Ax}$，$\boldsymbol{R}_{Ay}$，坐标轴实际已经明确，故可不标出。如果没有这样适合的力，而又没有标出坐标轴位置的话，通常认为水平方向为 x 轴，垂直方向为 y 轴。

问题 2　关于各量的正负

由前面的学习已经知道，力和力矩的正负只代表方向。在坐标轴上的投影的正负是受坐标系方向影响的。本题列方程时，我们就时时在注意着力与坐标轴正向是否一致(见所列方程中各项正负即可知道)。求解过程中，对方程内许多项进行了移项，移到等号另一侧的量要改变符号。

既然这样，我们完全可以在列方程时就把方向相同的量写在等号一侧，把方向相反的量写在等号的另一侧，这样就免去了在列方程时因为方向问题的困扰。这样也就把坐标系方

向的作用削弱了,不明确画出坐标系也就更显得可行了。

由于受力图上各力都是依据约束反力的画法要求画上去的,所以当计算得出的结果是负值时(如本例 $R_{Ay} = -16$ kN),说明受力图上力的方向与实际方向相反。

问题3 关于列方程组和解方程组的顺序

联立方程组中的三个方程是既相互联系又各自独立的。三个方程同时成立时,物体才能平衡,但是这并不妨碍三个方程中有一个或者二个同时成立,而另外的不成立,所以这三个方程可以任意先列或者先进行求解。把握的原则仍是便于解题,一般来说,应尽量使一个方程就能直接求解一个未知量。

问题4 关于取哪一点为矩心的问题

前述分析我们知道,矩心是任一点都可以取的。既然这样,我们仍本着便于解题的原则来取矩心。一般说来,应选两个未知力的交点为矩心。这样就可以力矩方程直接求得一个未知力。本题就选了符合上述条件的 C 点为矩心,但实际上,A 点也符合上述条件,选用 A 点为矩心不可以吗?当然也可以,让我们来看一下。

若以 A 点为矩心(图2-20(b)),则可得方程

$$\sum m_A(\boldsymbol{F}) = 0;\ W\cdot(AC) + G\cdot(AM) = T\cdot(AC\cdot\sin\alpha) \quad ⑥$$

解得
$$T = \frac{W\cdot(AC) + G\cdot(AM)}{AC\cdot\sin\alpha} = \frac{10\times 6 + 24\times 10}{6\times 1/2} = 100\ \text{kN}$$

显然,这与例题求解的 $\boldsymbol{T}$ 值相同。这个方法可以用来检查计算结果是否正确。

如果先选 A 为矩心,则会形成由方程⑥、①、②组成联立方程组,也能得到正确的解。这种解法可以由以 C 点为矩心的方程来进行检查。

观察方程③和方程⑥会发现,这也是两个独立的方程,并且方程③可直接求得 $\boldsymbol{R}_{AY}$ 的值。方程⑥可直接求得 $\boldsymbol{T}$ 的值。既然矩心是可以任意选的,那么这两个方程也应该是可以同时成立的。

正是由于这个原因,平面任意力系平衡方程还有二种其他形式,即二力矩式和三力矩式。所以公式(2-15)也称**一力矩式**。

平面任意力系二力矩式平衡方程

$$\left.\begin{aligned} \sum m_A(\boldsymbol{F}) &= 0 \\ \sum m_B(\boldsymbol{F}) &= 0 \\ \sum F_x &= 0(\text{或}\sum F_y = 0) \end{aligned}\right\} \quad (2-16)$$

要注意的是,公式(2-16)仅是物体平衡的必要条件,但不是充分条件,需附加条件:x(或 y)轴不垂直于 AB 连线。

平面任意力系三力矩式平衡方程

$$\left.\begin{aligned} \sum m_A(\boldsymbol{F}) &= 0 \\ \sum m_B(\boldsymbol{F}) &= 0 \\ \sum m_C(\boldsymbol{F}) &= 0 \end{aligned}\right\} \quad (2-17)$$

公式(2-17)在应用时也必须附加条件:A,B,C 三点不能共线。

再看例题可知,解例题用的是一矩式的方法。若将方程①、③、⑥联立求解,就是应用二力矩式(读者可适解之)。那么可不可以应用三力矩式进行求解呢?我们来看一下。

设 T 与 R_{Ay} 的交点为 P，如图 2－20(b)所示。

以 P 点为矩心可得方程

$$\sum m_P(F) = 0; \quad R_{Ax} \cdot (PA) = W \cdot (AC) + G \cdot (AM) \qquad ⑦$$

解得

$$R_{Ax} = \frac{W \cdot (AC) + G \cdot (AM)}{(AC) \cdot \tan\alpha} = \frac{10 \times 6 + 24 \times 10}{6 \times \tan 30^\circ} = 36.6 \text{ kN}$$

再以 C 点为矩心可得方程③，解得 $R_{Ay} = -16$ kN；

最后以 A 点为矩心可得方程⑥，解得 $T = 100$ kN。

应用三力矩式求解的结果可以用 $\sum F_x = 0$ 或 $\sum F_y = 0$ 来进行检查。

综合上述分析可以看出，矩心可以任意选取，合适的矩心会使求解更加方便。三个不同形式的平衡方程给解题带来了更大的方便和自由。

问题 5　例题与实际问题

对照看了本例图 2－20(a)和引发本节研究问题的图 2－15(a)，开始会觉得这是不同的两个问题。但在对照图 2－20(b)和图 2－15(b)后，就会明确，这两个构件所表现出来的是完全相同的问题。由抽象的刚体上作用一个平面任意力系所得出的结论(式(2－15)及其另外两种表达形式的式(2－16)和式(2－17))，则是对所有平面力系问题具有普遍指导意义的公式。前述分析过程所展示的，就是工程力学研究中由实际问题到力学理论，再由力学理论指导解决实际工程问题的一般过程。本书内所有研究的问题都存在类似的关系，望读者细细得体会，书中就不一一叙述了。

其实，图 2－15(a)所示简易吊车架也是过去工程中常见的，现在不常用了。本例所示是工程中常见的实例。但是，实际工程中的情况还是要比例题所示复杂些的。比如，实际工程中小车 M 是可以运动的，M 在不同位置会产生不同的影响，这个问题后面仍会讲到。无论如何，如例题讲到的这样基本分析方法，对解决实际工程问题都是十分有意义的。在实际工程中，我们要全面研究可能出现的各种情况。比如本例所示起重机，整机在工作中和空载时都必须平衡，这也是我们要研究的问题(见例 2－6)。

例 2－6　我们来研究一下例 2－5 中起重机自身平衡问题。

已知图 2－21(a)所示起重机身(包括横梁)重 $W = 100$ kN，其重心 C 距右轨道 B 的距离为 $b = 0.6$ m，最大起重量 $G = 36$ kN(前例中显然未达到工作极限)，距右轨道 B 的距离为 $l_1 = 10$ m，起重机上平衡铁重为 Q，其重心距左轨道 A 的距离为 $l_2 = 4$ m，轨距 $a = 3$ m。试求此起重机在满载与空载时都不致翻倒的平衡重 Q 值的范围。

解　以起重机整体为研究对象。依题意可分为满载右翻与空载左翻两个临界情况，Q 值的范围应在此二种情况要求的值之间。

(1)满载时，$G = G_{max} = 36$ kN，要求保障以最小的平衡重 Q_{min}。此时左轨道 A 必处于悬空状态，即只有右轨道 B 支撑全重，如图 2－21(b)所示。

取 B 为矩心，列平衡方程有

$$\sum m_B(F) = 0; \quad Q_{min}(l_2 + a) = Wb + Gl_1$$

$$Q_{min} = \frac{(Wb + Gl_1)}{(l_2 + a)} = \frac{(100 \times 0.6 + 36 \times 10)}{(4 + 3)} = 70 \text{ kN}$$

$$\sum F_y = 0; \quad N_B = Q_{min} + W + G = 206 \text{ kN}$$

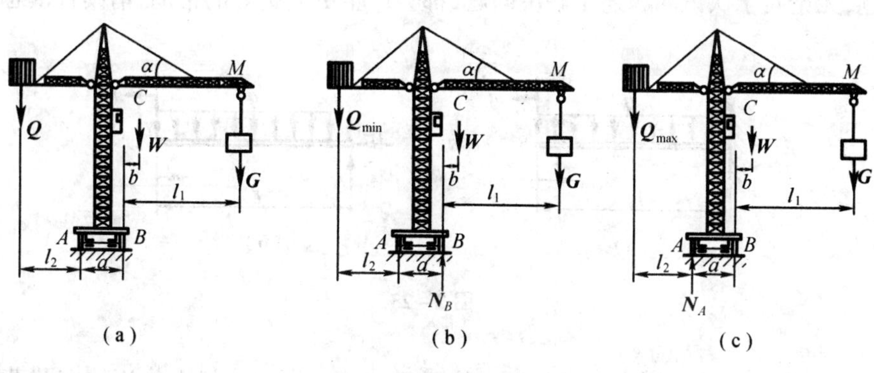

图 2-21

(2)空载时，$G=0$，要求保障的平衡重力最大不能超过 Q_{max}。此时右轨道 B 必处于悬空状态，即只有左轨道 A 支撑全重，如图 2-21(c)所示。

取 A 为矩心，列平衡方程有

$$\sum m_A(\boldsymbol{F}) = 0; \quad Q_{max} \cdot l_2 = W(b+a)$$

$$Q_{max} = \frac{W(b+a)}{l_2} = \frac{100 \times (0.6+3)}{4} = 90 \text{ kN}$$

$$\sum F_y = 0; \quad N_A = W + Q_{max} = 190 \text{ kN}$$

所以平衡重 $\boldsymbol{Q}$ 的范围为

$$70 \text{ kN} \leqslant Q \leqslant 90 \text{ kN}$$

下面对本例涉及的一些问题进行讨论和说明。

问题 1　起重机所受力系

观察图 2-21(b)、(c)可以看出，起重机所受各力不仅都处于同一平面内，且所有力的作用线都是平行的，力学上把这样的力系称为平面平行力系。

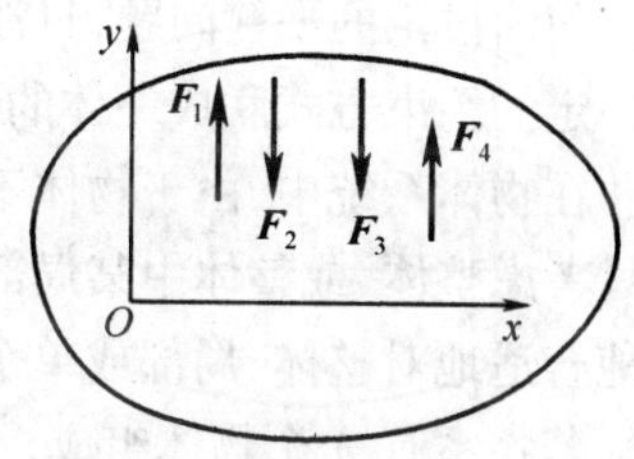

图 2-22

图 2-22 所示为受平面平行力系作用而平衡的刚体。若取 x 轴与各力相垂直，则各力在 x 轴上的投影均为零，平面任意力系平衡方程中式 $\sum Fx=0$ 恒成立，所以平面平行力系的平衡方程就可以表述为

$$\left.\begin{array}{l}\sum F_y = 0 (或 \sum F_x = 0) \\ \sum m_O(\boldsymbol{F}) = 0\end{array}\right\} \qquad (2-18)$$

由此可见，平面平行力系与平面汇交力系、平面力偶系一样，不过是平面任意力系的一种特殊形式。平面任意力系平衡方程中已经包含了所有平面力系平衡的条件。

问题 2　解决问题时选用哪个方程

既然平面任意力系平衡方程中已经包含了所有平面力系平衡条件，解决平面问题时就可以直接以平面任意力系平衡方程的应用来思考。比如本例，在没有建立平面平行力系的概念下，只以平面力系平衡来分析，也是可解的。但是，如果能较好掌握各类力系的受力和平衡问题,无论对于认识问题还是解决问题,都会产生更大更好的帮助,请读者慎思之。

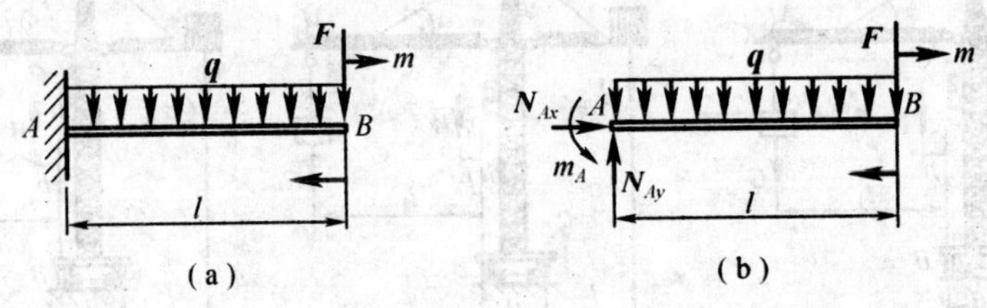

图 2-23

例 2-7 梁 AB 一端固定,一端自由,如图 2-23(a)所示。梁上作用均布载荷,载荷集度为 q,在梁的自由端还受集中力 $\boldsymbol{F}$ 和力偶矩为 m 的力偶作用,梁的长度为 l,试求固定端 A 处的约束反力。

解 (1)取梁 AB 为研究对象并画受力图,如图 2-23(a)所示。

(2)列平衡方程并求解

$$\sum F_x = 0; \quad N_{Ax} = 0$$

$$\sum F_y = 0; \quad N_{Ay} - ql - F = 0$$

$$N_{Ay} = ql + F$$

$$\sum m_A(F) = 0; \quad m_A - ql \cdot \frac{l}{2} - Fl - m = 0$$

$$m_A = \frac{al^2}{2} + Fl + m$$

第七节 物体系统平衡

前面讨论的平衡问题,只涉及了单个物体。工程中更多的是由两个或两个以上的物体以一定的约束方式联成一体的机器或结构,我们称之为物体系统,简称物系。

在物体系统中,由于物体不止一个,其约束方式和受力情况也较复杂,因此在很多情况下只考虑整体、或整体中某局部、或整体中的单个物体,都不能求出全部未知力。必须要全面地合适地对整体、局部或单个物体进行分别研究,最后求得所有未知力。

若物系有 n 个物体组成,在平面问题中,对每个物体可列出不超出 3 个的独立平衡方程,整个物系就会列出不超过 $3n$ 个的独立平衡方程。若物系平衡问题中未知量数小于或等于能列出的独立平衡方程数时,问题为静定问题,否则就属于静不定(或称超静定)问题。静定问题是我们可解的问题,本书涉及的问题就是静定问题。

下面就从例题来学习物系平衡问题的解法。

例 2-8 已知梁 AB 和 BC 在 B 点连接,C 为固定端,如图 2-24(a)所示。若 $m = 20\ \text{kN·m}$,$q = 15\ \text{kN/m}$,试求 A,B,C 三点的约束反力。

解 本题若以整个物系为研究对象,则未知数较多,不能求解。

(1)以梁 AB 为研究对象画受力图,如图 2-24(b)所示。选坐标轴 x,y,列平衡方程并求解未知量。

$\sum m_A(\boldsymbol{F}) = 0; 3R_{By} - 2 \times q \times 2 = 0$

解得 $R_{By} = 4q/3 = 20\ \text{kN}$

$\sum m_B(\boldsymbol{F}) = 0; \quad -3R_A + 2 \times q \times 1 = 0$

解得 $R_A = 2q/3 = 10\ \text{kN}$

$$\sum F_x = 0; \quad R_{Bx} = 0$$

(2)以量 BC 为研究对象画受力图,如图 2-24(c)所示。选坐标轴 x、y,列平衡方程并求解未知量

$$\sum m_C(\boldsymbol{F}) = 0$$

$$2R'_{By} + m + m_C = 0$$

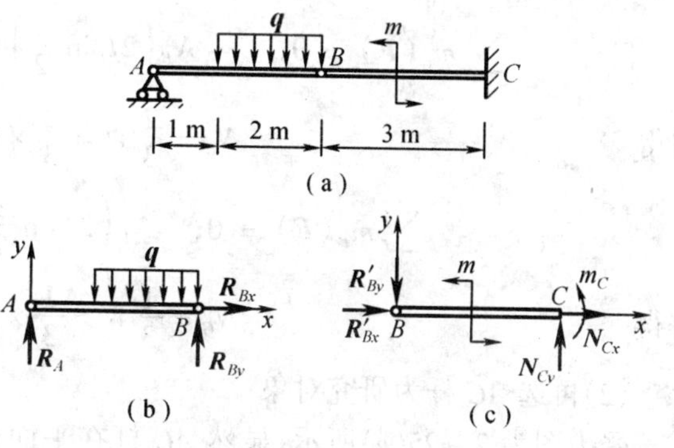

图 2-24

$$m_C = -3R'_{By} - m$$

$$= -3 \times 20 - 20 = -80\ \text{kN} \cdot \text{m}$$

$$\sum F_y = 0; \quad -R'_{By} + N_{Cy} = 0$$

$$N_{Cy} = R'_{By} = 20\ \text{kN}$$

讨论与说明:

从本例求解过程看,是先对 AB 杆求解,得出未知力 $\boldsymbol{R}_A$,$\boldsymbol{R}_{Bx}$,$\boldsymbol{R}_{By}$ 的值,杆 BC 上的 $\boldsymbol{R}'_{Bx}$,$\boldsymbol{R}'_{By}$ 由于作用与反作用的关系就转化为已知,再由 BC 杆求出未知力 $\boldsymbol{N}_{Cx}$,$\boldsymbol{N}_{Cy}$,m_C。

我们把物系中像 AB 杆这样,有已知力作用且未知量个数少于或等于独立方程个数的整体、局部或单个物体称可解物体,这个条件称为可解条件。

本例的做法是,对符合可解条件的可解物体先行求解;将求得的未知力作为已知力,通过作用与反作用的关系,转移到其他物体,使其相对应的未知力也变为已知力;如此逐步扩大已知量的数目,直至最终全部解出。这也正是求解物系平衡问题的一般程序。

例 2-9 人字梯 AB,AC 两杆在 A 点铰链,在 D,E 两点用水平绳连接,如图 2-25(a)所示。梯子放在光滑的水平面上,其一边有人攀登而上,梯子处于平静状态。已知人重力 $W = 60\ \text{kN}$,$AB = AC = l = 3\ \text{m}$,$\alpha = 45°$,梯子重力不计,其他尺寸见图 2-25(a),求绳子的张力和铰链的约束反力。

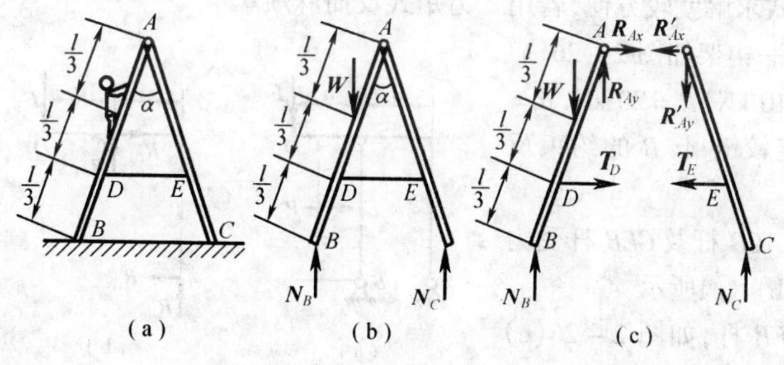

图 2-25

解 (1)先取人字梯 BAC 为研究对象

受力如图 2-25(b)所示,显然梯子在 $\boldsymbol{W}$,$\boldsymbol{N}_B$,$\boldsymbol{N}_C$ 组成的平面平行力系作用下平衡。列

平衡方程求解

$$\sum m_C(\boldsymbol{F}) = 0; \quad -N_B\left(2l\sin\frac{\alpha}{2}\right) + W\left(l\sin\frac{\alpha}{2} + \frac{l}{3}\sin\frac{\alpha}{2}\right) = 0$$

解得

$$N_B = \frac{2}{3}W = \frac{2}{3}\times 60 = 40\ \text{kN}$$

$$\sum m_B(\boldsymbol{F}) = 0; \quad N_C\left(2l\sin\frac{\alpha}{2}\right) - W\left(\frac{2}{3}l\sin\frac{\alpha}{2}\right) = 0$$

解得

$$N_C = \frac{1}{3}W = \frac{1}{3}\times 60 = 20\ \text{kN}$$

(2)再选 AC 杆为研究对象

受力图为 2－25(c)所示，显然 AC 杆在平面任意力系作用下处于平衡状态。列平衡方程求解

$$\sum F_y = 0; \quad N_C - R'_{Ay} = 0$$

将 $N_C = 20$ kN 代入解得

$$R'_{Ay} = N_C = 20\ \text{kN}$$

$$\sum m_E(\boldsymbol{F}) = 0; \quad R'_{Ax}\left(\frac{2}{3}l\cos\frac{\alpha}{2}\right) + R'_{Ay}\left(\frac{2}{3}l\sin\frac{\alpha}{2}\right) + N_C\left(\frac{l}{3}\sin\frac{\alpha}{2}\right) = 0$$

将 $R'_{Ay} = N_C = 20$ kN 代入解得

$$R'_{Ax} = -\left(R'_{Ay} + \frac{N_C}{2}\right)\tan\frac{\alpha}{2} = -\left(20 + \frac{20}{2}\right)\tan\frac{45^\circ}{2} = 12.4\ \text{kN}$$

$$\sum F_x = 0; \quad T_E + R'_{Ax} = 0$$

将 $R'_{Ax} = -12.4$ kN 代入解得

$$T_E = -R'_{Ax} = 12.4\ \text{kN}$$

讨论与说明：

(1)此例若按前例之法则发现，所分离两杆 AB，AC 皆不符合可解条件，而其整体却符合可解条件。这也是常见情况之一。

(2)为了尽量达到一个方程求解一个未知数的目的，在力臂易求的情况下，应尽量采用力矩方程，在力臂求解较繁的情况下，采用投影方程也许更为便利。如本例中研究 AC 杆时，采用一力矩式求解就较方便，若用二力矩式反而麻烦。

例 2－10 一构架如图 2－26(a)所示，已知 $F = 10$ kN，$P = 20$ kN，$a = 1$ m。试求两固定铰链 A，B 的约束反力。

解 (1)画 ACD 杆及 CEB 杆受力图，如图 2－26(b)、(c)所示。

(2)研究 CEB 杆，如图 2－26(c)所示，则有

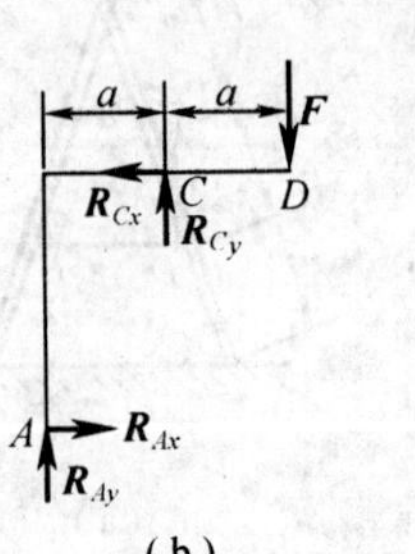

图 2－26

$$\sum m_c(\boldsymbol{F}) = 0; \quad R_{Bx}\cdot 2a - Pa = 0$$

解得

$$R_{Bx} = \frac{P}{2} = 10\ \text{kN}$$

$$\sum F_x = 0; \quad R'_{Cx} + R_{Bx} - P = 0$$

解得
$$R'_{Cx} = P - R_{Bx} = 10 \text{ kN}$$

(3)研究 ACD 杆,如图 2-26(b)所示,则有

$$\sum m_A(\boldsymbol{F}) = 0; \quad R_{Cy} \cdot a + R_{Cx} \cdot 2a - F \cdot 2a = 0$$

解得
$$R_{Cy} = \frac{F2a - R_{Cx}2a}{a} = 0$$

$$\sum F_y = 0; \quad R_{Ay} + R_{Cy} - F = 0$$

解得
$$R_{Ay} = F - R_{Cy} = 10 \text{ kN}$$

$$\sum F_x = 0; \quad R_{Ax} = R_{Cx} = R'_{Cx} = 10 \text{ kN}$$

(4)再研究 CEB 杆,如图 2-26(c)所示,则有

$$\sum F_y = 0; \quad R_{By} = R'_{Cy} = R_{Cy} = 0$$

讨论与说明:

此例与前两例皆不相同,按前述方法都找不到可解条件。仔细观察会发现,在 CEB 杆上的点 C,B,都有三个未知力通过,若以此点为矩心,建立力矩方程,则可求出一个未知力。这正是此例的可解条件。

可解条件有时会在局部存在。如果 n 个未知力中,有 $n-1$ 个未知力互相汇交或相互平衡,则可选此汇交点为矩心或选平行力的垂线为坐标列出平衡方程,即可求得部分未知力,然后再如前述,逐步扩大已知量数,直至全部解决。这也是求解物系平衡问题常见情况之一。

例 2-8,2-9,2-10 蕴涵了求解物系平衡问题,寻找可解条件的基本方法,请读者仔细体会。

例 2-11 图 2-27(a)所示为曲轴冲床简图,由轮、连杆 AB 和冲头 B 组成。A,B 两处为固定铰链连接,$OA = R$,$AB = L$。如果忽略摩擦和物体的自重,当 OA 在水平位置、冲压力为 $\boldsymbol{P}$ 时,求(1)作用在轮上的力偶矩 M 的大小;(2)轴承 O 处的约束反力;(3)连杆 AB 受的力;(4)冲头给导轨的侧压力。

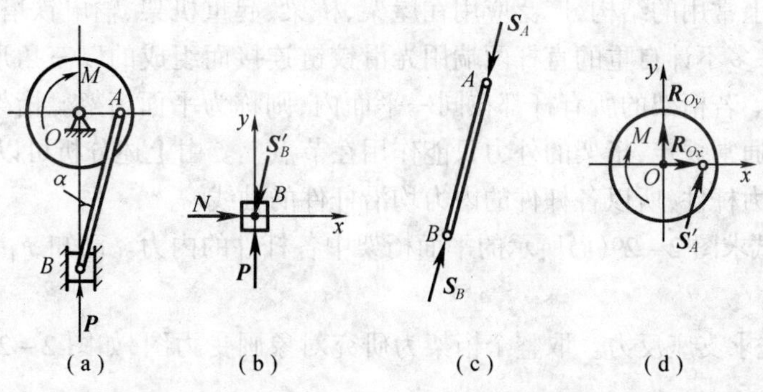

图 2-27

解 (1)首先以冲头为研究对象。冲头受力为平面汇交力系如图 2-27(b)所示。

$$\sum F_y = 0; \quad P - S'_B \cos\alpha = 0$$

解得
$$S'_B=\frac{P}{\cos\alpha}=\frac{Pl}{\sqrt{l^2-R^2}}$$

$$\sum F_x=0;\quad N-S'_B\sin\alpha=0$$

解得
$$N=P\tan\alpha=\frac{PR}{\sqrt{l^2-R^2}}$$

(2)再以轮为研究对象,如图 2-27(d)所示。

$$\sum m_O(\boldsymbol{F})=0;\quad S'_A\cos\alpha\cdot R-M=0$$

解得
$$M=PR$$

$$\sum F_x=0;\quad R_{Ox}+S'_A\sin\alpha=0$$

解得
$$R_{Ox}=-S'_A\sin\alpha=-P\tan\alpha=-\frac{PR}{\sqrt{l^2-R^2}}$$

$$\sum F_y=0;\quad R_{Oy}+S'_A\cos\alpha=0$$

解得
$$R_{Oy}=-S'_A\cos\alpha=-P$$

讨论与说明:

(1)本例中冲头 B 受到的是平面汇交力系作用,连杆 AB 为二力杆。以此题类推,请仔细留意有关的力学概念在实际工程中的具体形式及相关的内在联系等问题。

(2)图 2-27(a)是保持了实际机械基本结构特征的简图。实际上,在后续课程中我们会知道,这是一种机械中常见的机构,称为曲柄滑块机构。它可以用一个更具体普遍意义的简图来表示,如图 2-28 所示。

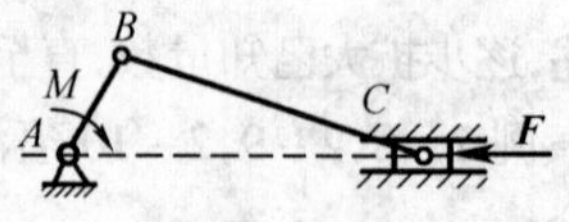

图 2-28

曲柄冲床、柴油机汽缸、往复式水泵、蒸汽机车传动等等,许多工程设备的传动机构都可以简化成这个形式。

将例题中已知条件对应到图 2-28,会求得同样结果,其分析过程与例题完全相同,读者一试便知。

下面简单介绍一下桁架的计算,以备相关专业选择学习。

桁架是工程上常用的结构,广泛应用在屋架、桥梁、起重机架、输电铁塔等大型结构中。所谓桁架,是由许多不计自重的直杆两端用光滑铰链连接而组成的以三角形为基础的几何形状不变的结构。若桁架的所有杆都在同一平面内,则称为平面桁架。桁架中连接杆件的铰链称为节点。通常规定,桁架的外力只能作用在节点上。由上述分析可以看出,桁架中的每根杆件都是二力杆件,所以各杆件的内力均沿杆件的轴线。

例 2-12 试求图 2-29(a)所示的平面桁架中各杆件的内力。已知 $F_1=40$ kN, $F_2=10$ kN, $a=2$ m。

解 (1)首先求支座反力。取整个桁架为研究对象画受力图,如图 2-29(b)所示,列平衡方程

$$\sum m_A(\boldsymbol{F})=0;\quad 3aR_B-aF_1+aF_2=0$$

解得
$$R_B=\frac{1}{3}(F_1-F_2)=10\ \text{kN}$$

$$\sum F_y=0;\quad R_{Ay}+R_B-F_1=0$$

解得

$$R_{Ay} = F_1 - F_B = 30 \text{ kN}$$

$$\sum F_x = 0; \quad R_{Ax} + F_2 = 0$$

解得

$$R_{Ax} = -F_2 = -10 \text{ kN}$$

(2)取节点 A 为研究对象,如图 2－29(c)所示,一般都假设杆受拉力(设各力均背离节点,若计算后结果某杆内力为负值,则该杆受压),列平衡方程

$$\sum F_y = 0; \quad R_{Ay} - S_2\sin45° = 0$$

解得

$$S_2 = \frac{R_{Ay}}{\sin45°} = \frac{30}{0.707} = 42.4 \text{ kN}$$

$$\sum F_x = 0; \quad S_1 + S_2\cos45° + R_{Ax} = 0$$

解得

$$S_1 = -S_2\cos45° - R_{Ax} = -42.4 \times 0.707 - (-10) = -20 \text{ kN}$$

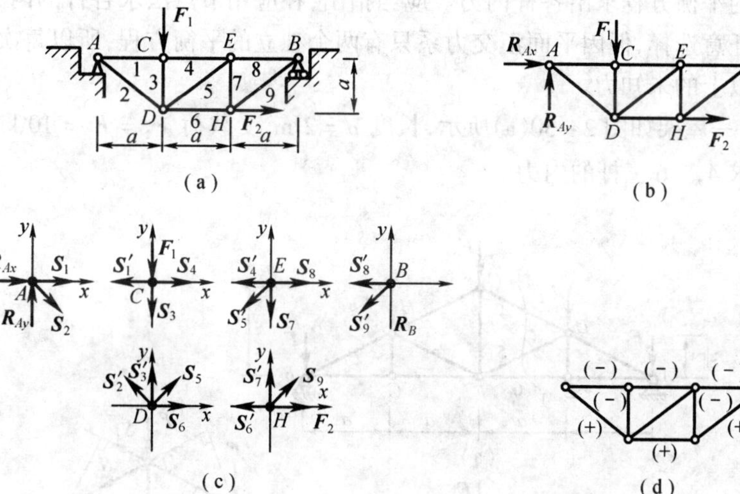

图 2－29

(3)以节点 C 为研究对象,列平衡方程

$$\sum F_y = 0; \quad -F_1 - S_3 = 0$$

解得

$$S_3 = -F_1 = -40 \text{ kN}$$

$$\sum F_x = 0; \quad S_4 - S_1' = 0$$

解得

$$S_4 = S_1' = S_1 = -20 \text{ kN}$$

(4)以节点 D 为研究对象,列平衡方程

$$\sum F_y = 0; \quad S_3' + S'\sin45° + S_5\sin45° = 0$$

解得

$$S_5 = \frac{-S_3' - S_2'\sin45°}{\sin45°} = \frac{40 - 42.4 \times 0.707}{0.707} = 14.1 \text{ kN}$$

$$\sum F_x = 0; \quad S_5\cos45° - S_2'\cos45° + S_6 = 0$$

解得

$$S_6 = (-S_5 + S_2')\cos45° = (-14.1 + 42.4) \times 0.707 = 20 \text{ kN}$$

(5)以节点 E 为研究对象,列平衡方程

$$\sum F_y = 0; \qquad -S'_5\sin 45° - S_7 = 0$$

解得
$$S_7 = -S'_5\sin 45° = -14.1\times 0.707 = -10\ \text{kN}$$

$$\sum F_x = 0; \qquad S_8 - S'_4 - S'_5\cos 45° = 0$$

解得
$$S_8 = S'_4 + S'_5\cos 45° = -20 + 14.1\times 0.707 = -10\ \text{kN}$$

(6)以节点 H 为研究对象,列平衡方程

$$\sum F_y = 0; \qquad S_9\sin 45° + S'_7 = 0$$

解得
$$S_9 = 14.1\ \text{kN}$$

至此已求出全部内力,但节点 H 还能列出一个方程,节点 B 还能列出两个方程,它们可以用来校核以上的计算结果是否正确。最后,可将求得的内力符号标注在桁架简图上(图2-29(d)),杆件受拉者标以正号,杆件受压者标以负号。

上例中计算桁架内力的方法称为节点法。该法是逐次截割桁架的每一个节点,并应用平面汇交力系的平衡方程求出各杆内力。应当指出,在应用节点法求各杆的内力时,截割节点的次序可以任意选择,但因平面汇交力系只有两个独立的平衡方程,所以每次截出的节点都不能有两个以上的未知力。

例2-13 一屋架如图2-30(a)所示,长度 $a = 2$ m,受载荷 $F_1 = F_5 = 10$ kN,$F_2 = F_3 = F_4 = 20$ kN,试求4,5,6三杆的内力。

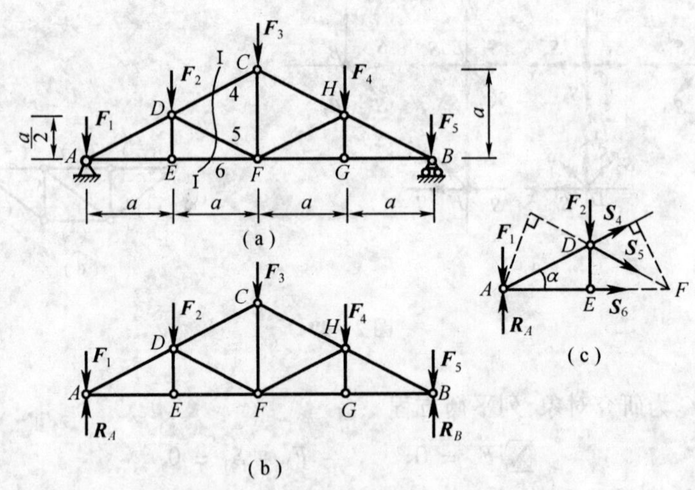

图2-30

解 (1)求支座反力。以桁架整体为研究对象画受力图,如图2-32(b)所示,列平衡方程

$$\sum m_B(\boldsymbol{F}) = 0; \qquad -4a\cdot R_A + 4a\cdot F_1 + 3a\cdot F_2 + 2a\cdot F_3 + a\cdot F_4 = 0$$

解得
$$R_A = 40\ \text{kN}$$

$$\sum F_y = 0; \qquad R_a + R_B - F_1 - F_2 - F_3 - F_4 - F_5 = 0$$

解得
$$R_B = 40\ \text{kN}$$

(2)用截面Ⅰ-Ⅰ将桁架截割为两部分,以左边部分为研究对象考虑其平衡(图2-30

(c)),该部分受载荷 $\boldsymbol{F}_1$,$\boldsymbol{F}_2$ 和支座反力 $\boldsymbol{R}_A$,还有杆 4,5,6 的未知内力 $\boldsymbol{S}_4$,$\boldsymbol{S}_5$ 和 $\boldsymbol{S}_6$ 的作用。

(3)列平衡方程并求出 4,5,6 杆的内力

$$\sum m_F(\boldsymbol{F}) = 0; \qquad -2a \cdot S_4\sin\alpha - 2a \cdot R_A + 2a \cdot F_1 + a \cdot F_2 = 0$$

解得
$$S_4 = \frac{-2aR_A + 2aF_1 + aF_2}{2a\sin\alpha} = \frac{-2\times2\times40+2\times2\times10+2\times20}{2\times2\times\sqrt{5}/5} = -44.7\ \text{kN}$$

$$\sum m_A(\boldsymbol{F}) = 0; \qquad -2a \cdot S_5\sin\alpha - a \cdot F_2 = 0$$

解得
$$S_5 = \frac{-aF_2}{2a\sin\alpha} = \frac{-2\times20}{2\times2\times\sqrt{5}/5} = -22.4\ \text{kN}$$

$$\sum m_D(\boldsymbol{F}) = 0; \qquad S_6 \cdot \frac{a}{2} + F_1 \cdot a - R_A \cdot a = 0$$

解得
$$S_6 = \frac{2(R_Aa - F_1a)}{a} = \frac{2(40\times2-10\times2)}{2} = 60\ \text{kN}$$

上例中求桁架内力的方法称为截面法。该法是将桁架用一截面假想地截为两部分,考虑任一部分的平衡,按平面任意力系的平衡方程,求解指定杆件的内力。应当注意,应用截面法时,截面所截割的杆件数(未知力数)一般不能多于三个。

第八节　考虑摩擦的平衡问题简介

前面讲述问题均未考虑摩擦。我们知道,摩擦是无所不在的,从一般意义上说,在机械结构的力学分析时考虑摩擦,并不是十分复杂的问题。分析有摩擦时的平衡问题,与前面分析不考虑摩擦时的平衡问题有相似之处,即物体平衡时,其上所受的力应满足平衡条件,而且考虑摩擦时的平衡问题的解题方法和过程也与前面所介绍的基本相同。

求解考虑摩擦的平衡问题时,必须增加两项思考:(1)画受力图时,必须考虑接触面间的摩擦力,摩擦力的方向与相对滑动趋势的方向相反,这在物理学中已经学过;(2)求解时,必须要代入静滑动摩擦力公式 $F_{\max} = fN$。这个公式在物理学中也已经学过。但要特别注意的是,由于在静滑动摩擦中,摩擦力的数值是在一定范围内变化的,即 $0 \leqslant F \leqslant F_{\max}$,因此物体也是在一定范围内保持平衡的。只有当物体处于从静止到运动的临界状态时,摩擦力才会达到最大值。下面举两个应用实例。

例 2-14　长 4 m,重 200 N 的梯子,斜靠在光滑的墙面上(图 2-31(a)),与地面成 $\alpha = 60°$角,梯子与地面的静摩擦系数 $f = 0.4$。有一重 600 N 的人登梯而上,问他上到何处时梯子就要开始滑到。

解　设梯子将要滑动时,人站在 C 点,令 $BC = x$。

(1)以梯子为研究对象画受力图,如图 2-31(b)所示。因梯子与墙光滑接触,故 A 点只有水平反力 $\boldsymbol{N}_A$。B 点有垂直反力 $\boldsymbol{N}_B$、摩擦力 $\boldsymbol{F}$。

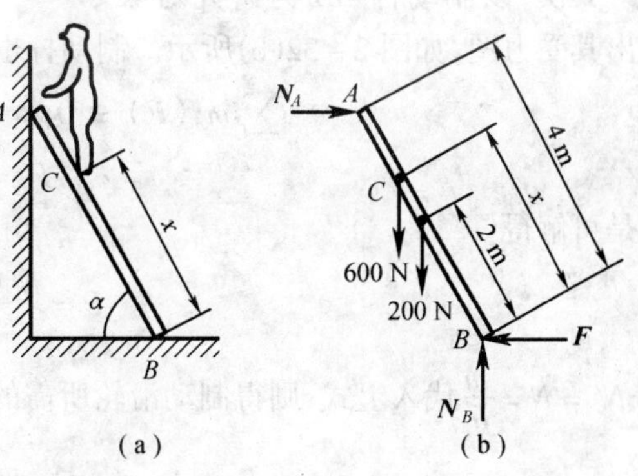

图 2-31

(2)选坐标轴 x,y,列平衡方程并求解未知量

$$\sum F_y = 0; \quad N_B - 600 - 200 = 0$$

所以

$$N_B = 800\ \text{N}$$

因梯子将要滑动时处于临界状态,故摩擦力为最大静摩擦力,即

$$F = fN_B = 0.4 \times 800 = 320\ \text{N}$$

$$\sum F_x = 0; \quad N_A - F = 0$$

故

$$N_A = F = 320\ \text{N}$$

$$\sum m_B(\boldsymbol{F}) = 0; \quad -4N_A\sin60° + 600x\cos60° + 2 \times 200\cos60° = 0$$

即

$$-4 \times 320 \times \frac{\sqrt{3}}{2} + \frac{1}{2} \times 600x + 2 \times 200 \times \frac{1}{2} = 0$$

或

$$300x = 640\sqrt{3} - 200$$

所以

$$x = \frac{640\sqrt{3} - 200}{300} = 3.03\ \text{m}$$

例 2-15 图 2-32(a)为一制动器的示意图。已知制动器摩擦块与滑轮表面间的静摩擦系数为 f,作用在滑轮上的力偶的力偶矩为 m,A 和 O 都是铰链,几何尺寸如图所示,求制动滑轮所必需的最小力 $\boldsymbol{P}_{\min}$。

解 当滑轮刚刚能停止转动时,力 P 的值最小,制动块与滑轮的摩擦力达到最大值。以滑轮 O 为研究对象画受力图,如图 3-32(a)所示。因为滑轮平衡,且为临界状态,故可列出平衡方程

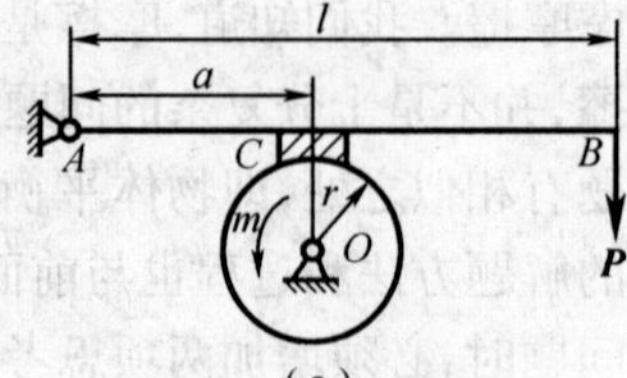

图 2-32

$$\sum m_o(\boldsymbol{F}) = 0; \quad m - Fr = 0$$

$$F = fN$$

由此可得

$$F = \frac{m}{r}, N = \frac{m}{fr}$$

其次,以制动杆 AB 为研究对象画出其受力图,如图 2-32(b)所示。制动杆也是处于临界平衡状态,故可列出平衡方程

$$\sum m_A(\boldsymbol{F}) = 0; \quad N'a - F'e - Pl = 0$$

$$F' = fN'$$

于是可解得

$$P = \frac{N'(a - fe)}{l}$$

将 $N' = N = \dfrac{m}{fr}$ 代入上式,则得制动滑轮所需的最小力

$$P_{\min} = \frac{m(a - fe)}{frl}$$

第九节 问题讨论与说明

一、从工程实际到本书讲述内容

本书内容一直想向读者揭示,理论是从实际中来的,而实际问题是在理论的指导下解决的,理论是将实际问题进行了相应的理想化的简化后得到的,这些结论已经被实际问题证实是正确的,有效的。

比如二力杆,工程中找不到一个没有自重的杆件。只是因为它的影响太小,就忽略了。可事实上,它仍然存在,这一点我们也必须承认。在解决问题时,如果不分主次全部加以考虑,那么就会影响对问题的把握。实践已经证明,这样的简化可以更好地认识和解决问题、指导实践。再比如铰约束,实际的约束远比我们所画的符号复杂得多,但我们给出的代表符号已经充分反应了铰约束的受力特点,这就足够了。对于复杂的结构也是这样,我们画的简图是用最简单的形式,充分反应了原结构的基本特性,以便于分析研究。所以书中简图看上去比较简单,似乎与工程实物相去甚远,见到工程实例不知道如何进行简化,找不到合适的应用理论。这一环节必须突破,这是贯穿全书的一件大事。望读者通过书中讲述仔细体会。

从简单到复杂,用已知求解未知,从实践到理论,再用理论指导实践,是我们学习和研究问题的基本思路。

二、受力分析的重要性

从本章内容可以看出,受力分析的正确与否,事实上决定着一个问题的解是否正确。

关于如何正确进行受力分析,前面已经重点讲过。如果学到这里,受力图还常常出错,就必须重新学习前面的相关内容。在此只再强调一点,必须要根据约束的性质分析约束反力,而不能根据错误的直观判断画任何一个约束反力,这正是初学者最常犯的错误。

三、审视平面力系平衡方程

总结前面的学习,不难得出结论:平面力系包括平面汇交力系、平面力偶系、平面平行力系和平面任意力系。其中平面任意力系是平面力系最一般的形式,其他三种是平面力系的特殊形式。

分别列出各力系平衡方程进行比较:

平面汇交力系平衡方程:$\begin{cases}\sum F_x = 0\\ \sum F_y = 0\end{cases}$

平面力偶系平衡方程:$\sum m = 0$

平面平行力系平衡方程:$\begin{cases}\sum F_x = 0(\text{或}\sum F_y = 0)\\ \sum m_O(\boldsymbol{F}) = 0\end{cases}$

平面任意力系平衡方程:$\begin{cases}\sum F_x = 0\\ \sum F_y = 0\\ \sum m_O(\boldsymbol{F}) = 0\end{cases}$

不难看出,若平面任意力系平衡方程中 $\sum m_O(\boldsymbol{F}) = 0$ 恒成立,即主矢等于零,则为平面汇交力系平衡方程(要注意此原力系不一定是真的汇交力系);平衡方程中 $\sum \boldsymbol{F}_x = 0$, $\sum \boldsymbol{F}_y = 0$ 恒成立,即主矢等于零,则为平面力偶系平衡方程;若平面任意力系平衡方程中 $\sum \boldsymbol{F}_x = 0$(或 $\sum \boldsymbol{F}_y = 0$)恒成立,则为平面平行力系平衡方程。

各平衡方程可以独立地较方便地求解相应问题,也可以不细分什么类型的力系,直接应用平面任意力系平衡方程求解,平面任意力系平衡方程可以理解为解决平面力系问题的母公式。

四、物系平衡问题的再思考

物系平衡问题是本章重点中的重点,更是本书重点之一,有必要在此强调以下几点。

1.许多教材都讲到,系统整体平衡,组成系统的每个局部必然平衡。这是求解物系平衡问题的重要概念,是正确的。但如果用这个概念来指导受力分析就不正确。三铰拱如图 2-33 所示,从整体看受力图(图 2-33(b)),似乎是正确的。但我们已经知道,这是不正确的。受力分析必须按约束性质进行。

2.研究物系平衡问题时,选择研究对象很重要。选择合适的研究对象会使问题更易求解。基本原则是尽量使研究对象所能列出的每一个平衡方程只包含一个未知量。

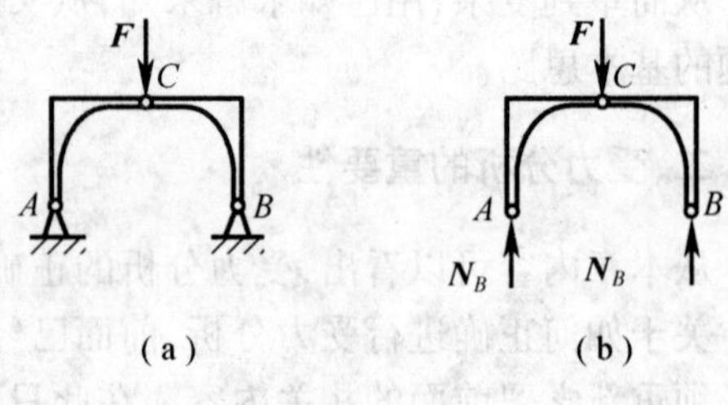

图 2-33

3.研究物系平衡问题时,当研究对象不是单一物体时,就一定会有一些还没有解除的约束混在研究对象中,这些没有解除的约束中也含有约束力,我们称为内约束力,画受力图时,一定不能把内约束力画上。

4.考察局部平衡时,分布载荷最好在拆开后再进行简化,以免出错。当然也可以在拆除开前简化,但一定要注意,简化的合力加在何处才能满足力系等效要求。

五、启思摩擦平衡问题

摩擦是工程中经常遇到的问题,也是个比较复杂的问题。实际接触到的摩擦问题往往不像本书讲述的那样简单。但是在一般情况下,物理学所讲授的摩擦知识已经足够了,应用到本书所讲问题中足可以解决简单问题。

1.工程中常见的摩擦平衡问题主要有三类,(1)所有的外加力都是已知力,摩擦系数也已知,要求确定物体处于静止还是运动状态;(2)已知静摩擦系数,并且物体处于临界状态,要求确定所加某个外力的大小和方向;(3)已知物体处于临界状态,并且全部外加力已知,要求确定静摩擦系数。

2.考虑摩擦的平衡有两种状态:静止状态和临界状态。前者摩擦力尚未达到最大值,且不是一个定值;后者摩擦力达到最大值,是一个定值。

一般情况下,考虑摩擦平衡问题的平衡方程中所包含的摩擦力是在一定的范围内取值的,所以由此平衡方程所得解也不是一个定值,而是在一定范围内取值。

3.在考虑摩擦的平面问题中,若作用在物体上的主动力合力作用线处于摩擦角范围内,

则无论主动力多大,物体都处于平衡状态,这种现象称为自锁。自锁现象与主动力无关,只与摩擦角有关。

这个条件在实际工作中的应用很多。关于摩擦的问题,有兴趣的读者可以找相关的材料学习。

六、我们已经学会了什么

至此,静力学篇的主要内容已经学完。空间问题多数可以转化为平面问题求解,平面力系部分就显得更加重要,因此我们应该对学会了什么有个认识。

1.初步建立了力系模型、简图与工程实物间的联系;

2.掌握了一系列力学概念;

3.会对物体进行受力分析;

4.会解平面平衡问题;

5.会解简单的考虑摩擦的平面平衡问题。

上述每项内涵都很丰富,请读者仔细思考。

习　题

2-1　已知 $F_1=200$ N, $F_2=150$ N, $F_3=200$ N, $F_4=100$ N,各力方向如题 2-1 图所示,试求各力在 x、y 轴上的投影。

2-2　$\boldsymbol{F}_1$, $\boldsymbol{F}_2$, $\boldsymbol{F}_3$ 三力共拉一碾子。已知 $F_1=1$ kN, $F_2=1$ kN, $F_3=1.732$ kN,各力方向如题 2-2 图所示,试求此三力合力的大小与方向。

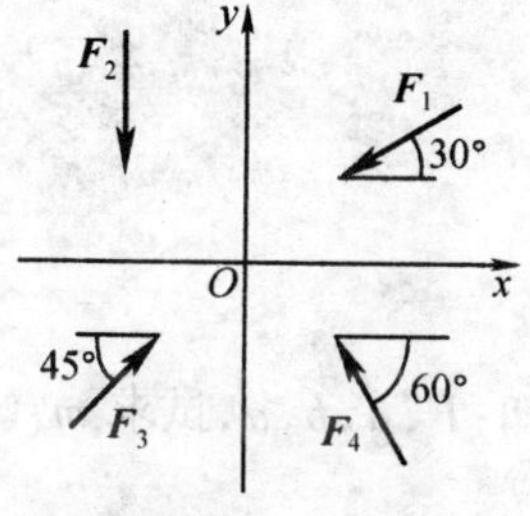

题 2-1 图

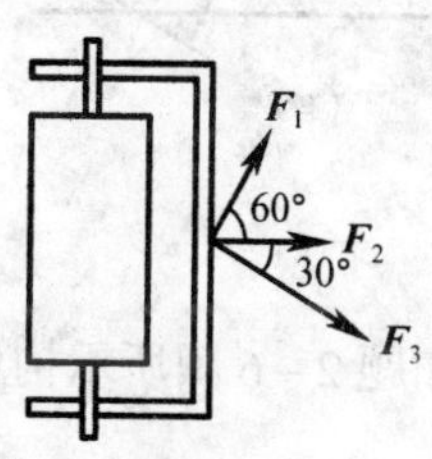

题 2-2 图

2-3　如题 2-3 图所示 $\boldsymbol{F}_1$, $\boldsymbol{F}_2$, $\boldsymbol{F}_3$ 三力分别作用在板上的 A, B, C 三点。已知 $F_1=100$ N, $F_2=50$ N, $F_3=50$ N,求此三力的合力。

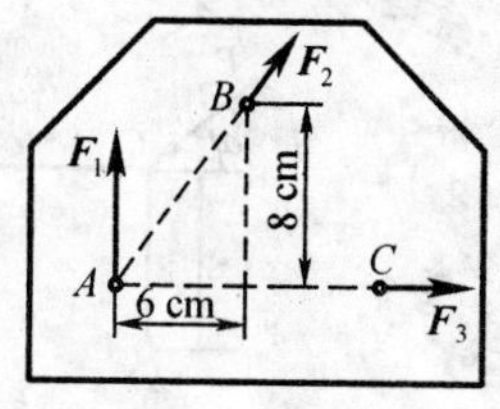

题 2-3 图

2-4　四个力作用在桁架的节点上,方向如题 2-4 图所示。已知 $F_1=60$ kN, $F_2=50$ kN, $F_3=30$ kN, $F_4=49$ kN,求:合力 $\boldsymbol{R}$ 的大小和与 x 轴的夹角。

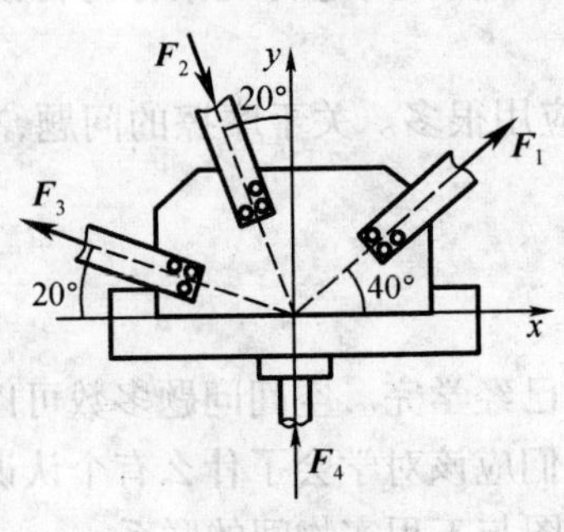

题 2-4 图

2-5　试求题 2-5 图所示各种情况下力 $\boldsymbol{P}$ 对点 O 的力矩。

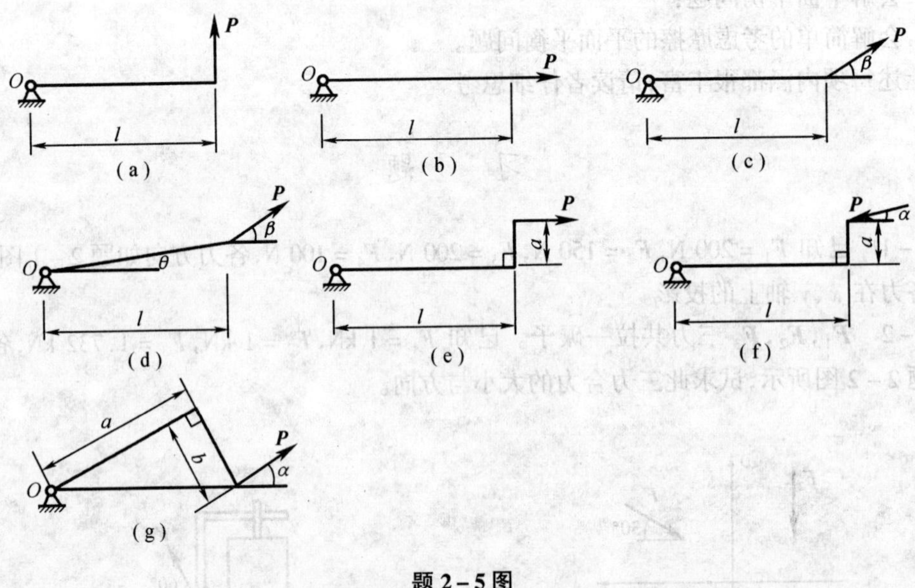

题 2-5 图

2-6　如题 2-6 图所示构件 C 处受力 $\boldsymbol{F}$ 作用。已知：$\boldsymbol{F}, a, b, \alpha$，试求 $m_A(\boldsymbol{F}), m_B(\boldsymbol{F})$ 的值。

2-7　如题图 2-7 所示，已知 $F_1 = F_2 = 75\ \text{kN}$，$F_3 = F_4$，圆的直径为 $D = 40\ \text{mm}$，圆处于平衡状态，试求 F_3 及 F_4 的大小。

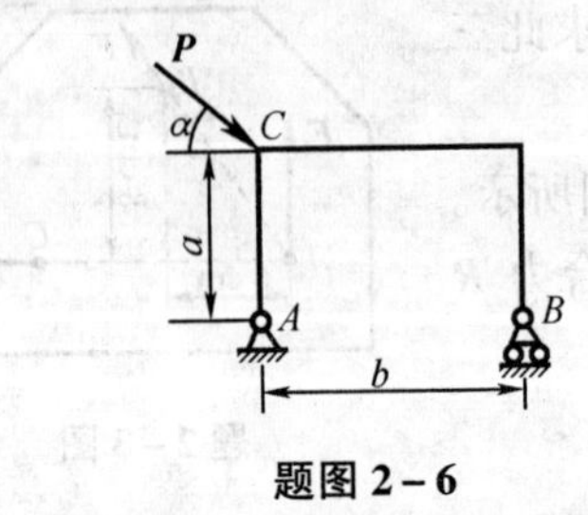

题图 2-6

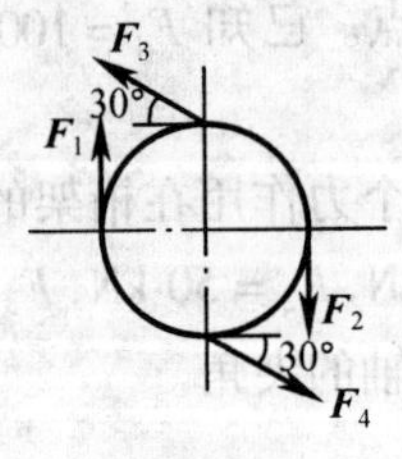

题图 2-7

2-8 电动机轴通过联轴器与工作轴相连接(如题 2-8 图所示),联轴器上四个螺栓 A,B,C,D 的孔心均匀分布在一圆周上,此圆的直径 $AC=BD=15$ mm,电动机轴传给联轴器的力偶矩 $m=2.5$ kN·m,试求每个螺栓所受的力(设各螺栓所受的力相同)。

2-9 有一胶带绕过一滑轮组,胶带两端所受拉力均为 600 N,滑轮组底板尺寸如题图 2-9 图所示,底板用两个圆销加以固定,试求(1)当圆销插入 A,C 孔或 B,D 孔时,圆销所受的作用力;(2)圆销插入哪两个孔,可使其受力最小?

2-10 平面任意力系如题 2-10 图所示,每方格边长为 10 mm,$F_1=F_2=10$ kN,$F_3=F_4=10\sqrt{2}$ kN,试求力系向 O 点简化的结果。

2-11 有三条绳索同时拖一条驳船,船首 A 处的两个拖力各为 100 kN,船尾的拖力为 120 kN,三个拖力的方向如题 2-11 图所示,试求此三力的合力及其作用线位置(离 A 点的距离)。

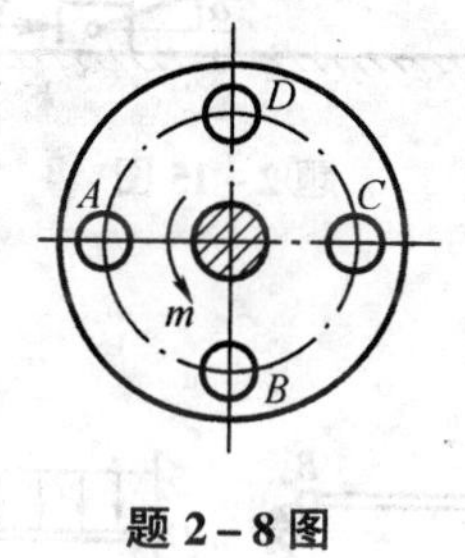

题 2-8 图

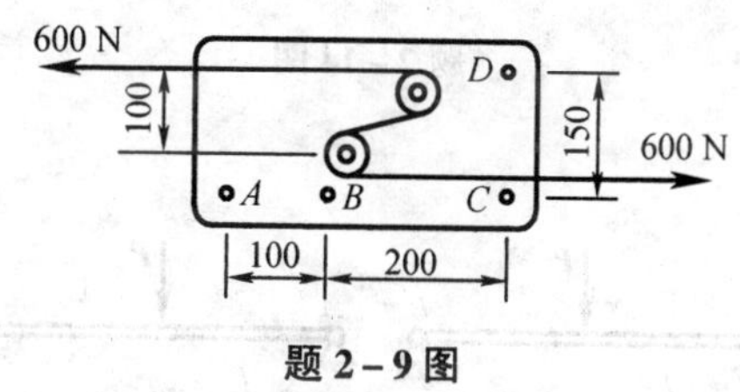

题 2-9 图

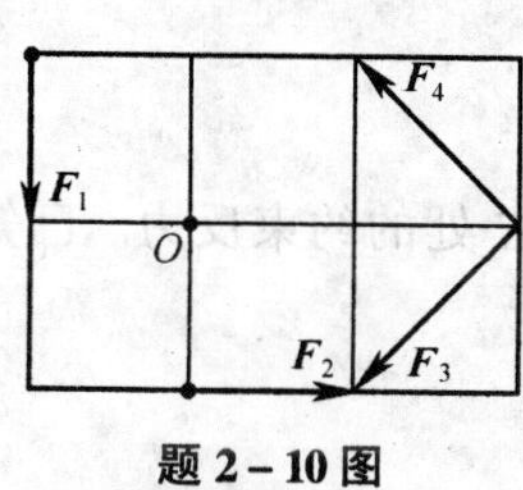

题 2-10 图

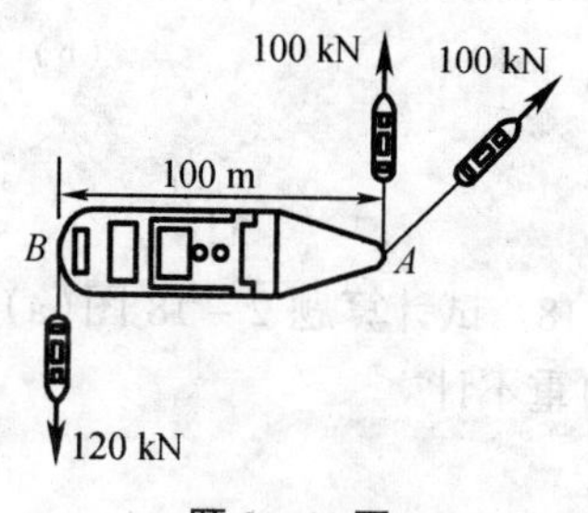

题 2-11 图

2-12 用两绳吊挂重物如题 2-12 图所示,重物 $G=200$ N,试求绳 AB、BC 的拉力。

2-13 题 2-13 图中,支架的 B 铰处悬重为 G,已知 $G=10$ kN,试求杆 AB,BC 的内力。

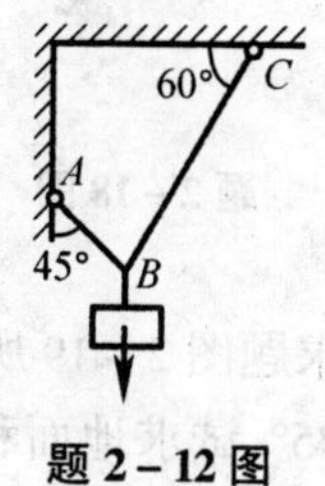

题 2-12 图

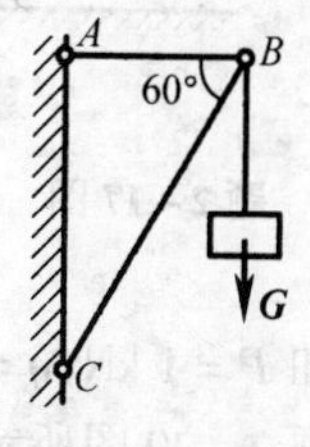

题 2-13 图

2－14　半径为 R 的圆柱体 O 放于直角墙壁内，用力 $\boldsymbol{P}$ 通过长方体 M 推动圆柱体如题 2－14 图所示。长方体的高 $h=0.5R$。已知圆柱体的重力为 $\boldsymbol{W}$，如果各接触面都是光滑的，试求能使圆柱体离开地面的最小力 $\boldsymbol{P}$。

2－15　题 2－15 图所示为一夹具中的杠杆增力机构。其推力 $\boldsymbol{P}$ 作用于 A 点，夹紧时杆 AB 与水平的夹角 $\alpha=10°$，试求夹紧力 $\boldsymbol{Q}$ 是 $\boldsymbol{P}$ 的多少倍。

2－16　各梁的载荷和尺寸如图所示，求各梁支座的反力。

2－17　试计算题 2－18 图(a)、(b)两种支架中支撑点的约束反力。已知悬重 $G=2$ kN，支架自重不计。

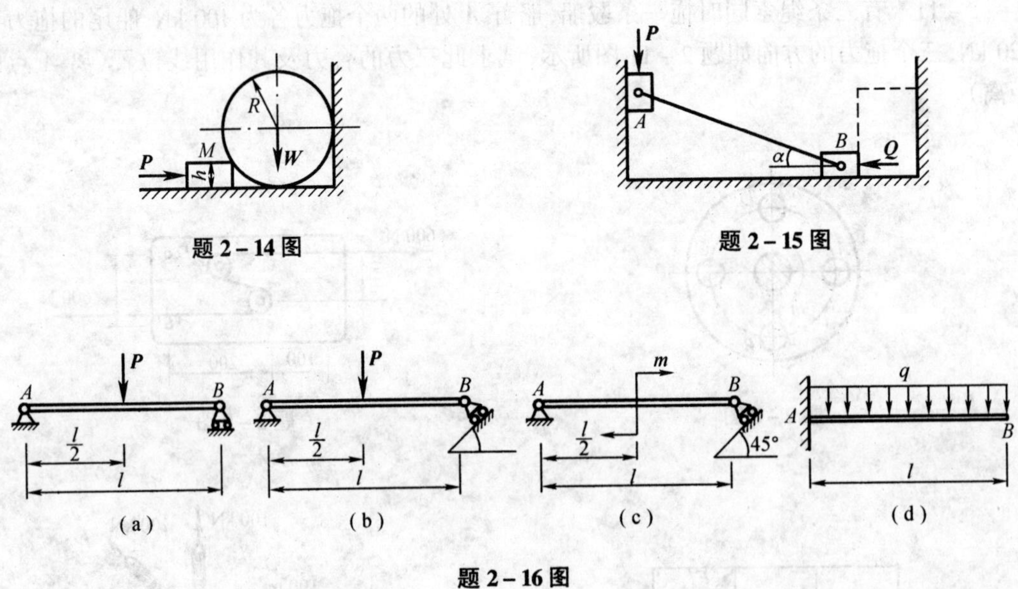

题 2－14 图

题 2－15 图

(a)　(b)　(c)　(d)

题 2－16 图

2－18　试计算题 2－18 图(a)、(b)两种支架中 A、C 处的约束反力。已知悬重 $G=10$ kN，自重不计。

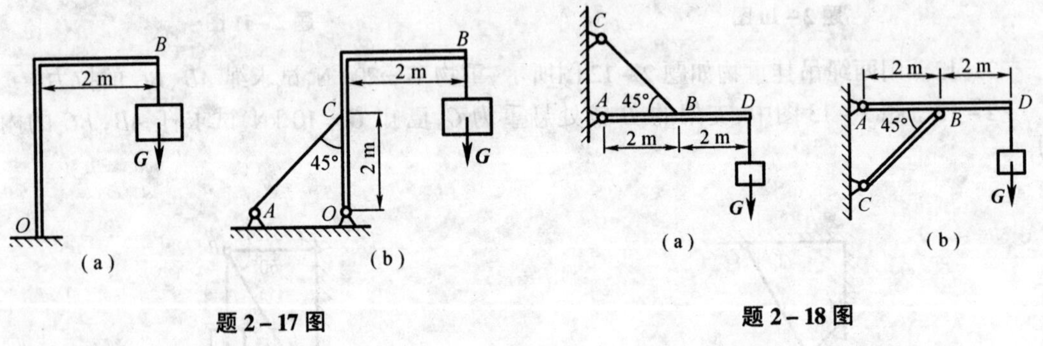

(a)　(b)

题 2－17 图

(a)　(b)

题 2－18 图

2－19　已知 $P=1$ kN，$q=1$ kN/m，$m=1$ kN·m，$a=1$ m，求题图 2－19 所示各支座反力。

2－20　如题 2－20 图所示，已知 $P=60$ kN，$l=3$ m，$\alpha=45°$，试求地面和铰 C 的约束反力。

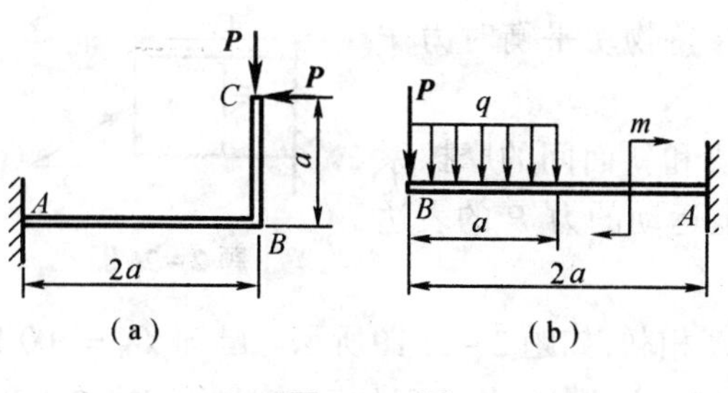

题 2-19 图

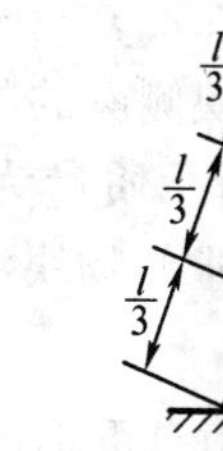

题 2-20 图

2-21 结构如题 2-21 图所示,已知 $AB = BC = 1$ m, $DK = KE$, $P = 1\ 732$ kN, $Q = 1\ 000$ kN,杆重忽略不计,试求结构的外约束反力。

2-22 构架尺寸如题 2-22 图所示,已知 $l = 2R$,重物重为 $\boldsymbol{P}$,各杆及滑轮的质量不计,铰链均为光滑,绳不可伸长,试求构架的外约束反力。

2-23 如题 2-23 图所示,已知均布载荷的载荷集度为 q,集中力偶的力偶矩为 $m = ql^2$,试求 A, C 两处的约束反力。

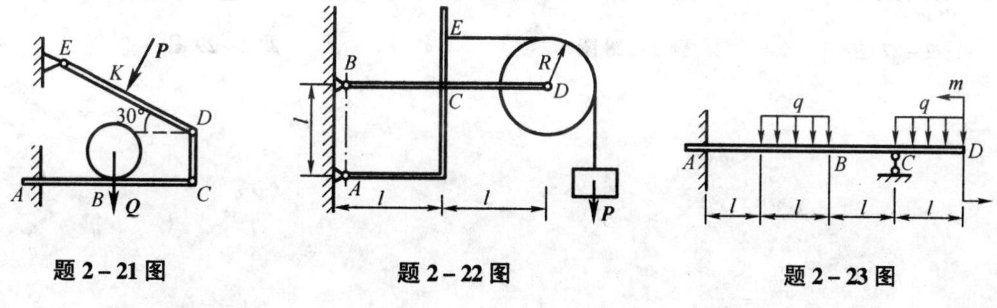

题 2-21 图 题 2-22 图 题 2-23 图

2-24 在题 2-24 图所示一构架中,已知作用力 $P = 10$ kN, $a = 10$ cm,试求 A, B 两支座反力。

2-25 杆 AB 与 BC 在 B 处铰接,并在 A, C 处固定铰接,组成一对对称称的人字形支架,支架内有一圆柱重 $G = 2$ kN,如题 2-25 图所示。试求中间铰 B 的作用内力及 A, C 支座处的约束反力。

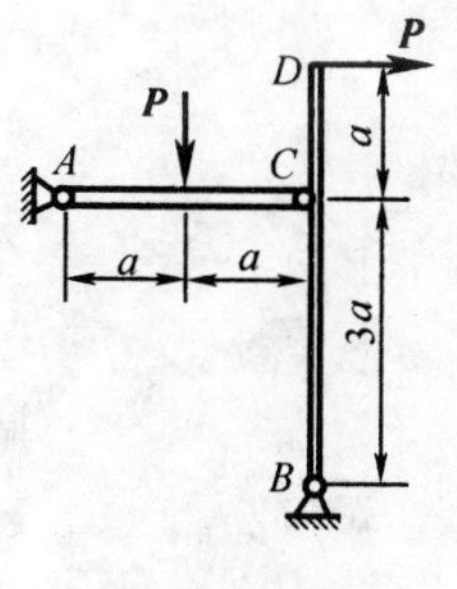

题 2-24 图

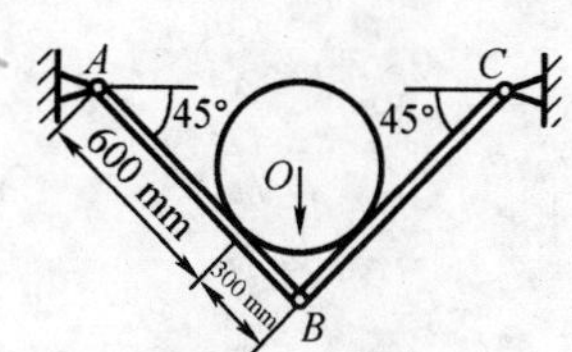

题 2-25 图

2－26　质量 $m=300$ kg 的物块，在力 $\boldsymbol{P}$ 作用下紧靠在墙上，如题 2－26 图所示，摩擦系数 $f=0.25$，试求保持物块平衡时力 $\boldsymbol{P}$ 的范围值（力 $\boldsymbol{P}$ 作用于物块侧面的中点）。

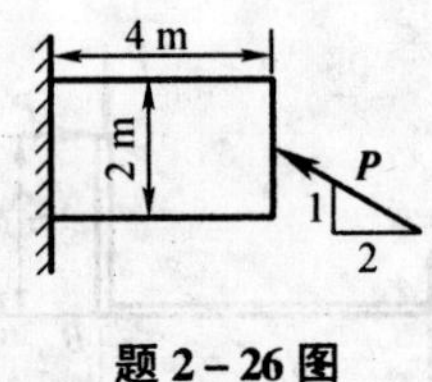

题 2－26 图

2－27　题 2－27 图所示质量为 m 的物块和斜面间的摩擦系数 $f=\tan\varphi_m$，已知 α，β，试求使物块沿斜面向上运动的力 $\boldsymbol{P}$ 的表达式。

2－28　A，B 两物体由自重不计的连杆 AB 相联，如题 2－28 图所示。已知 $G_B=100$ N，$\alpha=30°$，A 与地面、B 与墙的摩擦系数 $f=0.2$，试求能使 A、B 均保持平衡的物 A 重 $\boldsymbol{G}_A$ 的最小值。

2－29　题 2－29 图所示构件 1、2 通过楔块 3 相连接，已知楔块与构件间的摩擦系数 $f=0.1$，试求楔块能自锁的角 α 值。

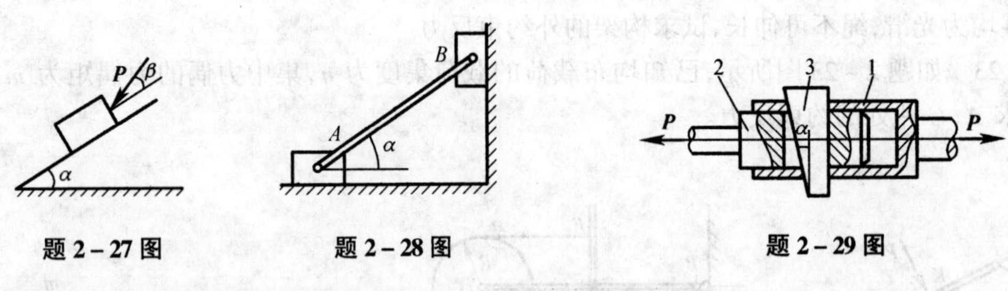

题 2－27 图　　题 2－28 图　　题 2－29 图

第三章 空 间 力 系

前面已经研究了平面力系的问题。在实际工程结构中还有许多构件或机器零部件受力是不在同一平面内的,这些力组成的力系称为空间力系。

空间力系的研究方法与平面力系基本相同,但因各力的作用线分布在空间,所以平面问题中的一些概念、理论和方法在这里要加以推广和延伸。

与平面力系存在一些特殊力系的情况相似,空间力系也存在一些特殊力系。也就是说,在空间力系中也存在空间汇交力系、空间平行力系、空间力偶系和空间任意力系。空间任意力系是空间力系最一般的表现形式,其他是空间力系的特殊形式。

与平面力系的研究相似,我们还是从一个空间力在坐标轴上的投影来开始学习。

第一节 力在空间直角坐标轴上的投影

一、力在空间直角坐标轴上的投影

根据力在坐标轴上投影的概念,可以求得一个任意力在空间直角坐标轴上的三个投影。如图 3-1 所示,若已知力 **F** 与三个坐标轴 x,y,z 的夹角分别为 α,β,γ 时,则 **F** 在三个坐标轴上的投影分别为

$$\left.\begin{aligned} F_x &= F\cos\alpha \\ F_y &= F\cos\beta \\ F_Z &= F\cos\gamma \end{aligned}\right\} \tag{3-1}$$

以上投影方法称为直接投影方法或一次投影法。

由图 3-1 可见,若以 **F** 为对角线,以三坐标轴为棱边作正六面体,则此正六面体的三条棱边之长正好等于力 **F** 在三个轴上投影 F_x,F_y,F_z 的绝对值。也可采用二次投影法,如图 3-2 所示。当空间力 **F** 与某坐标轴(如 z 轴)的夹角 γ 及力在垂直此轴的面(Oxy 面)上的投影与另一坐标轴 x 的夹角已知时,可先将力 **F** 投影到该坐标面内,然后再将力向其他坐标轴上投影,这种投影方法称做二次投影法。如图 3-2 所示的 **F** 力在三个坐标轴上的投影为

$$\begin{cases} F_x = F\sin\gamma\cos\varphi \\ F_y = F\sin\gamma\sin\varphi \\ F_Z = F\cos\gamma \end{cases}$$

反之,当已知力 **F** 在三个坐标轴上的投影时,可求出力 **F** 的大小和方向

$$F = \sqrt{F_x^2 + F_y^2 + F_z^2} \tag{3-2}$$

$$\left.\begin{aligned}\cos\alpha &= \frac{F_x}{F}\\ \cos\beta &= \frac{F_y}{F}\\ \cos\gamma &= \frac{F_z}{F}\end{aligned}\right\} \tag{3-3}$$

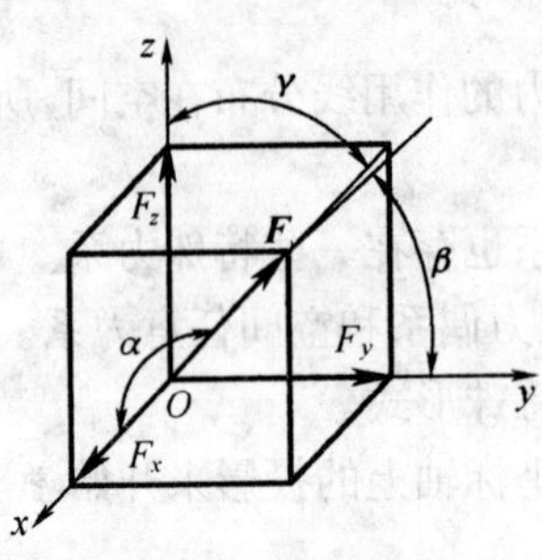

图 3-1

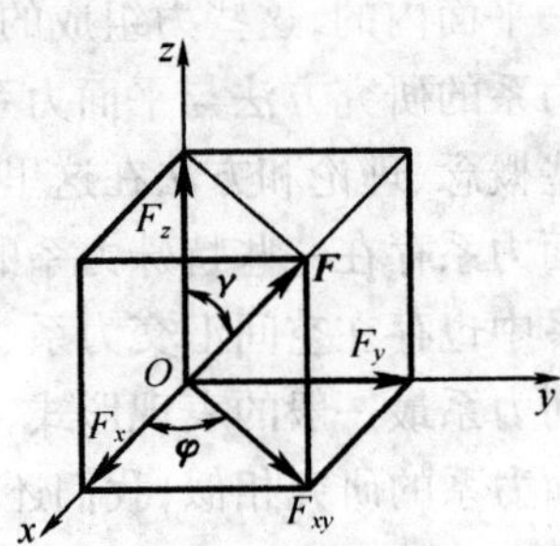

图 3-2

例 3-1 长方体上作用有三个力，$F_1=50$ N，$F_2=100$ N，$F_3=150$ N，方向与尺寸如图 3-3 所示，求各力在三个坐标轴上的投影。

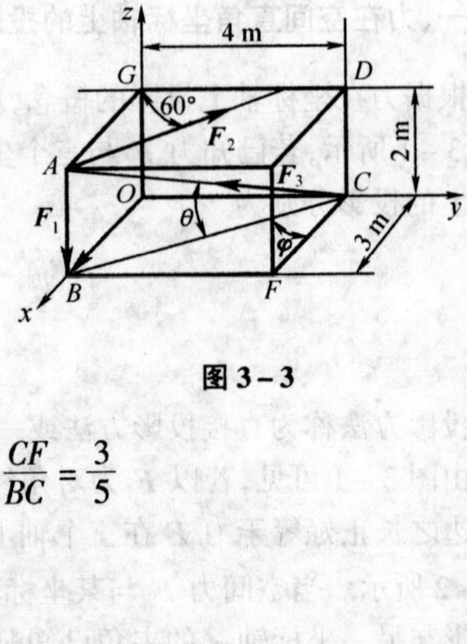

解 由于力 $\boldsymbol{F}_1$ 及 $\boldsymbol{F}_2$ 与坐标轴间的夹角都已知，可应用直接投影法，力 $\boldsymbol{F}_3$ 在 Oxy 平面上的投影与坐标轴 x 的夹角及仰角 θ 已知，可用二次投影法，由几何关系知

图 3-3

$$\sin\theta=\frac{AB}{AC}=\frac{2}{5.39}\qquad \cos\theta=\frac{BC}{AC}=\frac{5}{5.39}$$

$$\sin\varphi=\frac{BF}{BC}=\frac{4}{5}\qquad \cos\varphi=\frac{CF}{BC}=\frac{3}{5}$$

各力在坐标轴上的投影分别为

$$\begin{cases}F_{1x}=F_1\cos90^\circ=0\\ F_{1y}=F_1\cos90^\circ=0\\ F_{1z}=F_1\cos180^\circ=-50\ \text{N}\end{cases}$$

$$\begin{cases}F_{2x}=-F_2\sin60^\circ\approx-100\times0.866=-86.6\ \text{N}\\ F_{2y}=F_2\cos60^\circ=100\times0.5=50\ \text{N}\\ F_{2z}=F_2\cos90^\circ=0\end{cases}$$

$$\begin{cases}F_{3x}=F_3\cos\theta\cos\varphi=150\times\dfrac{5}{5.39}\times\dfrac{3}{5}\approx83.5\ \text{N}\\ F_{3y}=-F_3\cos\theta\sin\varphi=-150\times\dfrac{5}{5.39}\times\dfrac{4}{5}\approx-111.3\ \text{N}\\ F_{3z}=F_3\sin\theta=150\times\dfrac{2}{5.39}\approx55.7\ \text{N}\end{cases}$$

二、合力投影定理

空间力系也存在合力投影定理，但要有相应延伸。

按照求平面汇交力系的合成方法，也可以求得空间汇交力系的合力，即合力的大小和方向可以用力的多边形求出，合力的作用线通过汇交点。与平面汇交力系不同的是，空间汇交力系的力多边形的各边不在同一平面内，它是一个空间力多边形。

由此可见，空间汇交力系可以合成为一个合力，合力矢等于各分力矢的矢量和，其作用线通过汇交点，写成矢量表达式为

$$\boldsymbol{R} = \boldsymbol{F}_1 + \boldsymbol{F}_2 + \cdots + \boldsymbol{F}_n = \sum_{i=1}^{n} \boldsymbol{F}_i \tag{3-4}$$

在实际应用中，常以解析法求合力，它的根据是合力投影定理：**合力在某一轴上的投影等于各分力在同一轴上投影的代数和**。合力投影定理的数学表达式为

$$\left.\begin{aligned} R_x &= \sum F_x \\ R_y &= \sum F_y \\ R_z &= \sum F_z \end{aligned}\right\} \tag{3-5}$$

式中 R_x, R_y, R_z 表示合力在各轴上的投影。

若已知各力在坐标轴上的投影，则合力的大小和方向可按下式求得

$$R = \sqrt{R_x^2 + R_y^2 + R_z^2} = \sqrt{\left(\sum F_x\right)^2 + \left(\sum F_y\right)^2 + \left(\sum F_z\right)^2} \tag{3-6}$$

$$\left.\begin{aligned} \cos\alpha &= \frac{\sum F_x}{R} \\ \cos\beta &= \frac{\sum F_y}{R} \\ \cos\gamma &= \frac{\sum F_z}{R} \end{aligned}\right\} \tag{3-7}$$

式中 α, β, γ 分别表示合力与 x, y, z 轴正向的夹角。

第二节　力对轴之矩

一、力对轴之矩

我们已经知道力对点之矩的概念，如图 3-4(a)所示，记为 $m_O(\boldsymbol{F}) = \pm F \cdot d$（图示为正）。

实际上，在力作用面内，力对点之矩就是指力对通过该点并垂直于其作用面的轴之矩，如图 3-4(b)所示，即

$$m_z(\boldsymbol{F}) = m_O(\boldsymbol{F}) = \pm F \cdot d$$

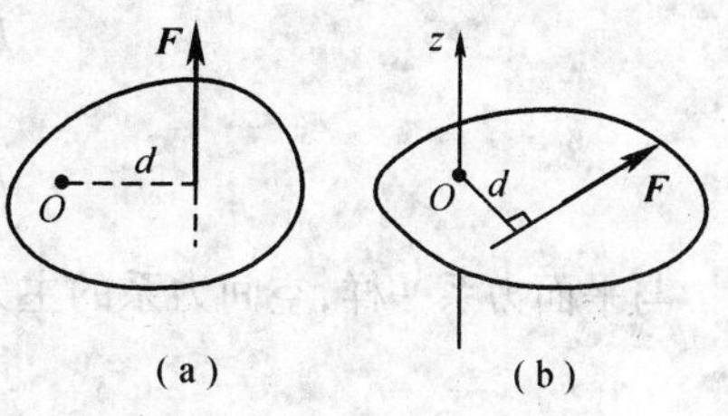

图 3-4

力对轴之矩是代数量，其正负号表示转向，按右手螺旋定则来判定；右手握拳，四指与转向一致，

此时若姆指方向与坐标轴正向一致,则力对轴之矩为正;反之为负。力对轴之矩的单位与力对点之矩的单位相同。

根据上述定义,显然可得出如下结论:

1.当力的作用线与轴相交时,即 $d=0$,力对轴之矩等于零;

2.当力的作用线与轴线平行线时,即 $\boldsymbol{F}=0$,力对轴之矩等于零,也就是与轴共面的力对该轴之矩为零。

二、合力矩定理

平面力系中的合力矩在空间力系中仍然适用。如图 3-5 所示,力 F 对某轴(如 z 轴)的力矩,为力 $\boldsymbol{F}$ 在 x,y,z 三个坐标方向的分力 $\boldsymbol{F}_x,\boldsymbol{F}_y,\boldsymbol{F}_z$ 对同轴(z 轴)力矩的代数和称为合力矩定理。

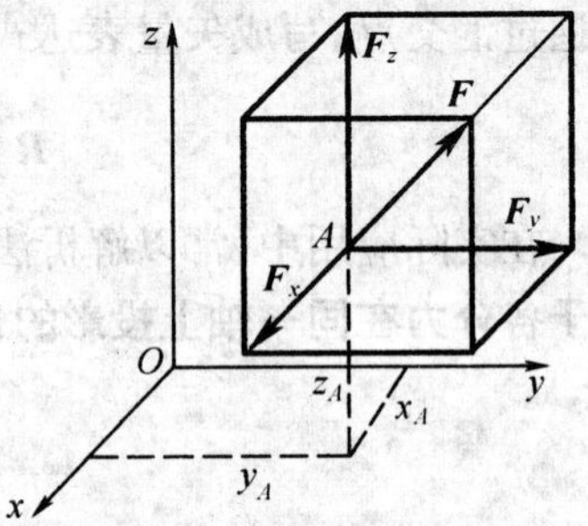

$$m_z(\boldsymbol{F})=m_z(\boldsymbol{F}_x)+m_z(\boldsymbol{F}_y)+m_z(\boldsymbol{F}_z) \quad (3-8)$$

因分力 $\boldsymbol{F}_z$ 平行于 z 轴,故 $m_z(\boldsymbol{F}_z)=0$,于是

$$m_z(\boldsymbol{F})=m_z(\boldsymbol{F}_x)+m_z(\boldsymbol{F}_y)$$

同理可得

$$m_x(\boldsymbol{F})=m_x(\boldsymbol{F}_y)+m_x(\boldsymbol{F}_z)$$

$$m_y(\boldsymbol{F})=m_y(\boldsymbol{F}_x)+m_y(\boldsymbol{F}_z)$$

图 3-5

力对轴之矩的解析表示式为

$$\left.\begin{aligned} m_x(\boldsymbol{F})&=F_z\cdot y_A-F_y\cdot z_A\\ m_y(\boldsymbol{F})&=F_x\cdot z_A-F_z\cdot x_A\\ m_z(\boldsymbol{F})&=F_y\cdot x_A-F_x\cdot y_A \end{aligned}\right\} \quad (3-9)$$

应用上式时,分力 $\boldsymbol{F}_x,\boldsymbol{F}_y,\boldsymbol{F}_z$ 及坐标 x,y,z 均应考虑本身的正负号,所得力矩的正负号也将表明力矩绕轴的转向。

第三节　空间力系的简化

与平面力系相似,空间力系也可以向任意一点简化,其简化结果也是一个主矢和一个主矩。

与平面力系不同的是,主矩是原来的力对简化中心之矩的矢量和,因此空间力系简化结果是两个矢量,即

$$\left.\begin{aligned} \boldsymbol{R}'&=\sum_{i=1}^{n}\boldsymbol{F}_i\\ \boldsymbol{M}&=\sum_{i=1}^{n}\boldsymbol{m}_o(\boldsymbol{F}_i) \end{aligned}\right\} \quad (3-10)$$

与平面力系一样,空间力系的主矢与简化中心位置无关,主矩与简化中心位置有关。

第四节　空间力系的平衡及其应用

当空间力系的简化结果主矢和主矩同时等于零时,该空间力系处于平衡状态。由此可

推知，空间任意力系的平衡方程为

$$\left.\begin{aligned}\sum F_x &= 0\\ \sum F_y &= 0\\ \sum F_z &= 0\\ \sum m_x(\boldsymbol{F}) &= 0\\ \sum m_y(\boldsymbol{F}) &= 0\\ \sum m_z(\boldsymbol{F}) &= 0\end{aligned}\right\}\qquad(3-11)$$

式(3－11)说明，空间任意力系平衡的必要与充分条件是：各力在三个坐标轴上的投影的代数和以及各力对此三轴之矩的代数和同时等于零。

例 3－2 图 3－6 所示为一起重机，机身重 $G=100$ kN，重力通过 E 点；轮 A,B,C 与地面为光滑接触，成一等边三角形，E 点即为三角形的形心；起重臂 FHD 可绕铅垂轴 HD 转动。已知 $a=5$ m，$l=3.5$ m，载重 $P=20$ kN，且通过起重臂的铅垂平面与起重机的中心铅垂面成 $\alpha=30°$角，求静止时地面作用于三个轮子的反力，又当 $\alpha=0°$时最大载重 $\boldsymbol{P}_{max}$是多少。

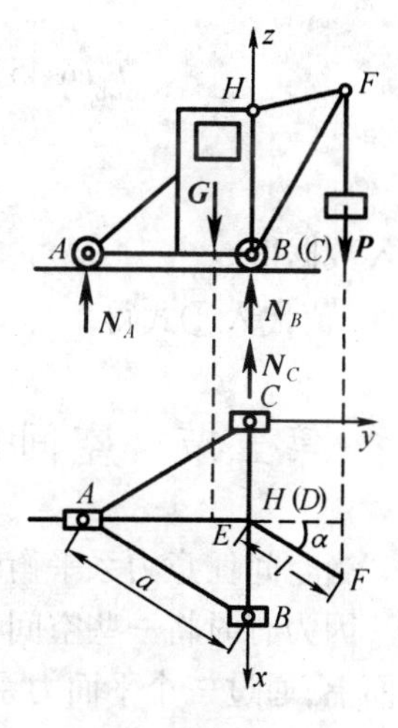

图 3－6

解 取起重机为研究对象，作用于起重机上的力有重力 $\boldsymbol{G}$ 与 $\boldsymbol{P}$ 和地面对于三个轮子的铅垂反力 $\boldsymbol{N}_A,\boldsymbol{N}_B,\boldsymbol{N}_C$，这些力是一个空间平行力系。选坐标系 C_{xyz}，列空间平行力系的平衡方程并求解如下

$$\sum m_x(\boldsymbol{F})=0$$

$$-N_A a\sin60°+G\times\frac{1}{3}a\sin60-Pl\cos\alpha=0 \qquad ①$$

故

$$N_A=\frac{G}{3}-\frac{Pl\cos\alpha}{a\sin60°}=19.3\text{ kN}$$

$$\sum m_y(\boldsymbol{F})=0 \qquad -N_A\cdot\frac{a}{2}-N_B a+G\cdot\frac{a}{2}+P\left(\frac{a}{2}+l\sin\alpha\right)=0 \qquad ②$$

将 N_A 及已知数据代入上式得

$$N_B=57.3\text{ kN}$$

$$\sum F_Z=0 \qquad N_A+N_B+N_C-G-P=0 \qquad ③$$

所以

$$N_C=G+P-N_A-N_B=100+20-19.3-57.3=43.4\text{ kN}$$

当 $\alpha=0°$时，由①式得

$$N_A=\frac{G}{3}-P\frac{l}{a\sin60°}$$

欲使起重机满载时不向右倾倒，必须 $N_A\geqslant0$。由上式得到保证起重机稳定的 $\boldsymbol{P}$ 值为

$$P\leqslant\frac{G}{3}\frac{a\sin60°}{l}=41.2\text{ kN}$$

例 3－3 用起重杆吊起重物(图 3－7)，A 端用球形铰链固定在地面上，B 端用绳 CB 和 DB 拉住，两绳分别系在墙上的点 C 和 D。已知 $CE=EB=DE$，$\alpha=30°$，CDB 平面与水平面

间的夹角为$\angle EBF=30°$,物重 $Q=10$ kN,起重杆质量不计,试求起重杆所受的压力和绳子的拉力。

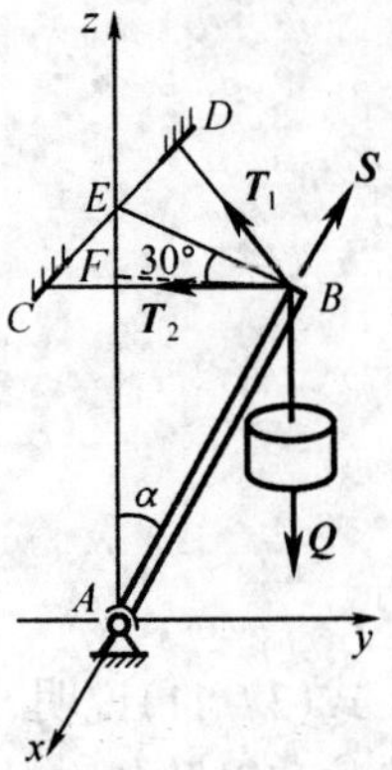

解 以节点 B 为研究对象。$\boldsymbol{Q}$ 为主动力;$\boldsymbol{T}_1,\boldsymbol{T}_2$ 为绳的约束反力;AB 为二力杆,其反力 $\boldsymbol{S}$ 沿杆 AB 的轴线,选取坐标系 $Axyz$。由题意知$\angle CBE=\angle DBE=45°$,列平衡方程有

$$\sum F_x=0 \qquad T_1\sin45°-T_2\sin45°=0$$

则

$$T_1=T_2$$

$$\sum F_y=0$$

$$S\sin30°-T_1\cos45°\cdot\cos30°-T_2\cos45°\cdot\cos30°=0$$

解得

$$S=\sqrt{6}T_1 \qquad ①$$

$$\sum F_z=0$$

$$T_1\cos45°\cdot\sin30°+T_2\cos45°\cdot\sin30°+S\cos30°-Q=0$$

即

$$2T_1\cos45°\cdot\sin30°+\sqrt{6}T_1\times\frac{\sqrt{3}}{2}-Q=0$$

代入数据得

$$T_1=T_2=3.45\text{ kN}$$

将 $\boldsymbol{T}_1$ 值代入①式得

$$S=8.66\text{ kN}$$

图 3-7

第五节 空间任意力系的平衡问题转化为平面问题的解法

当空间任意力系平衡时,它在任意平面上的投影组成的力系(平面任意力系)也是平衡的。因为有时将一些空间任意力系的平衡问题(例如轴类零件的平衡问题)投影在三个坐标平面上,通过三个平面力系来进行计算,即把空间问题转化为平面问题的形式来处理。一般情况下,按下列步骤进行:

1.确定研究对象,画受力图并选坐标轴 x,y,z;

2.将所有外力(包括主动力和约束反力)投影在 yOz 平面内,按平面力系的平衡问题进行计算;

3.将所有外力投影在 xOy 平面内,按平面力系的平衡问题进行计算;

4.将所有外力投影在 xOz 平面内,按平面力系的平衡问题进行计算。

下面举例说明空间任意力系的平衡问题转化为平面问题的具体解法。

例 3-4 起重机绞车如图 3-8(a)所示。已知 $\alpha=20°$,$r=0.1$ m,$R=0.2$ m,$G=10$ kN,试求重物匀速上升时,支座 A 和 B 的反力及齿轮所受的力 $\boldsymbol{Q}$(力 $\boldsymbol{Q}$ 在垂直于轴的平面内,与水平方向的切线成 α 角)。图中尺寸单位为 mm。

解 (1)取鼓轮轴 AB 为研究对象,将 $\boldsymbol{G}$ 和 $\boldsymbol{Q}$ 力平移到轴线上得 AB 的受力图,如图 3-8(b)所示。$\boldsymbol{R}_{Ay},\boldsymbol{R}_{Az}$ 和 $\boldsymbol{R}_{By},\boldsymbol{R}_{Bz}$ 分别为轴承 A、B 的约束反力,$\boldsymbol{G}$ 为平移后的已知主动力,$\boldsymbol{Q}$ 为平移后的未知主动力,m_G 和 m_Q 分别为 $\boldsymbol{G}$ 和 $\boldsymbol{Q}$ 平移时的附加力偶矩。显然,$m_G=Gr$,而 $m_Q=QR\cos\alpha$。

(2)由于重物匀速上升,所以鼓轮作匀速运动。由

$$\sum m_x(\boldsymbol{F})=0 \qquad m_G-m_Q=0$$

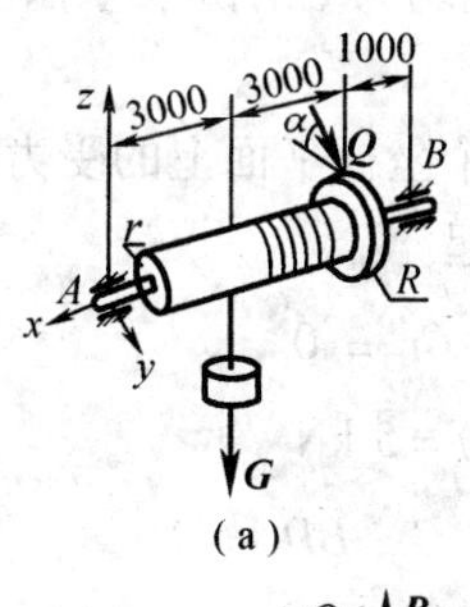

(a)

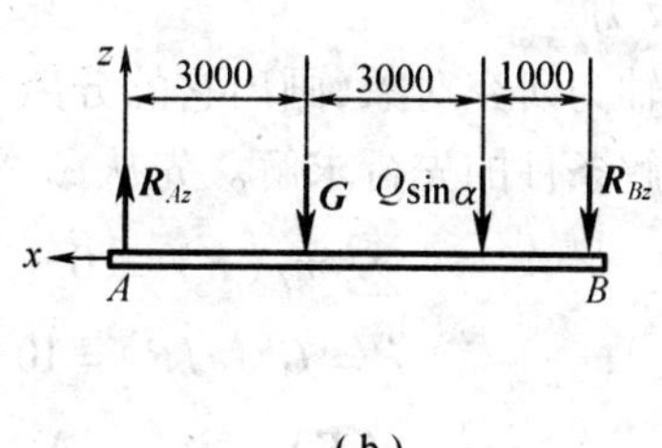

(b)

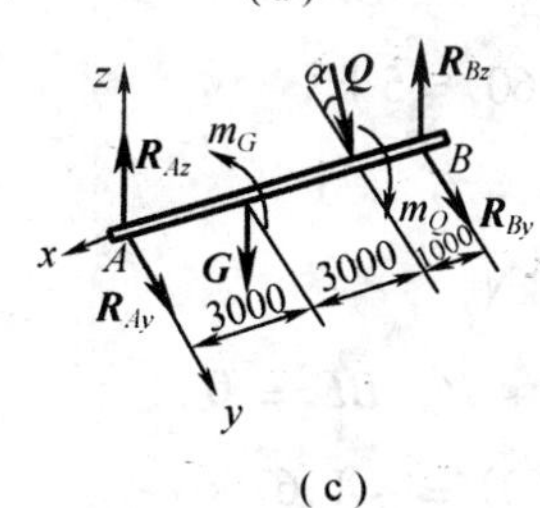

(c)

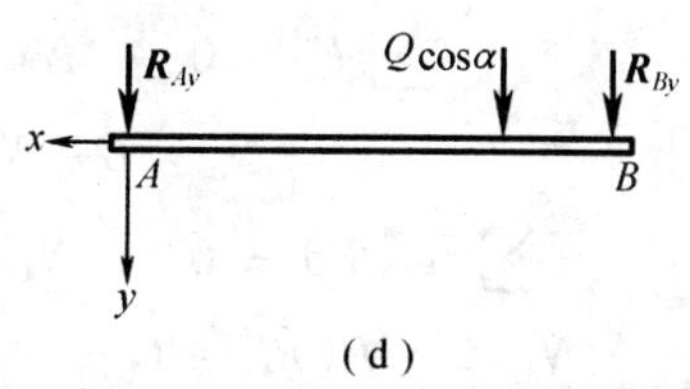

(d)

图 3-8

$$Gr - QR\cos\alpha = 0 \qquad ①$$

解得 $$Q = \frac{Gr}{R\cos\alpha} = \frac{10\times 0.1}{0.2\cos 20^\circ} = 5.32\ \text{kN}$$

(3)将所有外力投影在 xAz 平面内(图 3-8(c)),这些力组成平面平行力系,列平衡方程

$$\sum m_A(\boldsymbol{F}) = 0 \qquad -3\,000G - 6\,000Q\sin 20^\circ + 7\,000R_{Bz} = 0 \qquad ②$$

解得 $$R_{Bz} = 5.85\ \text{kN}$$

$$\sum m_B(\boldsymbol{F}) = 0$$

$$-7\,000R_{Az} + 4\,000G + 1\,000Q\sin 20^\circ = 0 \qquad ③$$

解得 $$R_{Az} = 5.97\ \text{kN}$$

(4)将所有外力投影在 yAz 平面内(图 3-8(d)),这些力组成平面平行力系,列平衡方程

$$\sum m_A(\boldsymbol{F}) = 0$$

$$-7\,000R_{By} + 6\,000Q\cos 20^\circ = 0 \qquad ④$$

解得 $$R_{By} = -4.29\ \text{kN}$$

$$\sum m_B(\boldsymbol{F}) = 0$$

$$7\,000R_{Ay} + 1\,000Q\cos 20^\circ = 0 \qquad ⑤$$

解得 $$R_{Ay} = -0.71\ \text{kN}$$

例 3-5 起重机铰车的鼓轮轴如图 3-9 所示。已知 $G = 10$ kN,手柄半径 $R = 20$ cm,E 点有水平力 $\boldsymbol{P}$ 作用,鼓轮半径

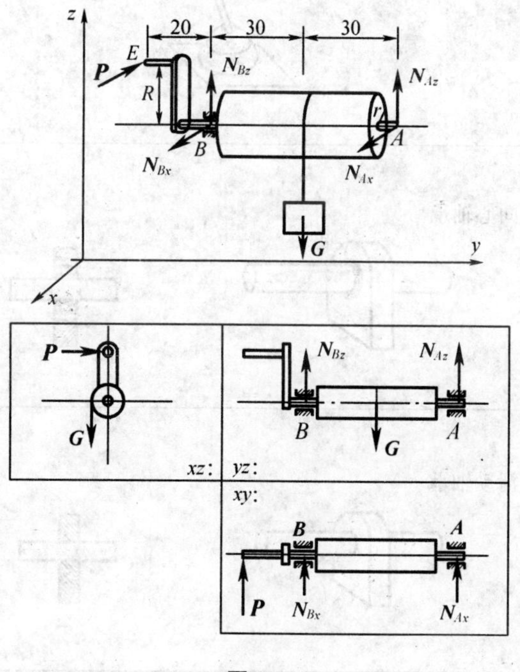

图 3-9

$r = 10$ cm,A,B 处为向心轴承,其余尺寸如图所示,单位均为 cm,试求手柄上的作用力 $\boldsymbol{P}$ 及 A,B 两处的径向反力。

解 (1)取轮轴为研究对象,画出它的分离体在三个坐标平面上的受力图投影。

(2)对符合可解条件的先行求解。先从 xz 平面解起。

xz 面:

$$\sum m_A(\boldsymbol{F}) = 0 \qquad PR - Gr = 0$$

$$P = G\cdot(r/R) = 10\cdot(10/20) = 5\ \text{kN}$$

yz 面:

$$\sum m_B(\boldsymbol{F}) = 0 \qquad N_{Az}\cdot AB - G\cdot BD = 0$$

$$N_{Az} = G(BD/AB) = 10(30/60) = 5\ \text{kN}$$

$$\sum F_z = 0 \qquad N_{Bz} + N_{Az} - G = 0$$

$$N_{Bz} = G - N_{Az} = 5\ \text{kN}$$

xy 面:

$$\sum m_B(\boldsymbol{F}) = 0 \qquad N_{Ax}\cdot AB + P\cdot BE = 0$$

$$N_{Ax} = -P(BE/AB) = -5(20/60) = -1.67\ \text{kN}$$

$$\sum F_x = 0 \qquad -P + N_{Ax} + N_{Bx} = 0$$

$$N_{Bx} = P - N_{Ax} = 6.67\ \text{kN}$$

表 3-1 常见空间约束类型简图

空间约束类型	简化画法及约束反力
1.球形铰链 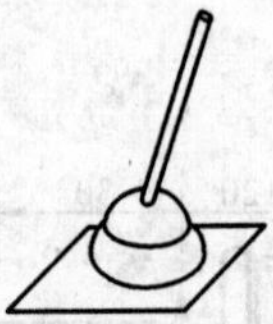	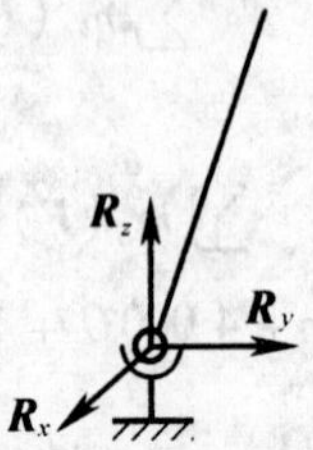 R_z R_y R_x
2.向心轴承 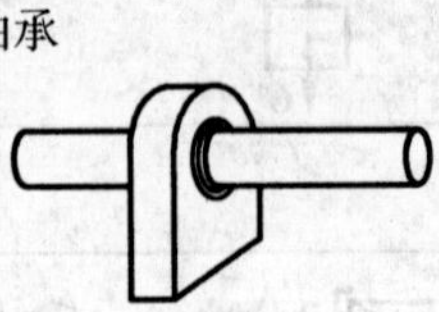 	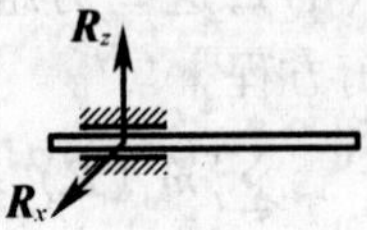 R_z R_x
3.滑动轴承 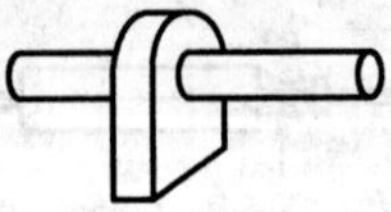 	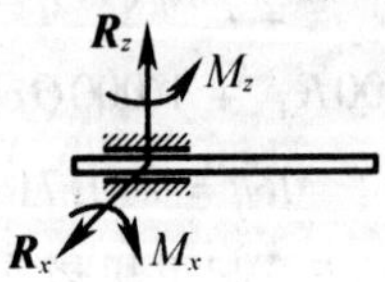 R_z M_z R_x M_x

表 3-1(续)

空间约束类型	简化画法及约束反力
4.止推轴承 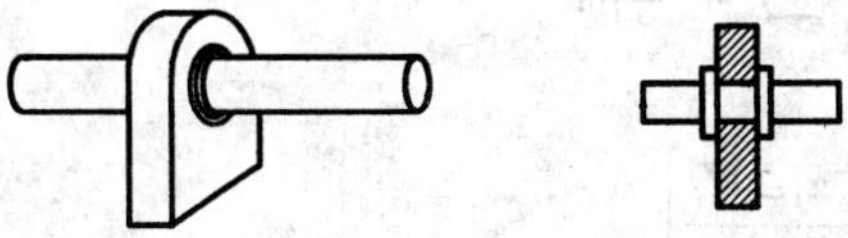	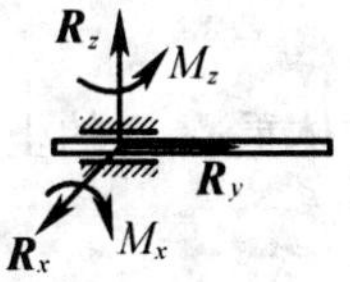
5.带销子夹板 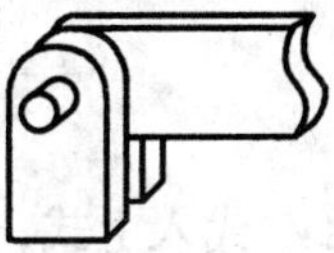	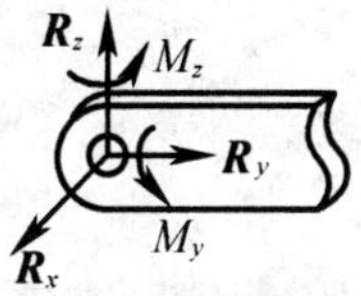
6.空间固定端 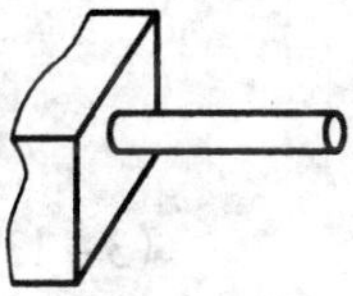	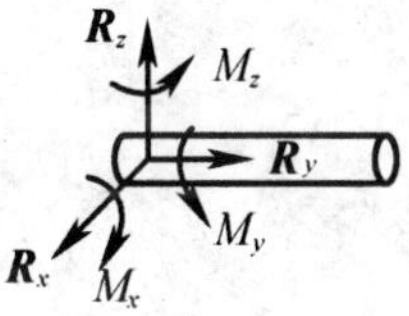

第六节 重心与形心

一、物体的重心

重力就是地球对物体质量的引力。任何物体都可以看成是无数质量微元的集合。每个微元所受的重力都垂直指向地面,这些力的作用线相互平行,组成空间平行力系,这个力系的合力即为物体的重力,物体重力的作用点即为物体的重心。因此,确定物体的重心,实质上就是确定空间平行力系合力作用点的坐标。

设物体重心坐标为 x_C, y_C, z_C,如图 3-10 所示。将物体分成若干微元,其重力分别为 $\Delta \boldsymbol{W}_1, \Delta \boldsymbol{W}_2, \cdots, \Delta \boldsymbol{W}_n$,各力作用点的坐标分别为$(x_1, y_1, z_1), (x_2, y_2, z_2), \cdots, (x_n, y_n, z_n)$。物体重力 W 的值为 $W = \sum \Delta W_i$。

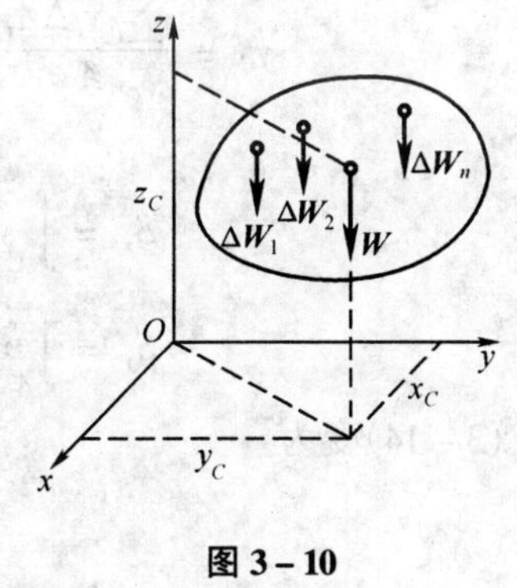

图 3-10

根据合力矩定理有

$$m_x(\boldsymbol{F}) = \sum m_x(\Delta \boldsymbol{W}_i)$$

$$m_y(\boldsymbol{F}) = \sum m_y(\Delta \boldsymbol{W}_i)$$

$$-y_C \cdot W = -\sum y_i \cdot \Delta W_i$$

$$x_C \cdot W = \sum x_i \cdot \Delta W_i$$

根据力系中心的位置与各力的方向无关的性质，可将物体连同坐标系一起绕 x 轴顺时针转过90°，使 y 轴朝下，这时重力 $\boldsymbol{W}$ 和各力 $\Delta \boldsymbol{W}_i$ 都与 y 轴同向平行，再对 x 轴应用合力矩定理得

$$-z_C \cdot W = -\sum z_i \cdot \Delta W_i$$

因此得物体重心 C 的坐标公式为

$$\left.\begin{aligned} x_C &= \frac{\sum x_i \Delta W_i}{W} \\ y_C &= \frac{\sum y_i \Delta W_i}{W} \\ z_C &= \frac{\sum z_i \Delta W_i}{W} \end{aligned}\right\} \tag{3-12}$$

若物体为均质，其密度为 ρ，将 $W = \rho g V, \Delta W_i = \rho g \Delta V_i$ 代入上式，令 $\Delta V_i \to 0$ 取极限，即可得

$$\left.\begin{aligned} x_C &= \frac{\sum x_i \Delta V_i}{V} = \frac{\int_V x \mathrm{d}V}{V} \\ y_C &= \frac{\sum y_i \Delta V_i}{V} = \frac{\int_V y \mathrm{d}V}{V} \\ z_C &= \frac{\sum z_i \Delta V_i}{V} = \frac{\int_V z \mathrm{d}V}{V} \end{aligned}\right\} \tag{3-13}$$

可见，均质物体重心完全取决于物体的几何形状和尺寸。

二、平面图形的形心

若物体是等厚均质薄板，如图3-11所示。以 A 表示壳或板的表面面积，ΔA_i 表示微元的面积，同理可求得均质薄板的重心的位置坐公式为

$$\left.\begin{aligned} x_C &= \frac{\sum x_i \Delta A_i}{A} = \frac{\int_A x \mathrm{d}A}{A} \\ y_C &= \frac{\sum y_i \Delta A_i}{A} = \frac{\int_A y \mathrm{d}A}{A} \end{aligned}\right\} \tag{3-14}$$

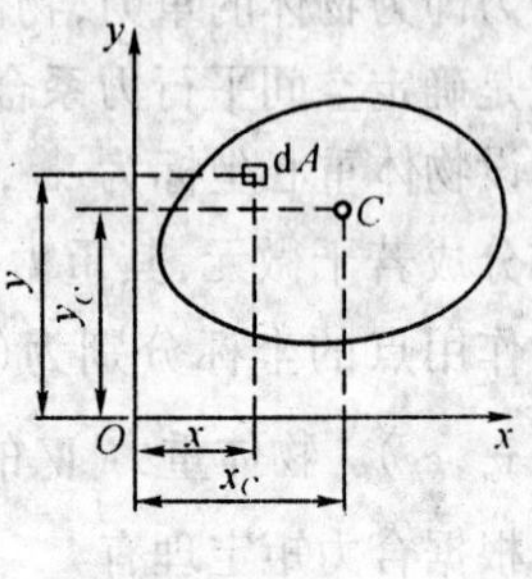

图3-11

若令

$$\left.\begin{aligned} S_x &= \int_A y \mathrm{d}A \\ S_y &= \int_A x \mathrm{d}A \end{aligned}\right\} \tag{3-15}$$

则式(3-14)变为

$$\left.\begin{aligned} x_C &= \frac{S_y}{A} \\ y_C &= \frac{S_x}{A} \end{aligned}\right\} \tag{3-16}$$

式中 S_x，S_y 分别称为平面图形对于 x 轴、y 轴的面积矩，简称面矩，或称静矩，单位为 mm^3 或 m^3。

由此可见，均质平板的重心仅与平板的几何形状和尺寸有关，而从几何图形看，所确定的坐标点正是平面图形的几何中心，称为平面图形的形心。此时重心与形心位置重合，因此均质平板的重心公式，也就成了平面图形的形心求解公式。

由式(3－15)和(3－16)可以得到二点重要结论：

1.由静矩的定义式(3－15)可知，同一图形对于不同坐标轴的静矩是不同的，静矩可能为正，也可能为负，也可能为零；

2.由式(3－16)可知，若坐标轴通过形心，即 $x_C = 0$，$y_C = 0$，则图形对该轴之静矩等于零；若图形对于某轴的静矩等于零，即 $S_x = 0$ 或 $S_y = 0$，则该轴必通过形心。

三、用组合法确定平面组合图形的形心

组合法是求平面组合图形的形心坐标的基本方法。组合图形大多数由简单几何图形组合而成，而这些简单几何图形的形心通常是我们熟知的(如圆形，矩形，三角等)，或是可以由《机械设计手册》查出的(本书不单独列出)，因此可以先将组合图形分割成若干个简单图形，然后应用式(3－14)确定组合图形的形心坐标。其解题步骤如下：

1.选任意位置建立初始直角坐标系；

2.将组合图形分割为若干我们熟悉的简单图形，确定这些简单图形的形心在所建初始直角坐标系中的坐标；

3.应用式(3－14)即可求得组合原形的形心坐标；也可以先应用式(3－15)求得这些简单图形对于初始坐标的静矩，再应用式(3－16)求得组合图形的形心坐标；

4.如果组合图形是由规则图形中挖去一部分或几部分而形成的，也同样按上述步骤计算，只是要将挖出去的部分的“$x_i \Delta A_i$”、“$y_i \Delta A_i$”项前面加上负号即可；也就是说，是将挖去部分的面积视为负值，这种方法也称为负面积法。

请读者通过例题领会。

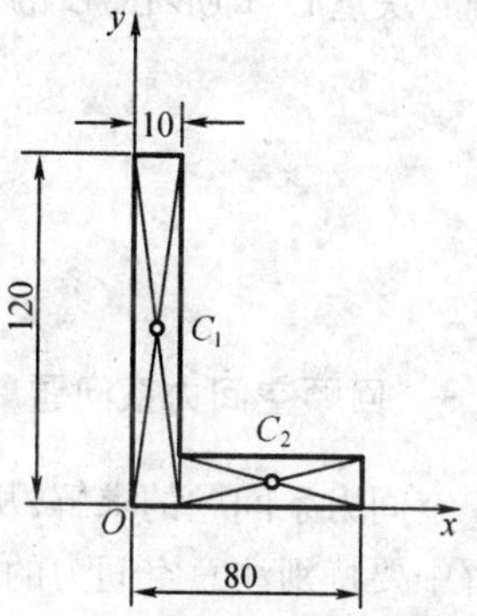

例 3－6 求图 3－12 所示角钢横断面之形心，尺寸单位为 mm。

解 选坐标系 Oxy 如图 3－12 所示。将图形分割为两个矩形，以 A_1，A_2 分别表示其面积，$C_1(x_1, y_1)$，$C_2(x_2, y_2)$ 分别表示其形心位置，则

图 3－12

$$A_1 = 120 \times 10 = 1\,200\ \text{mm}^2$$

$$x_1 = 5\ \text{mm}, \quad y_1 = 60\ \text{mm}$$

$$A_2 = 70 \times 10 = 700\ \text{mm}^2$$

$$x_2 = 10 + 35 = 45\ \text{mm}, \quad y_2 = 5\ \text{mm}$$

由式(3－14)可求得

$$x_C = \frac{A_1 x_1 + A_2 x_2}{A_1 + A_2} = \frac{1\,200 \times 5 + 700 \times 45}{1\,200 + 700} = 19.7\ \text{mm}$$

$$y_C = \frac{A_1 y_1 + A_2 y_2}{A_1 + A_2} = \frac{1\,200 \times 60 + 700 \times 5}{1\,200 + 700} = 39.7\ \text{mm}$$

例 3 - 7 已知图 3 - 13 所示振动器中偏心块的几何尺寸 $R=100$ mm，$r=13$ mm，$b=17$ mm，求偏心块形心的位置。

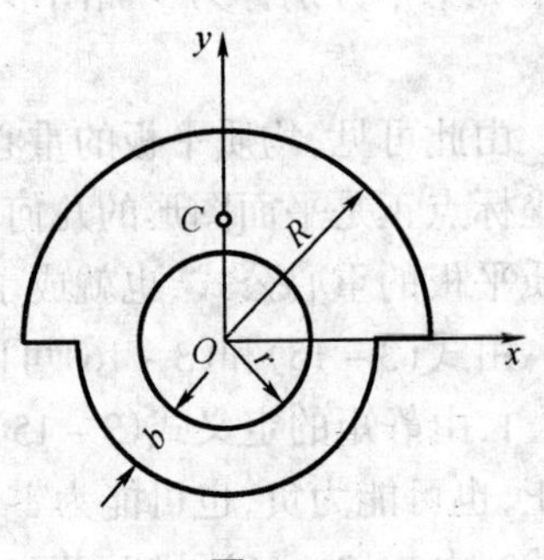

图 3 - 13

解 取坐标系 Oxy，其中 Oy 轴为对称轴（图 3 - 13）。根据对称性，偏心块重心 C 必在对称轴 Oy 上，所以

$$x_C=0$$

将偏心块分割成三部分：半径为 R 的 A_1 部分，半径为 $(r+b)$ 的半圆 A_2 及半径为 r 的小圆 A_3。因 A_3 时需要切去的部分，故其面积应为负值。这三部分的面积及其坐标为

$$A_1=\frac{1}{2}\pi R^2,\quad y_1=\frac{4R}{3\pi}$$

$$A_2=\frac{1}{2}\pi(r+b)^2,\quad y_2=-\frac{4(r+b)}{3\pi}$$

$$A_3=-\pi r^2,\quad y_3=0$$

由式(3 - 14)可求得

$$\begin{aligned}y_c&=\frac{A_1y_1+A_2y_2+A_3y_3}{A_1+A_2+A_3}\\&=\frac{\frac{1}{2}\pi R^2\times\frac{4R}{3\pi}+\frac{\pi}{2}(r+b)^2\times\left[-\frac{4(r+b)}{3\pi}\right]+(-\pi r^2\times 0)}{\frac{1}{2}\pi R^2+\frac{1}{2}\pi(r+b)^2-\pi r^2}\\&=\frac{4[R^3-(r+b)^3]}{3\pi[R^2+(r+b)^2-r^2]}=\frac{4[100^3-(13+17)^3]}{3\pi[100^2+(13+17)^2-13^2]}\\&=39\text{ mm}\end{aligned}$$

故偏心块重心（即形心）C 的坐标为

$$x_C=0,\quad y_C=39\text{ mm}$$

第七节　问题讨论与说明

一、回顾空间力系问题

空间力系问题的求解，从解题思路上看，与平面力系问题的求解思路是基本相同的。在求解中要特别注意空间力的投影方向，要让力向着轴投影，这是容易出错的地方。

对于搞机械类专业人来说，轮轴类问题的平面解法更显重要。只要会投影，会平面力系求解，这类问题并不复杂。

二、确定形心坐标的意义

确定平面图形形心坐标的问题会在第二编中涉及到。这部分内容更重要的意义在于其对后续专业课程的帮助。在实际工作中，也会经常遇到要确定某个特殊图形形心的问题。

习　题

3－1　如题 3－1 图所示,已知 $F_1=30$ N,$F_2=50$ N,$F_3=40$ N,试求各力在三坐标轴上的投影。

3－2　已知在题 3－2 图所示边长为 a 的正六面体上作用有力 $F_1=6$ kN,$F_2=2$ kN,$F_3=4$ kN,试计算各力在三坐标轴上的投影。

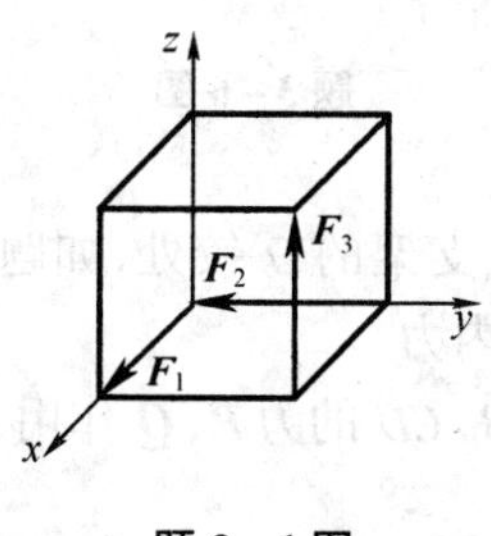

题 3－1 图

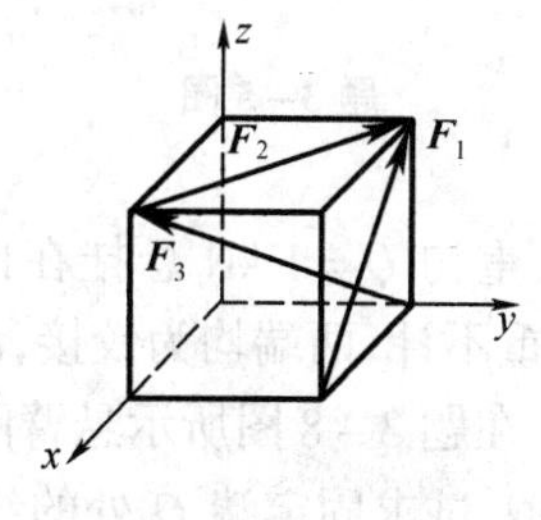

题 3－2 图

3－3　在题 3－3 图所示边长 $a=12$ cm,$b=16$ cm,$c=10$ cm 的六面体,作用有力 $F_1=2$ kN,$F_2=2$ kN,$F_3=4$ kN,试计算各力在三坐标轴上的投影。

3－4　已知 $F_1=30$ N,$F_2=25$ N,$F_3=40$ N,其他尺寸如题 3－4 图所示,试计算此三力对 x,y,z 轴之矩。

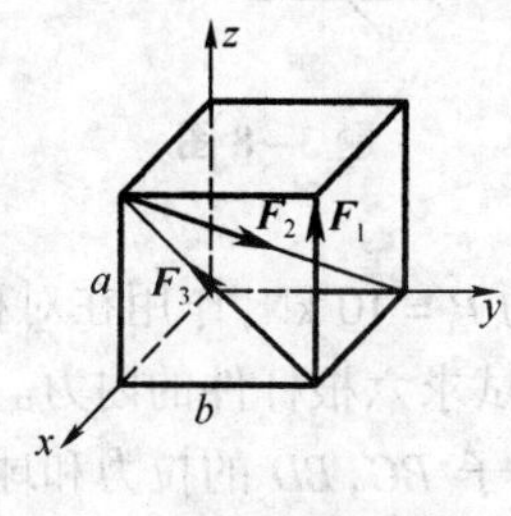

题 3－3 图

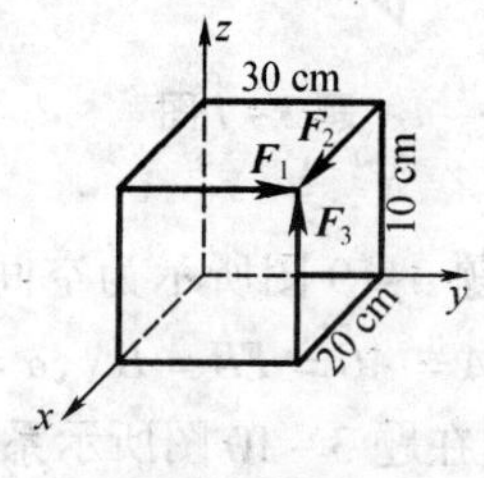

题 3－4 图

3－5　如题 3－5 图所示,作用于手柄上的力 $P=100$ N,试计算 $m_x(\boldsymbol{P})$的值。

3－6　水平轮上 A 点处作用一力 $\boldsymbol{P}$,力 $\boldsymbol{P}$ 在铅垂平面内并与过 A 点的切线成 60°角,OA 与 y 轴的平行的切线成 45°夹角,如题 3－6 图所示,$P=10^3$ N,$h=r=1$ m,试求力 $\boldsymbol{P}$ 的 P_x,P_y,P_z 及 $m_z(\boldsymbol{P})$。

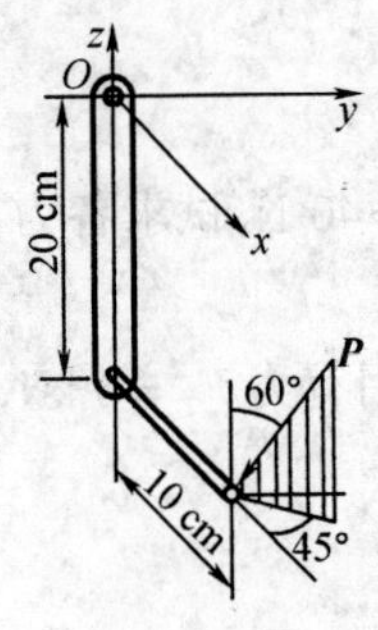

题 3-5 图

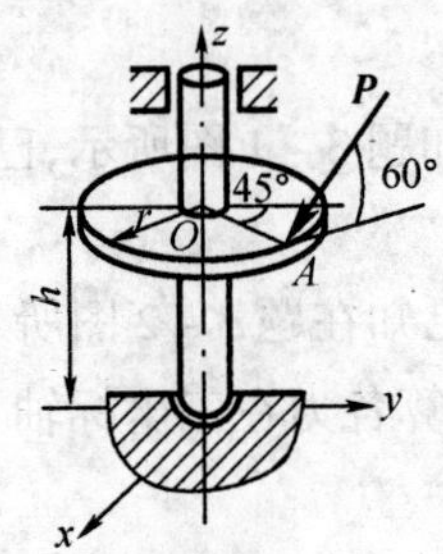

题 3-6 图

3-7　重物 $Q=1$ kN 悬挂在由杆 AO,BO,CO 所组成支架的 O 铰处,如题 3-7 图所示,各杆自重不计,两端均为铰接,$\alpha=45°$,试求三支撑杆的内力。

3-8　在题 3-8 图所示悬臂刚架上,有分别平行于 AB,CD 的力 $\boldsymbol{P}$,$\boldsymbol{Q}$ 作用,已知 $P=5$ kN,$Q=4$ kN,试求固定端 O 处的约束反力及约束力偶矩。

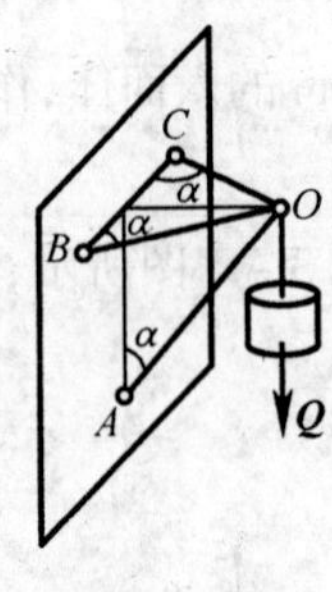

题 3-7 图

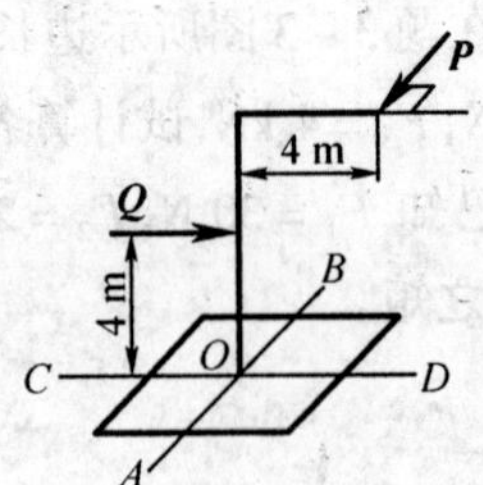

题 3-8 图

3-9　题 3-9 图所示为空间桁架,在节点 A 上作用力 $P=10$ kN,作用在对称面内,杆自重不计,$EA=AG=FB=BN$,$\alpha=45°$,$AE\perp AG$,$HB\perp FB$,试求六根杆件的内力。

3-10　在题 3-10 图所示系统中,力 $F=1$ kN,试求绳子 BC,BD 的拉力和球铰链 A 的约束反力。

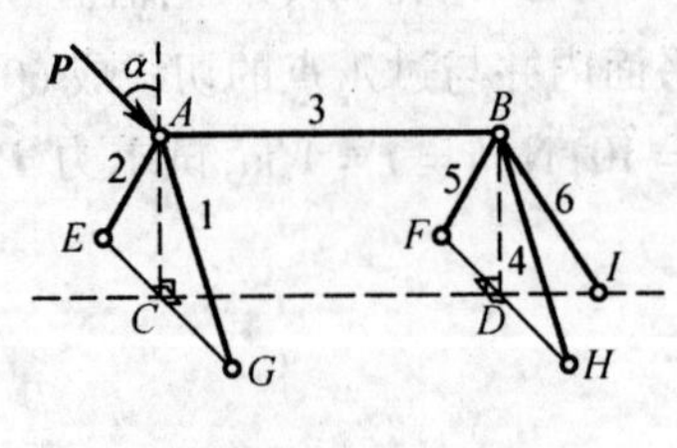

题 3-9 图

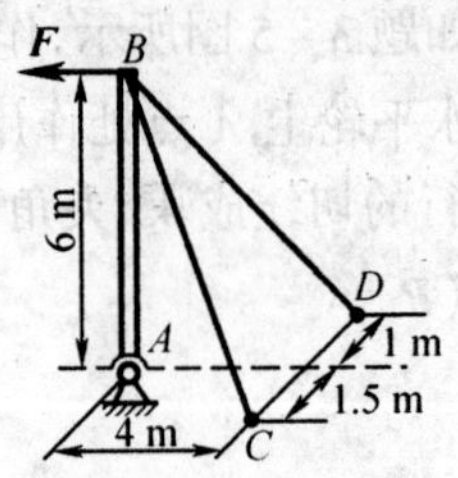

题 3-10 图

3-11　变速箱中间轴上有两个齿轮,其分度圆半径 $r_1=100$ mm,$r_2=72$ mm,啮合点分别在两齿轮的最低与最高位置,如题 3-11 图所示。齿轮压力角 $\alpha=20°$在大齿轮上的圆周

力 $P_1 = 1.58$ kN，试求当轴平衡时，作用在小齿轮上的圆周力 P_2 及 A，B 两处的轴承约束反力。

3-12 题 3-12 图所示为一铰车的正视、侧视图，已知 $G = 2$ kN，鼓轮半径 $R = 80$ mm。试求垂直于手柄的力 P 值应多大，才能保持平衡，并求平衡时 A，B 两轴承的约束反力。

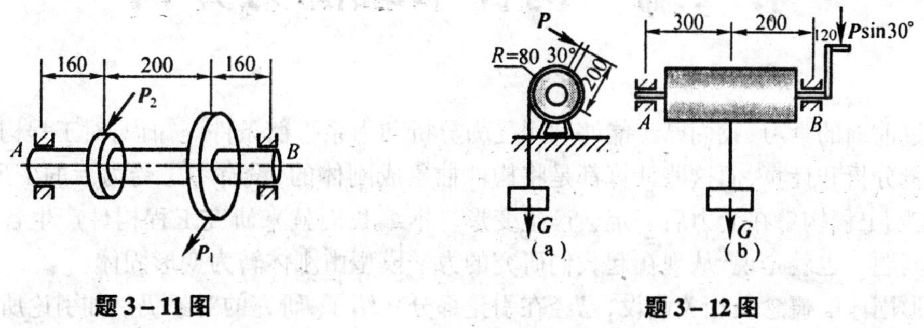

题 3-11 图　　题 3-12 图

3-13 试确定题 3-13 图所示阴影部分的形心位置。

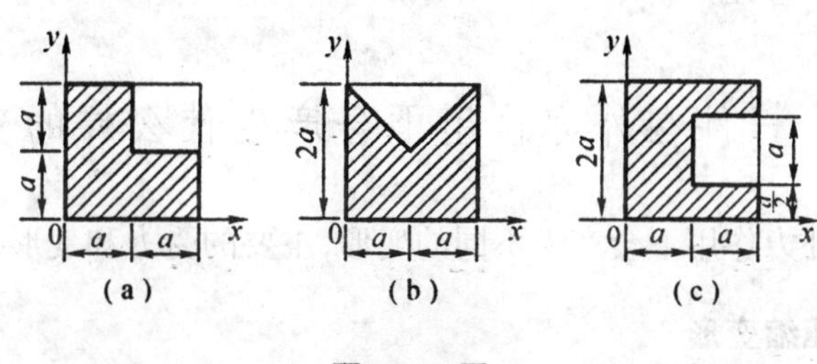

题 3-13 图

3-14 试求题 3-14 图所示截面的形心位置。长度单位为 mm。

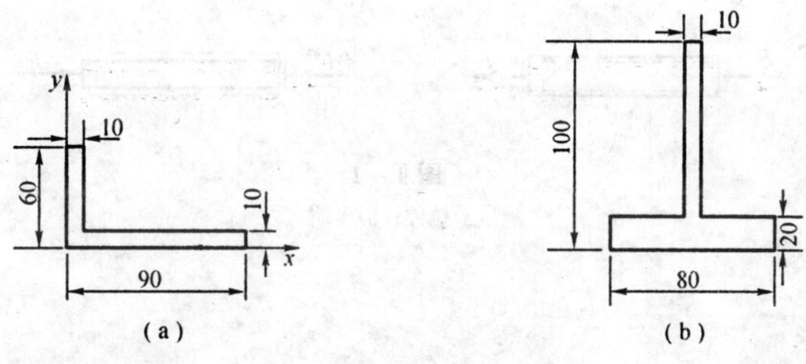

题 3-14 图

第二编　构件承载能力分析

通过前面的学习,我们已经能够利用受力分析和力系平衡条件等知识,对工程构件所受的力进行分析和计算,而这些计算都是将构件抽象成刚体的,没有考虑受力后的变形问题。但是,实际工程构件在受力后一定会产生变形。本编我们就来研究工程构件产生各种变形情况的问题。也就是说,从现在起我们研究的力学模型由刚体转为变形固体。

变形固体的概念及相关假设,已经在引论部分介绍了,研究的对象仍然如引论所述。

为了实现本课程提出的为合理设计工程构件提供计算方法的目的,必须对物体在外力作用下产生什么样的变形,在各种变形情况下,怎样才能安全可靠地正常工作进行分析研究。

一、杆件在外力作用下会产生什么样的变形

杆件在不同的外力作用下会产生不同的变形,主要的受力和变形形式有以下几种。

1.轴向拉伸或压缩变形

当外力作用在杆的截面形心,并沿着杆的轴线方向时,杆件将沿轴向伸长或缩短,这就是轴向拉伸或轴向压缩变形,简称拉伸或压缩,如图Ⅱ-1所示。承受轴向拉伸或压缩变形的杆件称为拉杆或压杆。

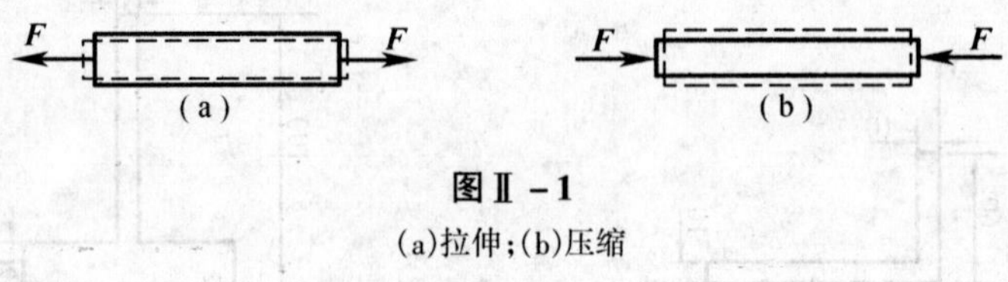

图Ⅱ-1

(a)拉伸;(b)压缩

2.弯曲变形

当外力作用在杆的某个纵向平面内并垂直于杆的直线,或者在这个纵向平面内有一对反向力偶作用时,杆件的轴线将由直线变为曲线,这种变形形式称为弯曲变形,如图Ⅱ-2所示。承受弯曲变形的杆件称为梁。

3.扭转变形

在一对大小相等、转向相反、作用面与杆轴线垂直的力偶作用下,两力偶作用面间各横截面将绕轴线产生相对转动,这种变形形式称为扭转变形,如图Ⅱ-3所示。承受扭转变形的杆件称为轴。

4.剪切变形

当大小相等,方向相反且距离很近的两个力垂直作用于杆件的轴线方向时,杆件在二力间的截面发生相对错动,这种变形形式称为剪切变形,如图Ⅱ-4所示。

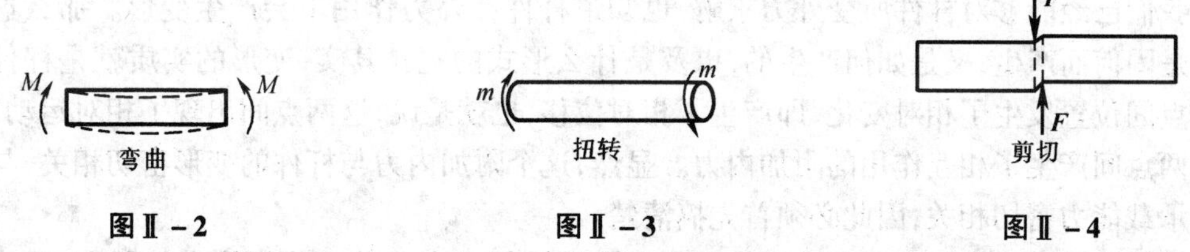

图Ⅱ-2　图Ⅱ-3　图Ⅱ-4

在实际工程问题中,除产生述变形外,还有许多杆件会同时产生上述变形中的两种或两种以上的变形形式,这种情况称组合变形。

二、满足什么条件才能保证杆件安全可靠地正常工作

工程中所有的构件能承受的外力都是有一定限度的,超过这一限度,构件就会丧失其正常功能,这种现象称为失效或破坏。失效的杆件不能安全有效地正常工作,因此要保证杆件能安全可靠地正常工作,就必须保证杆件不失效。

本课程涉及的杆件失效形式有三类:强度失效、刚度失效和稳定性失效。

1.强度失效

我们把构件抵抗破断的能力称为构件的强度。构件因为强度不足而丧失正常功能,称为强度失效。工程上所有承力构件都必须进行强度分析,以保证构件安全工作。

2.刚度失效

我们把构件抵抗变形的能力称为构件的刚度。构件因为刚度不足而丧失正常功能,称为刚度失效。例如钻床在钻孔时,摇臂和立柱乃至于底座发生变形,如图Ⅱ-5所示,这种变形虽然是弹性的,也没有造成任何部分破断,但从加工精度考虑,对这种变形也必限制在一定范围内。

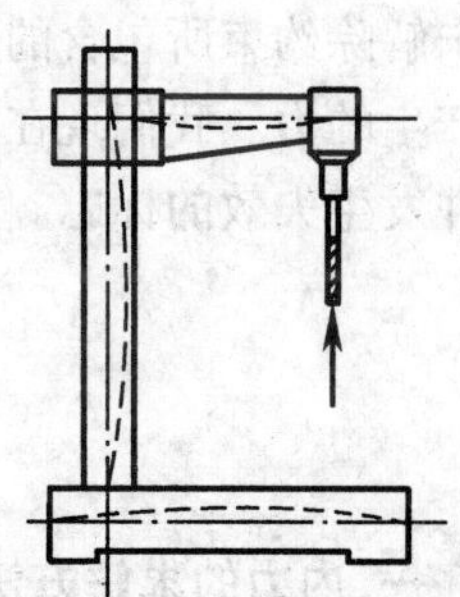

图Ⅱ-5

3.稳定性失效

我们把构件保持原有直线平衡状态的能力称为构件的稳定性。构件因为稳定性不足而丧失正常功能称为稳定性失效。工程上受压力作用的细长杆一般都要进行稳定性分析。

综上所述,本编的目的就是要通过对杆件在不同变形情况下的失效分析,得出保证杆件安全可靠地正常工作的条件,并在此前提下最经济地使用材料。也就是说,本编要研究的主要问题是强度、刚度和稳定性问题。所谓构件承载能力分析,其实指的就是构件的强度分析、刚度分析和稳定性分析问题。

第四章 杆件的内力分析

我们已经能够对杆件所受外力求解,也知道杆件在外力作用下会产生变形。那么这个变形是因何而产生,又是如何产生的,以及是什么形式的呢?其实,变形的实质就是杆件上某两点间位置发生了相对变化,即产生了相对位移,也就是说,这两点间出现了相对运动,从而使两点间产生了相互作用的附加内力。显然,这个附加内力与杆件的变形密切相关,与构件的承载能力密切相关,因此必须首先搞清楚。

本章的目的就是要对各种变形情况下产生的附加内力及其变化规律进行研究,寻找求解附加内力的方法,为后续研究提供帮助。

第一节 外力与内力的关系

由物理学知道,物体是由分子或原子通过分子间作用力结合在一起的。这说明,物体内部已经有力(固有内力)的存在。正是由于有这种力的存在,才使物体维持了原有的形状。

物体受外力作用后产生变形,说明组成物体的分子或原子间产生了相对位移,这时分子或原子间的相互作用力也发生了变化。这种由于外力作用而引起的物体内部分子或原子间作用力的改变量,力学上称为附加内力,简称内力。显然,内力是由外力引起的。这里说的外力既包括作用在杆件上的载荷,也包括已求得的约束反力。内力将随着外力的改变而改变,但是内力不可能随着外力的增加而无限量地增加。当外力增加到一定程度时就会引起杆件破坏。因此,必须对杆件内力的大小和内力的分布规律进行研究,这就是内力分析。内力分析是强度分析和刚度分析的基础。这也正是我们首先研究内力的原因。

要注意的是,杆件的内力——附加内力既不同于物体所固有的内力,也不同于静力分析中未解除约束所包含的内力。前者是单纯的库仑力,而后者的实质是刚体间由于机械作用而产生的力。我们现在所说的这个内力则因外力而产生、随外力而变化,其限度实质上就是杆件发生失效的标志。

第二节 内力与内力分量

一、内力的求解方法——截面法

实际工程问题中的杆件,总会以受到某种形式的外力系作用而平衡,如图 4-1(a)所示。这个受力杆件在外力作用下,一定会产生内力。怎么才能求得这个内力呢?

我们知道,内力是存在于杆件内部的,从外部是看不到的。为了能把内力显露出来,用一个假想平面在杆件任一位置 $m-m$ 处将杆假想截开,如图 4-1(b)所示。这样原本处于杆件内部,作用在截面 $m-m$ 位置上的内力就显露出来了,如图 4-1(c)、(d)所示。

由于杆件原本是平衡的,所以假想截开后的Ⅰ、Ⅱ两部分杆件也都应该是平衡的。由此可知,杆件Ⅰ上显露的内力来自于杆件Ⅱ的作用力,该内力将与保持在杆件Ⅰ上的外力平

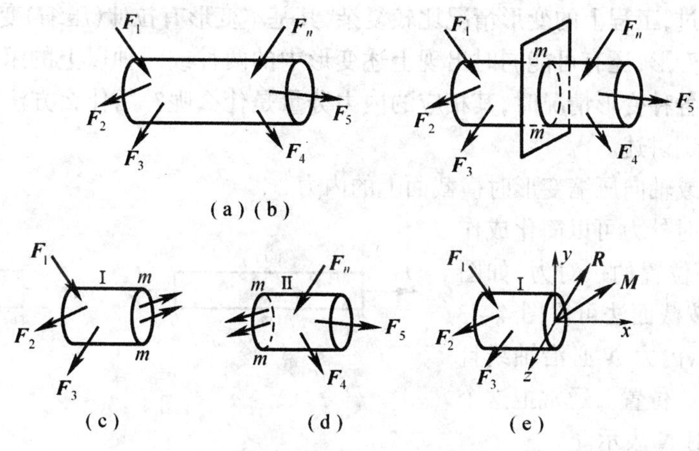

图 4-1

衡；同样，杆件Ⅱ上显露的内力是来自于杆件Ⅰ的反作用力（两面互为作用力与反作用力），该内力将与保持在杆件Ⅱ上的外力平衡，如图 4-1(c)、(d)所示。

根据连续性假设，截面上的内力应是连续分布的，所以图 4-1(c)、(d)所示的内力是作用在整个截面上的一个分布力系。那么这个内力分布力系的分布规律是什么？截面上各点的内力是什么情况？这就成了我们十分关注的问题。这些问题后续都将一一讲到。

现在，我们还是来看一下，根据已经掌握的知识，能知道些什么。

我们取假想截开的任意一侧杆件为研究对象。可以想象，无论杆件截面上的内力分布是什么样的状态，它也不过就是一个与所取一侧杆件上所作用的外力系平衡的一个力系。最一般的力系就是空间任意力系，因此我们推定截面上的内力系是一个空间任意力系。

既然这样，我们就可以将力系向该截面内任意一点简化，得到一个主矢 $\boldsymbol{R}$ 和一个主矩 $\boldsymbol{M}$。实际上，简化中心通常选在截面形心位置，如图 4-1(e)所示。为了简单起见，常常就把内力系的主矢和主矩称为截面 $m-m$ 的内力。这两个量可以通过列平衡方程求解，具体方法就是前面已经讲过的求解任意力系的方法。上述求解内力的方法称为截面法，其步骤可以简单归纳如下：

1. 截　用一假想平面从杆件需求内力的位置将杆件一分为二；
2. 取　取其中任一部分为研究对象画出分离体图，并画上该部分原有外力；
3. 代　以约束反力代替舍去部分对保留部分的约束，即画上内力系的主矢和主矩；
4. 平　列平衡方程求解。

二、内力分量

既然内力系的简化结果可以是作用在截面形心位置的一个主矢和一个主矩，那么主矢和主矩必然可以沿坐标轴方向分解，所得到的六个分量称为内力分量。如图 4-2 所示的 $\boldsymbol{R}_x, \boldsymbol{R}_y, \boldsymbol{R}_z$ 和 $\boldsymbol{M}_x, \boldsymbol{M}_y, \boldsymbol{M}_z$ 分别为主矢和主矩在 x, y, z 三个坐标轴方向上的分量。

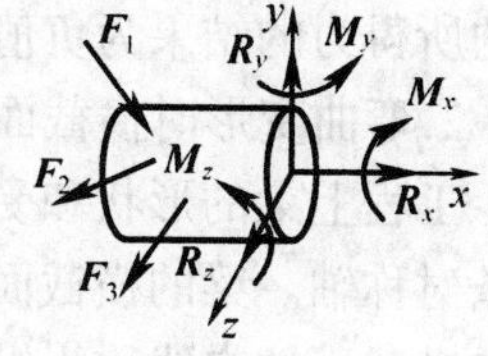

图 4-2

在工程计算中，这六个分量都是十分有意义的。这六个量既可以单独存在，也可能多个同时存在。不同的内力分量存在时,代表了不同的受力和变形形式。

前面已经讲过,工程上的变形情况比较复杂,其基本变形有拉伸(压缩)变形、弯曲变形、扭转变形和剪切变形,还有可能同时出现上述变形中的两种或两种以上的组合变形。那么当杆件出现上述各种变形情况时,其相应的内力分量是什么呢?用什么方法求得这些内力呢?下面我们分别讲述。

1.轴向拉伸或轴向压缩变形时横截面上的内力

拉压杆平衡时外力可以简化成作用在横截面形心位置的一对力,如图4-3(a)所示。按截面法可得图4-3(b),从图中可知,内力 N 必沿轴线且作用于横截面形心位置。通常把这个内力称为轴力,用 N 表示。

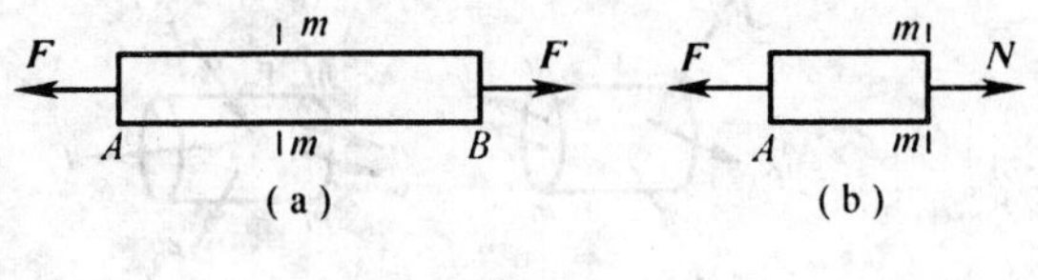

图4-3

对照图4-2可知,轴力 N 就是沿 x 轴方向的内力分量 $\boldsymbol{R}_x$,此时杆件横截面上只有一个 $\boldsymbol{R}_x$(也就是 N)存在,其他分量为零。轴力是横截面上分布内力系的合力,可依据平衡方程求得轴力

$$\sum F_x = 0, \quad F - N = 0$$

$$N = F$$

由于外力情况不同,轴力的方向有两种可能,我们规定:当轴力与横截面外法线或方向一致时,轴力为正,称拉力,杆件称拉杆;反之,轴力为负称为压力,杆件称为压杆,如图4-4

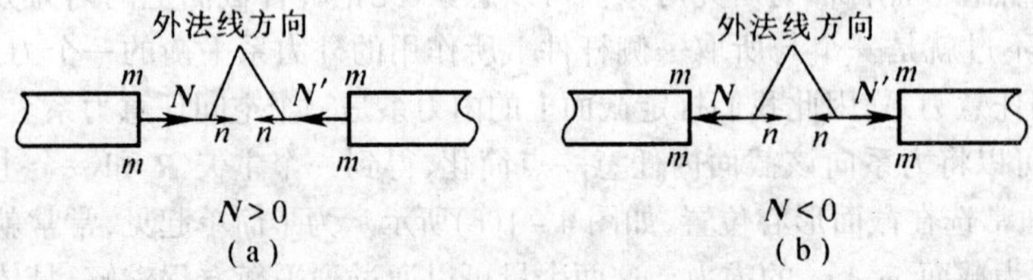

图4-4

(a)、(b)所示。显然,依据这样的正负规定,无论取哪一侧为研究对象,都会得到相同的内力值。后续关于内力的正负规定都是同样的效果,请读者自行思考,书中不再一一叙述。

依据截面法可以很方便地求出轴力。但需要说明一点:在杆件所受外力比较复杂的情况下,很难一下子就判定清楚横截面上的轴力是拉力还是压力,所以,通常先将轴力假定为拉力,即假定为正值。若求出轴力为正值,说明假设正确,是拉力;若为负值,则说明假设不正确,实际为压力。这样的作法既符合轴力拉为正、压为负的规定,又能符合前面讲述中提到的所得力的结果为负值时,说明实际力的方向与所画力的方向相反的解释。

2.弯曲变形时横截面上的内力

工程上梁的形状和受力情况都是比较复杂的。但无论什么样的梁,其横截面都至少有一条对称轴。梁的横截面对称轴与梁的轴线所确立的平面称为梁的纵向对称面。纵向对称面与横截面的交线称为纵向对称轴。如图4-2中,圆形截面有无数条对称轴,其中 xOy 面和 xOz 面都可能成为纵向对称面,而 y 轴和 z 轴则都有可能成为纵向对称轴。如果梁的所有外力(包括约束反力)都作用于梁的纵向对称面内,则梁的轴线就在该平面内弯曲成一条

平面曲线，这种弯曲变形称为平面弯曲。这是弯曲变形中最基本的弯曲变形形式。我们所研究的弯曲变形，就是这种平面弯曲变形。

梁的内力是梁横截面上分布内力系的主矢和主矩，可由静力平衡方程求得，不涉及内力系的分布规律及截面的形状和尺寸，受力和变形又都处在纵向对称面内，所以，我们避开梁在实际情况中复杂的次要因素，只抓住实质问题，仅用一条直线表示梁。再结合梁的约束情况，将其简化为已知的典型约束，这样就形成了三种常见的简化后的梁的形式：简支梁，如吊车梁(图 4-5)；外伸梁，如火车轮轴(图 4-6)；悬臂梁，如摇臂钻床的悬臂(图 4-7)。

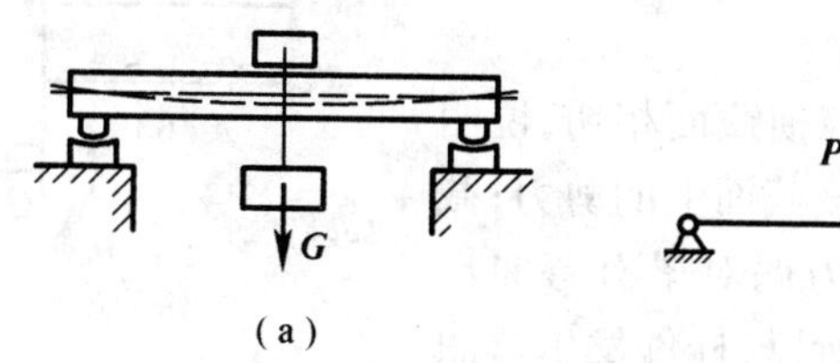

图 4-5

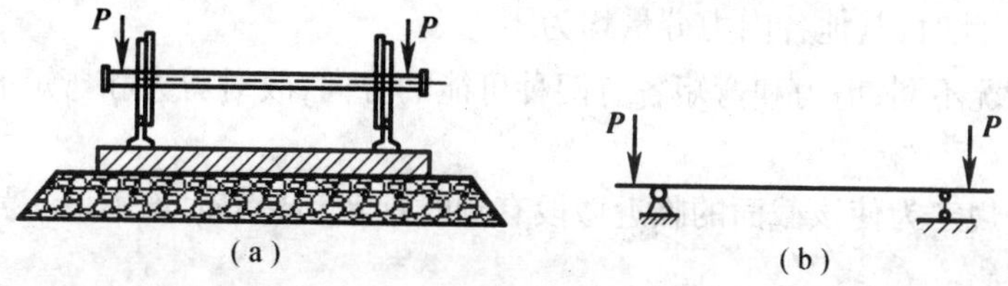

图 4-6

运用截面法可以求出梁任意横截面上的内力，如下例。

图 4-8 所示为一受集中力 $\boldsymbol{P}_1$，$\boldsymbol{P}_2$，$\boldsymbol{P}_3$ 作用的简支梁。为了求出距 A 端 x 处的横截面 $m-m$ 上的内力，就必须先按静力学中的平衡方程求出梁的支座反力 $\boldsymbol{R}_A$ 和 $\boldsymbol{R}_B$，然后按截面法计算任意截面上内力的求解步骤计算如下。

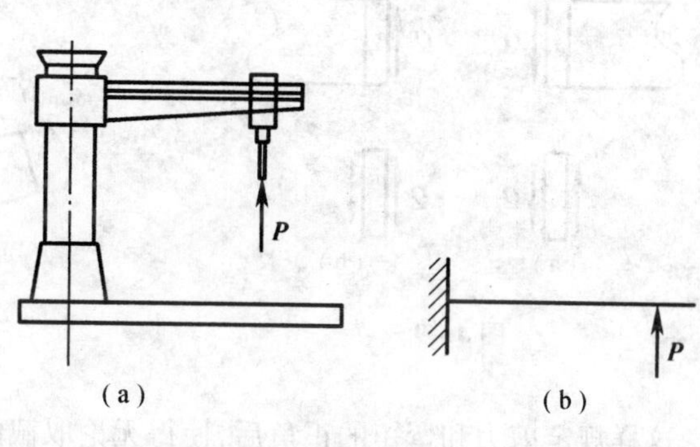

图 4-7

(1)截　用一个假想平面将梁沿横截面 $m-m$ 截开，并分为两段。

(2)取　取梁的左段为研究对象。

(3)代　由于左段梁上有外力作用，并使左段梁产生了沿横截面 $m-m$ 向上错动的运动趋势，同时还产生了绕截面形心顺时针转动的运动趋势。因此，要使左段梁保持平衡，则在 $m-m$ 截面上必有一向下的内力 $\boldsymbol{Q}$ 和位于梁纵向对称面内的、逆时针转向的内力偶 M。

(4)平　根据左段梁的平衡条件列平衡方程，即可求出内力 $\boldsymbol{Q}$ 和内力偶 M 的大小。

$$\sum F_y = 0,\quad R_A - P_1 - Q = 0$$

得
$$Q = R_A - P_1$$

再由
$$\sum M_C(\boldsymbol{F}) = 0,\quad -R_A x + P_1(x - a) + M = 0$$

得
$$M = R_A x - P_1(x - a)$$

同样,以右段梁为研究对象,亦可求得 $m-m$ 截面上的内力 $\boldsymbol{Q}'$ 和内力偶 $\boldsymbol{M}'$,分别与 $\boldsymbol{Q}$ 和 $\boldsymbol{M}$ 大小相等、方向相反。

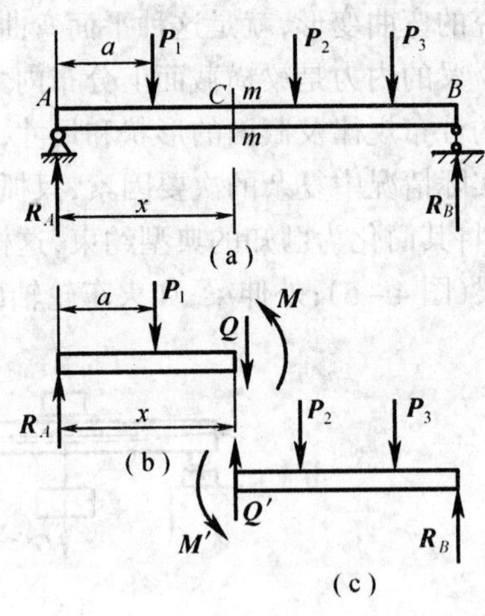

图 4-8

由于内力 $\boldsymbol{Q}$ 在横截面内且与横截面相切,说明此力对梁有剪切作用,故称之为该截面上的剪力;截面上内力偶 $\boldsymbol{M}$ 的存在,说明此力偶对梁有弯曲作用,故称之为该截面上的弯矩。所以,杆件发生弯曲变形时,横截面上的内力分量存在两个:剪力(用 $\boldsymbol{Q}$ 表示)、弯矩(用 $\boldsymbol{M}$ 表示)。对照图 4-2 可知,此例中各力均处于 xOy 面内,所以 y 轴为纵向对称轴,所有力和变形都在 xOy 面内。剪力 $\boldsymbol{Q}$ 就是沿 y 轴方向的内力分量 $\boldsymbol{R}_y$,弯矩 $\boldsymbol{M}$ 则是绕 z 轴之矩 $\boldsymbol{M}_z$。此时,其他各内力分量均为零。

由于外力情况不同,剪力和弯矩各有两种可能的方向,故对剪力和弯矩的正负作如下规定:

剪力的正负规定为使该截面的临近微段有顺时针转动趋势时剪力取正号,反之取负号,如图 4-9 所示。

弯矩的正负规定为使梁弯曲成下凸上凹形状时,弯矩为正,反之为负,如图 4-10 所示。

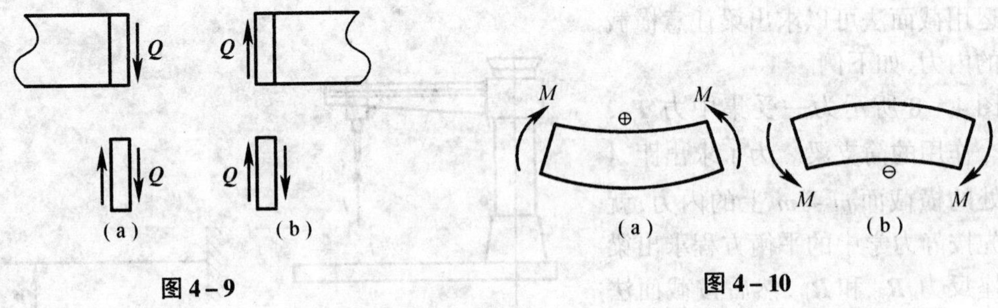

图 4-9

图 4-10

这样规定剪力和弯矩的正负后,使得无论取截面的那一侧为研究对象,所得的内力都是相同的。

再次观察此例求解全过程不难发现,在计算剪力的等式 $Q = R_A - P_1$ 中,可以看成 $R_A - P_1 = R_A + (-P_1)$,即剪力 $\boldsymbol{Q}$ 在数值上等于截面左侧(图 4-8(b))外力的代数和。

在计算弯矩的等式 $M = RA_x - P_1(x - a)$ 中,可以看成 $M = R_A x + [-P_1(x - a)]$,其中 $R_A x$ 是外力 $\boldsymbol{R}_A$ 对截面形心的力矩,而 $P_1(x - a)$ 则是外力 $\boldsymbol{P}_1$ 对截面形心的力矩,所以弯矩 $\boldsymbol{M}$ 在数值上等于截面左侧(图 4-8(b))所有外力对截面形心的力矩的代数和。

若以梁截面 $m-m$ 的右侧部分为研究对象(图 4-8(c)),按同样的分析方法亦可得出类似的结论。这样,在计算任意截面上的剪力和弯矩时,就不必再列出平衡方程,而把上述结论作为计算剪力和弯矩的规律,即梁内任一截面上的剪力,等于截面任一侧(左或右)梁上外力的代数和;梁内任一截面上的弯矩,等于截面任一侧(左或右)梁上外力对该截面形心的力矩的代数和。

当我们应用外力和外力矩的代数和来计算剪力和弯矩时,外力正、负号的确定应遵循下述规则:

计算剪力时,截面左侧向上的外力、右侧向下的外力取正号;截面左侧向下的外力、右侧向上的外力取负号。

计算弯矩时,无论截面左侧或右侧,向上的外力取正号,向下的外力取负号。

这个规则也可归纳为一个简单的口诀:“计算剪力——外力左上右下为正;计算弯矩——外力向上为正。”

利用上述规律和正、负号规则来计算截面上的剪力和弯矩,要比通常用的截面法简便得多,所以在以后的计算中,可以直接利用上述规律和规则计算指定截面上的剪力和弯矩。

3.扭转变形时横截面上的内力

无论工程上轴工作的情况如何,其受力形式总可以简化为受到作用面垂直于轴线的外力偶作用而平衡,如图 4-11(a)所示。按截面法可求得任意截面 $n-n$ 的内力。

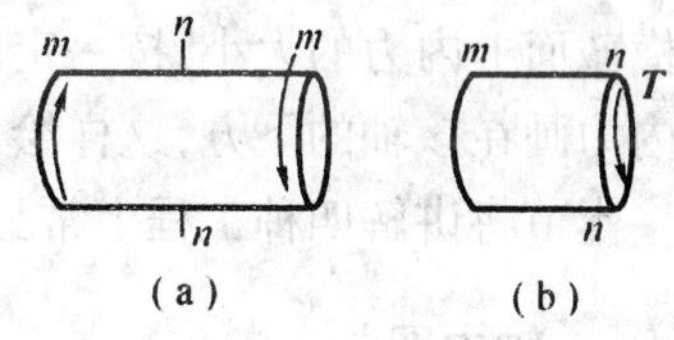

图 4-11

在 $n-n$ 处将杆件截开,取左段为研究对象。由于杆上只有一个作用在垂直于轴线在内的力偶,所以去掉的右段对左段的约束力一定是一个作用面垂直于轴线的力偶,这个面正是横截面。因此,杆件受扭转变形时横截面上的内力一定是作用在横截面上的一个力偶,通常称为扭矩,用 $\boldsymbol{T}$ 表示。

用力偶平衡方程可求得扭矩的值

$$\sum m = 0, \quad T = m$$

对照图 4-2 可知,扭矩 $\boldsymbol{T}$ 就是主矩在 x 轴方向的内力分量 $\boldsymbol{M}_x$,此时杆件横截面上只有一个 $\boldsymbol{M}_x$(也就是 $\boldsymbol{T}$)存在,其他各分量均为零。扭矩就是横截面上分布内力系的合力偶矩。

由于外力偶矩情况不同,扭矩的转向有两种可能,我们规定:按右手螺旋法则,将右手四指顺着扭矩转向,若大拇指所指的方向与截面外法线方向一致,则扭矩为正;反之扭矩为负,如图 4-12 所示。

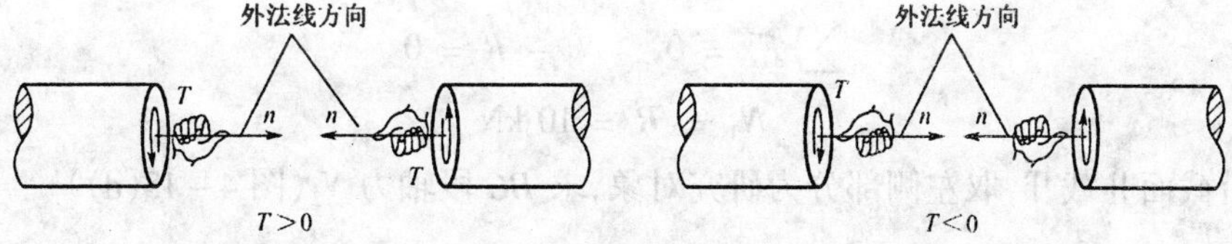

图 4-12

应用截面法求某横截面扭矩时,可先假设扭矩为正,运用平衡方程计算出扭矩后,为正说明假设正确,为负说明与假设相反,实际也就是负值。

根据前述,杆件的基本变形中还应有剪切变形。剪切变形的内力也是剪力。对照图 4－2,并结合已经对剪力的一些认识,我们可以知道,这是一种仅在 y 轴方向或 z 轴方向存在内力分量的形式。由于剪切变形常常与挤压变形同时存在,所以我们把这个问题留到第六章第三节统一讲解。

前面提到的杆件同时发生两种变形形式的情况是十分复杂的。本书将这部分内容放在第六章相应问题中作为特例来进行一般性的讲解。

综上所述,杆件在不同受力情况下,会产生不同的内力,其实质是内力系简化结果的不同。不论杆件是在什么样的受力条件下,都可以用截面法来求得杆件任意横截面的内力。

第三节 内 力 图

应用截面法求解杆件任意横截面内力时可以很容易发现这一问题,那就是,杆件横截面上的内力并不是处处相等的。在解决实际问题时,我们常常要知道沿轴线不同位置横截面上内力的变化情况。为此,用平行于杆件轴线的坐标表示横截面的位置,再取垂直的坐标表示横截面上内力的大小,按一定的比例,将正的内力画在与轴线相平行的坐标轴的上方,负的内力画在该轴的下方,这样绘出的图称为内力图。

本节将讲解四种工程上常见的内力图的画法。

一、轴力图

表示轴力沿杆件轴线方向变化的图形称为轴力图。这是表示拉压杆内力变化的图形。

1.轴力图的常规画法

下面通过一个例题来说明轴力图的画法。

例 4－1 图 4－13(a)表示一等截面直杆,其受力情况如图所示,试作出其轴力图。

解 画杆 AE 的受力图如图 4－13(b)所示。设 A 端支反力为 $\boldsymbol{R}$,设指向左方,由整个杆的平衡得

$$-R-P_1+P_2-P_3+P_4=0$$

故

$$R=P_2+P_4-P_1-P_3=10\ \text{kN}$$

$\boldsymbol{R}$ 得正值,故所设指向正确。

求各段横截面上的轴力(分段应用截面法)。

(1)沿截面Ⅰ截开,取左侧部分为研究对象,求 AB 段轴力 N_1(图 4－13(c))

$$\sum F_x=0,\quad N_1-R=0$$

得

$$N_1=R=10\ \text{kN} \qquad ①$$

(2)沿截面Ⅱ截开,取左侧部分为研究对象,求 BC 段轴力 N_2(图 4－13(d))

$$\sum F_x=0,\quad N_2-P_1-R=0$$

得

$$N_2=P_1+R=50\ \text{kN} \qquad ②$$

(3)沿截面Ⅲ截开,取右侧部分为研究对象,求 CD 段轴力 N_3(图 4－13(e))

$$\sum F_x=0,\quad P_r-P_3-N_3=0$$

得

$$N_3=P_4-P_3=-5\ \text{kN} \qquad ③$$

式中的负号说明 N_3 的方向应指向截面，截面受压。

(4)沿截面Ⅳ截开，取右侧部分为研究对象，求 DE 段轴力 N_4（图 4－13(f)）

$$\sum F_x = 0,\quad P_4 - N_4 = 0$$

得
$$N_4 = P_4 = 20\ \text{kN} \qquad ④$$

由计算结果可知，杆件在 CD 段受压，其他各段都受拉，其受力图如图 4－13(g)所示。最大轴力 N_{max} 在 BC 段，其值为 50 kN。

从上例的①～④式中，可以归纳出用截面法求轴力的规律如下：

(1)轴力的大小等于截面一侧（左或右）所有外力的代数和；外力与截面外法线方向相反者取正号，反之取负号；

(2)轴力得正值时，轴力的指向与截面外法线方向相同（离开截面），杆件受拉伸；轴力得负值时，轴力的指向与外法线方向相反（指向截面），杆件受压缩。

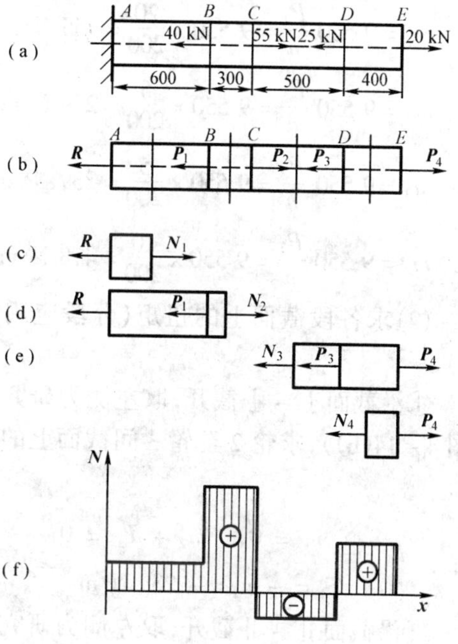

图 4－13

2.轴力圆的简捷画法

根据例 4－1 所画轴力图可以看出，轴力在杆件上的分布是有一定规律的：

(1)以外力（包括约束反力）作用面为分界线，轴力明显分为不同的段；

(2)外力作用面之间轴力图是一条水平直线；

(3)在分界线上（即外力作用面上）轴力发生突然变化，称为突变。突变量等于分界线上的外力值，突变的方向是以左侧（或右侧）端截面外法线方向为标志，杆件上所有与之同向的力为正，产生向上突变；反之为负，产生向下突变。最后一个外力突变画完后，轴力图刚好回到 x 轴线上，轴力图正确。

运用上述规律可以很容易画出例 4－1 的轴力图。简捷作图法可以迅速而直接地得出杆件各个横截面上的内力，免去了应用截面法的麻烦，十分方便。要注意的一点是若取左端截面外法线为标志，就要所有力以此面外法线为标志，反之亦然。

二、扭矩图

表示扭矩沿杆件轴线方向变化的图形称为扭矩图。这是表示受扭转变形杆件内力变化的图形。

1.扭矩图的常规画法

下面通过一个例题来说明扭矩图的画法。

例 4－2 传动轴如图 4－14(a)所示。已知轴的转速 $n = 200$ r/min，主动轮 1 输入的功率 $P_1 = 20$ kW，三个从动轮 2,3 及 4 输出的功率分别为 $P_2 = 5$ kW，$P_3 = 5$ kW，$P_4 = 10$ kW，试绘制轴的扭矩图。

解 (1)计算作用在轮 1,2,3 及 4 上的外力偶矩 m_1, m_2, m_3, m_4

此题已知中给出的是轴的转速以及输入转出功率,因此必须进行一下转换,物理学中已经学过这个转换公式,在此可直接应用。

$$m_1 = 9\ 550\ \frac{P_1}{n} = 9\ 550 \times \frac{20}{200} = 955\ \text{N}\cdot\text{m}$$

$$m_2 = 9\ 550\ \frac{P_2}{n} = 9\ 550 \times \frac{5}{200} = 239\ \text{N}\cdot\text{m}$$

$$m_3 = 9\ 550\ \frac{P_3}{n} = 9\ 550 \times \frac{5}{200} = 239\ \text{N}\cdot\text{m}$$

$$m_4 = 9\ 550\ \frac{P_4}{n} = 9\ 550 \times \frac{10}{200} = 478\ \text{N}\cdot\text{m}$$

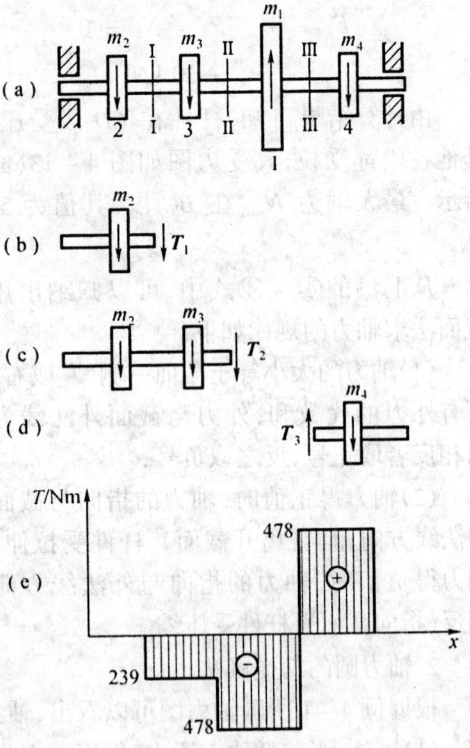

(2)求各段截面上的扭矩(分段应用截面法)

①沿截面Ⅰ-Ⅰ截开,取左侧为研究对象(图4-14(b)),求轮2至轮3间截面上的扭矩T_1。

$$\sum m = 0, \quad m_2 + T_1 = 0$$

$$T_1 = -m_2 = -239\ \text{N}\cdot\text{m}$$

②沿截面Ⅱ-Ⅱ截开,取左侧为研究对象(图4-14(c)),求轮3至轮1间截面上的扭矩T_2。

$$\sum m = 0, \quad m_2 + m_3 + T_2 = 0$$

$$T_2 = -m_2 - m_3 = -239 - 239 = -478\ \text{N}\cdot\text{m}$$

③沿截面Ⅲ-Ⅲ截开,取左侧为研究对象(图4-14(d)),求轮1至轮4间截面上的扭矩T_3。

$$\sum m = 0, \quad -T_3 + m_4 = 0$$

$$T_3 = m_4 = 478\ \text{N}\cdot\text{m}$$

图4-14

(3)画扭矩图(图4-14(e))

2.扭矩图的简捷画法

根据例4-2所画扭矩图可以看出,扭矩沿杆件轴线的分布是有规律的。

(1)以外力偶矩作用面为分界线,扭矩图分为不同的段;

(2)外力偶矩作用面之间扭矩图是一条水平直线;

(3)外力偶矩作用面(即分界线处)扭矩产生突变。突变量等于分界线上的力偶矩值;突变的方向,由左向右看,恰好与外力偶矩标在图上的转向箭头所指方向(向上或向下)一致。画完最后一个产生突变的外力偶矩,扭矩图刚好回到x轴上,扭矩图正确。

运用上述规律可以很容易画出例4-2的扭矩图。要注意的是我们要求的是从左向右作图。若从右向左作图,前述规律中,外力偶矩的突变方向刚好相反。

三、剪力图和弯矩图

表示剪力和弯矩沿杆件轴线方向变化的图形,分别称为剪力图和弯矩图。这是表示受

弯曲变形杆件内力变化的图形。

1.剪力图和弯矩图的常规画法

剪力图的弯矩图的常规画法与轴力图、扭矩图的画法大致相同。其基本思路也是运用截面法求出各个截面上的内力,然后描点绘图。但是,由于梁横截面上的剪力和弯矩随截面位置的变化规律比前两者更为复杂,所以,剪力图和弯矩图的具体画法也比轴力图和扭矩图的画法更为复杂。

为了明显地看出剪力、弯矩沿轴线的变化规律,便于找出危险截面,进行梁的设计和校核,通常用下面的方法,将梁的各截面上的剪力和弯矩用图表示出来。

如果把梁轴线作为 x 轴,截面的位置可以用 x 表示,则 Q、M 都是 x 的函数,即

$$Q = Q(x)$$
$$M = M(x)$$

上两式分别称为剪力方程和弯矩方程。

列剪力方程和弯矩方程时,通常以梁的左端为坐标原点,以梁的轴线为 x 轴,取向右为正向。再以集中力和集中力偶的作用点、分布载荷的起迄点以及梁的支承点和端点为界线,将梁分为若干段。分段后列出各段的剪力方程和弯矩方程,并分别求出个分界点处截面上的剪力值和弯矩值。最后把算出的 Q、M 值作为纵坐标,按其正负画在与截面位置相对应的 x 轴的上下两侧,再把各个纵坐标的端点连接起来。由此即可得到剪力图和弯矩图。

剪力图上任一点的纵坐标代表与此点相对应的梁横截面上的剪力值;弯矩图上任一点的纵坐标代表与此点相对应的梁横截面上的弯矩值。作图时,一般把正的剪力和弯矩画在基线(x 轴)的上侧,负的剪力和弯矩画在基线的下侧。下面通过典型的例题,说明剪力图和弯矩图的作法。

例 4-3 悬臂梁 AB 的自由端受集中力 $\boldsymbol{P}$ 作用(图 4-15(a)),试作此梁的剪力图和弯矩图。

解 (1)列剪力方程和弯矩方程 以左端 A 点为坐标原点,以梁的轴线为 x 轴,取距原点为 x 的任一截面,计算该截面上的剪力和弯矩,并把它们表示为 x 的函数,即剪力方程和弯矩方程。

剪力方程

$$Q = -P \quad (0 < x < l) \qquad ①$$

弯矩方程

$$M = -Px \quad (0 \leqslant x \leqslant l) \qquad ②$$

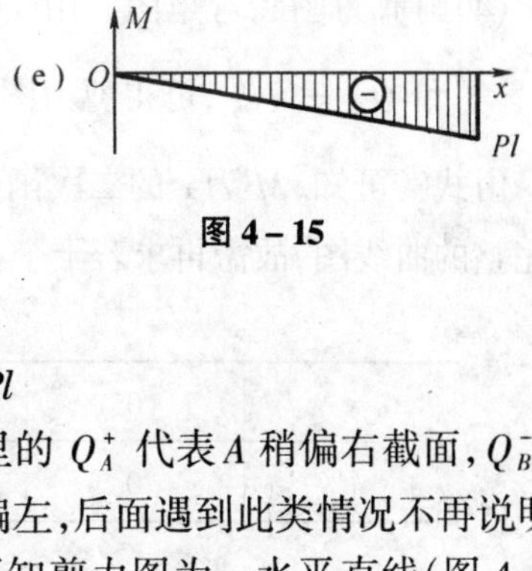

(2)求界点 A、B 处截面上的 Q、M 值 由式①、②可得,当 $x=0$ 时

$$Q_A^+ = -P, \quad M_A = 0$$

当 $x = l$ 时

$$Q_B^- = -P, \quad M_B^- = -Pl$$

图 4-15

因剪力方程不适用于 $x=0$ 和 $x=l$ 两截面,所以这里的 Q_A^+ 代表 A 稍偏右截面,Q_B^- 代表 B 稍偏左截面。上角标“+”表示稍偏右,“-”表示稍偏左,后面遇到此类情况不再说明。

(3)画剪力图和弯矩图 由①式 $Q = -P$(常量),可知剪力图为一水平直线(图 4-15(b))。因剪力 Q 为负值,故画在横坐标的下面。

将 A、B 点处截面上的弯矩 $M_A=0$、$M_B^-=-Pl$ 画在 x 轴相应位置的下侧，由式②知 M 为 x 的一次函数，是一条斜直线，故将 A、B 处截面上的 M 值的端点以直线相连，即得梁的 M 图(图 4-15(c))。

由剪力图和弯矩图可知

$$|Q|_{max}=P,\quad |M|_{max}=Pl$$

因剪力图和弯矩图中的坐标与各横截面位置一一对应，坐标位置比较明确，习惯上常常把坐标轴略去，只把剪力图和弯矩图的横坐标与轴线相对应画出，故以后各例中坐标轴不再画出。

例 4-4 一简支梁受集度为 q 的均布载荷作用(图 4-16(a))，试作此梁的剪力图和弯矩图。

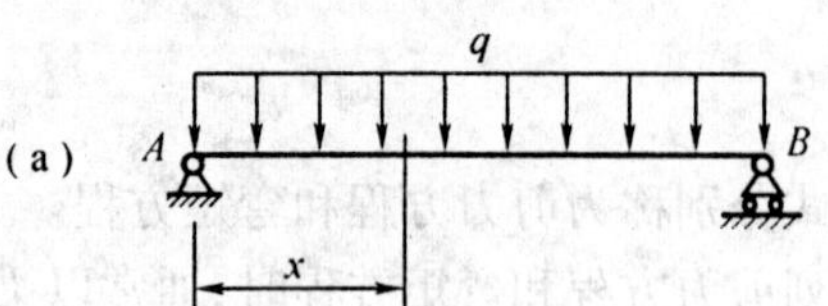

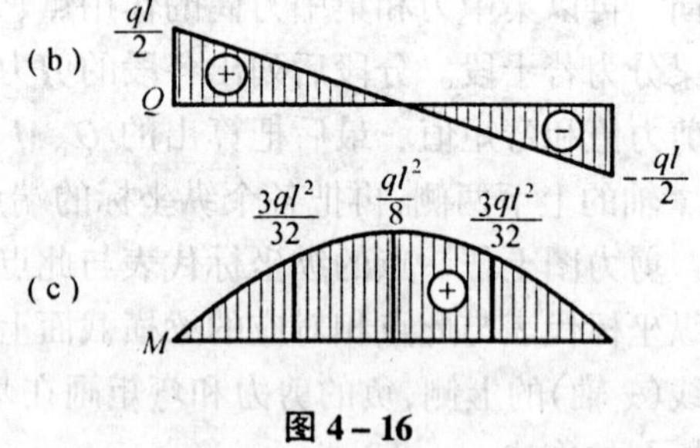

图 4-16

解 (1)求支座反力 由于梁和载荷都是对称的，所以可以直接得出

$$R_A=R_B=\frac{ql}{2}$$

(2)列剪力方程和弯矩方程 取距左端为 x 的任一截面，将该截面上的剪力和弯矩表示为 x 的函数，即得剪力方程和弯矩方程。

剪力方程

$$Q=\frac{ql}{2}-qx\quad (0<x<l)\quad ①$$

弯矩方程

$$M=\frac{ql}{2}x-qx\cdot\frac{x}{2}=\frac{ql}{2}x-\frac{qx^2}{2}\quad (0\leqslant x\leqslant l)\quad ②$$

(3)求界点 A、B 处截面上的 Q、M 值 由式①、②可得，当 $x=0$ 时

$$Q_A^+=\frac{ql}{2},\quad M_A=0$$

当 $x=l$ 时

$$Q_B^-=-\frac{ql}{2},\quad M_B=0$$

(4)画剪力图和弯矩图 由①式可知，Q 是 x 的一次函数，剪力图是一条斜直线，再由 $Q_A^+=\frac{ql}{2}$ 和 $Q_B^-=-\frac{ql}{2}$，可得剪力图(图 4-16(b))。

由式②可知，M 为 x 的二次函数，故 M 图应为二次抛物线。由 $M_A=0$ 和 $M_B=0$ 不能画出完整的曲线图，故需再求若干个截面上的 M 值。由式②可得下表：

x	0	$\frac{l}{4}$	$\frac{l}{2}$	$\frac{3l}{4}$	l
M	0	$\frac{3}{32}ql^2$	$\frac{1}{8}ql^2$	$\frac{3}{32}ql^2$	0

由表中的 M 值以抛物线形式相连，的端点以直线相连，即得梁的弯矩图(图 4-16(c))。

由剪力图和弯矩图可知,在靠近两支座的截面上剪力的绝对值最大,其值为

$$|Q|_{\max}=\frac{ql}{2}$$

在梁中点的截面上,剪力 $Q=0$,弯矩最大,其值为

$$|M|_{\max}=\frac{ql^2}{8}$$

例 4-5 一简支梁 AB 在 C 处受集中力 $\boldsymbol{P}$ 作用(图 4-17),试作此梁的剪力图和弯矩图。

解 (1)求支座反力 以 AB 梁为研究对象,由

$$\sum M_A(\boldsymbol{F})=0,\quad R_Bl-aP=0$$

$$\sum F_y=0,\quad R_A-P+R_B=0$$

解得

$$R_A=\frac{Pb}{l},\quad R_B=\frac{Pa}{l}$$

(2)列剪力方程和弯矩方程 梁 AB 中有 A,C,B 三个分界点,故应分为 AC 和 CB 两段分别列出剪力方程和弯矩方程。

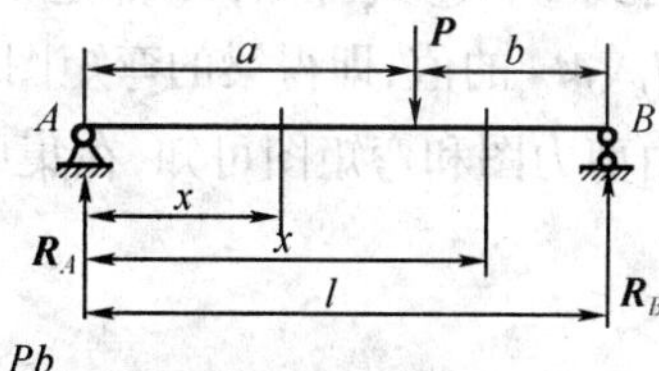

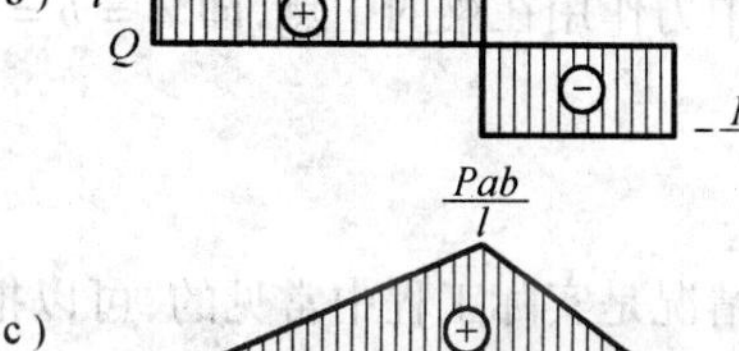

图 4-17

AC 段:

在距 A 端 x 处任取一截面可得

$$Q_1=R_A=\frac{Pb}{l}\quad(0<x<a) \qquad ①$$

$$M_1=R_Ax=\frac{Pb}{l}x\quad(0\leqslant x\leqslant a) \qquad ②$$

CB 段:

在 CB 段内距 A 端 x 处任取一截面可得

$$Q_2=R_A-P=\frac{Pb}{l}-P=-\frac{Pa}{l}\quad(a<x<l) \qquad ③$$

$$M_2=R_Ax-P(x-a)=\frac{Pb}{l}x-P(x-a)=\frac{Pa}{l}(l-x)\quad(a\leqslant x\leqslant l) \qquad ④$$

(3)求各分界点处截面上的 Q、M 值

AC 段:

将 $x=0$ 代入①、②式得

$$Q_A^+=\frac{Pb}{l},\quad M_A=0$$

将 $x=a$ 代入①、②式得

$$Q_C^-=\frac{Pb}{l},\quad M_C=\frac{Pab}{l}$$

CB 段:

将 $x=a$ 代入③、④式得

$$Q_C^+=-\frac{Pa}{l},\quad M_C=\frac{Pab}{l}$$

将 $x=l$ 代入③、④式得

$$Q_B^- = -\frac{Pa}{l},\quad M_B = 0$$

(4)画剪力图和弯矩图

由①式和③式可知，Q 都是常量，故 AC 和 CB 段的剪力图都是一条水平直线，再由 Q_A^+ 和 Q_C^+，可得剪力图(图 4－17(b))。

由式②和④式可知，M 都是 x 的一次函数，故 AC 和 CB 两段的 M 图都是斜直线。由 M_A、M_B、M_C 的值，即得梁的弯矩图(图 4－17(c))。

由剪力图和弯矩图可知，在集中力作用处的梁截面上弯矩最大，其值为

$$M_{\max} = \frac{Pab}{l}$$

若集中力作用在梁的中点，即 $a=b=\frac{l}{2}$，则最大弯矩为

$$M_{\max} = \frac{Pl}{4}$$

这种情况是实际工程中常见的，可以把 $M_{\max}=\frac{Pl}{4}$ 当作公式直接应用。

例 4－6 一简支梁受力偶矩为 m 的集中力偶作用(图 4－18(a))，试作此梁的剪力图和弯矩图。

解 (1)求支座反力 以 AB 梁为研究对象，由

$$\sum M_A(\boldsymbol{F}) = 0,\quad M - R_B l = 0$$

解得

$$R_B = \frac{M}{l}$$

$$\sum M_B(\boldsymbol{F}) = 0,\quad M - R_A l = 0$$

解得

$$R_A = \frac{M}{l}$$

(2)分段列出剪力方程和弯矩方程 梁 AB 中有 A，C，B 三个分界点，故应分为 AC 和 CB 两段分别列出剪力方程和弯矩方程。

AC 段：

在距 A 端 x 处任取一截面可得

$$Q_1 = R_A = \frac{M}{l}\quad (0 < x < a) \qquad ①$$

$$M_1 = R_A x = \frac{M}{l}x\quad (0 \leqslant x \leqslant a) \qquad ②$$

CB 段：

在 CB 段内距 A 端 x 处任取一截面可得

$$Q_2 = R_A = \frac{M}{l}\quad (a < x < l) \qquad ③$$

$$M_2 = R_A x - M = \frac{M}{l}x - M\quad (a \leqslant x \leqslant l) \qquad ④$$

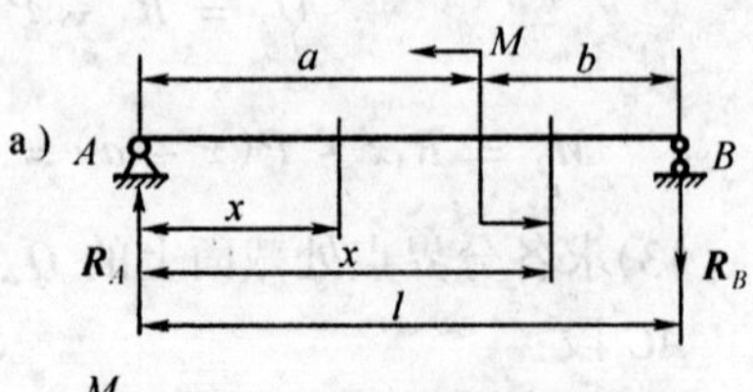

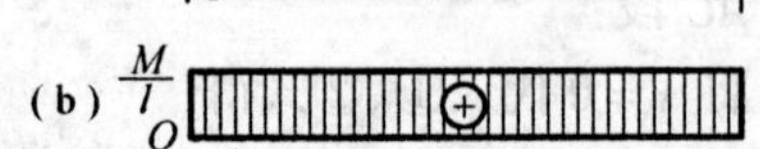

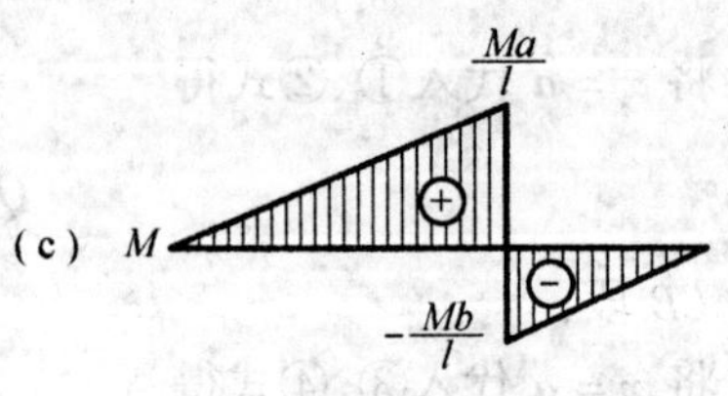

图 4－18

(3)求各分界点处截面上的 Q、M 值。

AC 段:

将 $x=0$ 代入①、②式得

$$Q_A^+=\frac{M}{l},\quad M_A=0$$

将 $x=a$ 代入①、②式得

$$Q_C=\frac{M}{l},\quad M_C^-=\frac{Ma}{l}$$

CB 段:

将 $x=a$ 代入③、④式得

$$Q_C=\frac{M}{l},\quad M_C^+=-\frac{Mb}{l}$$

将 $x=l$ 代入③、④式得

$$Q_B^-=\frac{M}{l},\quad M_B=0$$

(4)画剪力图和弯矩图

由①式和③式可知,Q 都是常量,故 AC 和 CB 段的剪力图都是一条水平直线。再由 Q_A^+、Q_C 和 Q_B^- 的值,可得剪力图(图 4-18(b))。

由式②和④式可知,M 都是 x 的一次函数,故 AC 和 CB 两段的 M 图都是斜直线。由 M_A、M_C^-、M_C^+ 和 M_B 的值,即得梁的弯矩图(图 4-18(c))。

由剪力图和弯矩图可知,全梁各截面上的剪力都等于$\frac{M}{l}$;在 $a>b$ 的情况下,在 C 点稍偏左的截面上弯矩值最大,其值为

$$M_{\max}=\frac{M}{l}a$$

在集中力偶作用在梁的中点,即 $a=b=\frac{l}{2}$,则最大弯矩在中点稍偏左和稍偏右的截面上,最大弯矩的绝对值为

$$|M|_{\max}=\frac{M}{2}$$

2.剪力图,弯矩图的简捷画法

从以上诸例题的 Q 图和 M 图中,我们可以找出以下规律,对检查所画 Q、M 图的正确性和进一步熟练而迅速地画出 Q、M 图是很有帮助的。

(1)梁上没有均布载荷作用的部分,剪力图为水平线,弯矩图为倾斜直线(只有当该段内 $Q=0$ 即剪力图与 x 轴重合时,弯矩图为水平直线)。

(2)梁上有均布载荷作用的一段,剪力图为斜直线,均布载荷向下时,直线由左上向右下倾斜(\);弯矩图为抛物线,均布载荷向下时,抛物线开口向下。

(3)在集中力作用处,剪力图有突变,突变之值即为该处集中力的大小,突变的方向与集中力方向一致;弯矩图在此出现折转,即两侧斜率不同。

(4)在集中力偶作用处,剪力图不变,弯矩图有突变,突变之值即为该处集中力偶的力偶矩。若力偶为顺时针转向,则弯矩图向上突变;反之若力偶为逆时针转向,则弯矩图向下突变。

(5)绝对值最大弯矩总是出现在下述截面上：$Q=0$ 的截面上的集中力作用处；集中力偶作用处。

利用上述规律，可以不列 Q、M 方程而简捷地画出梁的 Q、M 图。这就是剪力图和弯矩图的简捷画法，其具体步骤是：

(1)找出梁上的界点，将梁分为若干段；

(2)用求 Q、M 值的结论和符号规则，求出各界点处截面上的 Q、M 值；

(3)根据上述画 Q、M 图的五条规律，逐段画出 Q 图和 M 图。

下面以实例来说明具体应用。

例 4-7 外伸梁 AB 的受力情况如图 4-19(a)所示，试作梁的剪力图和弯矩图。

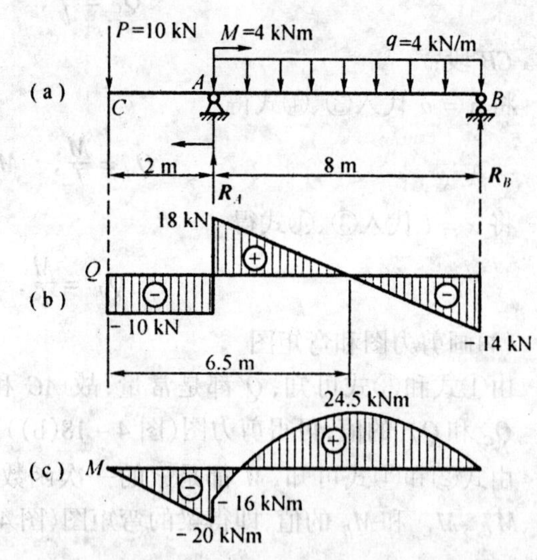

图 4-19

解 (1)求支座反力 以 AB 梁为研究对象并列平衡方程

$$\sum M_A(F)=0$$

$$P\times 2-M-8q\times 4+8R_B=0$$

代入已知数据解得

$$R_B=14\ \text{kN}$$

$$\sum F_y=0,\quad R_A+R_B-P-8q=0$$

解得

$$R_A=P+8q-R_B=10+8\times 4-14=28\ \text{kN}$$

(2)分段 梁 AB 中有 A，C，B 三个分界点，故分为 CA 和 AB 两段。

(3)求各分界点处截面上的 Q，M 值

C 点：

$$Q_C^+=-P=-10\ \text{kN},\quad M_C=-P\times 0=0$$

A 点：

$$Q_A^-=-P=-10\ \text{kN}$$

$$M_A^-=-P\times 2=-10\times 2=-20\ \text{kNm}$$

$$Q_A^+=-P+R_A=18\ \text{kN}$$

$$M_A^+=-P\times 2+M=-16\ \text{kNm}$$

B 点：

$$Q_B^-=-R_B=-14\ \text{kN},\quad M_B^-=0$$

(4)画剪力图(图 4-19(b))

CA 段：

C 点有集中力 $P=10$ kN，方向向下，Q 图应向下突变 10 kN。因 CA 段无均布载荷，故 Q 图为水平直线。

AB 段：

因 A 点有集中反力 $R_A=28$ kN，方向向上，故 Q 图应向上突变 28 kN，而 $Q_A^-=-10$ kN，故 $Q_A^+=28-10=18$ kN。该段受向下均布载荷作用，Q 图应为斜直线，由 $Q_B^-=-14$ kN，即

可画出该段剪力图。

(5)画弯矩图(图 4-19(c))

CA 段:

该段梁上无均布载荷,M 图应为斜直线。由 $M_C=0$ 及 $M_A^-=-20$ kNm,即可画出该段弯矩图。

AB 段:

A 点处有顺时针方向集中力偶作用,故 M 图有 $M=4$ kNm 的向上突变。因 $M_A^-=-20$ kNm,故 $M_A^+=-20+4=-16$ kNm。因该段上有 $Q=0$ 的值,故 M 图上在对应截面处出现 M_{max} 值。为求出该段内 M_{max} 的位置,可设该段内距左端为 x 的截面上 $Q=0$,于是有

$$Q=-P+R_A-q(x-2)=0$$

解得

$$x=6.5\ \text{m}$$

即距左端 6.5 m 的截面上剪力为零。该截面上的弯矩值为

$$M_{x=6.5}=-10\times6.5+4+28\times(6.5-2)-4\times(6.5-2)\times\frac{1}{2}(6.5-2)=24.5\ \text{kNm}$$

最后由 $M_A^+=-16$ kNm,$M_{x=6.5}=24.5$ kNm 及 $M_B^-=0$ 画出抛物线,即得该段弯矩图。

第四节 应力与应变的概念

一、应力

由前述已知,内力系的主矢和主矩,可用静力平衡条件求得。由于内力分布的不均匀性,内力大小不能反映内力系在截面上各点处作用的强弱程度。经验告诉我们,相同材料不同直径的两根杆件,在相同的拉力作用下,两者的内力一定是相等的,当拉力增大时,直径小的杆一定先断。这是因为小直径杆件截面积小,截面上各点所承受的力大,因此需要引入一个表示截面上某点受力强弱程度的量,来作为判断杆件强度是否足够的依据,这个量称为应力。

在受力杆件的任意截面上有一微小面积 ΔA,其上分布内力的合力 $\Delta\boldsymbol{R}$(图 4-20),则称 $\Delta\boldsymbol{R}/\Delta A$ 为这一微小面积上的平均应力。

当所取的面积趋于无穷小时,上述平均应力趋于一极限值,称为截面上某点的应力。也就是说,应力实际上就是分布内力在截面上某一点处的强弱程度,故也称为内力集度。若以 $\boldsymbol{p}$ 来表示应力,则可表示为

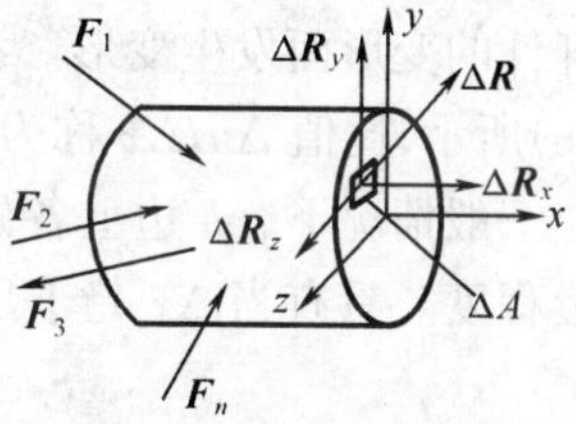

$$\boldsymbol{p}=\lim_{\Delta A\to0}\frac{\Delta\boldsymbol{R}}{\Delta A}=\frac{\mathrm{d}\boldsymbol{R}}{\mathrm{d}A} \qquad (4-1)$$

图 4-20

应力 $\boldsymbol{p}$ 是矢量,其方向与内力方向一致。一般情况下,应力不与截面垂直。为了方便研究,通常把应力沿截面的法向和切向进行分解,法线方向的分量称为正应力,用符号 σ 表示;切线方向的分量称为剪应力,用符号 τ 表示(图 4-21)。应力的单位为 Pa,工程上常用 MPa。

若图 4-20 所示为杆件横截面,微小面积 ΔA 上的合力 $\Delta\boldsymbol{R}$ 可以分解为 x,y,z 三个方向上分量 $\Delta\boldsymbol{R}_x,\Delta\boldsymbol{R}_y,\Delta\boldsymbol{R}_z$,则根据上述定义可知:

$$\boldsymbol{\sigma}_x = \lim_{\Delta A \to 0} \frac{\Delta \boldsymbol{R}_x}{\Delta A} = \frac{\mathrm{d}\boldsymbol{R}_x}{\mathrm{d}A} \tag{4-2}$$

$$\boldsymbol{\tau}_y = \lim_{\Delta A \to 0} \frac{\Delta \boldsymbol{R}_y}{\Delta A} = \frac{\mathrm{d}\boldsymbol{R}_y}{\mathrm{d}A} \tag{4-3}$$

$$\boldsymbol{\tau}_z = \lim_{\Delta A \to 0} \frac{\Delta \boldsymbol{R}_z}{\Delta A} = \frac{\mathrm{d}\boldsymbol{R}_z}{\mathrm{d}A} \tag{4-4}$$

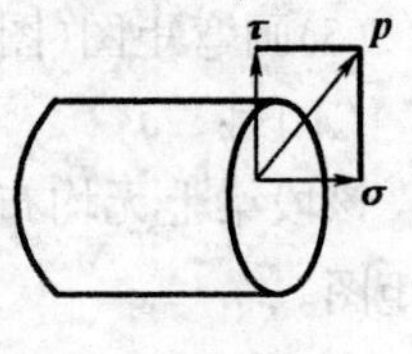

图 4-21

$\boldsymbol{\sigma}_x$ 就是横截面上点的正应力；$\boldsymbol{\tau}_y$、$\boldsymbol{\tau}_z$ 则是横截面上该点剪应力沿 y、z 轴的分量。

需要注意的是，式(4-1)、(4-2)、(4-3)、(4-4)只是应力、正应力和剪应力的定义式。在此列出的目的是说明它们之间，以及它们与内力之间的相互关系，在实际计算中并无意义。在求解实际工程问题时，我们会根据不同的受力情况，给出不同的具体求解正应力和剪应力的公式。

二、应变

内力是不可见的，应力也是不可见的，但变形却是可见的，而且两者之间存在内在联系，因此为了确定杆件截面上某点的应力，必须研究杆件该点处的变形。

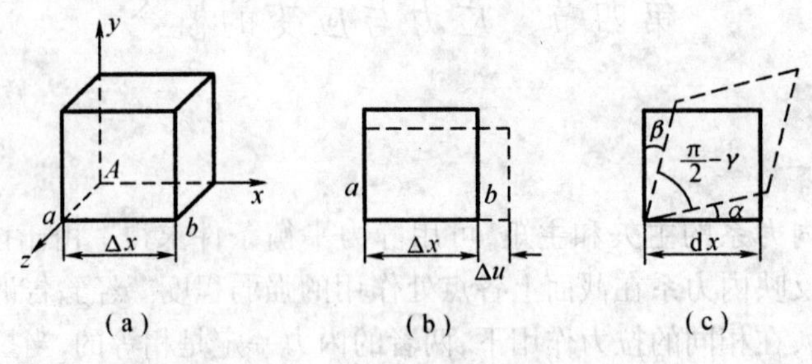

图 4-22

为了研究杆件上某点处的变形情况，我们围绕杆件上某一点 A，取出一个微小正六面体，如图 4-22(a)所示。设与 x 轴平行的棱边 ab 长为 Δx，可以知道，这个微小的正方体随着杆件的变形而发生变形。我们将 ab 边的长度改变量 Δu 称为 ab 边的绝对变形，如图 4-22(b)所示，比值 $\Delta u/\Delta x$ 称为 ab 边的平均相对变形，也称平均线应变。

一般情况下，ab 边上各处变形不均匀，所以比值 $\Delta u/\Delta x$ 不能反应 A 点沿 x 方向的真实变形程度。只有当 Δx 趋于足够小时，极限值才反映 A 点沿 x 方向的真实变形程度，即

$$\varepsilon = \lim_{\Delta x \to 0} \frac{\Delta u}{\Delta x} = \frac{\mathrm{d}u}{\mathrm{d}x} \tag{4-5}$$

上式中，ε 被称为 A 点沿 x 方向的相对变形也称为**线应变**。这个围绕 A 点的各边趋于零的微小正六面体称为 A 点的**单元体**。

综上所述，单元体的棱边上的线应变就是 A 点处相应方向上的线应变。

事实上，在杆线发生变形时，单元体不仅棱边的长度发生变化，而且两相邻棱边(或两个相邻平面)的夹角也会由直角变为非直角，如图 4-22(c)所示，这个直角的改变量用 γ 来表示。由图 4-22(c)可知，$\gamma = \alpha + \beta$ 称为 A 点在 xy 面内的**剪应变**(或**角应变**)。

线应变和剪应变(或角应变)是衡量杆件内某一点处变形程度的两个基本物理量。

三、应力与应变的关系

前面说过,我们研究变形的目的是要研究杆件的强度,那么表示受力杆件内某一点处内力情况的应力,与表示受力杆件内同一点处变形情况的应变之间,存在什么样的关系呢?

实验结果表明:对于用工程中常用材料制成的杆件来说,若杆件处于弹性范围内,对于只承受单方向正应力或剪应力的单元体,其正应力与线应变、剪应力与角应变之间存在着线性关系

$$\sigma = E\varepsilon \tag{4-6}$$

$$\tau = G\gamma \tag{4-7}$$

式(4-6)、(4-7)均称为**虎克定律**。式中 E,G 为与材料有关的常数,可由工程手册查得;E 称为弹性模量,G 称为剪切弹性模量。有关虎克定律的更多问题将在后续内容中陆续讲到。

第五节 应力状态分析

由第四节内容可知,由于内力分布是不均匀的,所以杆件横截面上,不同点的应力也是不相同的。实际上,过同一点的不同方面上的应力,一般情况下也是不相同的,因此当提及应力时,必须指明是哪一个面上哪一点的应力。

我们还知道,杆件内任一点都可以用单元体来代替,因此单元体各面上的应力就可以用来描述该点的应力状态。运用列解平衡方程的方法,分析单元体各面上的应力之间的相互关系,并确定这些应力哪个最大哪个最小,以及它们的作用面的过程就称为应力状态分析。

应力状态分析是进行力学理论研究,处理复杂工程问题时常用的方法。有兴趣的读者可参阅本科《材料力学》教材相关章节,本书对此问题只作一般性的概念介绍,不作深入讲解。

下面再介绍几个重要概念。

某点处单元体诸截面中,剪应力等于零的截面称为该点的主平面;主平面上的正应力称为该点的主应力。

可以证明,每个单元体上都有三个主平面,因此单元体上有三个主应力。主应力的编号是按其代数值的大小顺序排列的,即 $\sigma_1 > \sigma_2 > \sigma_3$。

如果单元体在三个方向的主平面上只有一个方向存在主应力,则称为单向应力状态。

如果单元体三个方向的主平面上有两个方向存在主应力,则称为二向应力状态。

如果单元体在三个方向的主平面上都有主应力,则称为三向应力状态。

可以证明,杆件内某点的单元体上,各截面中的最大正应力和最小正应力就是该点处的主应力,其值可由下式求出

$$\left.\begin{matrix}\sigma_{\max}\\ \sigma_{\min}\end{matrix}\right\} = \left\{\begin{matrix}\sigma_1\\ \sigma_3\end{matrix}\right. = \frac{\sigma_x + \sigma_y}{2} \pm \sqrt{\left(\frac{\sigma_x + \sigma_y}{2}\right)^2 + \tau_x^2} \tag{4-8}$$

上式中:

(1)当 $\sigma_{\max} > 0$,$\sigma_{\min} > 0$,相应主应力为 σ_1 和 σ_2,$\sigma_3 = 0$;

(2)当 $\sigma_{\max} < 0$,$\sigma_{\min} < 0$ 时相应主应力为 σ_2 和 σ_3,$\sigma_1 = 0$;

(3)当 $\sigma_{\max} > 0$,$\sigma_{\min} < 0$ 时,相应主应力为 σ_1 和 σ_3,$\sigma_2 = 0$。

(4)σ_x,σ_y,τ_x 是沿相对应轴线方向上的应力分量。

还可以证明,杆件内某点的单元体上,在与主平面成45°的截面上将存在最大剪应力

$$\tau_{max} = \sqrt{\left(\frac{\sigma_x - \sigma_y}{2}\right)2 + \tau_x^2} = \frac{\sigma_{max} - \sigma_{min}}{2} = \frac{\sigma_1 - \sigma_3}{2} \tag{4-9}$$

在通过对杆件内某点的单元体上的应力状态分析中,可以得出杆件上某点在任意两相互垂直的截面上的剪应力,大小相等,符号相反,即剪应力互等定律

$$\tau_\alpha + 90° = -\tau_\alpha \tag{4-10}$$

第六节 问题讨论与说明

一、回顾本章

学完本章后,读者可能会有一点理不清头绪的感觉,这也很正常。因为本章接触的新知识很多,而且有些只给出了定义,会让人有一种不知实际如何运用的感觉。这些感觉会随着学习的深入而逐渐消除。

回顾本章内容我们会发现,本章只讲了四个问题,而且这四个问题环环相扣,重点突出。首先,我们通过由外力引起的杆件变形入手,给出了内力概念,简单阐示了内力与外力的关系及内力的实质,在这个研究过程中,我们初步掌握了用截面法求内力,然后按已经掌握的知识对分布内力系进行了简化,并得到了几个内力分量;紧接着,我们就针对已经知道的几种杆件的变形形式,运用截面方法来求解内力,并对照内力分量阐示了各内力分量在实际具体变形形式下的具体体现;第三个问题是讲解了如何以内力图来具体展现杆件各个横截面上的内力,这是本章最重要的内容;最后引出了应力和应变的概念,并简单介绍了应力与应变及杆件内某点各截面上应力之间的关系。对应力和应变概念的掌握既是本章的重点之一,也是后续内容的重要基础知识。

由此可见,通过本章学习,我们完成了由外力求内力,再由内力到应力的转变过程,可以准确求出杆件横截面上的内力,并用内力图表述出来。各种变形形式下的应力、应变求解方法将在后续内容中进一步详细阐述。

二、关于杆件内力分析的几点结论性说明

1.可以应用平衡方程确定杆件上任意横截面上的内力分量。

2.内力分量的正负号规定有其自身规则,但在列平衡方程时,仍可以规定某一方向为正,相反为负。

3.杆件各横截面上的内力会因为载荷及其方向不同而有所不同。可以应用控制面上的内力值以及两个控制面之间的载荷形式,直接画出内力图,这也就是简捷画内力图的方法。运用这个方法可以不必对杆件横截面上的内力一一求解,直接画出内力图,用内力图来直观求得需要的横截面内力。

三、关于应力状态分析

应力状态分析是进行力学理论研究,处理复杂工程问题时常用的方法。应力的点和面的概念以及应力状态的概念,不仅是工程力学的基础,也是其他变形体力学的基础。事实上,同一点的应力状态可以有不同的表示方法,以主应力作用的单元体表示的应力状态是常见形式。

从应力的定义可以知道,通常情况下杆件截面上不同点的应力是不同的。应力状态分析又向我们揭示,即使是同一点,在不同的方向面上的应力一般情况下也是不同的。这就说明,当我们说到应力时,必须说明确这个应力是哪一个面上的哪一个点的应力,或者说是哪一个点在哪一个方向面上的应力,否则这个应力就是不明确的。应力状态分析可以说是强度设计的基础,正是它揭示了杆件内部任意点的应力情况,从而才使我们找到有可能控制那些可能出现问题的点的方法。

习　题

4－1　试求题4－1图所示各杆件的1－1,2－2,3－3横截面的轴力,并画出各杆的轴力图。

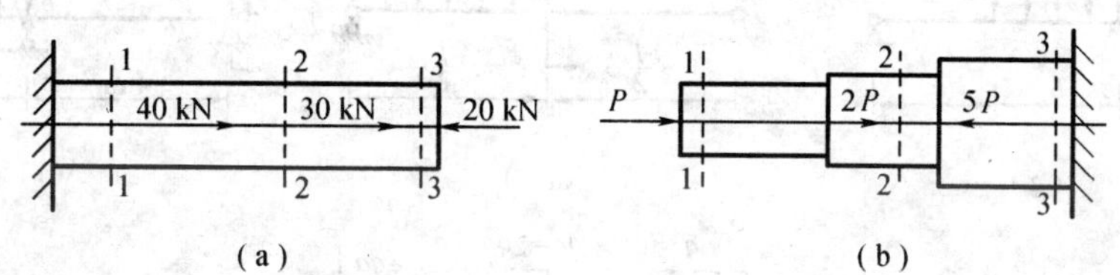

题4－1图

4－2　题4－2图中,杆 *AB* 用三根杆1,2,3支撑,在 *B* 端受一力作用,试求三根杆的内力各等于多少?并判断它们是受拉还是受压。

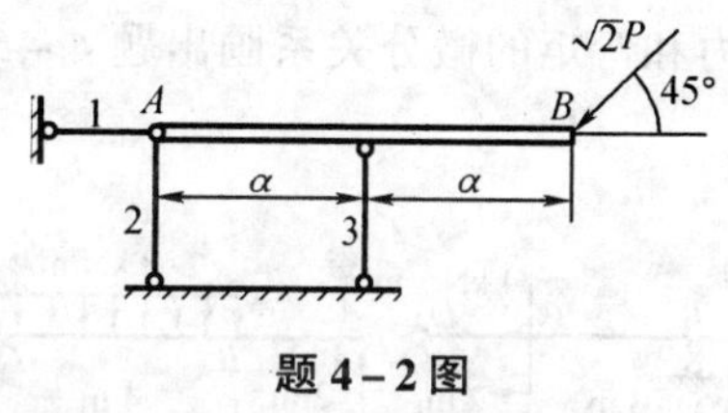

题4－2图

4－3　试画题4－3图中各轴的扭矩图,并求出 $|T|_{max}$。

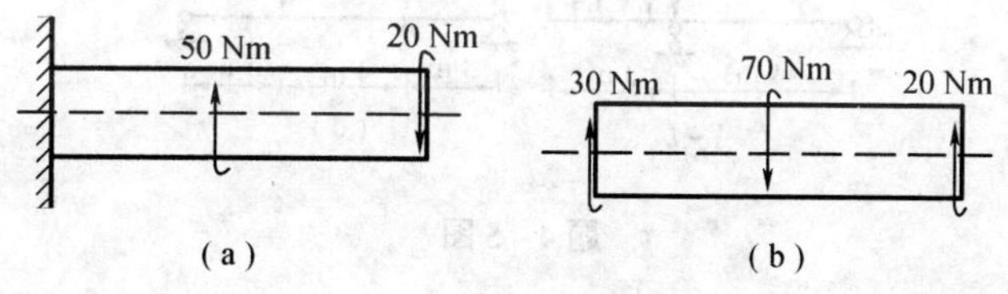

题4－3图

4－4　画题4－4图所示中各梁的 Q、M 图,判断 $|Q|_{max}$,$|M|_{max}$ 值。

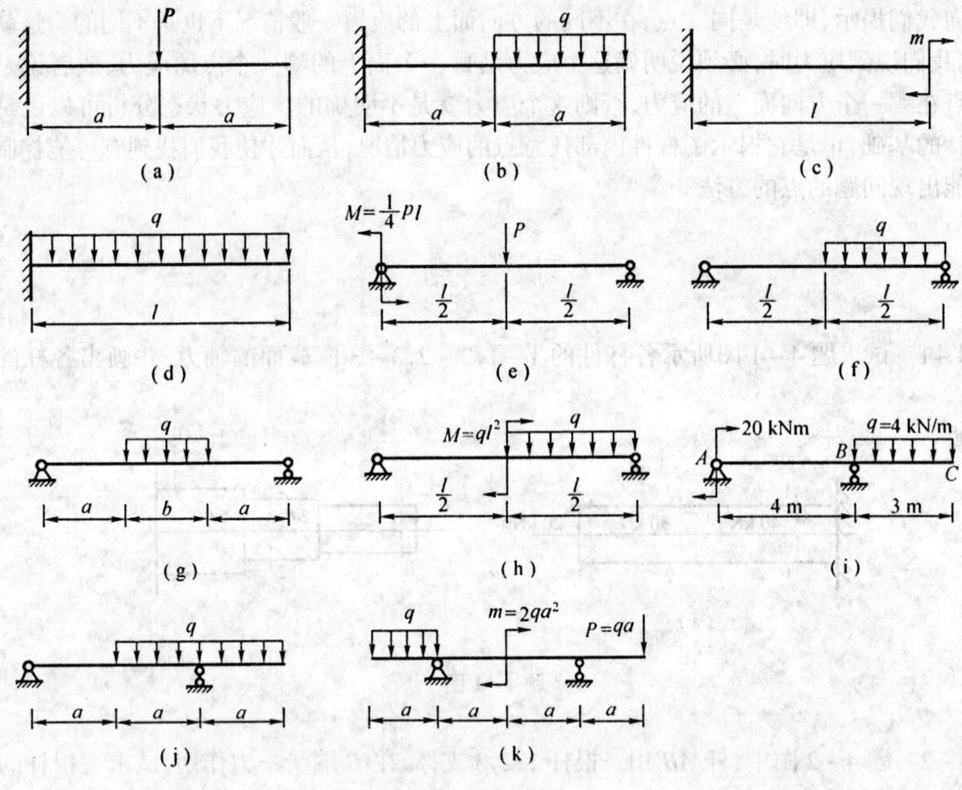

题 4-4 图

4-5 试用载荷集度、剪力和弯矩的微分关系画出题 4-5 图所示各两的 Q, M 图，求出 $|Q|_{max}$, $|M|_{max}$ 值。

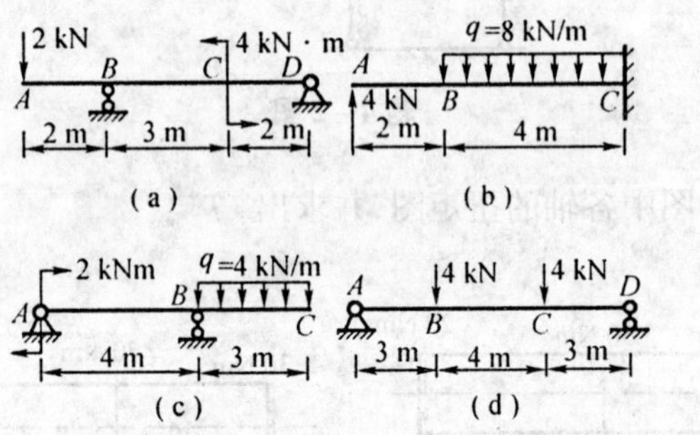

题 4-5 图

第五章 强度失效分析与设计准则

引论中曾经讲到，我们研究的杆件变形都是被限定在“弹性范围内”的；通过第四章的学习我们也已经知道，不同的外力作用会使杆件产生不同的变形，并引起不同的内力；应力表征了杆件内某一点处的内力强弱程度，当应力达到一定程度时，杆件就会破坏。为了保证构件的安全，我们必须知道这些限定的条件是什么，这就是本章要解决的问题。

我们把构件丧失正常功能称为失效。工程构件发生失效的类型很多，本章主要讨论常温静载条件下的强度失效问题。

由于失效与材料的力学行为密切相关，所以首先要通过实验来研究材料的力学行为。也就是要通过实验的方法来揭示材料的机械性能，并通过有限的实验结果，建立多种情形下的失效判据与设计准则。

第一节 轴向载荷作用下材料的力学性能 材料失效

材料的力学性能（或称机械性能）是指材料受外力时，在强度和变形方面表现出的性能。是解决强度、刚度和稳定性问题所不可缺少的依据。实验指出，材料的力学性能不仅取决于材料本身的成分、组织以及冶炼、加工、热处理等过程，而且决定于加载方式、应力状态和温度。本节仅讨论材料在常温、静载条件下的力学性能。

在常温，静载条件下，材料常分为塑性材料和脆性材料两大类。本节重点讨论它们在拉伸、压缩时的力学性能。

一、低碳钢拉伸时的力学性能

材料的力学性能可通过实验测定。静载拉伸实验是研究材料力学性能常用的基本方法。试件应按国家标准《金属拉力试验法》(GB228－76)加工成标准试件(图 5－1)。

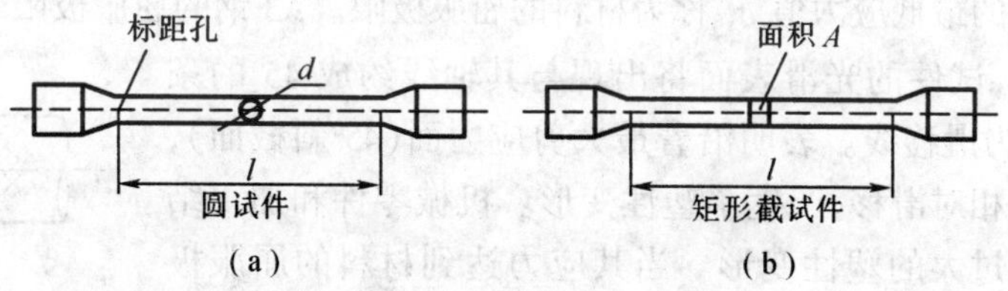

图 5－1

试验时，记录各时刻的拉力 $\boldsymbol{P}$，以及与各拉力 $\boldsymbol{P}$ 对应的试件标距 l 长度内的绝对变形 Δl，直至试件破坏。把 $\boldsymbol{P}$ 和 Δl 绘制成 $P-\Delta l$ 曲线称为拉伸图。一般试验机均可自动绘出 $P-\Delta l$ 曲线。图 5－2 为低碳钢 A3 试件的拉伸图，它描绘了 A3 钢试件从开始加载直至断裂为止，力和变形的关系。

由于 Δl 与试件长度 l 和截面面积 A 有关，因此即使是同一材料，当试件尺寸不同时，其拉伸图也不相同。为了消除试件尺寸的影响，反映材料本身的性能，将拉伸图纵坐标 P 除以试件的横截面面积 A，即 $P/A=\sigma$；将横坐标 Δl 除以试件标距 l，即 $\Delta l/l=\varepsilon$。便得到 $\sigma-\varepsilon$ 关系曲线（图 5－3），称为应力－应变图。它表明从加载开始到破坏为止，应力 σ 与应变 ε 的对应关系反映了材料的性能。

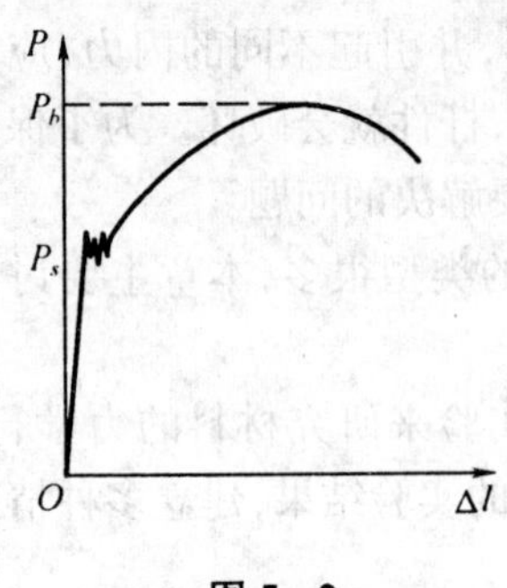

图 5－2

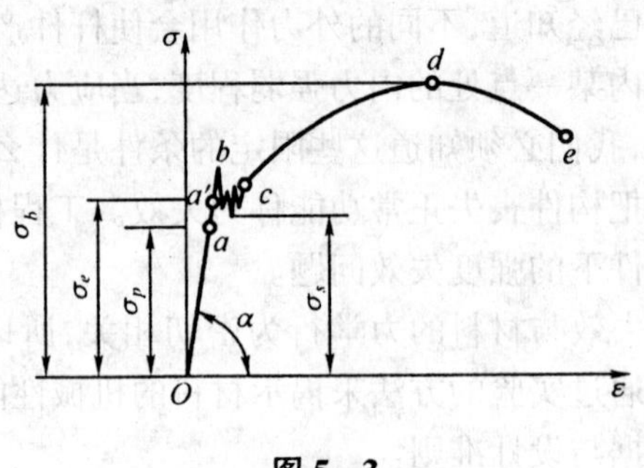

图 5－3

（1）比例极限 σ_p　试件拉伸开始阶段，其应力与应变成直线（Oa）关系，说明材料符合虎克定律 $\sigma=E\varepsilon$。直线 Oa 最高点 a 所对应的应力值 σ_p，是材料符合虎克定律的最大应力值，称为材料的比例极限。A3 钢的比例极限 $\sigma_p=200$ MPa。图中倾角 α 的正切 $\tan\alpha=\dfrac{\sigma}{\varepsilon}$，即 Oa 直线的斜率，数值上等于材料的弹性模量 E。

（2）弹性极限 σ_e　当应力超过比例极限后，图上 aa' 已不是直线，此时材料已不符合虎克定律，但仅发生弹性变形。若应力值超过 a' 点对应的应力值 σ_e，则出现塑性变形，因此 σ_e 是材料仅产生弹性变形的最大应力值，称为材料的弹性极限。A3 钢的弹性极限 σ_e 也近似等于 200 MPa，故工程上对弹性极限和比例极限不作严格区分。

试件的应变，从零增加到弹性极限 σ_e 的过程中，只产生弹性形变，故称为弹性阶段。

（3）屈服极限 σ_s　当应力超过 σ_e 后，$\sigma-\varepsilon$ 曲线上出现一段沿水平线上、下微微波动的锯齿形线段 bc，说明这时应力虽有波动但几乎没有增加，而变形却迅速增长，材料好像失去了对变形的抵抗能力，这种现象称为材料屈服或流动。材料出现屈服现象的过程称为屈服阶段。屈服阶段的最低应力值 σ_s 称为材料的屈服极限。A3 钢的屈服极限 $\sigma_s\approx235$ MPa。

在屈服阶段，试件的光滑表面将出现与其轴线约成 45°的条纹（图 5－4），称为滑移线。表明沿着最大剪应力面（45°斜截面），材料晶粒间发生相对滑移，产生了塑性变形。机械零件和加工结构都不允许发生过大的塑性变形。当其应力达到材料的屈服极限时，便认为已丧失正常的工作能力，所以屈服极限 σ_s 是衡量塑性材料强度的重要指标。

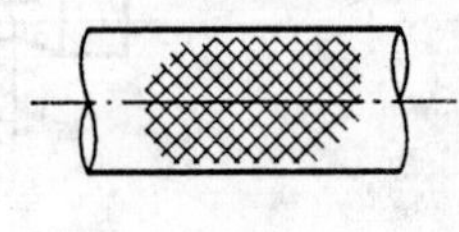
图 5－4

（4）强度极限 σ_b　屈服阶段之后，出现向上凸的曲线 cd，表明若要试件继续变形，必须增加应力，材料重新产生了抵抗变形的能力。这种现象称为材料的强化。图上曲线 cd 所对应的过程称为材料的强化阶段。强化阶段中的最高点 d 所对应的应力，是试件断裂前材料能承受的最大应力值，称为强度极限，以 σ_b 表示。A3 钢的强度极限 $\sigma_b\approx400$ MPa。强度极限是衡量材料强度的另一重要指标。

当材料达到强度极限后，变形将在试件薄弱的局部区域内急剧增加，横向收缩加剧，出现颈缩现象（图 5－5）。由于颈缩处截面面积急速减少，试件继续变形所需的载荷也相应减少，用原始截面面积算出的应力也随之下降，所以出现了下垂的曲线 de（如果以颈缩处实际截面面积计算应力，则 $\sigma-\varepsilon$ 曲线将一直上升，直到试件断裂）到 e 点试件发生断裂。

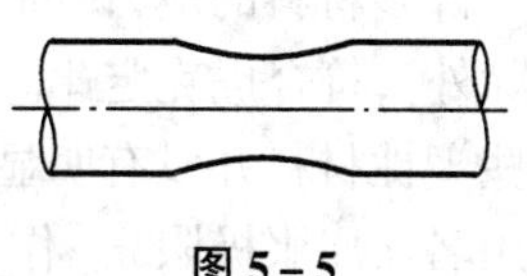

图 5－5

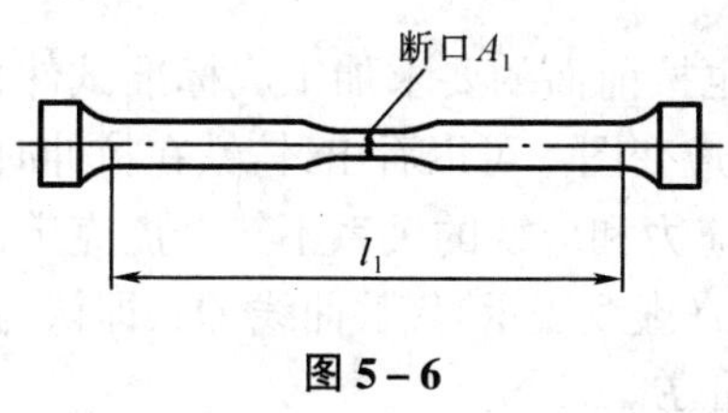

图 5－6

（5）延伸率和断面收缩率　试件拉断之后，弹性变形全部消失，残留下的是塑性变形。将断裂后的两段试件接合起来可测得试件断裂后的标距长度 l_1，颈缩处最小截面积 A_1（图 5－6）。试件断裂后的残余变形值（l_1-l）与标距原长 l 之比，代表试件拉断都塑性变形的程度称为材料的延伸率，以符号 δ 表示，即

$$\delta = \frac{l_1 - l}{l} \times 100\% \tag{5-1}$$

试件断口处横截面面积的相对变化率

$$\psi = \frac{A - A_1}{A} \times 100\% \tag{5-2}$$

称为断面收缩率。延伸率 δ，截面收缩率 ψ 都是衡量材料塑性性质的指标。δ，ψ 大，说明材料断裂时产生的塑性变形大，塑性好。A3 钢的 $\delta=25\%\sim27\%$，$\psi=60\%$ 左右。

工程上，通常将常温、静载，简单受力情况下，延伸率 $\delta>5\%$ 的材料称为塑性材料，如钢、铜、铝等；$\delta<5\%$ 的材料称为脆性材料，如铸铁、玻璃等。

（6）冷作硬化　如果将试件拉伸到强化阶段的某点停止加载，并逐渐卸载至零。此时，应力和应变将沿着几乎与 Oa 平行的直线 fg 回到 g 点（图 5－7(a)）。这说明卸载过程中弹性应变与应力的关系仍保持直线关系，且弹性模量近似与加载时相同。其中 gh 是卸载过程中恢复的弹性应变，Og 代表塑性应变。

如果卸载后短期内再加载，则应力和应变将沿着卸载时的直线 gf 上升到 f 点，然后又会沿着原来的曲线变化，直到拉断（图 5－7(b)）。比较两次加载时的应力－应变曲线可以发现，卸载后再加载，材料的比例极限 σ_p 和屈服极限 σ_s 有所提高，但材料的塑性下降，这一现象称为材料的冷作硬化。

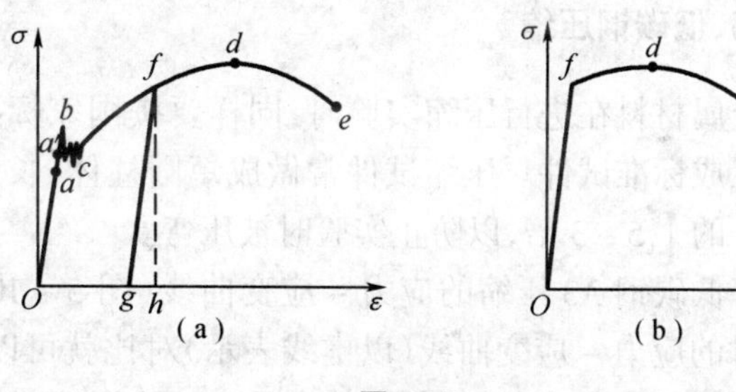

图 5－7

工程中常用冷作硬化来提高某些结构的承载能力，如钢筋、链条、钢缆绳等。

二、没有明显屈服阶段的塑性材料

比较多种塑性材料拉伸时的应力－应变曲线（图 5－8(a)）就可以发现，有许多工程中

常用的塑性材料的应力－应变曲线与前面所讲的并不完全相同。

许多材料的应力－应变图都显示，这些材料在拉伸的开始阶段 $\sigma-\varepsilon$ 也成直线关系（青铜除外），符合虎克定律。其次，它们的延伸率虽各不相同，但都大于10%。与A3钢相比，这些塑性材料并没有明显的屈服阶段。对于这类没有明显屈服阶段的塑性材料，工程上常采用名义屈服极限 $\sigma_{0.2}$ 作为其强度指标。$\sigma_{0.2}$ 是材料产生0.2%塑性应变的应力值，如图5－8(b)所示。

三、铸铁拉伸时的力学性能

铸铁是工程上广泛应用的脆性材料。我们把铸铁也按前面的要求加工成标准试件，并按相同的实验过程进行试验，就可以得到铸铁的应力－应变图。可以看出，铸铁在拉伸时的应力－应变曲线是一段微弯的曲线（图5－9）。它表明应力和应变的关系不符合虎克定律，但在应力较小时，$\sigma-\varepsilon$ 曲线与直线相近似，故以直线 Oa（虚线表示）代替曲线 Oa，即认为铸铁在应力较小时，也符合虎克定律，且有不变的弹性模量 E。

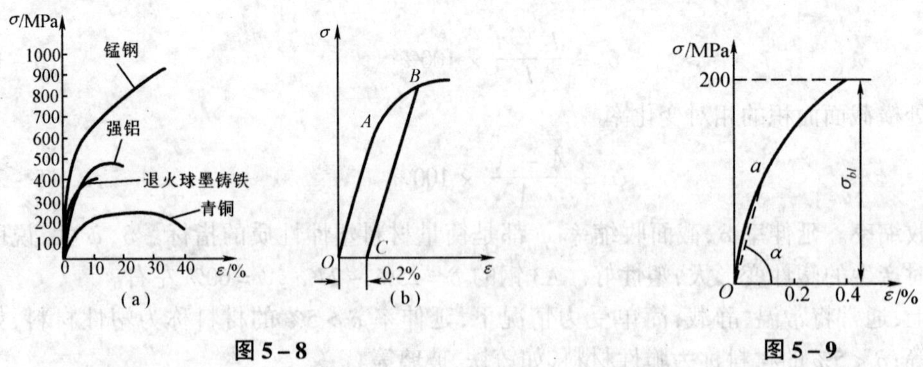

图5－8　　图5－9

由应力－应变图还可以看出，铸铁在拉伸时无屈服阶段，变形很小时就会突然断裂，延伸率通常只有0.5～0.6%，断裂前也不出现颈缩现象，所以铸铁的强度指标仅有强度极限，即断裂时的最大应力值。拉伸强度极限常用符号 σ_{bl} 表示。

四、低碳钢压缩

金属材料在进行压缩实验时，同样要按国家标准将材料加工成标准试件。压缩试件常做成短圆柱体，长度 l 为直径 d 的1.5～3倍，以防止实验时被压弯。

将低碳钢A3压缩的应力－应变曲线（图5－10）与其拉伸时的应力－应变曲线（以虚线表示）对比就可以看出：在材料屈服阶段以前，两曲线基本重合。这说明材料压缩时的比例极限 σ_p、弹性模量 E、以及屈服极限 σ_s 与拉伸时基本相同；在材料屈服阶段以后，受压试件产生显著的塑性变形，愈压愈扁，始终不发生断裂。这是因为随着压力增加，其截面面积也不断增大，试件抗压能力也显著提高，曲线不断上升，试件不发生断裂也就无法测出强度极限。因此对于低碳钢等塑性材料一般不做压缩实验，压缩时的力学性能可以直接引用拉伸实验的结果。

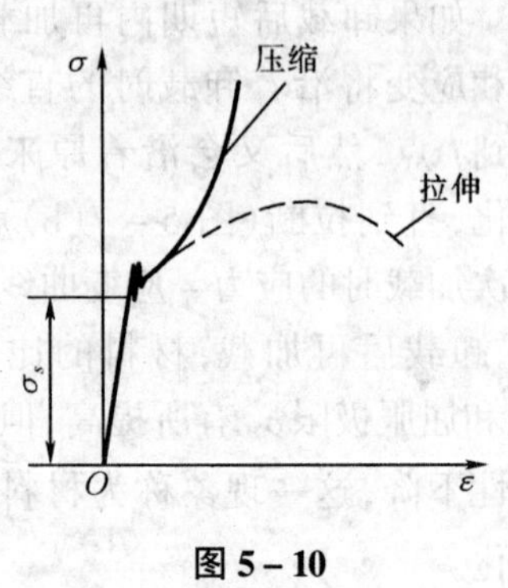

图5－10

五、铸铁压缩

铸铁材料也按受压试件的国家标准要求，加工成标准试件。进行压缩实验后，同样可以得到材料压缩时的应力－应变图。

将铸铁压缩时的应力－应变曲线（图 5－11）与其拉伸时的应力－应变曲线（以虚线表示）对比就可以看出：压缩时的应力－应变曲线也无明显的直线部分与屈服阶段。这表明压缩时也是近似地符合虎克定律，且不存在屈服极限，其强度极限 σ_{by} 与延伸率 δ 都比拉伸时高，强度极限可高达 4～5 倍。此外，其破坏断面与轴线大致成 45°倾斜角。说明铸铁压缩时，沿剪应力最大的截面破坏，而最大剪应力仅是最大压力的一半。所以，其抗剪强度低于抗压强度。

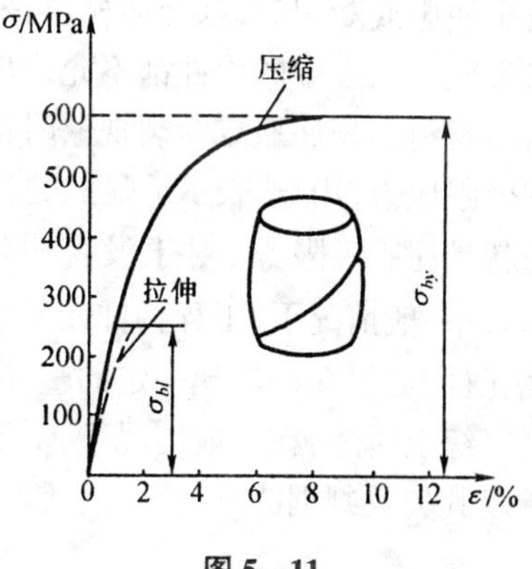

图 5－11

表 5－1 列出了几种常用材料的主要力学性能，以便读者查阅和比较。

综上所述，塑性材料和脆性材料的力学性能的主要区别是：

（1）塑性材料破坏时有显著的塑性变形，断裂前有的出现屈服现象，而脆性材料在变形很小时突然断裂，无屈服现象；

（2）塑性材料拉伸时的比例极限、屈服极限、弹性模量都与压缩时相同，说明拉伸和压缩时，具有相同的强度和刚度，而脆性材料则不同，其压缩时的强度和刚度都大于拉伸时的强度和刚度，且抗压强度远远大于抗拉强度。

表 5－1　几种常用材料的力学性能

材料名称或牌号	屈服极限 σ_s/MPa	强度极限 σ_b/MPa	延伸率 δ/%	截面收缩率 ψ/%
A3 钢	216～235	373～461	25～27	
35 号钢	216～314	432～530	15～20	23～45
45 号钢	265～353	530～598	13～16	30～40
40Cr	343～785	588～981	8～9	30～45
QT60－2		588	2	
HT15－33		拉 98～275 压 637 弯 206～461		

必须指出，材料分为塑性和脆性两大类是根据材料在常温、静载、轴向拉伸等条件下测得的延伸率划分的。若条件发生变化，材料的性能也随之改变，例如低碳钢在常温下呈塑

性，在低温时却出现脆性破坏，又如石块，在简单的压缩下呈脆性，当三个方向均受压时，则呈塑性。因此，材料呈脆性或塑性是有条件的，并非一成不变。

六、材料在单向应力状态下的失效判据

根据前述对构件安全工作的要求，结合本节对材料受力后的行为分析可以看出，当材料发生屈服或断裂时，都会使材料丧失正常功能，因此我们把材料发生屈服或断裂现象称为材料失效。工程中的构件都不允许出现失效的情况。

材料出现屈服或断裂现象时都有一个相对应的最小应力值，我们把这个应力称为材料的极限应力，用 σ^0 表示。显然，脆性材料的极限应力就是强度极限 σ_b；塑性材料的极限应力就是屈服极限 σ_s；对于没有明显屈服阶段的塑性材料，其极限应力就是名义屈服极限 $\sigma_{0.2}$。一般情况下，工程构件或元件都不允许达到极限应力。当然，对于某些不重要的构件或元件，如果允许出现一定的塑性变形，也可以不将屈服视为失效，而将最后断裂作为失效。

综上所述，在一般情况下，对于脆性材料，在单向拉伸应力状态下，其失效形式是断裂，所以其失效判据为

$$\sigma^0 = \sigma_b \tag{5-3}$$

对于塑性材料，在单向拉伸应力状态下，其失效形式是屈服，所以其失效判据为

$$\sigma^0 = \sigma_s \quad (\text{或 } \sigma_{0.2}) \tag{5-4}$$

实际上，工程中的构件或元件如果真的达到极限应力也是不安全的。为了确保构件能够安全有效的工作，就必须保证工作中杆件内的应力不达到极限应力。为此我们把极限应力除以一个大于1的安全系数 n，得到材料的许用应力$[\sigma]$，即

$$[\sigma] = \frac{\sigma^0}{n} \tag{5-5}$$

许用应力$[\sigma]$是材料工作时允许其内产生的最大应力。如果假设杆件工作时，其内部能产生的最大应力为 σ_{max}，那么保证这个杆件安全工作的条件就是

$$\sigma_{max} \leqslant [\sigma] \tag{5-6}$$

上式实际上就是保证杆件安全工作的设计准则，也称为强度条件。有关强度条件的问题后续还有更细致的讲述。式中的材料许用应力$[\sigma]$可以从有关工程规范中查得；安全系数也可以从有关工程规范中查得。一般情况下，脆性材料 $n=2.0\sim5.0$；塑性材料 $n=1.5\sim2$。

第二节　构件失效概念与失效分类

由于材料的力学行为而使构件丧失正常功能的现象称为构件失效。构件在常温、静载条件下的失效形式主要有强度失效、刚度失效、稳定性失效、疲劳失效、蠕变失效和应力松弛失效。强度失效、刚度失效和稳定性失效是本书重点讨论的三种杆件失效形式，其他失效形式仅予以简单介绍。

对于三种主要研究的失效形式前面已经进行了定义。随着学习的深入，对这些定义又有了进一步的理解和认识。下面我们对几种失效形式作进一步的说明。

强度失效　由于材料屈服或断裂引起的失效都是强度失效。脆性材料在没有明显变形时就突然断裂，塑性材料却会产生很明显的变形后才断裂。实际上，在材料屈服时，构件已经不能工作了，因此屈服就是失效的标志。这两种失效情况是有共同之处的，那就是它们都

是在杆件内应力达到某一特定值的结果。失效的判据是其极限应力。这类问题统称为强度问题。

刚度失效 这类失效是由于构件产生了过量的弹性变形引起的。一般说来,此时构件的强度是没有问题的,但由于特殊的要求,其变形也是不能允许的。这能让我们对引论中所说的,我们研究的是"弹性变形的小变形"问题的提法有更实质性的认识。

稳定性失效 也称屈服失效,其实质是平衡构形的突然转变而引起的失效。

疲劳失效 也称疲劳破坏,是由于交变应力作用发生断裂而引起的失效。

蠕变失效 是指在一定的温度和应力作用下,应变随着时间的增加而增加,最终导致构件失效。

松弛失效 是指在一定的温度下应变保持不变,应力随着时间的增加而降低,从而导致构件失效。

第三节 强度失效判据与设计准则简述

大量实验结果表明,材料在常温、静载条件下,强度失效的形式主要有两种,一是屈服;二是断裂。在本章第一节中,通过拉伸实验建立了材料在单向应力状态下的失效判据。但是。由于实际工程构件的应力状态是十分复杂的,这个简单的结论不能适用于复杂情况。

事实上,如果我们仅仅通过实验来确定各种应力状态下材料发生的失效形式,并像通过拉伸实验建立失效判据一样,对所有失效形式也建立相应的失效判据以及相应的设计准则,这还是远远不够的。因为材料在确定的应力状态下失效时,不仅与各个主应力的大小有关,而且与它们的比值有关。要想仅仅通过实验来建立失效判据,就必须对每种材料在每一种主应力比值的应力状态下进行实验,以确定每一种主应力比值失效时的主应力值,这显然是不现实的,而且对于某些特殊的应力状态来说,如果要进行实验验证的话,其实验本身就难以实现。因此我们有必要利用有限的实验条件和实验结果,对失效的现象加以归纳并找出失效规律,从而对失效的原因作一些假说,即无论何种应力状态,也无论何种材料,只要失效形式相同,便具有共同的失效原因。于是人们应用一些简单实验的结果,对材料在不同应力状态下何时失效、如何失效进行预测,并据此建立了一系列材料在一般应力状态下失效判据和与之相应的设计准则。这就形成了力学上关于屈服和断裂原因的假说,这些假说也称为强度理论。人们正是依据这些强度理论相应地建立了设计准则,再依据设计准则进行工程设计,指导工程实践,直到今天,这些理论仍然是我们进行理论研究和工程设计的重要理论依据。

下面简单介绍几个经常接触到的,在常温静载条件下的强度理论及相应的设计准则。

一、最大拉应力理论

最大拉应力理论也称第一强度论。这一理论最早是在 17 世纪由英国人兰金(Rankine. W.J.M)提出,后经修改成为关于无裂纹脆性材料的断裂失效判据和设计准则。

该理论认为材料断裂破坏的主要原因是最大拉应力。也就是说,无论材料处于什么应力状态,只要发生脆性断裂,其共同原因都是由于单元体的最大拉应力 σ_l,达到了某个极限值 σ^0。

由于脆性材料拉伸实验得到的极限应力是强度极限 σ_b,如式(5-3)所示,故脆性断裂

的判据为

$$\sigma_l = \sigma_b \tag{5-7}$$

相应的设计准则为

$$\sigma_l \leqslant [\sigma_l] \tag{5-8}$$

式中$[\sigma_l]$称为轴向拉伸时材料的许用拉应力，其值$[\sigma]=\frac{\sigma_b}{n_b}$；$\sigma_b$ 为材料强度极限；n_b 为安全系数。

这一理论与均质脆性材料（如玻璃、石膏以及某些陶瓷）的实验结果吻合较好。

二、最大剪应力理论

最大剪应力理论也称第三强度理论。这一理论最早是在 18 世纪由法国人库仑（Coulomb. C. – A. de）提出，后经特雷斯卡发展为屈服准则，故也称为特雷斯卡准则。

该理论认为材料屈服破坏的主要原因是最大剪应力。也就是说，无论材料处于什么应力状态，只要发生屈服（或剪断），某共同原因都是由于单元体的最大剪应力 τ_{max} 达到了某个极限值 τ^0，故屈服破坏的判据为

$$\tau_{max} = \tau^0 \tag{5-9}$$

在轴向拉伸屈服时，横截面上的正应力达到了屈服极限，即 $\sigma_x=\sigma_s$，此时最大剪应力 $\tau_{max}=\frac{\sigma_1-\sigma_3}{2}=\frac{\sigma_x}{2}=\frac{\sigma_s}{2}$，因此$\frac{\sigma_s}{2}$即为所有应力状态下发生屈服时最大剪应力的极限值，即 $\tau^0=\frac{\sigma_s}{2}$。于是，屈服失效判据可以改写为

$$\tau_{max} = \frac{\sigma_s}{2} \tag{5-10}$$

由于 $\tau_{max}=\frac{\sigma_1-\sigma_3}{2}$，所以式(5 – 10)可以改写为

$$\sigma_1 - \sigma_3 = \sigma_s \tag{5-11}$$

相应的设计准则为

$$\sigma_1 - \sigma_3 \leqslant [\sigma] = \frac{\sigma_s}{n_s} \tag{5-12}$$

式中 $[\sigma]$——轴向拉伸时材料的许用应力；

σ_s——材料的屈服极限；

n_s——安全系数。

实验表明，这一理论与塑性材料的实验结果吻合较好，因此在机械设计中得以广泛应用。但此理论忽略了中间主应力的影响，故偏于安全。

三、莫尔强度理论

这一理论是在 19 世纪由德国人莫尔（Mohr）提出，是对拉、压强度不等的脆性材料的失效判据以及相应的设计准则。

该理论认为材料破坏的主要原因是最大剪应力，同时还与正应力有关。据此理论推导得出的设计准则为

$$\sigma_1 - \frac{[\sigma_l]}{[\sigma_y]} \cdot \sigma_3 \leqslant [\sigma_l] \tag{5-13}$$

式中$[\sigma_l]$、$[\sigma_y]$为材料的许用拉应力和许用压应力。

莫尔强度理论对解决拉、压强度不等的脆性材料失效问题具有独到之处，因而在历史上曾被认为是“一个极大的进步”。它与许多材料的实验结果能很好吻合，现在仍然得到广泛应用。对照公式(5-12)、(5-13)可以发现，若$[\sigma_l]=[\sigma_y]$，则两式相同，因此最大剪应力理论可以看成是莫尔强度理论的特例。莫尔强度理论也与最大剪应力理论存在相似的不足之处。

除上述强度理论外，各国科学家还先后提出了许多其他强度理论，如最大拉应变理论(也称第二强度理论)、形状改变比能理论(也称第四强度理论)等等。所有的强度理论都是基于一定的假说而建立的，因而也都有一定的局限性。

20世纪60年代，西安交通大学俞茂宏教授建立了双剪强度理论和统一强度理论，其理论也与实验结果相吻合，能够更好地发挥材料的强度潜力，具有很高的工程价值。我们相信，随着工程技术发展的要求和科学研究的进步，强度理论也一定会不断地得到发展和完善。

四、相当应力概念

观察已经得出的三个设计准则公式(5-8)、公式(5-12)和公式(5-13)可以发现，其左侧都是按不同强度理论得出的主应力之和称之为相当应力，用σ_{xd}表示，则可知其相当应力分别为：

最大拉应力理论

$$\sigma_{xd} = \sigma_1$$

最大剪应力理论

$$\sigma_{xd} = \sigma_1 - \sigma_3$$

莫尔强度理论

$$\sigma_{xd} = \sigma_1 - \frac{[\sigma_l]}{[\sigma_y]} \sigma_3$$

于是可以把上述理论的相应设计准则概括为

$$\sigma_{xd} \leqslant [\sigma] \tag{5-14}$$

设计准则公式也称为强度条件公式。需要注意的是，设计准则并没有包括强度设计的全过程，只是在确定了危险点及其应力状态后的计算过程。对各种不同变形形式下的杆件进行强度设计时，要按照强度设计步骤进行。对构件进行强度设计是本编的主要目的，这一问题将在下一章讲解。

第四节　应力集中的概念

由于结构或工艺方面的要求，工程中构件的形态常常是比较复杂的，如机器中的轴常常开有油孔、键槽、退刀槽，或留有凸肩而使轴成为阶梯轴，因而使截面尺寸发生突然变化。在突变处截面上的应力不呈均匀分布，在孔、槽附近的局部范围内应力显著增大，而在较远处又渐趋均匀。这种由于截面的突然变化而产生的应力局部增大现象称为应力集中。例如图

5－12 中，孔边或槽边的应力 σ_{max} 远比均匀应力高；σ_{max} 与 σ 之比称为理论应力集中系数，用 α 表示，即

$$\alpha = \frac{\sigma_{max}}{\sigma} \tag{5-15}$$

在图 5－12(a)所示的情形下，理论应力集中系数约为 3，而在图 5－12(b)所示的情况下，理论应力集中系数约为 2。

在静载荷作用下，应力集中对塑性材料和脆性材料的强度产生的影响是不同的。图 5－13(a)表示有小圆孔的杆件在拉伸时孔边产生应力集中。

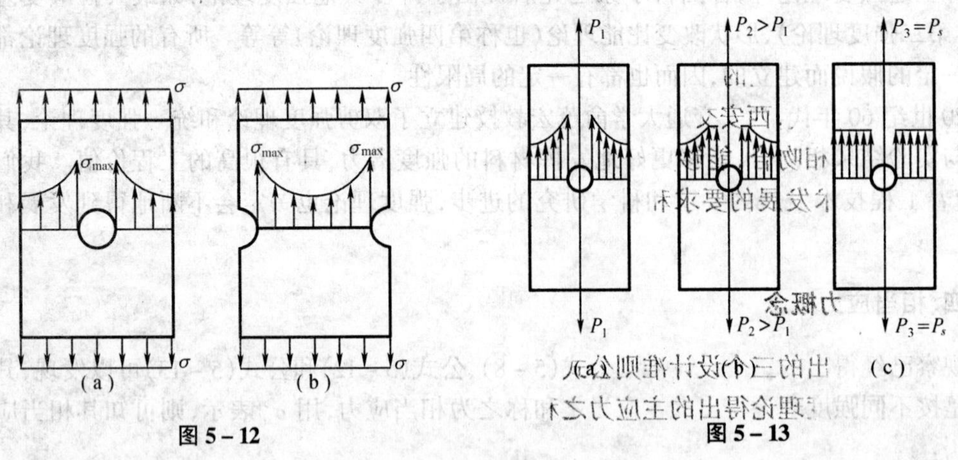

图 5－12　　图 5－13

对于塑性材料，当孔边附近的最大应力达到屈服极限时，杆件只在此局部产生塑性变形。如果载荷继续加大，则孔边两点的变形继续增加而应力不再增大，其余各点的应力尚未达到 σ_s，仍然随着载荷的增加而增大(图 5－13(b))，直到整个截面上的应力都达到屈服极限 σ_s，应力分布趋于均匀(图 5－13(c))。这个过程对于杆件的应力起了一定的松弛作用。因此，塑性材料在静载荷作用下，应力集中对强度的影响较小。

对于脆性材料，则与塑性材料完全不同。因为它无屈服阶段，直到破坏仍无明显的塑性变化，因此无法使应力松弛，局部应力随载荷的增加而上升。当最大应力达到强度极限时，就开始出现裂缝，很快导致整个构件破坏，因此应力集中严重降低脆性材料构件的强度。

需要说明的是，在具有周期性的外力作用下，不论是塑性材料还是脆性材料，应力集中都会影响构件的强度。

第五节　问题讨论与说明

一、关于强度失效的几点说明

1. 本章所讲的材料强度失效是指材料在常温静载条件下的失效行为，所讲的失效判据是无裂纹体的失效判据。

2. 本章所讲的失效判据主要针对金属材料和部分非金属材料。

二、关于失效准则的应用

由本章内容可以深刻体会到，构件的强度失效不仅与构件的材料有关而且与材料所处的应力状态有关，因此应用失效准则时，应首先根据材料的力学行为以及所处的应力状态，确定可能的失效类型，也就是判断是屈服失效还是断裂失效，然后采用相应的准则。

但是，我们学完了这一章后却发现，按照上述思路也解决不了问题，事实上，现在遇到问题时都有一种不知道如何下手的感觉。那就让我们再回头看一下问题究竟出在了哪里吧。

首先，这一章并没有提出我们想要的那种解题思路。它是一个总体的思路，而不是设计的步骤。

其次，这一章的结论是更普通的意义上给出的，理论性较强。其目的是使学习者对力学的认识能更深些。

在实际应用时我们更关注的是在准则建立中的一个重要问题，那就是为了保证构件安全，构件内任一点的最大应力值，都不能达到极限应力值。实践中，为了确保安全，不允许这个最大应力值超过许用应力。在杆件内找这个最大应力值就比找主应力容易多了，而且也更直接了。这样，需要找主应力才能建立的设计准则，就变成了找最大应力值进行设计的强度条件，问题就变得容易多了。有关这方面问题的具体操作将在下一章详尽讲解。

三、关于安全系数的选择

正确选择安全系数是工程设计中的重要工作。通常情况下，安全系数都是由相关权威部门或由国家规定的，其总体原则是既安全又经济。具体选择时要考虑的因素很多，在此提几条主要的，以作参考：

1. 材料性能方面的差异；
2. 工作条件方面的差异；
3. 服役期内重复加载的频率差异；
4. 失效形式差异；
5. 由于设计精度带来的影响；
6. 可能出现的承载类型及变化等。

习　题

5－1　低碳钢拉伸过程可分哪几个阶段，各个阶段材料的力学性能如何？

5－2　没有明显屈服阶段的塑性材料，如何确定其屈服点？

5－3　什么是伸长率和断面收缩率？

5－4　为什么工程上常用脆性材料做成承压构件？

5－5　极限应力和许用应力有何区别？

5－6　三种材料的 $\sigma-\varepsilon$ 曲线如题 5－6 图所示。说明哪一种材料的强度高？哪一种材料的塑性最大？哪一种材料的弹性模量大？

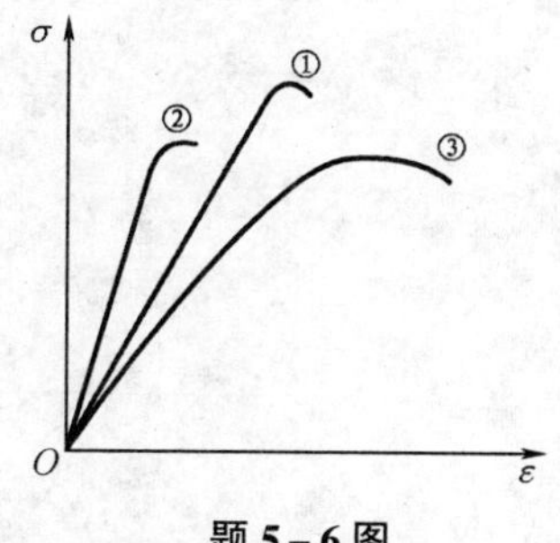

题 5－6 图

5－7　在单元体中，最大正应力作用的平面上有无剪应力？最大剪应力作用的平面上有无正应力？

5-8　什么是强度理论，为什么要建立强度理论？

5-9　什么是材料失效？什么是构件失效？

5-10　什么是安全系数，其如何确定？

第六章 杆件基本变形下的强度与刚度设计

通过前几章的学习,我们掌握了许多新知识。但是对照最终要实现的目标仍然存在疑虑。

我们已经完成了由内力到应力的概念发展,给出了应力的定义式,但是如何求解杆件在不同变形条件下其内部各点的应力还不很清楚;我们也已经知道,由于内力分布的不均匀性,所以应力的分布也是不均匀的,应力是随内力变化而变化的,但其分布规律如何仍不清楚;我们已经知道了材料失效的形式,也根据失效的判据建立了相应的设计准则,但是这些准则显然理论性太强了,我们更想知道一些具体的、针对性强的,而且简单可行的操作层面的方法;我们也已经知道应力与应变之间存在着某种关系,但是这种关系更深刻的意义在哪里等等。

这些由前面的学习而引发的问题将在本章一一作出答案。压杆稳定问题在下一章讲解。

第一节 设计原则与设计过程

一、强度设计

一般杆类构件在外载荷作用下,其横截面上的内力分量沿杠杆长度方向是非均匀分布,因此强度设计的首要任务就是根据各种内力分量的分布状况,确定可能最先发生强度失效的横截面,这个横截面称为危险截面。最好体现出各横截面内力分量沿杆件长度方向分布情况的就是内力图,因此强度设计要先画内力图,并依据内力图找出危险截面。

杆件在外截荷作用下,不仅沿杆件轴线方向(长度方向)内力呈不均匀分布,就是在某一横截面上,其内力也不一定是均匀分布的,因此其应力也不一定是均匀分布的。所以,除了确定危险截面外,还应根据各个内力分量引起的正应力与剪应力分布情况,确定危险面上哪些点可能最先发生强度失效,这个点称为危险点。

强度失效不仅与应力大小有关,而且与危险点的应力状态有关,因此除了确定危险点的位置外,还应确定危险点的应力状态。

确定了危险点的应力状态之后,即可根据材料是塑性材料还是脆性材料,来判断可能出现的失效形式是屈服还是断裂,从而选择相应的设计准则,再根据不同的工程要求进行以下几方面的计算。

1.强度校核 即验证危险点的应力强度是否满足设计准则要求。

2.设计截面 即根据设计准则计算杆件横截面尺寸。若杆件用型钢构成,则可选相应的型材。

3.确定许可载荷 即根据设计准则确定指定杆件或结构的承载能力。

4.选择材料 即根据既经济又安全的原则及其他工程要求,选择合适的材料。这类问题的实质是通过选择不同的材料，改变失效判据的极限应力值，从而满足工程上的某些需要。

二、刚度设计

刚度设计就是根据工程要求对构件进行设计，构件的弹性位移（最大位移或指定位置处的位移）不超过规定的数值。根据这一设计基本准则可以得出杆件在各种不同变形形式下的刚度设计准则。具体的设计准则，在后面相应的变形中详细讲解。

第二节　拉压杆强度设计与拉压杆伸缩量计算

一、拉压杆的强度计算

1.拉压杆横截面上的应力

我们已经知道，拉压杆横截面上的内力是轴力，它是横截面上分布内力系的合力。但是我们还不知道轴力在横截面上的分布规律，所以还不能计算横截面上各点处的应力。

为了求出杆件横截面上各点处的应力，必须从研究材料的变形入手，也就是通过实验来观察变形现象，进行由表及里的推理，从而作出假设，得出横截面上各点处的变形规律，然后根据线弹性材料的物性关系得出内力分布规律，进而导出应力计算公式。这就是研究杆件在各种变形形式下，横截面上应力分布规律及应力计算公式的基本研究过程。请读者认真领会，后面讲解时不再重述。

取一等截面直杆，在其上画一些平行于轴线的纵线 ac, bd 等和垂直于轴线的横线 ab, cd，如图 6-1(a)所示，然后加轴向力 $\boldsymbol{F}$ 使试件拉伸。图 6-1(b)所示为试件变形后的情况，观察现象可知：(1)横向线 ab, cd 沿轴线向外移动了一段距离，仍保持为直线，且仍垂直于轴线；(2)纵向线 ef, gh 等平行移动到 $e'f'$, $g'h'$，仍保持与轴线平行。

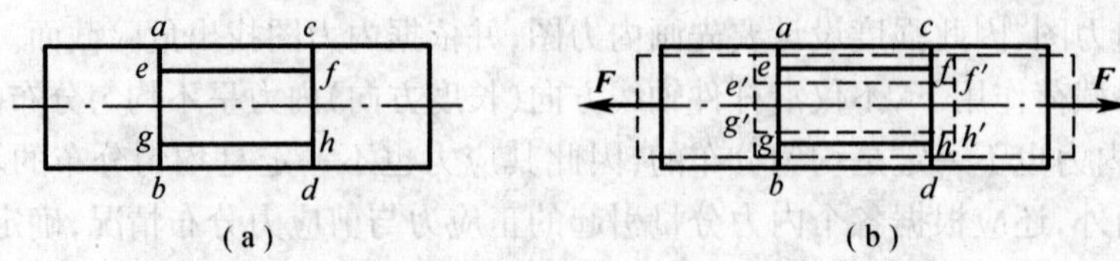

图 6-1

根据上述实验现象作如下假设：变形前为平面的横截面，变形后仍为平面，且仍垂直于轴线，但沿轴线方向发生了平行移动，此假设称为平面假设。

据此假设可知，在两横截面的间原为等长的纵向纤维在变形后仍保持长度相等，这说明各纵向纤维的伸长量相同。由此可以推知，各纵向纤维的受力情况相同，即轴力在横截面上是均匀分布的，如图 6-2(a)所示。于

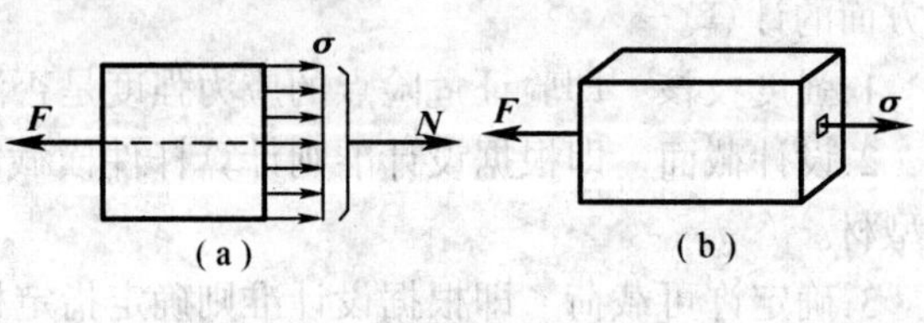

图 6-2

是有

$$dN = \sigma dA$$

则

$$N = \int_A dF_N = \int_A \sigma A = \sigma \int_A dA = \sigma \cdot A$$

所以

$$\sigma = \frac{N}{A} \tag{6-1}$$

式(6-1)即为轴向拉压杆横截面上任一点处应力的计算公式。

正应力的正负号规定如下：拉应力为正，其指向与截面外法线方向一致；压应力为负，其指向与截面外法线方向相反。

二、拉压杆斜截面上的应力

由拉压杆的相关实验我们已经知道，拉压杆的破坏并不总是沿着横截面发生。在铸铁压缩实验中试件的破坏就是沿着大约45°的斜截面发生的。可见拉压杆任意截面上都是有应力存在的，因此有必要对除横截面外的各斜面上的应力情况进行分析研究。

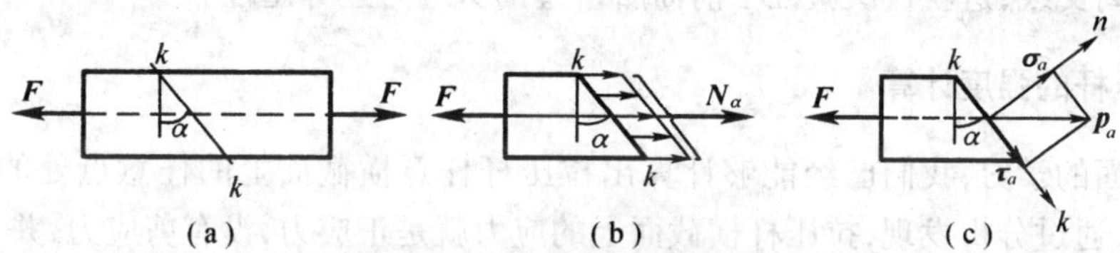

图6-3 拉杆斜截面上的应力

图6-3(a)所示直杆受轴向拉力 $\boldsymbol{F}$ 作用，设杆的横截面积为 A，则由前述可知，其横截面上的正应为 $\sigma = \frac{N}{A} = \frac{F}{A}$，那么样才能求得任意斜截面 $k-k$ 上的应力呢？其思路仍然是要先求出截面上的内力，寻找到内力在斜面上的分布规律，然后确定出各点处的应力求法。研究内力的方法仍然是截面法，因此假设用一个平面，沿着与横截面方向成 α 角的一个任意位置将杆件截开，取左侧为分离体，如图6-3(b)所示。若用 N_a 表示 $k-k$ 截面上附加内力的合力，由分离体的平衡条件可知

$$N_a = F$$

根据拉压杆平面假设可以推知，无论如何截取斜截面，斜截面上各点的变形也必然总是一致的，因此斜截面上的内力也必然是均匀分布的。于是 $k-k$ 截面上的任意一点的应力 p_a 为

$$p_a = \frac{N_a}{A_a}$$

式中 A_a 为 $k-k$ 截面的面积，且有 $A_a = \frac{A}{\cos\alpha}$，代入式中则有

$$p_a = \frac{N_a}{A/\cos\alpha} = \frac{N_a}{A}\cos\alpha = \frac{F}{A}\cos\alpha = \sigma\cos\alpha$$

要注意的是，这里的应力 p_a 是斜截面 $k-k$ 上任意一点的应力，它是由内力分配的直接结

果，其方向与内力方向一致，如图 6-3(b)所示。应力 p_α 可沿 $k-k$ 截面的法线和切线方向分解为正应力 σ_α 和剪应力 τ_α，如图 6-3(c)所示。

由几何关系可得

$$\sigma_\alpha = p_\alpha \cos\alpha = \sigma \cos^2\alpha \tag{6-2}$$

$$\tau_\alpha = p_\alpha \sin\alpha = \sigma \cos\alpha \sin\alpha = \frac{\sigma}{2}\sin 2\alpha \tag{6-3}$$

式(6-2)、(6-3)即为拉压杆任意斜截面上应力的计算公式。

观察(6-2)、(6-3)式可以发现，σ_α、τ_α 都是斜截面方位角 α 的函数。这就意味着，拉压杆不同截面上的应力是不相同的。当 $\alpha = 0°$时，该斜截面即为杆的横截面，其上的正应力达到最大值，剪应力则等于零，即 $\sigma_{max} = \sigma = \frac{N}{A}$，$\tau = 0$；当 $\alpha = 45°$时，剪应力达到最大值，其值为 $\tau_{max} = \tau_{45°} = \frac{\sigma}{2}$；当 $\alpha = 90°$时，正应力和应力均为零，即在拉压杆内平行与于轴线的截面上无应力。

由式(6-3)还可以很容易得出一个结论，即 $\tau_\alpha = -\tau_{\alpha+90°}$。这表明，在拉压杆内两个相互垂直的截面上，剪应力是成对出现的，两者等值且均为垂直于两平面的交线，其方向则同时指向或背离交线，这就再次验证了前面所讲过的剪应力互等定理。

三、拉压杆的强度计算

通过前面的学习，我们已经能够计算出拉压杆任意横截面上的任意点处的应力值了。更重要的是，通过分析发现，拉压杆横截面上的应力就是正应力，没有剪应力，并且正应力在横截面上呈均布状态；通过对任意斜截面上正应力的分析发现，拉压杆横截面上正应力实际上就是拉压杆内部所能产生的最大应力值；拉压杆是典型的单向拉伸(压缩)应力状态杆件，结合第五章相关知识可以知道，其失效判据应为 $\sigma^0 = \sigma_b$ 或 $\sigma^0 = \sigma_s$。

综上所述，根据式(5-6)的要求，为了确保拉压杆能安全工作，其最大正应力(即杆内所产生的最大应力)必须不超过材料的许用应力，即

$$\sigma_{max} = \frac{N}{A} \leqslant [\sigma] \tag{6-4}$$

式(6-4)称为拉压杆强度条件。

至此，我们已经得出了拉压杆强度计算公式，即可依此公式，按照前述强度设计的步骤完成相应的强度设计问题。下面举例说明拉压杆强度条件应用。

例 6-1 一钢木结构如图 6-4(a)所示。AB 为木杆，其横截面面积 $A_{AB} = 10 \times 10^3\ \text{mm}^2$；许用应力 $[\sigma]_{AB} = 7$ MPa；BC 为钢杆，其横截面面积 $A_{BC} = 600\ \text{mm}^2$，许用应力 $[\sigma]_{BC} = 160$ MPa，试求 B 处吊起的最大许可载荷 $\boldsymbol{P}$。

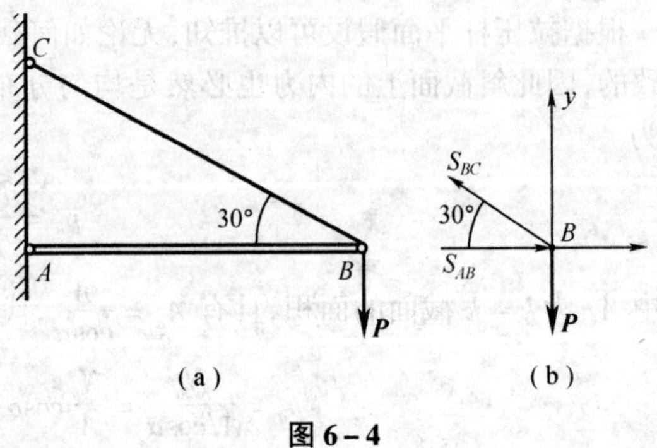

图 6-4

解 (1)受力分析 A,B,C 均为铰接，AB,BC 杆重不计，故 AB,BC 都是二

力构件。

以 B 点为研究对象画受力图 6－4(b)。由

$$\sum F_y = 0,\quad S_{BC}\cdot\sin 30° - P = 0$$

得

$$S_{BC} = \frac{P}{\sin 30°} = 2P$$

由

$$\sum F_x = 0,\quad S_{AB} - S_{BC}\cdot\cos 30° = 0$$

得

$$S_{AB} = S_{BC}\cos 30° = \sqrt{3}P$$

(2)求最大许可载荷　由式(6－4)可得木杆的许可轴力为

$$S_{AB} \leqslant A_{AB}[\sigma]_{AB}$$

即

$$\sqrt{3}P \leqslant 10\times10^3\times10^{-6}\times7\times10^6\ \text{N}$$

故保证木杆强度所得的许可载荷为

$$[P]_{木} \leqslant 40.4\ \text{kN}$$

再由式(6－4)求出钢杆的许可轴力为

$$S_{BC} \leqslant A_{BC}\cdot[\sigma]_{BC}$$

即

$$2P \leqslant 600\times10^{-6}\times160\times10^6\ \text{N}$$

所以保证钢杆强度所得的许可载荷为

$$[P]_{钢} \leqslant 48\ \text{kN}$$

因此在保证整个结构的安全的前提下，B 点处可吊起的最大许可载荷为

$$[P] = 40.4\ \text{kN}$$

例 6－2　气动夹具如图 6－5(a)所示。已知汽缸内径 $D = 140$ mm，缸内气压 $p = 0.6$ MPa。活塞杆材料为 20[#] 钢，$[\sigma] = 80$ MPa。设计活塞杆的直径。

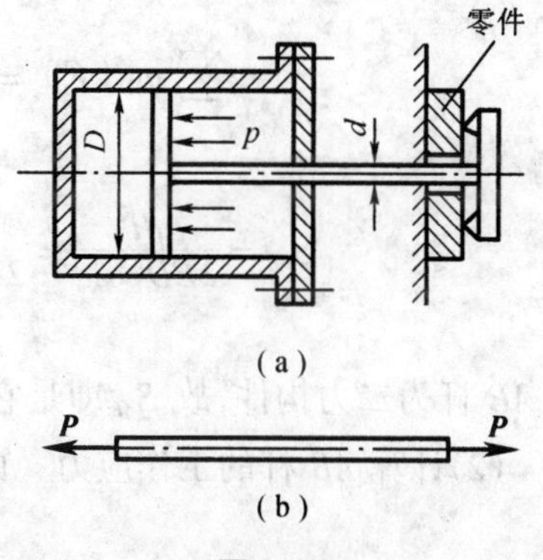

图 6－5

解　活塞杆左端承受活塞上的气体压力，右端承受工件的阻力，所以活塞杆为轴向拉伸构件(图 6－5(b))。拉力 $\boldsymbol{P}$ 可由气体压强及活塞面积所求得。设活塞杆横截面面积远小于活塞面积，在计算气体压力作用面的面积时，前者可略去不计，故有

$$P = p\cdot\frac{\pi}{4}D^2 = 0.6\times10^6\times\frac{\pi}{4}\times140^2\times(10^{-3})^2 = 9\ 230\ \text{N} = 9.23\ \text{kN}$$

活塞杆的轴力为

$$N = P = 9.23\ \text{kN}$$

由式(6－4)可得活塞杆的横截面面积为

$$A=\frac{\pi d^2}{4}\geqslant\frac{N}{[\sigma]}=\frac{9.23\times10^3}{80\times10^6}=1.15\times10^{-4}\ \mathrm{m}^2$$

由此求出

$$d\geqslant0.012\ 1\ \mathrm{m}$$

可取活塞杆的直径为 12 mm。

例 6-3　图 6-6(a)是石油钻井用的 A 型井架,高 $H=28$ m,风力 $q=3\ 000$ N/m,杆 AB 的长度 $l=5$ m,倾角 $\alpha=60°$,AB 杆是由两根 20a 型工字钢组成的。如果材料的许用应力 $[\sigma]=160$ MPa,试校核 AB 杆的强度(井架宽度可略去不计)。

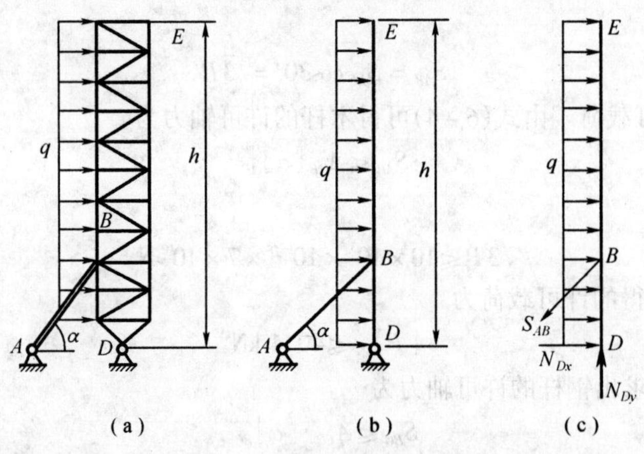

图 6-6

解　井架的结构可简化为图 6-6(b)的计算简图,以塔架 DE 为研究对象,其受力图如图 6-6(c)所示。

(1)计算 AB 杆的轴力 N_{AB}　由

$$\sum m_D(\boldsymbol{F})=0,\quad S_{AB}\cdot\cos\alpha\cdot BD-qH\cdot\frac{H}{2}=0$$

得

$$S_{AB}=\frac{qH^2}{2BD\cos\alpha}=\frac{qH^2}{2AB\sin\alpha\cdot\cos\alpha}=\frac{3\ 000\times28^2}{2\times5\times\frac{\sqrt{3}}{2}\times\frac{1}{2}}=543\times10^3\ \mathrm{N}$$

因 AB 杆为二力构件,故 S_{AB} 即是它的轴力 N_{AB}。

(2)计算 AB 杆的工作应力　由《机械设计手册》型钢表中查得 20a 型工字钢的横截面面积

$$A=35.5\ \mathrm{cm}^2$$

$$\sigma=\frac{N_{AB}}{2A}=\frac{543\times10^3}{2\times3\ 550}=77.5\ \mathrm{MPa}<[\sigma]$$

故 AB 杆强度足够。

四、拉压杆伸缩量计算

从前面的研究过程中我们已经多次看到了拉压杆的变形,那么拉压杆在受力后究竟会

如何变形,其变形量又是如何描述的呢。下面我们就来回答有关这方面的问题。

1.纵向变形

设等截面直杆的原长为 l(图 6-7),横向尺寸为 b。在轴向拉力作用下,变形后的长度为 l_1,变形后的横向尺寸为 b_1。

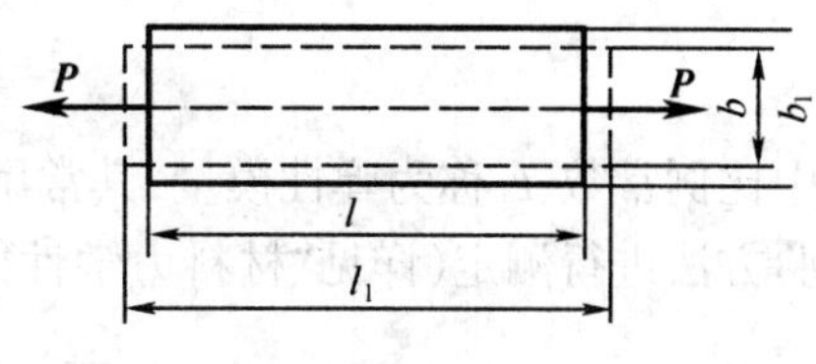

图 6-7

(1)绝对变形　轴向拉伸(压缩)时,杆件长度的伸长(缩短)量为纵向绝对变形,若以 l 表示则 $\Delta l = l_1 - l$。拉伸时绝对变形为正,压缩时绝对变形为负,绝对变形的单位是 mm。

(2)相对变形　绝对变形与杆件的原长度有关,为消除长度的影响,引入相对变形的概念。单位长度的变形称为相对变形或线应变,沿轴线方向单位长度的变形称为纵向相对变形或纵向线应变,若以 ε 表示则

$$\varepsilon = \frac{\Delta l}{l} \tag{6-5}$$

2.横向变形

(1)绝对变形　轴向拉伸(压缩)时,杆件横向尺寸的缩小(增大)量称为横向绝对变形,若以 Δb 表示,则 $\Delta b = b_1 - b$。

(2)相对变形　横向单位长度的变形称为横向相对变形或横向线应变,若以 ε_1 表示则

$$\varepsilon_1 = \frac{\Delta b}{b} \tag{6-6}$$

拉伸时横向缩小,ε_1 为负值;压缩时横向增大,ε_1 为正值。

3.泊松比

大量实验证明,对于同一种材料,在弹性范围内,其横向相对变形与纵向相对变形之比的绝对值为一常数,即

$$\left| \varepsilon_1 / \varepsilon \right| = \mu \tag{6-7}$$

比值 μ 称为泊松比或横向变形系数。因横向应变与纵向应变的正负号恒相反,故有

$$\varepsilon_1 = -\mu\varepsilon$$

泊松比是一个无量纲的量。工程上常用材料的泊松比列于表 6-1 中。

表 6-1　常用材料的 E,μ 值

材料名称	E/GPa×10^2	μ
低碳钢	2~2.2	0.25~0.33
合金钢	1.9~2.2	0.24~0.33
灰铸铁	1.15~1.6	0.23~0.27
铜及其合金	0.74~1.30	0.31~0.42
橡胶	0.000 08	0.47

4.虎克定律

实验表明,轴向拉伸或压缩的杆件,当其应力不超过某一限度时,杆的轴向变形与轴向载荷及杆件长度成正比,与杆件横截面面积成反比,这一关系称为虎克定律,即

$$\Delta l \propto \frac{Pl}{A}$$

引进比例常数 E 则有

$$\Delta l = \frac{PL}{EA}$$

由于轴向拉压时 $P = N$，故上式可改写为

$$\Delta l = \frac{Nl}{EA} \tag{6-8}$$

式中比例常数 E 称为弹性模量，其常用单位与应力的单位相同。各种材料的弹性模量可用实验方法进行测定(详见"材料力学性能"一节)。工程中常用材料的弹性模量列于表 6-1 中。

由式(6-8)可知，对长度及横截面面积相同、受力相等的等截面直杆，弹性模量越大，变形越小，所以弹性模量 E 表示了材料抵抗拉伸或压缩变形的能力，也就是说，弹性模量 E 表示了材料的弹性性质；还可看出，对长度相同、受力相等的杆件，EA 越大，则杆件的绝对变形 Δl 越小。所以 EA 称为**抗拉(压)刚度**，它表示杆件抵抗拉伸或压缩变形的能力。

将 $\frac{N}{A} = \sigma$，$\frac{\Delta l}{l} = \varepsilon$ 代入式(6-8)可得

$$\sigma = E\varepsilon \tag{6-9}$$

式(6-9)是虎克定律的又一表达形式，即虎克定律可以表述为当应力不超过某一极限时，应力和应变成正比。

例 6-4 一阶梯形钢杆如图 6-8(a)所示，AC 段的截面面积为 $A_{AB} = A_{BC} = 500\ \text{mm}^2$，$CD$ 段的截面面积为 $A_{CD} = 200\ \text{mm}^2$。杆的受力情况及各段长度标于图中。已知钢杆的弹性模量 $E = 200$ GPa，试求：(1)各段杆截面上的内力和应力；(2)杆的总变形。

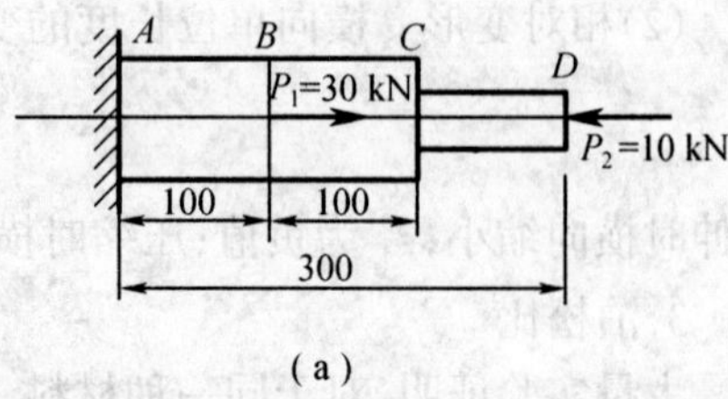

(a)

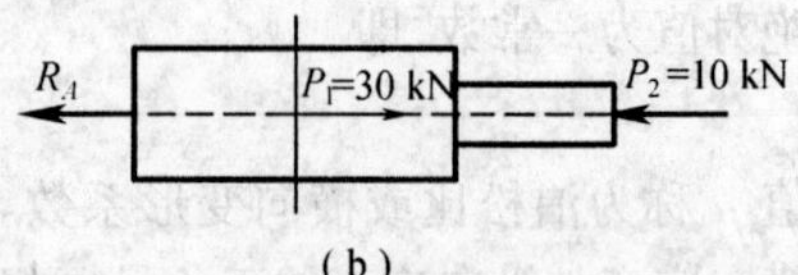

(b)

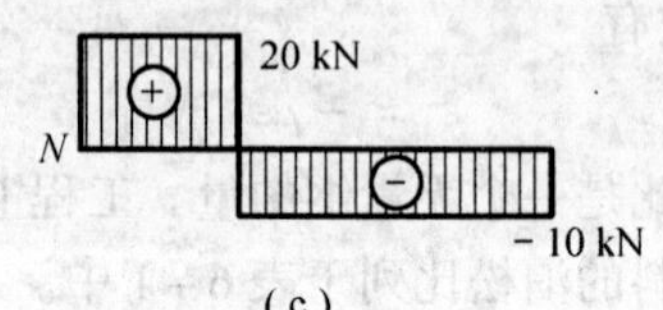

(c)

图 6-8

解 (1)画杆的受力图(图 6-8(b)) 由整个杆的平衡求出反力

$$\sum F_x = 0, \quad -R_A + P_1 - P_2 = 0$$

得

$$R_A = 20\ \text{kN}$$

(2)求各段杆截面上的内力(轴力)

AB 段：

$$N_1 = R_A = 20\ \text{kN}$$

BC 段与 CD 段：

$$N_2 = R_A - P_1 = -10\ \text{kN}$$

(3)画轴力图(图 6-8(c))

(4)计算各段应力

AB 段：

$$\sigma_{AB} = \frac{N_1}{A_{AB}} = \frac{20 \times 10^3}{500} = 40\ \text{MPa}$$

BC 段：

$$\sigma_{BC} = \frac{N_2}{A_{BC}} = \frac{-10 \times 10^3}{500} = -20\ \text{MPa}$$

CD 段：

$$\sigma_{CD}=\frac{N_2}{A_{CD}}=\frac{-10\times10^3}{200}=-50\text{ MPa}$$

(5)计算杆的总变形　全杆总变形等于各段杆变形的代数和，即

$$\Delta l_{AD}=\Delta l_{AB}+\Delta l_{BC}+\Delta l_{CD}=\frac{N_1 l_{AB}}{EA_{AB}}+\frac{N_2 l_{BC}}{EA_{BC}}+\frac{N_2 l_{CD}}{EA_{CD}}$$

将有关数据代入上式，并考虑它们的单位和正负，即得

$$\Delta l_{AD}=\frac{1}{200\times10^9}\left[\frac{20\times10^3\times100\times10^{-3}}{500\times(10^{-3})^2}-\frac{10\times10^3\times100\times10^{-3}}{500\times(10^{-3})^2}-\frac{10\times10^3\times100\times10^{-3}}{200\times(10^{-3})^2}\right]$$

$$=-1.5\times10^{-5}\text{ m}=-0.015\text{ mm}$$

计算结果为负，说明整个杆件是缩短的。

第三节　连接件的强度设计

从前一节的研究可以看出，我们的研究针对的是杆件中间部分的情况。事实上，工程中的杆件都是以某种方式连接起来才发挥相应作用的。螺栓、销钉和铆钉等是工程上常用的连接件。

由于应力的局部性质，连接件横截面上或被连接构件在连接处的应力分布是很复杂的，很难作出精确的理论分析，因此在工程设计中大都采取假定计算方法，一是假定应力分布规律，由此计算应力；二是根据实物或模拟实验，由前面所述应力公式计算，得到连接件破坏时应力值；然后，再根据上述两个方面假定得到的结果，建立设计准则，作为连接件设计的依据。

本节除介绍螺栓、销钉和铆钉的剪切假定计算外，还将介绍焊缝和胶粘缝的假定计算

一、剪切假定计算

当作为连接件的铆钉、销钉、键等零件，在工作时承受一对大小相等、方向相反、作用线相互平行且相距很近的力作用(图 6-9(a))，其主要失效形式之一是沿两力之间的截面发生剪切破坏(图 6-9(c))，该截面称为剪切面。这时在剪切面上既有弯矩又有剪力，但弯矩较小，故主要是剪力引起的剪切破坏。利用平衡方程不难求出剪切面的剪力。

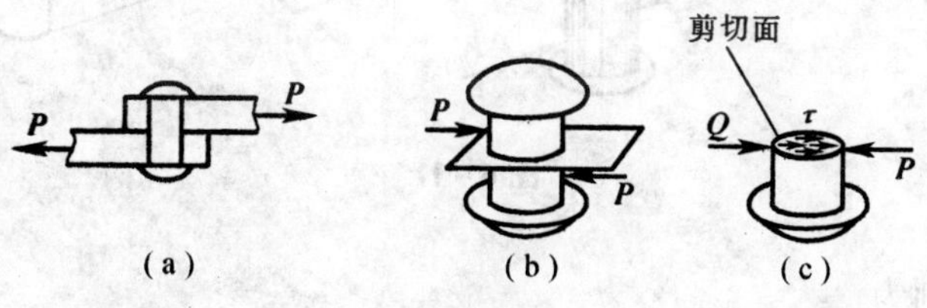

图 6-9

剪切面上的剪应力分布是比较复杂的，一般假定剪应力在截面上均匀分布，于是，有

$$\tau=\frac{Q}{A}\tag{6-10}$$

式中 A——剪切面的面积；

Q——剪切面上的剪力。

设计准则为

$$\tau = \frac{Q}{A} \leqslant [\tau] \tag{6-11}$$

上式也称剪切强度条件，其中$[\tau]$为连接件许用剪应力。

剪切假定计算中的许用切应力$[\tau]$与拉伸许用应力有关，对于钢材

$$[\tau] = (0.75 \sim 0.80)[\sigma]$$

注意，在计算时要正确确定有几个剪切面，以及每个剪切面上的剪力。例如图 6－9 所示的铆钉只有一个剪切面，而图 6－10 所示的则为有两个剪切面的情形。

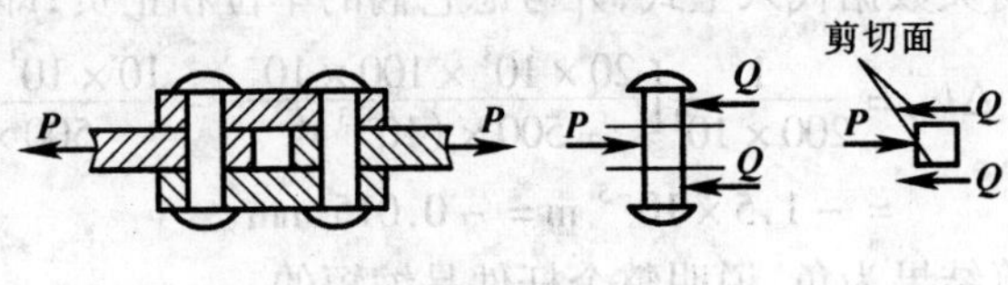

图 6－10

二、挤压假定计算

在承载的情形下，连接件与其所连接的构件相互接触并产生挤压，因而在二者接触面的局部区域产生较大的接触应力，称为挤压应力，用符号 σ_{jy} 表示。挤压应力是垂直于接触面的应力，常常与剪切伴生。这种挤压应力过大时，可使接触的局部区域产生过量的塑性变形，从而导致失效。

挤压接触面上的应力分布同样也是比较复杂的。因此在工程计算中也是采用简化的方法，既假定挤压应力在有效挤压面上均匀分布。有效挤压面简称挤压面，它是指总挤压力作用面的正投影面，如图 6－11 所示。若连接件直径为 d，连接板厚度为 δ，则有效挤压面面积为 δ_d。于是挤压应力为

$$\sigma_{jy} = \frac{P_{jy}}{A} = \frac{P_{jy}}{\delta d} \tag{6-12}$$

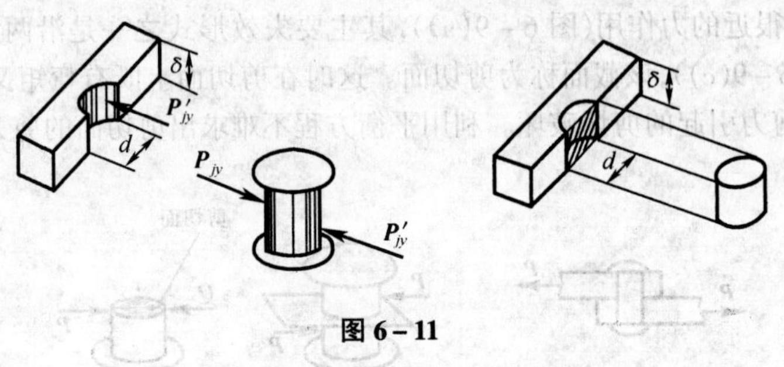

图 6－11

相应的强度设计准则为

$$\sigma_{jy} = \frac{P_{jy}}{\delta d} \leqslant [\sigma_{jy}] \tag{6-13}$$

式中 P_{jy}为作用在连接件上的总挤压力；$[\sigma_{jy}]$为挤压许用应力。对于钢材，其中$[\sigma]$为许用应力。

例 6－5 图 6－12 所示的钢板铆接件中，已知钢板的拉伸许用应力$[\sigma]$ = 98 MPa，挤压

许用应力$[\sigma_{jy}]=196\text{ MPa}$,钢板厚度 $\delta=10\text{ mm}$,宽度 $b=100\text{ mm}$,铆钉直径 $d=17\text{ mm}$,铆钉许用剪应力$[\tau]=137\text{ MPa}$,挤压许用应力$[\sigma_{jy}]=314\text{ MPa}$。若连接件承受的荷载 $P=23.5\text{ kN}$,试校核钢板与铆钉的强度。

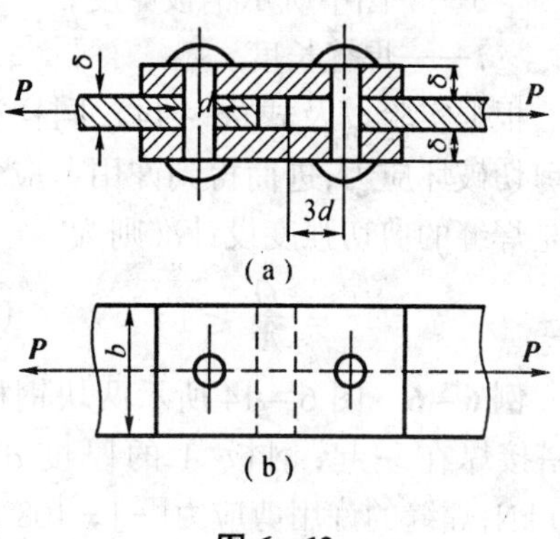

图 6-12

解 对于钢板,由于自铆钉孔边缘线至板端部的距离比较大,该处钢板纵向承受剪切的面积较大,因而具有较高的抗剪切强度。因此,本例中只需校核钢板的拉伸强度和挤压强度,以及铆钉的挤压和剪切强度,现分别计算如下。

1.对于钢板

(1)拉伸强度 考虑到铆钉孔对钢板的削弱有

$$\sigma=\frac{N}{A}=\frac{P}{(b-d)\delta}=\left[\frac{23.5\times10^{3}}{(100-17)\times10^{-3}\times10\times10^{-3}}\right]$$

$$=28.3\times10^{6}\text{ Pa}=28.3\text{ MPa}<[\sigma]=98\text{ MPa}$$

故钢板的拉伸强度足够。

(2)挤压强度 在图 6-12 所示的受力情况下,钢板所受的总挤压力为 P;有效挤压面为 δ_d。于是有

$$\sigma_{jy}=\frac{P_{jy}}{A_{jy}}=\frac{23.5\times10^{3}}{17\times10^{-3}\times10\times10^{-3}}=138\times10^{6}\text{ Pa}$$

$$=138\text{ MPa}<[\sigma_{jy}]=196\text{ MPa}$$

故钢板的挤压强度足够。

2.对于铆钉

(1)剪切强度 在图 6-12 所示情况下,铆钉有两个剪切面,每个剪切面上的剪力 $Q=P/2$,于是有

$$\tau=\frac{Q}{A}=\frac{\frac{P}{2}}{\frac{\pi d^{2}}{4}}=\frac{2P}{\pi d^{2}}=\frac{2\times23.5\times10^{3}}{3.14\times17^{2}\times10^{-6}}$$

$$=51.8\times10^{6}\text{ Pa}=51.8\text{ MPa}<[\tau]=137\text{ MPa}$$

故铆钉的剪切强度足够。

(2)挤压强度 铆钉的总挤压力与有效挤压面面积均与钢板相同,而且挤压许用应力较钢板为高。因钢板的挤压强度已校核是安全的,故无需重复计算。所以,整个连接结构的强度足够。

三、焊缝假定计算

对于主要承受剪切的焊缝,假定沿焊缝最小断面(即剪切面)发生破坏。焊缝剪切面如图 6-13 所示。此外,还假定剪应力在剪切面上均匀分布,于是有

$$\tau=\frac{Q}{A}=\frac{Q}{\delta l\cos45^{\circ}} \tag{6-14}$$

式中 Q——作用在单条焊缝最小断面上的剪力;

δ——图中所示钢板厚度；

l——焊缝长度。

根据实验以及式(6-14)，同样得到焊缝剪切破坏应力，进而得到许用剪应力$[\tau]$。于是焊缝的剪切强度设计准则为

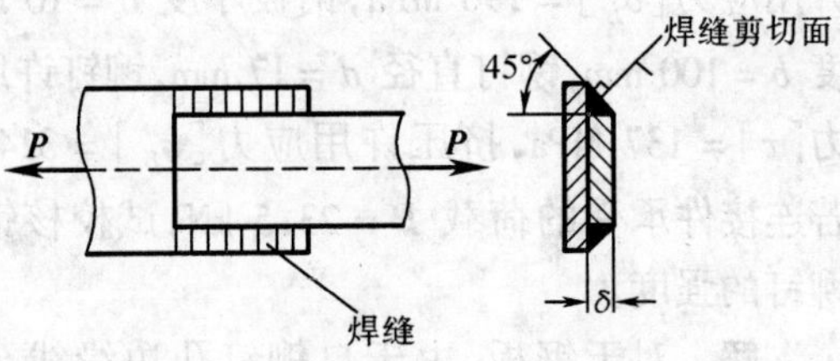

$$\tau = \frac{Q}{A} \leqslant [\tau] \qquad (6-15)$$

图 6-13

例 6-6 图 6-14 所示两块钢板 A 和 B 搭接焊在一起，钢板 A 的厚度 $\delta = 8$ mm。已知 $P = 150$ kN，焊缝的许用剪应力$[\tau] = 108$ MPa，试求焊缝抗剪所需的长度。

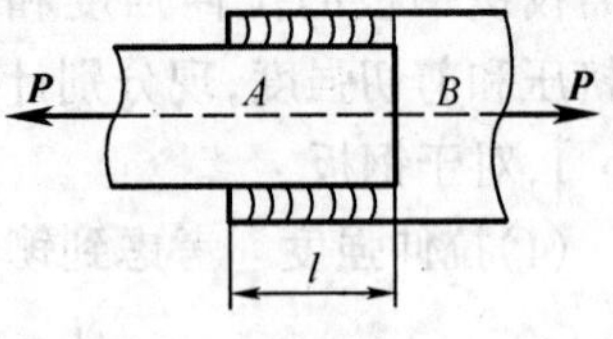

图 6-14

解 在图 6-14 所示的受力情况下，焊缝主要承受剪切，两条焊缝上承受的总剪力为 $Q = P$。

$$A = 2\delta\cos45^\circ l$$

其中 $\delta = 8$ mm，l 为未知量。由强度设计准则得

$$\tau = \frac{Q}{A} = \frac{P}{(2\times8\times10^{-3})\times0.707\times l} \leqslant [\tau]$$

由此解得

$$l \geqslant \frac{P}{(1.414\times8\times10^{-3})\times[\tau]} = \frac{150\times10^{3}}{1.414\times8\times10^{-3}\times108\times10^{6}} = 123\times10^{-3}\ \text{m} = 123\ \text{mm}$$

考虑到在工程中开始焊接和焊接终了时的那两段焊缝有可能未焊透，实际焊缝的长度应稍大于计算长度。一般应在由强度计算得到的长度上加 2δ，δ 为钢板厚度，故焊缝长度可取为 140 mm。

四、胶粘的假定计算

近代工程中大量采用胶粘连接，由于连接后的构件受力、接缝方向以及胶层均匀分布程度和胶层质量等各种因素的影响，胶粘接缝的失效不可能是一种形式。某些情形下可能发生剪切破坏，如图 6-15(a)所示连接形式；另外一些情况下则可能被拉断，如图 6-15(b)所示连接连接形式；还有些可能情况下，既有可能拉断又有可能剪断，如图 6-15(c)所示形式，所以胶粘连接也采用假定计算。假定计算沿胶粘接缝方向和垂直方向上的应力，可按将胶粘接缝视为一部分的假定计算。强度设计时需同时满足

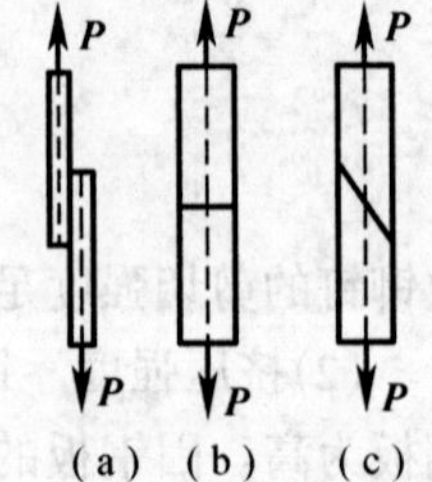

图 6-15

$$\sigma \leqslant [\sigma] \qquad (6-16)$$

$$\tau \leqslant [\tau] \qquad (6-17)$$

其中

$$[\sigma] = \frac{\sigma_b}{n_b}, \quad [\tau] = \frac{\tau_b}{n_b} \qquad (6-18)$$

式中 σ_b 和 τ_b 分别为胶粘的拉伸强度极限和剪切强度极限，由垂直胶粘接缝方向的拉伸实验和平行于接缝方向的剪切实验确定。

例 6-7 构件 AB 由 A 和 B 两部分用胶粘在一起而成，如图 6-16 所示。已知胶粘接

缝的 $\tau_b = 9$ MPa，$\sigma_b = 17$ MPa。若要求安全因数至少等于 3.0，试确定 θ 值的范围。

解 首先确定胶粘接缝斜面上的应力，根据第四章第五节中的分析，对于单向应力分析状态有

$$\sigma_\theta = \frac{P}{A}\cos^2\theta \quad ①$$

$$\tau_\theta = \frac{1}{2}\frac{P}{A}\sin 2\theta \quad ②$$

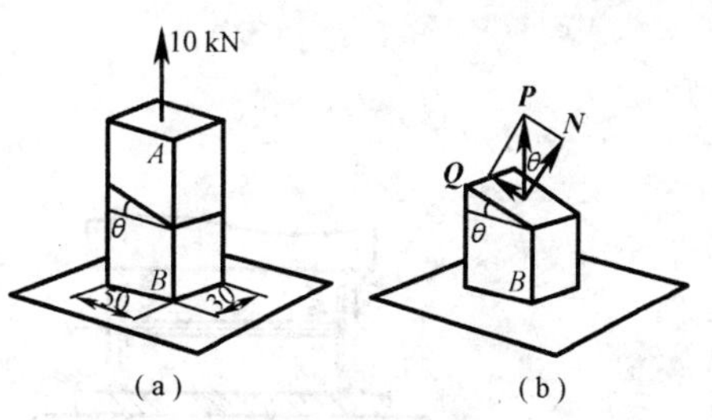

图 6-16

根据胶粘接缝强度设计准则可以写出

$$\sigma_\theta = \frac{P}{A}\cos^2\theta \leqslant \frac{\sigma_b}{n_b} \quad ③$$

$$\tau_\theta = \frac{P}{2A}\sin 2\theta \leqslant \frac{\tau_b}{n_b} \quad ④$$

将 $P = 10$ kN，$\sigma_b = 17$ MPa，$\tau_b = 9$ MPa，$n_b = 3.0$ 等分别代入式③和④，解出

$$\theta \geqslant \arccos\left(\sqrt{\frac{\sigma_b \cdot A}{n_b \cdot P}}\right) = 22.8°$$

以及

$$\theta \leqslant \frac{1}{2}\arcsin\left(\frac{2A \cdot \tau_b}{n_b \cdot P}\right) = 32.1°$$

故

$$22.8° \leqslant \theta \leqslant 32.1°$$

第四节 梁的强度设计

我们已经知道，梁受弯时横截面上的内力有剪力和弯距，它们在横截面上的分布就形成了梁横截面上的应力。要进行梁的强度设计就必须知道这个分布规律，并能求出梁各点的应力。通过对危险截面和危险点的控制来完成强度设计要求。

由图 6-17(a)所示火车轴的力学简图图 6-17(b)，其剪力图和弯距图分别由图 6-17(c)、图 6-17(d)所示。显然，梁 *AB* 在两相等集中力作用下 *AC*、*DB* 段既有剪力又有弯距，这种情况称为横力弯曲；*CD* 段只有弯距没有剪力，这种情况称为纯弯曲。

虽然我们还没有求出梁内任一点的应力，但是根据已掌握的知识可以知道，无论这个应力是什么形式，它总可以沿垂直于横截面方向和相切于横截面方向进行分解，从而得到一个正应力和一个剪应力。这两个应力事实上都会对梁产生影响。由于剪应力在实际中对梁产生的影响较小，工程中常常近似的认为剪力与梁上各点的正应力无关，故讨论梁的纯弯曲问题就能找到一般弯曲梁横截面正压力的分布规律。

一、纯弯曲时梁横截面上的正应力

根据前一节的经验知道，要寻找梁的正应力，也必须首先从分析变形入手来找出正应力分布规律，进而求解。

下面就以图 6-17 中梁受纯弯曲的 *CD* 段作为研究对象来开始我们的研究。

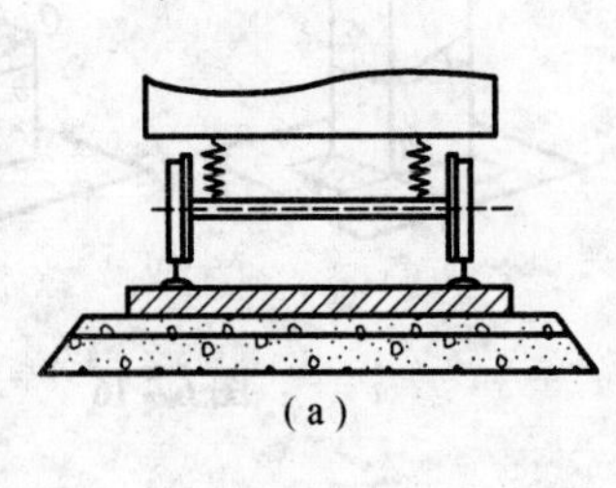

(a)

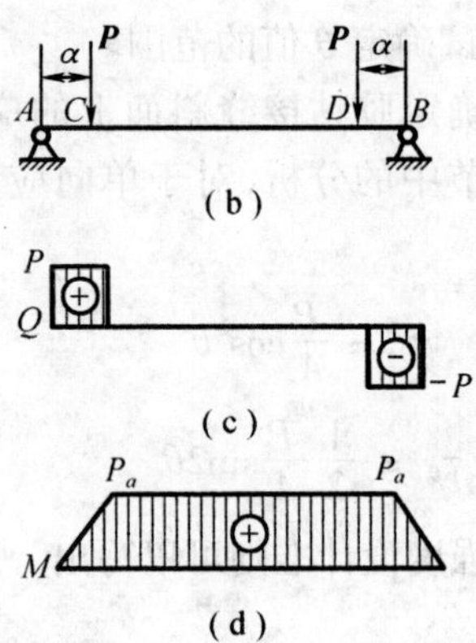

图 6-17

变形前,在梁 CD 段表面画两条与轴线垂直的横向线Ⅰ-Ⅰ和Ⅱ-Ⅱ,再画两条与轴线平行的纵线 ab 和 cd(图 6-18(a))。梁 CD 段是纯弯曲,相当于两端受力偶(力偶矩 $M=Pa$)作用(图 6-18(b))。观察纯弯曲时梁的变形,可以看如下现象:

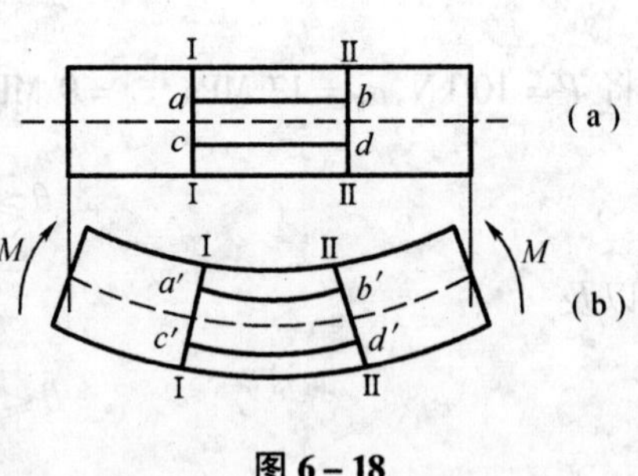

图 6-18

(1)梁变形后,横向线Ⅰ-Ⅰ和Ⅱ-Ⅱ仍为直线且与梁的轴线垂直,但倾斜了一个角度(图 6-18(b)及图 6-19);

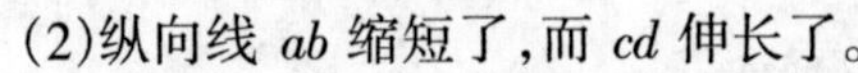

(2)纵向线 ab 缩短了,而 cd 伸长了。

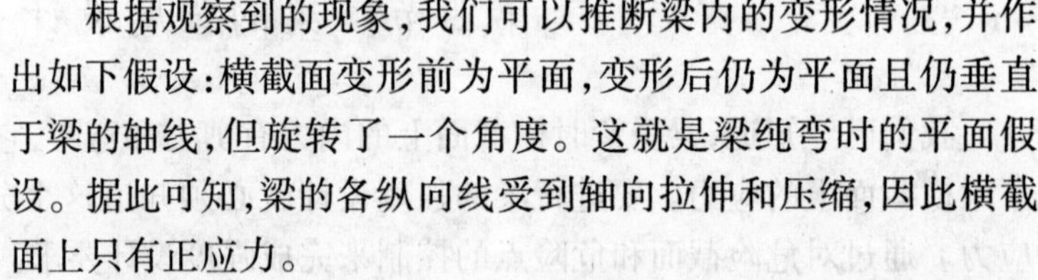

根据观察到的现象,我们可以推断梁内的变形情况,并作出如下假设:横截面变形前为平面,变形后仍为平面且仍垂直于梁的轴线,但旋转了一个角度。这就是梁纯弯时的平面假设。据此可知,梁的各纵向线受到轴向拉伸和压缩,因此横截面上只有正应力。

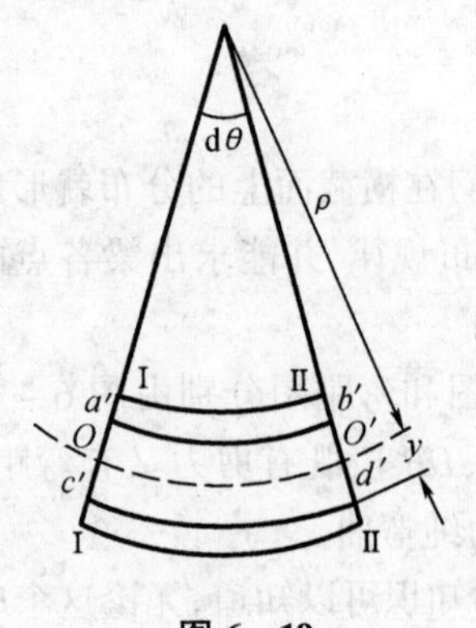

图 6-19

将梁变形后Ⅰ-Ⅰ、Ⅱ-Ⅱ之间的一段截取出来进行研究(图 6-19)。两截面Ⅰ-Ⅰ、Ⅱ-Ⅱ原来是平行的,现在相对倾斜了一个小角度 $d\theta$,纵向线 ab 变成了 $a'b'$,比原来的长度缩短了;纵向线 cd 变成了 $c'd'$,比原来的长度伸长了。

由于材料是均匀连续的,所以变形也是连续的,于是,由压缩过度到伸长之间,必有一条纵向线 OO' 的长度保持不变。若把 OO' 纵向线看成材料的一层纤维,则这层纤维既不伸长也不缩短,称为中性层,中性层与横截面的交线称为中性轴(图 6-20)。

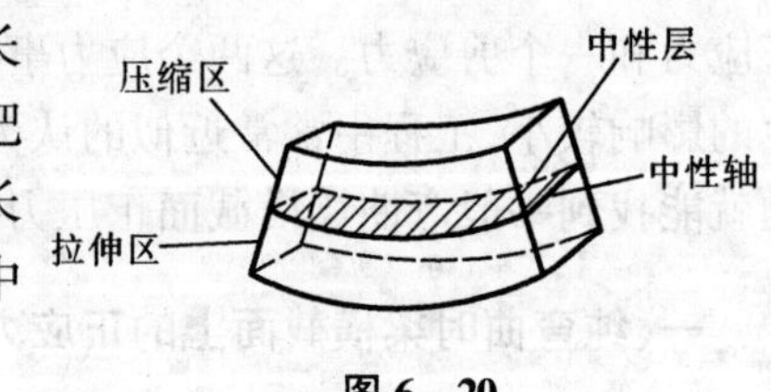

图 6-20

在图 6-19 中,OO' 即为中性层,设其曲率半径为 ρ,纵向线 $c'd'$ 到中性层的距离为 y,则纵向线 cd 的绝对伸长为

$$\Delta cd=\overline{c'd'}-\overline{cd}=(\rho+y)d\theta-\rho d\theta=yd\theta$$

纵向线 cd 的线应变为

$$\varepsilon = \frac{\Delta cd}{cd} = \frac{y\mathrm{d}\theta}{\rho\mathrm{d}\theta} = \frac{y}{\rho} \tag{a}$$

显然，$\frac{1}{\rho}$是中性层的曲率，但梁及其受力情况确定，对于整个截面，它是一个常量。由此不难看出：线应变的大小与其到中性层的距离成正比。这个结论反映了纯弯曲时变形的几何关系。

由于纯弯曲时，各层纵向线受到轴向拉伸或压缩，因此材料的应力和应变关系符合拉压虎克定律

$$\sigma = E\varepsilon$$

将(a)式代入上式可得

$$\sigma = E\frac{y}{\rho} \tag{b}$$

(b)式中 E 是材料的弹性模量；对指定的截面，ρ 为常量。故(b)式说明，截面上任一点的正应力与该点到中性轴的距离 y 成正比，即应力沿梁高度呈线性分布，如图 6-21 所示。

因为中性轴的位置尚未确定，$\frac{1}{\rho}$是未知量，故不能由(b)式求出正应力 σ。必须借助静力学的平衡条件，才能确定中性轴的位置和进一步导出正应力的计算公式。

在梁的截面上任取一点 K，并在 K 点附近取微面积 $\mathrm{d}A$(图 6-21)。设 z 为横截面的中性轴，K 点到中性轴的距离为y。若 K 点的正应力为σ，则微面积 $\mathrm{d}A$ 上的法向内力为$\sigma\mathrm{d}A$。截面上各处的法向内力构成一个空间平行力系。应用平衡条件 $\sum F_x = 0$ 则有

$$\int_A \sigma\mathrm{d}A = 0 \tag{c}$$

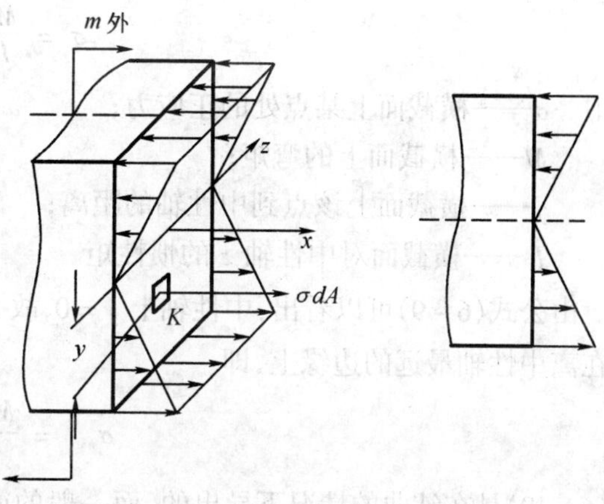

图 6-21

将(b)式代入(c)式得

$$\int_A \frac{E}{\rho}y\mathrm{d}A = 0$$

或写成

$$\frac{E}{\rho}\int_A y\mathrm{d}A = 0$$

即

$$\int_A y\mathrm{d}A = 0 \tag{d}$$

式中积分 $\int_A y\mathrm{d}A = y_C \cdot A = S_z$ 为截面对 z 轴的静距，故有

$$y_C \cdot A = 0$$

显然，横截面面积 $A \neq 0$，只有 $y_C = 0$。这说明横截面的形心在 z 轴上，即中性轴必通过横截面的形心。这样，就确定了中性轴的位置。

再由 $\sum m_z(\boldsymbol{F}) = 0$ 得

$$m_{外} = \int_A \sigma y \mathrm{d}A = M \tag{e}$$

$m_{外}$ 是此段梁所受的外力偶矩，其值应等于截面上的弯矩。将式(b)代入式(e)得

$$M = \int_A \frac{E}{\rho} y^2 \mathrm{d}A = \frac{E}{\rho}\int_A y^2 \mathrm{d}A$$

令

$$I_z = \int_A y^2 \mathrm{d}A$$

则

$$\frac{1}{\rho} = \frac{M}{EI_z} \tag{f}$$

I_z 称为横截面对中性轴 z 的惯性矩。$1/\rho$ 表示梁的弯曲程度，$1/\rho$ 愈大，梁弯曲愈甚。EI_z 与 $1/\rho$ 成反比，所以 EI_z 表示梁抵抗弯曲变形的能力，称为抗弯刚度。

将(f)式代入(b)式，即可求出正应力

$$\sigma = E\frac{y}{\rho} = Ey\frac{M}{EI_z}$$

即

$$\sigma = \frac{My}{I_z} \tag{6-19}$$

式中 σ——横截面上某点处的正应力；

M——横截面上的弯矩；

y——横截面上该点到中性轴的距离；

I_z——横截面对中性轴 z 的惯性矩。

由公式(6-9)可以看出：中性轴上 $y=0$，故 $\sigma=0$；$y=y_{max}$ 时 $\sigma=\sigma_{max}$，显然最大正应力产生在离中性轴最远的边缘上，即

$$\sigma_{max} = \frac{My_{max}}{I_z} \tag{6-20}$$

式(6-19)是在纯曲的情况下导出的，而一般的梁横截面上既有弯曲又有剪力，因此用式(6-19)计算应力就有误差。但是，当梁的跨度 l 大于截面高度 H 的5倍时，用式(6-19)计算应力的误差不到5%，因此，在这种情况下式(6-19)是可以应用的。当跨度 l 不足截面高度 H 的5倍时，也可近似的应用式(6-19)来计算，但要注意，此时计算的结果偏低。

为了应用式(6-19)，必须解决惯性矩 I_z 的计算问题。根据

$$I_z = \int_A y^2 \mathrm{d}A$$

即可求出梁的截面为各种形状时 I_z 的计算公式。

设一矩形截面，其高度为 h，宽 b，通过形心的轴为 z 和 y，求矩形截面对 z 轴的惯性矩(图6-22)。

取平行于 z 轴的狭长微面积

$$\mathrm{d}A = b \cdot \mathrm{d}y$$

由定义

$$I_z = \int_A y^2 \mathrm{d}A$$

得

$$I_z = \int_{-h/2}^{h/2} y^2 b \cdot \mathrm{d}y = \frac{bh^3}{12}$$

同理可得

$$I_y = \frac{hb^3}{12}$$

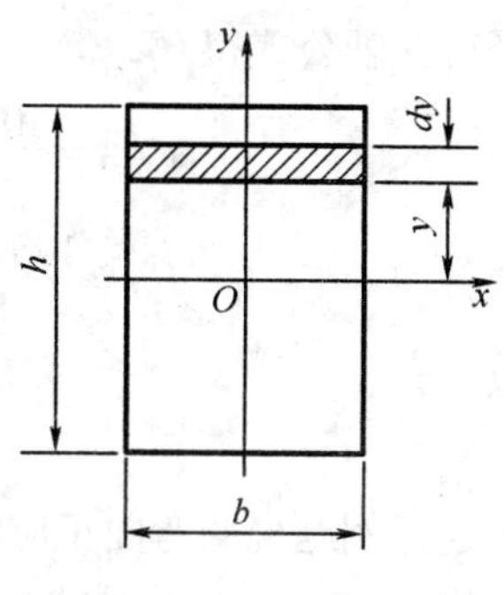

图 6-22

下面我们直接给出圆形截面和圆环形截面对中性轴的惯性矩的计算公式。

圆形截面

$$I_z = \frac{\pi d^4}{64} \quad (d\text{ 为圆截面的直径})$$

圆环形截面

$$I_z = \frac{\pi}{64}(D^4 - d^4) \quad (D、d\text{ 分别为圆环形截面外圆和内圆的直径})$$

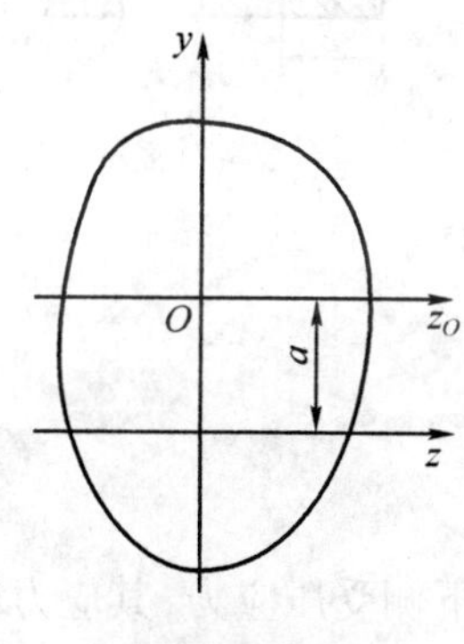

图 6-23

有一些梁的截面形状不是简单的图形，而是由几个简单图形(如矩形圆形等)组合而成的。在求这种组合图形的截面惯性矩时，就需要用下面的平行移轴公式。

设有一平面图形，形心在 O 点，现求此图形对于不通过形心 O 的 z 轴的惯性矩 I_z。若 z_O 轴为通过形心且平行于 z 轴的轴，z 轴与 z_O 轴间的距离为 a(图 6-23)，图形面积为 A，对于 z_O 轴的惯性矩为 I_{zO}，则求惯性矩的平行移轴公式为

$$I_z = I_{zO} + Aa^2 \tag{6-21}$$

组合图形都是由简单图形组成的，简单图形对形心轴的惯性矩一般是已知的，因此组合图形对某轴的惯性矩等于各简单图形对同一轴的关矩之和。

下面用一个例题来说明具体的计算方法。

例 6-8 T 形截面的形心为 O(图 6-24)，求该截面对通过其形心且与底边平行的 z_O 轴的惯性矩。

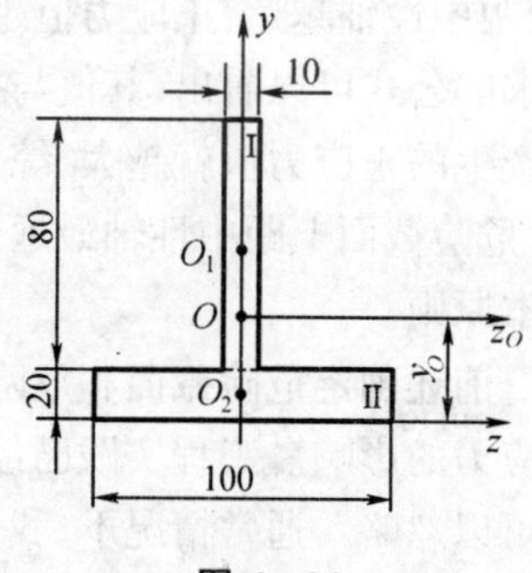

图 6-24

解 (1)在计算 I_{zO} 之前首先确定 T 形截面的形心位置。为此选一参考轴 z，再将 T 形截面分成Ⅰ、Ⅱ两个矩形，它们的面积分别为

$$A_{\mathrm{I}} = 80 \times 10 \text{ mm}^2, \quad A_{\mathrm{II}} = 100 \times 20 \text{ mm}^2$$

形心坐标分别为

$$y_{\mathrm{I}} = 60 \text{ mm}, \quad y_{\mathrm{II}} = 10 \text{ mm}$$

由静力学知

$$y_o = \frac{A_{\mathrm{I}} \cdot y_{\mathrm{I}} + A_{\mathrm{II}} \cdot y_{\mathrm{II}}}{A_{\mathrm{I}} + A_{\mathrm{II}}} = \frac{80 \times 10 \times 60 + 100 \times 20 \times 10}{80 \times 10 + 100 \times 20} = 24.3 \text{ mm}$$

(2)计算 T 形截面对 z_O 的惯性矩。

$$I_z = I_{zO}^{\mathrm{I}} + I_{zO}^{\mathrm{II}}$$

由平行移轴公式得

$$I_{zO}^{\mathrm{I}} = \frac{10 \times 80^3}{12} + 10 \times 80(60 - 24.3)^2 = 145 \times 10^4 \text{ mm}^4$$

$$I_{zO}^{\mathrm{II}} = \frac{100 \times 20^3}{12} + 100 \times 20(24.3 - 10)^2 = 47.6 \times 10^4 \text{ mm}^4$$

所以

$$I_{zo} = 145 \times 10^4 + 47.6 \times 10^4 = 193 \times 10^4 \text{ mm}^4$$

下面通过例题说明弯曲正应力的计算。

例 6－9　一悬臂梁的截面为矩形，自由端受集中力 $\boldsymbol{P}$ 作用（图 6－25(a)）。$P = 4$ kN，$h = 60$ mm，$b = 40$ mm，$l = 250$ mm。求固定端面上 A 点的正应力及固定端截面上的最大正应力。

解　(1)求固定端截面上的弯矩 $\boldsymbol{M}$

$$M = Pl = 4 \times 250 = 1\,000 \text{ kNmm}$$

(2)求固定端截面上的最大正应力。根据式(6－20)得

$$\sigma_{\max} = \frac{My_{\max}}{I_z} = \frac{10^6 \times 30}{\frac{40 \times 60^3}{12}} = 41.7 \text{ MPa}$$

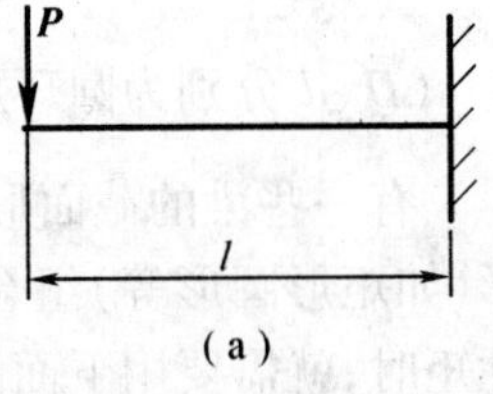

(a)

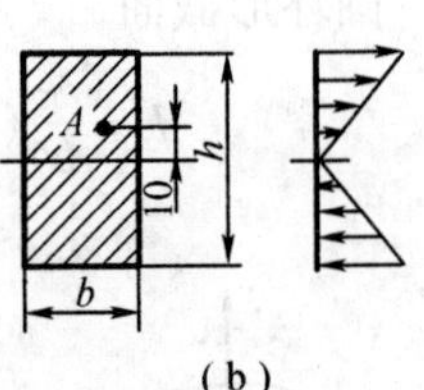

(b)

图 6－25

(3)求固定端截面上 A 点的正应力。由式(6－19)得

$$\sigma_A = \frac{My}{I_z} = \frac{10^6 \times 10}{\frac{40 \times 60^3}{12}} = 13.9 \text{ MPa}$$

由梁的受力情况可以看出，固定端截面中性轴上侧受拉应力，下侧受压应力，其应力分布如图 6－25(b)所示。拉应力取正号，压应力取负号。

二、梁内的危险面和危险点

从对梁横截面的正应力的分析知道，梁横截面的正应力以中性轴为分界，两侧成线性分布，距中性轴越远，正应力值越大，在距离中性轴最远处，正应力值最大；从梁横截面的正应力求解公式可以看出，其值与横截面的的弯矩值成正比，也就是说，弯矩越大的横截面上所能产生的正应力值就越大，综合上述两点可以推断，梁上最大弯矩所在的横截面即是危险截面，危险截面上距中性轴最远处的各点即是危险点。这就是我们在一般情况下找危险点的基本原则。

前述确定危险截面和危险点的方法是十分简捷实用的，这个方法的前提条件是忽略了剪应力的影响。工程实践已经证明，纯弯曲情况下的分析结论，同样适用于横力弯曲，其误差可以忽略。通常情况下，我们按照上述基本原则就可以准确找出危险截面和危险点。

那么，横力弯曲下又是什么样的情况呢？下面给出简单的介绍。

横力弯曲情况下，梁的各个横截面上是既有剪力又有弯矩的，而且各横截面的剪力和弯矩是不相等的，有可能在一个或几个横截面上出现剪力最大值或弯矩最大值，也可能在同一截面上，剪力和弯矩虽然不是最大值，但数值都比较大，这些截面都可能是危险截面。

由于在一般情况下，横截面上是既有剪力又有弯矩的，因此必然是既存在正应力也存在剪应力，而且其分布也不均匀。于是危险点就不再像前面讲的那样可以简单地判断出来了。这种情况下，梁内的危险点可能有三个情况：一是出现在正应力的最大点，这也就是前面讲的位于弯矩最大的截面上且距离中性轴最远的点；二是出现在剪应力的最大点，这些点位于剪力最大的截面上，对于常见的实心截面，这些点位于中性轴上；三是出现在正应力和剪应力都比较大的点，这些点一般位于剪力和弯矩都比较大的截面上，既不在最大正应力处，也不在最大剪应力处，而是在梁的上下两边缘和中性轴之间的某个位置上。

实际工程中的梁常常会在承受弯曲变形之外，尚有轴向荷载或偏心荷载作用，这时的危险截面和危险点的位置都会发生变化，因而在强度设计中必须多加注意。

三、梁的强度计算

至此，我们已经掌握了求解梁上各点正应力的方法，并且分析了危险截面的位置，只要针对危险点的情况应用相应的失效判据，建立梁的强度设计准则，就可以实现对梁的强度设计了。

但是，根据前面的分析看，好像并不这样简单。所谓梁上一般情况下存在的三种危险点，实际上说明的是三种不同的应力状态。截面上下边缘各点(即第一类危险点)，只承受最大拉、压应力，为单向应力状态；中性轴上承受最大剪应力各点(即第二类危险点)，只承受剪应力，为纯剪应力状态；对于既有正应力又有剪应力各点(即第二类危险点)，为二向应力状态。从一般情况而言，应建立三类危险点的失效判据，建立相应的梁强度设计准则，并在设计中一一进行计算。事实上，这些设计准则都已经建立，并在许多需要的工程设计中发挥作用。而对于实心截面杆件来说，在通常受力形式下，横截面上的正应力远远大于剪应力，因此，在大多数情况下，只要保证最大正应力点具有足够强度，就可以保证整个梁的强度。所以，完全可以只对梁的正应力进行控制。本书所研究的问题都属于此类问题，因此，只建立第一类危险点的失效判据，并据此建立梁的强度设计准则。

应用第五章相关知识并结合本章第三节的应用形式可知，梁的强度设计准则为

$$\sigma_{\max} \leqslant [\sigma] \tag{6-22}$$

代入公式

$$\sigma_{\max} = \frac{M_{\max} y_{\max}}{I_z}$$

令

$$W_z = \frac{I_z}{y_{\max}}$$

则有

$$\sigma_{\max} = \frac{M_{\max}}{W_z} \leqslant [\sigma] \tag{6-23}$$

式中 W_z 称为梁的抗弯截面模量，单位为 mm^3 或 m^3。

矩形截面和圆形截面的抗弯截面模量为

矩形
$$W_z = \frac{I_z}{y_{\max}} = \frac{\frac{bh^3}{12}}{\frac{h}{2}} = \frac{bh^2}{6}$$

圆形
$$W_z = \frac{\frac{\pi d^4}{64}}{\frac{d}{2}} = \frac{\pi d^3}{32}$$

式(6-23)称为梁的正应力强度条件,利用该强度条件即可对梁进行正应力强度计算。梁的强度设计一般应遵循以下计算程序:

1.画出剪力图和弯矩图,确立最大剪力和最大弯矩值,以便于确定危险截面;

2.根据危险截面上内力的实际方向,结合材料的力学性能,确定危险点;

3.应用强度条件公式对危险点进行强度计算。

在应用强度条件公式进行强度计算时要特别注意,由于梁弯曲变形的特殊性,使同一横截面上既有拉应力又有压应力,因此,对于拉压强度相等的材料,式(6-22)的应用不存在任何问题;对于拉压强度不相等的材料,式(6-22)就不完善了,则应对最大拉压力和最大压应力分别进行计算,即

$$\sigma_{l\max} \leqslant [\sigma_l]$$

$$\sigma_{y\max} \leqslant [\sigma_y]$$

式中 $[\sigma_l]$——材料许用拉应力;

$[\sigma_y]$——材料许用压应力。

下面举例说明梁的强度计算问题

例 6-10 矩形截面木梁的受力情况如图 6-26 所示木材的许用应力 $[\sigma]=10$ MPa。设梁横截面的高度比 $h/b=2$,试选梁的横面尺寸。

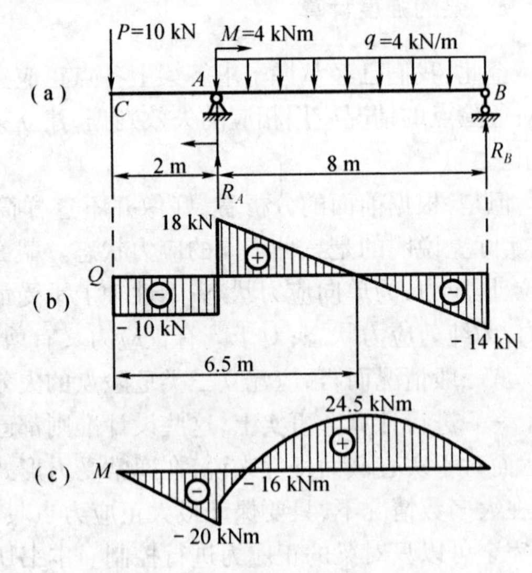

图 6-26

解 弯矩图知(剪力图及弯矩图的画法见例 4-7),梁的危险截面在距左端6.5 m的截面上,危险截面上的弯矩 $M_{\max}=24.5$ kN。由强度条件

$$\frac{M_{\max}}{W_z} \leqslant [\sigma]$$

得

$$W_z \geqslant \frac{M_{\max}}{[\sigma]} = \frac{24.5 \times 10^3 \times 10^3}{10} = 245 \times 10^4 \text{ mm}^4$$

因

$$W_z = \frac{bh^2}{6} = \frac{b(2b)}{6} = \frac{2}{3}b^3$$

于是

$$\frac{2}{3}b^3 \geqslant 245 \times 10^4$$

所以

$$b \geqslant \sqrt[3]{\frac{3}{2} \times 245 \times 10^4} = 154 \text{ mm}$$

$$h = 2b = 2 \times 154 = 308 \text{ mm}$$

例 6-11 T形截面梁的受力及支承情况如图 6-27 所示,材料的许用拉应力$[\sigma_l]=32$ MPa,许用压应力$[\sigma_y]=70$ MPa,试按正应力强度条件校核梁的强度。

解 (1)作出 M 图 B 截面有最大的负弯矩,C 截面有最大的正弯矩。

(2)计算截面形心的位置及截面对中性轴的惯性矩。

确定截面形心 C 的位置(图 6-27(a))

$$y_c = \frac{A_1 y_1 + A_2 y_2}{A_1 + A_2} = \frac{30 \times 170 \times 85 + 200 \times 30 \times 185}{30 \times 170 + 200 \times 30} = 139 \text{ mm}$$

计算截面对中性轴的惯性矩

$$I_z = \left(\frac{30 \times 170^3}{12} + 30 \times 170 \times 54^2\right) + \left(\frac{200 \times 30^3}{12} + 200 \times 30 \times 36^2\right) = 40.3 \times 10^6 \text{ mm}^4$$

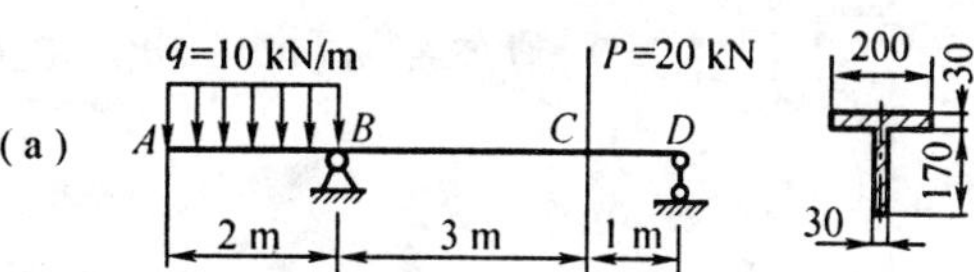

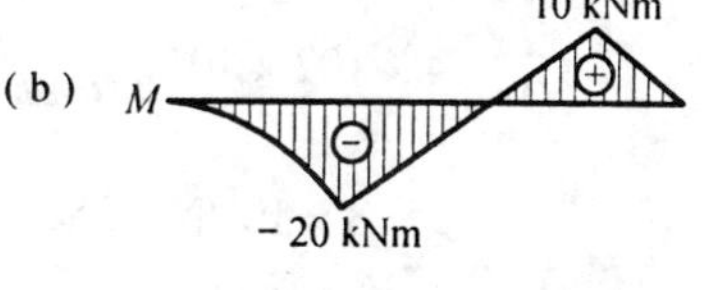

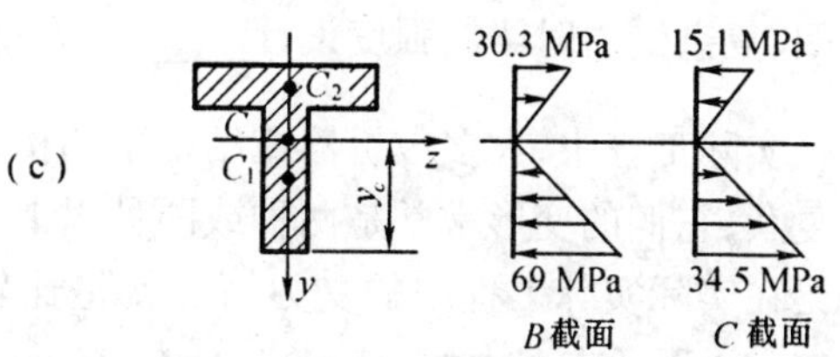

图 6-27

(3)校核强度　由于梁的抗拉压强度不同，所以最大正弯矩和最大负弯矩截面都需校核。

校核 B 截面(最大负弯矩截面)：

上边缘处的最大拉应力为

$$\sigma_{\max} = \frac{M_B y_{上}}{I_z} = \frac{20 \times 10^3 \times 10^3 \times (200-139)}{40.3 \times 10^6} = 30.3 \text{ MPa} < [\sigma_l]$$

下边缘处的最大压应力为

$$\sigma_{\max} = \frac{M_B y_{下}}{I_z} = \frac{20 \times 10^3 \times 10^3 \times 139}{40.3 \times 10^6} = 69 \text{ MPa} < [\sigma_y]$$

校核 C 截面(最大正弯矩截面)：

因 $M_C < |MB|$，$y_{上} < y_{下}$，所以 C 截面上边缘的最大压应力一定小于 B 截面下边缘的最大压应力，也一定小于$[\sigma_y]$，即 C 截面上边缘一定安全，不需校核。

下边缘处的最大拉应力为

$$\sigma_{\max} = \frac{M_C y_{下}}{I_z} = \frac{10 \times 10^3 \times 10^3 \times 139}{40.3 \times 10^6} = 34.53 \text{ MPa} > [\sigma_l]$$

校核结果：梁不安全。C 截面弯矩的绝对值虽非常大，但因截面受拉边缘距中性轴较远，应力较大，而材料的抗拉强度又比较小，所以在此处可能发生破坏。

从本例可以看出，当材料的抗拉压性能不同、截面上下又不对称时，对梁内最大正弯矩与最大负弯矩均应校核。

例 6-12　图 6-28 中的吊车梁由 32b 工字钢制成，梁跨度 $l = 10$ m，梁的材料为 Q235 钢，许用应力$[\sigma] = 140$ MPa，电葫芦自重 $G = 15$ kN，梁的自重不计，求该梁能够承担的起重量 Q。

解　(1)求最大弯矩　吊车可简化为受集中力$(Q+G)$作用的简支梁，由以前学过的知识可知其最大弯矩在梁中点，且

$$M_{\max} = \frac{Pl}{4} = \frac{(Q+G)k}{4}$$

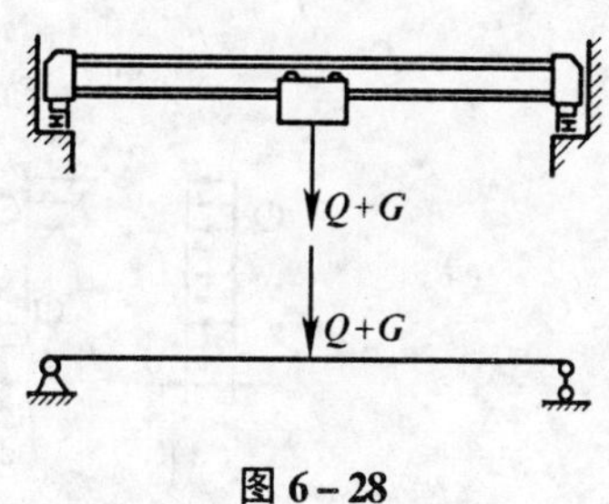

图 6-28

(2)计算许可载荷 Q　由强度条件

$$\frac{M_{\max}}{W_z} \leqslant [\sigma] \quad 或 \quad M_{\max} \leqslant [\sigma] W_z$$

以及由《机械设计手册》型钢表查得 32b 工字钢的抗弯截面系数

$$W_z = 716.33\ \text{cm}^3 \quad (\text{表中为 } W_x)$$

得
$$M_{max} = [\sigma]W_z = 140 \times 726 \times 10^3 = 102 \times 10^6\ \text{N·mm}$$

又因
$$M_{max} = \frac{(Q+G)l}{4}$$

即
$$\frac{(Q+G)l}{4} = 102 \times 10^6$$

得
$$Q = \frac{4 \times 102 \times 10^6}{l} - G = \frac{4 \times 102 \times 10^6}{10 \times 10^3} - 15 \times 1\,000$$
$$= 25.8 \times 10^3\ \text{N} = 25.8\ \text{kN}$$

四、复杂受力时梁的强度设计

在实际工程中，大多数机器或结构中的构件的受力情况比较复杂，它们的变形常常是两种或两种以上基本变形的组合。梁在实际实际工程中的受力情况就是比较复杂的。例如图 6－29 所示支架中的 AB 梁，力 $\boldsymbol{R}_y$、$\boldsymbol{G}$ 和 $\boldsymbol{T}_y$ 使梁弯曲，力 $\boldsymbol{R}_x$ 和 $\boldsymbol{T}_x$ 使梁压缩，梁的横截面上同时产生了轴力和弯矩两个内力分量，二者分别使梁发生了压缩变形和弯曲变形，梁的变形是压缩和弯曲变形的组合。

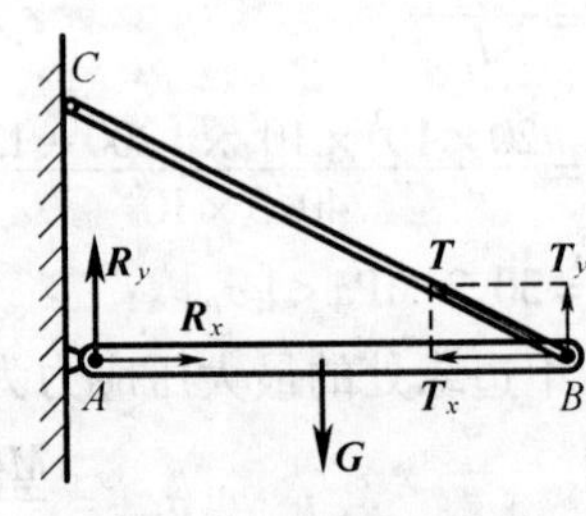

图 6－29

下面就来讨论一下梁在这种复杂受力情况下的应力分析与强度计算。

设有一矩形截面杆，一端固定，一端自由，如图 6－30 所示。在自由端受到集中力 $\boldsymbol{P}$ 的作用，$\boldsymbol{P}$ 力作用在杆的纵向对称面（Oxy）内且与杆的轴线 x 成一夹角 φ。$\boldsymbol{P}$ 力沿 x、y 方向可分解为两个分力 $\boldsymbol{P}_x$、$\boldsymbol{P}_y$，如图 6－30(b)所示，两分力的大小为

$$P_x = P\cos\varphi$$
$$P_y = p\sin\varphi$$

$\boldsymbol{P}_x$ 使杆产生轴向拉伸，$\boldsymbol{P}_y$ 使杆在 Oxy 面内产生平面弯曲，故杆件的变形是弯曲与拉伸

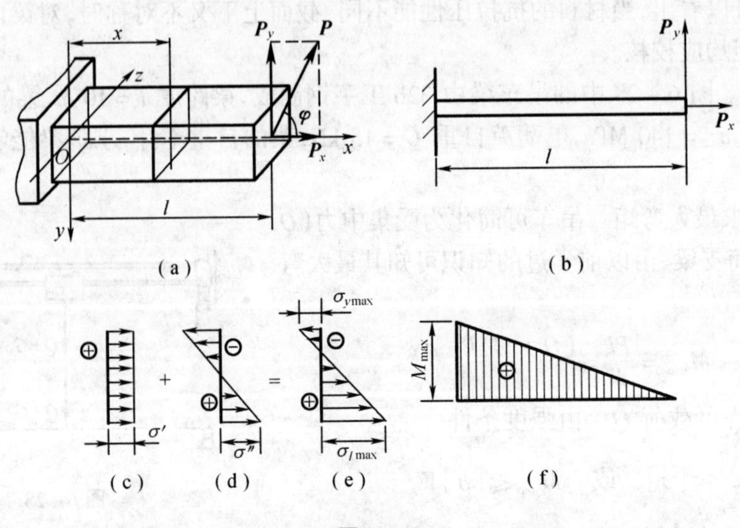

图 6－30

的组合变形。

单独考虑 $\boldsymbol{P}_x$ 的作用时,杆件所有横截面上的内力——轴力 N 都相等,其值为

$$N = P_x$$

单独考虑 $\boldsymbol{P}_y$ 的作用时,各横截面上的弯矩显然不相等,距左端为 x 的任一截面上的弯距为

$$M = P_y(l - x)$$

杆的弯矩图如图 6-30(f)所示,固定端截面上的弯距最大。

根据以上对轴力和弯距的分析可以看出,固定端截面为危险截面。下面我们分析危险截面上的应力情况。

由 $\boldsymbol{P}_x$ 引起的拉应力是均匀分布的,如图 6-30(c)所示,其值为

$$\sigma' = \frac{N}{A} = \frac{P_x}{A}$$

由 $\boldsymbol{P}_y$ 引起的弯曲正应力,在危险截面上的分布规律如图 11-4(d)所示(线性分布)。距中性轴最远处的弯曲正应力的绝对值为

$$\sigma'' = \frac{M_{\max}}{W_z} = \frac{P_y l}{W_z}$$

在 $\boldsymbol{P}_x$ 和 $\boldsymbol{P}_y$ 同时作用时,危险截面上的各点的应力等于 $\boldsymbol{P}_x$ 引起的应力 σ' 和 $\boldsymbol{P}_y$ 引起的应力 σ'' 的代数和。当 $\sigma' < \sigma''$ 时,应力分布规律如图 6-30(e)所示。危险截面的上、下边缘处,总应力的最大与最小值分别为

$$\sigma_{\max} = \frac{N}{A} + \frac{M_{\max}}{W_z}$$

$$\sigma_{\min} = \frac{N}{A} - \frac{M_{\max}}{W_z}$$

由上式可知,固定端截面的下边缘各点(受拉边)及上边缘各点(受压边)是危险点。

要使受拉伸(或压缩)和弯曲联合作用的杆件具有足够的强度,就应使杆内的最大拉应力和最大的压应力都不超过许用应力,故其强度条件为

$$\sigma_{l\max} = \frac{N}{A} + \frac{M_{\max}}{W_z} \leqslant [\sigma_l]$$

$$\sigma_{y\max} = \frac{N}{A} - \frac{M_{\max}}{W_z} \leqslant [\sigma_y] \tag{6-24}$$

式中 $[\sigma_l]$——材料的许用拉应力;

$[\sigma_y]$——材料的许用压应力。

例 6-13 一倾斜($\alpha = 30°$)的矩形截面梁的中点 C 处有铅垂力 $P = 25$ kN作用,如图 6-31所示,试求梁的最大压应力。

解 (1)外力分析 将外力分解为垂直和平行于梁轴的力 $P\cos30°$ 和 $P\sin30°$。力 $P\cos30°$ 使梁产生弯曲,而力 $P\sin30°$ 则使梁的下半部分受压缩。故,梁 AC 段产生的变形为弯曲与压缩的组合变形。

(2)内力分析 力 $P\cos30°$ 引起的最大弯矩在梁的中点 C 的截面上,其值为

$$M_{\max} = \frac{P\cos30° \times \dfrac{l}{\cos30°}}{4} = \frac{Pl}{4} = \frac{25 \times 10^3 \times 3 \times 10^3}{4}$$

$$= 18.8\times10^{6}\ \text{N}\cdot\text{mm}$$

力 $P\sin30°$引起梁 AC 段产生轴向力

$$N = P\sin30°$$

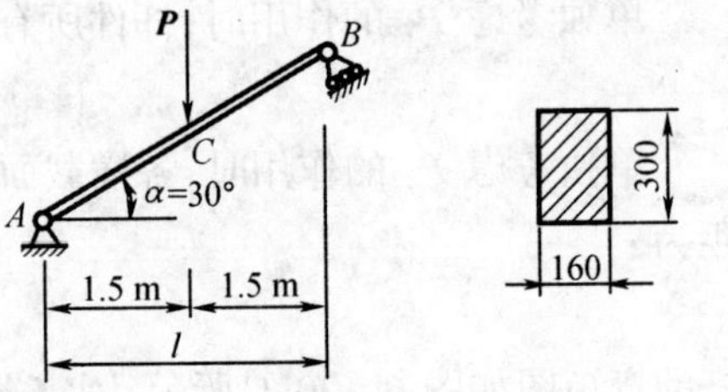

(3)应力分析　横截面面积和抗弯截面模量分别为

$$A = 160\times300 = 480\times10^{2}\ \text{mm}^{2}$$

$$W_z = \frac{bh^2}{6} = \frac{160\times300^2}{6} = 240\times10^{4}\ \text{mm}^{3}$$

图 6－31

力 $P\cos30°$引起的梁中点截面上的最大弯曲应力为

$$\sigma = \pm\frac{M}{W_z} = \pm\frac{18.8\times10^6}{240\times10^4} = \pm7.81\ \text{MPa}$$

力 $P\sin30°$引起的梁 AC 段各截面上的压应力为

$$\sigma = -\frac{P\sin30°}{A} = -\frac{25\times0.5\times10^3}{480\times10^2} = -0.26\ \text{MPa}$$

(4)求最大压应力　由以上讨论可知最大压应力发生在 C 点稍偏左截面的上边缘，其值为

$$\sigma_{y\max} = |-7.81-0.26| = 8.07\ \text{MPa}$$

例 6－14　图 6－32(a)所示钻床在钻孔时受到压力 $P = 15$ kN作用。已知偏心矩 $e = 0.4$ m，铸铁立柱的许用拉应力$[\sigma_l] = 35$ MPa，许用压应力$[\sigma_y] = 120$ MPa，试求铸铁立柱所需的直径。

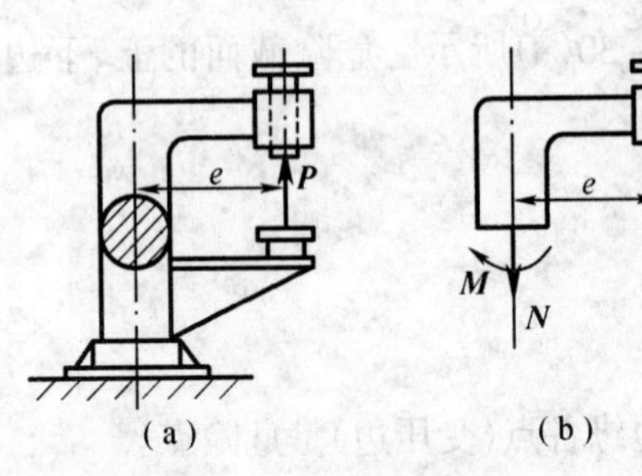

图 6－32

解　(1)外力分析　若将 $\boldsymbol{P}$ 力平移到立柱轴线上，需要增加一个附加力偶 $M = Pe$。$\boldsymbol{P}$ 使立柱产生轴向拉伸，$\boldsymbol{M}$ 使立柱产生平面弯曲，故立柱的变形为弯曲与拉伸的组合变形。

(2)内力分析　将立柱假想地截开，取上部为研究对象，如图 6－32(b)所示。由平衡条件可求得立柱的轴力和弯矩分别为

$$N = P = 150\times10^{2}\ \text{N}$$

$$M = Pe = 150\times10^{2}\times0.4\times10^{3} = 600\times10^{4}\ \text{N}\cdot\text{mm}$$

(3)应力分析　立柱横截面面积 $A = \frac{\pi d^2}{4}$，对中性轴的抗弯截面模量为

$$W_z = \frac{\pi d^3}{32}$$

轴向拉力 $\boldsymbol{N}$ 使横截面上产生均匀拉应力，其值为

$$\sigma_l = \frac{N}{A}$$

弯矩 $\boldsymbol{M}$ 使横截面上产生弯曲应力，其值为

$$\sigma_{\max} = \frac{M}{W_z} = \frac{Pe}{W_z}$$

立柱右侧边缘点的总应力为

$$\sigma_{右} = \frac{N}{A} + \frac{Pe}{W_z}$$

立柱左侧边缘点的总应力为

$$\sigma_{左} = \frac{N}{A} - \frac{Pe}{W_z}$$

(4)强度计算 由于铸铁抗压能力强，抗拉能力差，故应对受拉侧进行强度计算，即

$$\frac{N}{A} + \frac{Pe}{W_z} \leqslant [\sigma_l]$$

代入已知数据得

$$\frac{150 \times 10^2}{\pi d^2/4} + \frac{600 \times 10^4}{\pi d^3/32} \leqslant 35$$

解上式即可求得立柱的直径 d。因为这是一个三次方程，求解较繁，所以在设计的计算过程中常常采用一种简便的方法。一般在偏心距较大的情况下，偏心拉伸(或压缩)杆件的弯曲正应力是主要的，所以可先按弯曲强度条件求出立柱的一个近似直径，然后将此直径的数值稍稍增大，再代入偏心拉伸的强度条件中进行校核，如果数值相差较大，再作适当变更，以试凑的方法进行设计计算，最后即可求得满足此方程的直径。类似此题的试算方法在实际工程设计中是常常用到的，请读者认真领会。

在此题中，先考虑弯曲强度条件

$$\frac{M}{W_z} \leqslant [\sigma]$$

即

$$\frac{600 \times 10^4}{\pi d^3 2} \leqslant 35$$

由上式求得立柱的近似直径 $d = 120$ mm，将其稍稍加大，即取 $d = 125$ mm，带入偏心拉伸的强度条件进行校核得

$$\sigma_{l\max} = \frac{150 \times 10^2}{3.14 \times 125^2/4} + \frac{600 \times 10^4}{3.14 \times 125^3/32} = 32.4 \text{ MPa} < [\sigma_l] = 35 \text{ MPa}$$

满足强度条件，最后选用立柱的直径 $d = 125$ mm。

第五节 轴的强度设计

一、圆轴扭转时横截面上的剪应力

根据前一节的经验可知，要求圆轴受扭转时横截面上各点处的剪应力，也必须从研究变形入手，进而找出应力的分布规律，并求出应力值，最后通过对危险截面和危险点的控制来完成强度设计要求。下面我们就从观察圆轴扭转变形实验来开始我们的研究。

取图 6－33 所示圆轴，实验前，先在其表面划上两条圆周线和两条与轴线平行的纵向线。实验时在圆轴两端加力偶矩为 m 的外力偶，圆轴即发生扭转变形。在变形微小的情况下，可以观察到如下现象：

(1)两条纵向线倾斜了相同的角度，原来轴表面上的小方格变成了歪斜的平行四边行；

(2)轴的直径、两圆周线的形状和它们之间的距离均保持不变。

根据观察到的这些现象，我们推断，圆轴扭转前的各个横截面在扭转后仍为互相平行的平面，只是相对的转过了一个角度。这就是圆轴扭转时的平面假设。

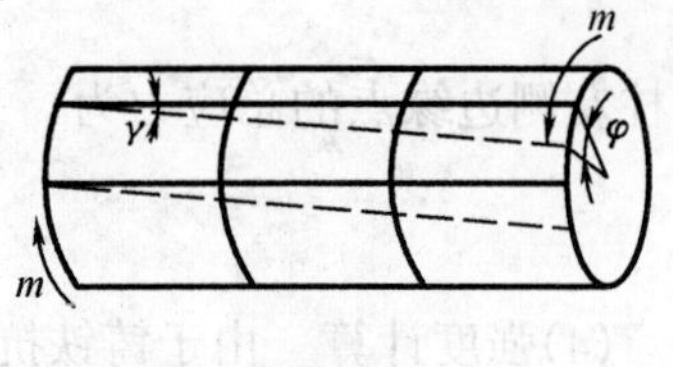

图 6-33

根据平面假设可得两点结论：(1)由于相邻截面相对地转过了一个角度，即横截面间发生了旋转式的相对错动，出现了剪切变形，所以截面上必有剪应力存在，又因为半径长度不变，所以剪应力方向必与半径垂直，(2)由于相邻截面的间距不变，所以横截面上一定没有正应力。

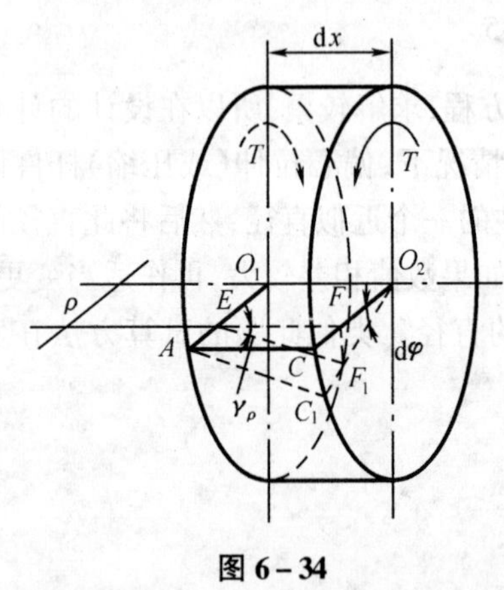

图 6-34

为了求得剪应力在横截面上的分布规律，我们从轴中取出微段 dx 来研究(图 6-34)。

圆轴扭转后，微段的右截面相对于左截面转过一个微角度 dφ 半径 CO_2 转到 C_1O_2，半径为 ρ 的内层圆柱上的纵线 EF 倾斜到 EF_1，倾斜角为 γ_ρ。由前述知识可知，此倾斜角即为剪应变。在弹性范围内剪应变 γ_ρ 是很小的由图 6-34 中的几何关系有

$$\tan\gamma_\rho = \frac{EF_1}{EF} = \frac{\rho \mathrm{d}\varphi}{\mathrm{d}x} = \rho\frac{\mathrm{d}\varphi}{\mathrm{d}x} = \gamma_\rho$$

即

$$\gamma_\rho = \rho\frac{\mathrm{d}\varphi}{\mathrm{d}x} \tag{a}$$

由于$\frac{\mathrm{d}\varphi}{\mathrm{d}x}$对同一横截面上的各点为一常数，故(a)式表明：横截面上任一点的剪应变 γ_ρ 与该点内到圆心的距离 ρ 成正比，这就是圆轴扭转时的变形规律。

根据剪切虎克定律，横截面上距圆心为 ρ 处的剪应力 τ_ρ，与该处的剪应变成 γ_ρ 正比，即

$$\tau_\rho = G\gamma_\rho$$

将(a)式代入上式得

$$\tau_\rho = G\rho\frac{\mathrm{d}\varphi}{\mathrm{d}x} \tag{b}$$

上式表明：横截面上任一点处的剪应力的大小，与该点到圆心的距离 ρ 成正比。也就是说，在截面上的圆心处剪应力为零，在周边上剪应力最大。显然，在所有与圆心等距离的点处，剪应力均相等。剪应力的分布规律如图 6-35 所示，剪应力的方向与半径垂直。图 6-35(a)、(b)分别为实心圆轴和空心圆轴横截面上剪应力的分布规律图。

式(b)虽然表明了剪应力的分布规律，但其中$\frac{\mathrm{d}\varphi}{\mathrm{d}x}$尚未知，所以必须利用静力平衡条件建立应力与内力的关系，才能求出剪应力。

在横截面上离圆心为 ρ 的点处，取微面积 dA，如图 6-36 所示。微面积上的内力系的合力是 $\tau_\rho \mathrm{d}A$，它对圆心的力矩等于 $\tau_\rho \mathrm{d}A\cdot\rho$，整个截面上这些力矩的总和等于截面上的扭矩 T，即

$$T = \int_A \rho\tau_\rho \mathrm{d}A \tag{c}$$

式中 A 为整个截面的面积。将(b)式代入(c)式得

$$T = \int_A \rho\left(G\rho \frac{\mathrm{d}\varphi}{\mathrm{d}x}\right)\mathrm{d}A = \int_A G\rho^2 \frac{\mathrm{d}\varphi}{\mathrm{d}x}\mathrm{d}A$$

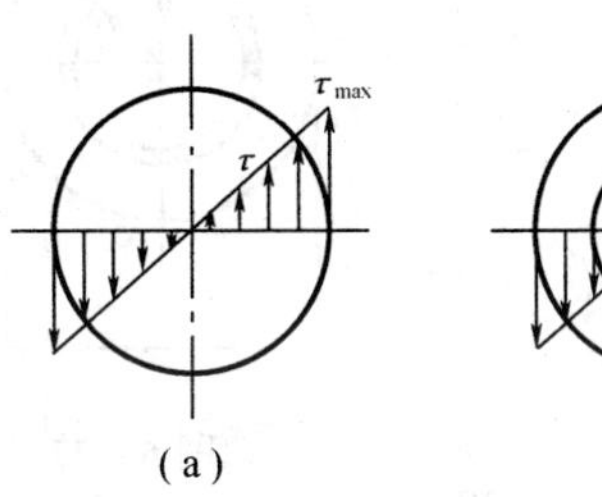

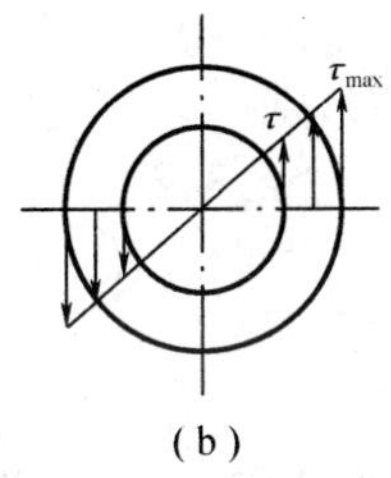

图 6-35

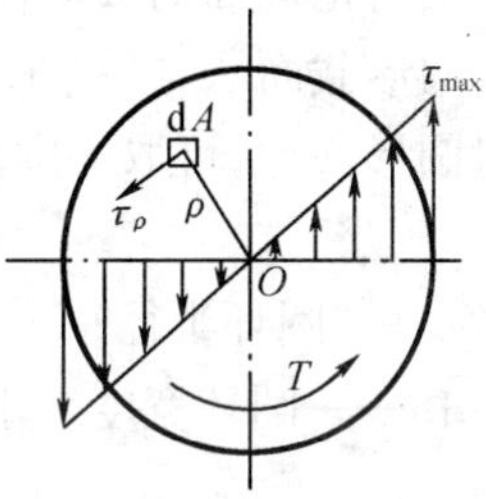

图 6-36

因 $G, \frac{\mathrm{d}\varphi}{\mathrm{d}x}$ 均为常量,故上式可写成

$$T = G\frac{\mathrm{d}\varphi}{\mathrm{d}x}\int_A \rho^2 \mathrm{d}A \tag{d}$$

式中积分 $\int_A \rho^2 \mathrm{d}A$ 与横截面的几何形状、尺寸有关,它表示截面的一种几何性质,称为横截面的极惯性矩,用 I_p 表示,即

$$I_p = \int_A \rho^2 \mathrm{d}A$$

其量纲是长度的四次方,单位为 mm^4 或 m^4。于是(d)式可写成

$$T = GI_p \frac{\mathrm{d}\varphi}{\mathrm{d}x}$$

或

$$\frac{\mathrm{d}\varphi}{\mathrm{d}x} = \frac{T}{GI_p} \tag{e}$$

将(e)式代入(b)式,即得横截面上距圆心为 ρ 处的剪应力计算公式为

$$\tau_\rho = \frac{T}{I_p}\rho \tag{6-25}$$

对于确定的轴,T、I_p 都是定值,因为最大剪应力必在截面周边各点上,即当 $\rho = \frac{D}{2}$ 时 $\tau_\rho = \tau_{max}$,故

$$\tau_{max} = \frac{T}{I_p}\cdot\frac{D}{2} \tag{f}$$

若令

$$W_p = \frac{I_p}{D/2} \tag{6-26}$$

则式(f)可写成

$$\tau_{max} = \frac{T}{W_p} \tag{6-27}$$

W_p 称为抗扭截面模量,其单位为 mm^3 或 m^3。

实验已经证明,平面假设只对圆形截面直杆才是正确的,所以式(6-25)、(6-27)只适用于等直圆杆。另外，在导出公式时，应用了剪切虎克定律，所以只有在 τ_{max} 不超过材料的剪切比例极限时，上述公式才适用。

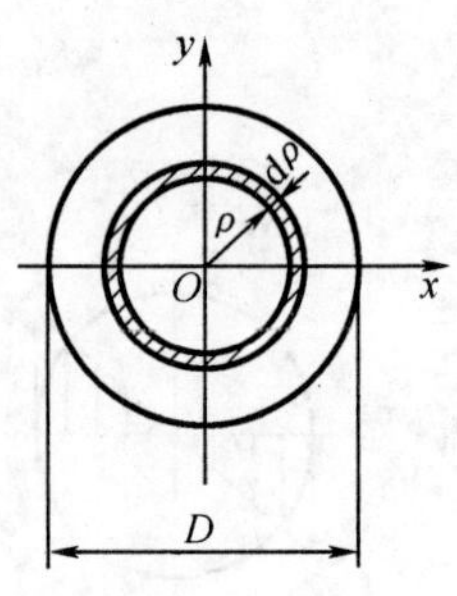

图 6－37

下面讨论截面的极惯性矩和抗扭截面模量。

1.圆形截面

对圆形截面，可取一圆环形微面积（图 6－37），则

$$dA = 2\pi\rho d\rho$$

式中 ρ——圆环半径；

$d\rho$——圆环宽度。于是

$$I_p = \int_A \rho^2 dA = \int_0^{\frac{D}{2}} 2\pi\rho^3 d\rho = \frac{\pi D^4}{32} \approx 0.1D^4 \quad (6-28)$$

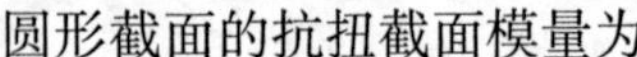

圆形截面的抗扭截面模量为

$$W_p = \frac{I_p}{D/2} = \frac{\pi D^3}{16} \approx 0.2D^3 \quad (6-29)$$

2.圆环形截面

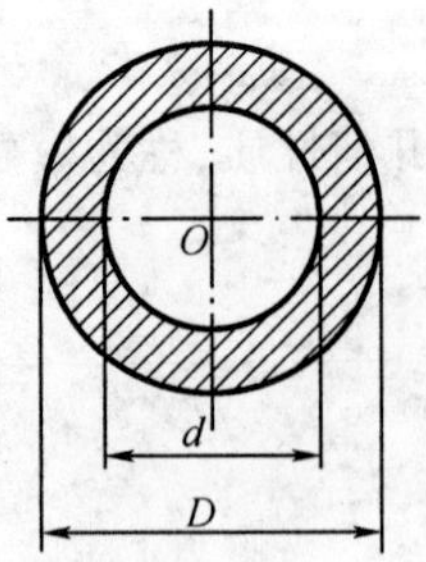

对圆环形截面（图 6－38），其极惯性矩可以采用和圆形截面相同的方法求出

$$I_p = \int_A \rho^2 dA = \int_{d/2}^{D/2} 2\pi\rho^3 d\rho = \frac{\pi}{32}(D^4 - d^4) \approx 0.1(D^4 - d^4) \quad (6-30)$$

图 6－38

如令 $d/D = \alpha$，则上式可写成

$$I_p = \frac{\pi D^4}{32}(1 - \alpha^4) \approx 0.1D^4(1 - \alpha^4) \quad (6-31)$$

圆环形截面的抗扭截面模量为

$$W_p = \frac{I_p}{D/2} = \frac{\pi D^3}{16}(1 - \alpha^4) \approx 0.2D^3(1 - \alpha^4) \quad (6-32)$$

下面我们通过一个例题来说明圆轴扭转时横截面上剪应力的求法。

例 6－15 一轴 AB 传递的功率 $P = 7.5$ kW，转速 $N = 360$ r/min。轴的 AC 段为实心圆截面，CB 段为空心圆截面，如图 6－39 所示。已知 $D = 30$ mm，$d = 20$ mm，试计算 AC 段横截面边缘处的剪应力以及 CB 段横截面上外边缘处和内边缘处的剪应力。

解 (1)计算扭矩 由物理学公式可直接求得轴上的外力偶矩为

$$m = 9\,550\frac{P}{n} = 9\,550 \times \frac{7.5}{360} = 199 \text{ N·m}$$

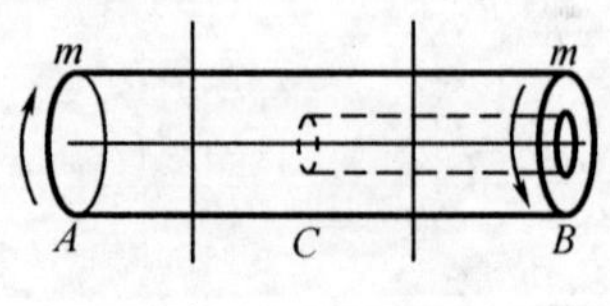

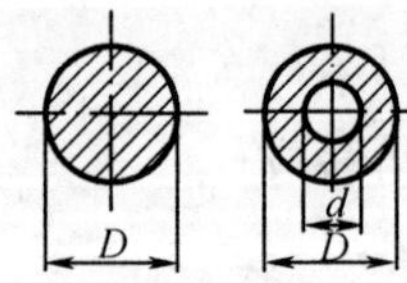

图 6－39

由计算扭矩的规律可知 AC 段和 CB 段的扭矩均为

$$T = m = 199 \text{ N·m}$$

(2)计算极惯性矩 AC 段及 CB 段轴横截面的极惯性矩为

AC 段：

$$I_{p1} = \frac{\pi D^4}{32} = \frac{3.14 \times (30 \times 10^{-3})^4}{32} = 7.95 \times 10^{-8} \text{ m}^4$$

CB 段：

$$I_{p2} = \frac{\pi}{32}(D^4 - d^4) = \frac{3.14}{32}[(30\times10^{-3})^4 - (20\times10^{-3})^4] = 6.37\times10^{-8}\ \text{m}^4$$

(3)计算应力

AC 段轴横截面边缘处的剪应力为

$$\tau_{外}^{AC} = \frac{T}{I_{p1}}\cdot\frac{D}{2} = \frac{199}{7.95\times10^{-8}}\times\frac{30\times10^{-3}}{2} = 37.5\ \text{MPa}$$

CB 段轴横截面内、外边缘处的剪应力分别为

$$\tau_{内}^{CB} = \frac{T}{I_{p2}}\cdot\frac{d}{2} = \frac{199}{6.38\times10^{-8}}\times\frac{20\times10^{-3}}{2} = 31.2\ \text{MPa}$$

$$\tau_{外}^{CB} = \frac{T}{I_{p2}}\cdot\frac{D}{2} = \frac{199}{6.38\times10^{-8}}\times\frac{30\times10^{-3}}{2} = 46.8\ \text{MPa}$$

二、圆轴内的危险截面和危险点

我们已经知道,等截面圆轴扭转时,各横截面上的内力——扭矩并不一定相同,扭矩越大所能产生的剪应力也就越大,因此最大的剪应力一定是产生在最大扭矩所在的截面上,这个截面就是危险截面。

我们也已经知道,在受扭转圆轴的同一截面上,最大的剪应力产生在截面的外周边各点处,因此这些点就是危险点。

三、圆轴扭转时的强度计算

根据以往的经验,要进行强度计算就要先进行相应的失效形式分析,并依据相应的强度理论建立设计准则,进而转化为我们常用的强度条件公式。这是要通过主应力来进行的计算,是比较繁难的。但事实上,在实际应用时,我们更关注的是在准则建立中的一个重要问题,那就是为了保证构件安全,构件内任一点的最大应力值,都不能达到极限应力值。实践中,为了确保安全,更明确要求这个最大应力值不允许超过许用应力。这样,我们就可以把最大应力值直接作为安全控制的条件进行设计。通过前面梁的强度计算的学习,我们已经能明显感到这一点,在实际进行强度计算时就是按上述进行的。这时我们更关注的是,材料的失效形式和相应的极限应力值。也就是说,为了对受扭转的圆轴进行强度计算,需要先确定其失效形式和相应的极限应力。

通过进行扭转实验可以发现,塑性材料(如低碳钢)试件受扭时,当最大剪应力达到一定数值时,会发生类似于拉伸时的屈服现象,这时的剪应力值也称为屈服强度。屈服阶段后也有强化阶段,最后试件会沿着横截面剪断,断口较为光滑;脆性材料(例如铸铁)试件受扭时,变形很小就会发生断裂,断口为与轴线成45°角的螺旋面,断口表面呈颗粒状,此时的剪应力值也称为强度极限。显然,圆轴受扭转时,由于材料的不同,会发生两种形式的失效:即屈服和断裂。对于塑性材料来说,先发生屈服失效,故将屈服强度作为极限应力;对于脆性材料,则可直接取强度极限作为极限应力。

综合已经掌握的知识可以推知,为了保证受扭转圆轴能安全可靠地工作,就必须使轴横截面上的最大剪应力满足下列条件

$$\tau_{max} \leqslant [\tau] \tag{6-33}$$

此即圆轴扭转时的强度设计准则。对于等截面轴来说,$\boldsymbol{T}_{max}$ 为扭矩最大截面上剪应力的最大值,其值可由下式确定

$$\tau_{max} = \frac{T_{max}}{W_p} \quad (6-34)$$

将式(6－34)代入式(6－33)则有

$$\tau_{max} = \frac{T_{max}}{W_p} \leqslant [\tau] \quad (6-35)$$

上式即为圆轴扭转时的强度条件公式。式中$[\tau]$称为扭转许用剪应力,其值由极限应力与安全系数确定,即$[\tau] = \frac{\tau^0}{n}$。在静载作用下,材料的扭转许用剪应力与拉伸许用正应力之间有如下关系:

对于塑性材料　　　$[\tau] = (0.5 \sim 0.6)[\sigma_l]$

对于脆性材料　　　$[\tau] = (0.8 \sim 1.0)[\sigma_l]$

利用该强度条件就可以对圆轴进行强度计算。圆轴的强度设计一般应遵循以下计算程序。

1.计算外力偶矩。实际工程中机器的输入、输出功率及其转速常常是比较容易知道的,所以许多题目中的已知条件也是给的这些。这就要在解题前先用物理学中的公式进行一下转换计算。

2.画出扭矩图。画扭矩图的主要目的是找出危险截面。对于等截面圆轴,其最大扭矩所在的横截面就是危险截面;对于变截面圆轴,由于各段轴的抗扭截面模量不同,所以最大扭矩所在的平面就不一定是危险截面了。这时就要综合考虑扭矩与抗扭截面模量的大小,来推测可能产生最大剪应力的危险截面,在不能确定哪一个截面为危险截面时,就必须将可能的危险截面一一进行计算。危险截面上最边缘的点就是危险点。

3.应用强度条件公式对危险点进行强度计算。

下面举例说明圆轴强度计算问题。

例 6－16　汽车传动轴(图 6－40)由 45 号无缝钢管制成,外径 $D = 90$ mm,内径 $d = 85$ mm,许用应力 $[\tau] = 60$ MPa,传递的最大力偶矩 $m = 1.5$ kN·m,要求:(1)校核其强度;(2)若改用材料相同,扭转强度相等的实心轴,试确定其直径;(3)求空心轴与实心轴的重力比值。

图 6－40

解　(1)校核扭转强度　传动轴 AB 各截面的扭矩均为

$$T = m = 1.5 \text{ kN·m}$$

抗扭截面模量为

$$W_p = 0.2D^3(1-\alpha^4) = 0.2 \times 90^3 \times \left[1 - \left(\frac{85}{90}\right)^4\right] = 2\,982 \times 10 \text{ mm}^3$$

将以上数据代入式(6－34)得

$$\tau_{max} = \frac{T}{W_p} = \frac{1.5 \times 10^6}{29\,820} = 50.3 \text{ MPa} < [\tau]$$

传动轴强度足够。

(2)计算实心轴直径 d_1　圆轴扭转强度,由其抗扭截面模量与材料许用应力的乘积($W_p \cdot [\tau]$)度量,因此扭转强度相等的实心轴与空心轴,当材料相同时,它们的抗扭截面模量

应相等，即

$$W_p=\frac{\pi d^3}{16}=\frac{\pi D^3}{16}(1-\alpha^4)$$

由此得实心轴直径 d_1 为

$$d_1=D\sqrt[3]{1-\alpha^4}=90\times\sqrt[3]{1-\left(\frac{85}{90}\right)^4}=53\ \text{mm}$$

(3)两轴重力之比　当两轴的材料相同、长度相同时，它们的重力之比，将等于横截面面积之比，设 G_1、G_2 分别为空心轴与实心轴重力，则

$$\frac{G_1}{G_2}=\frac{\frac{\pi}{4}(D^2-d^2)}{\frac{\pi}{4}d_1^2}=\frac{90^2-85^2}{53^2}=0.311$$

以上计算结果表明，在扭转强度相同的情况下，空心轴重力小，因此采用空心轴较合理，既可省材节料，又能减轻重力。这是由于实心轴中心附近的剪应力远远小于材料的许用剪应力，材料未能得到充分利用。可见，空心轴的壁厚越薄，材料的利用率将越高。但是，空心轴的壁厚不能太薄，太薄会给制造带来麻烦，从而增加制造成本；太薄也容易产生局部皱折，反使承载能力显著降低。

例 6－17　轴 AB(图 6－41(a))的转速 $n=120$ r/min，由皮带传动，输入功率 $P_1=40$ kW，由齿轮和连轴节输出的功率相等，均为20 kW。设 $d_1=100$ mm，$d_2=80$ mm，$[\tau]=20$ MPa，试校核该轴的扭转强度。

解　(1)画 AB 轴的扭转计算简图(图 6－41(b))并计算外力偶矩

$$m_1=9\,550\frac{P_1}{n}=9\,550\times\frac{40}{120}=3\,183\ \text{N·m}$$

$$m_2=m_3=9\,550\frac{P_2}{n}=9\,550\times\frac{20}{120}=1\,592\ \text{N·m}$$

(2)分析危险截面　首先画出扭矩图(图 6－41(c))。根据扭矩图与轴径的变化，可知 EC 和 CD 两段都可能出现危险截面，故需分别校核。

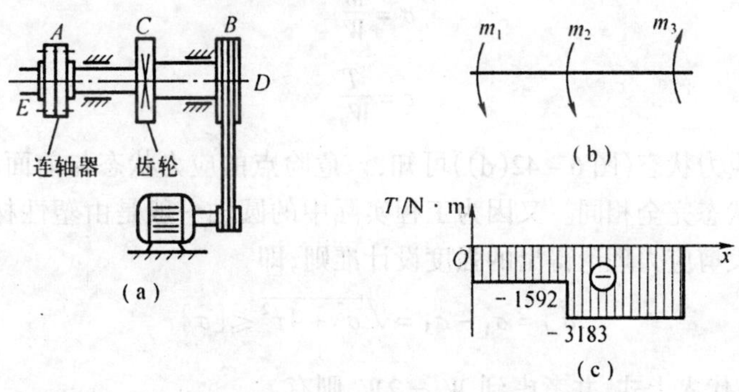

图 6－41

EC 段：
$$\tau_{\max 1}=\frac{T}{W_p}=\frac{m_2}{0.2d_2^3}=\frac{1\,592\times10^3}{0.2\times80^3}=15.5\ \text{MPa}<[\tau]$$

CD 段：
$$\tau_{max2}=\frac{T}{W_p}=\frac{m_1}{0.2d_1^3}=\frac{3\ 183\times10^3}{0.2\times100^3}=15.9\ \text{MPa}<[\tau]$$

通过计算可知 AB 轴是安全的。

四、复杂受力时圆轴的强度设计

不知读者是否已经注意到，本节前几个问题中，所有接触到的圆轴都是直接受到力偶矩作用。这种形式在实际工程中是大量存在的。但是，在工程实际中更多存在的形式却不是仅仅传递力偶矩那么简单，例如借助于带轮或齿轮传递功率的传动轴，如图 6-42(a)所示为一齿轮轴，其工作时是以齿间啮合力来完成力矩传递的。我们可以将齿轮上的啮合力向轴的横截面形心简化，便可得到相当的力和力偶，如图 6-42(b)所示。这表明轴承受了垂直于轴线的横向载荷和扭转载荷，因此此时的轴必然同时产生弯曲和扭转两种变形形式。

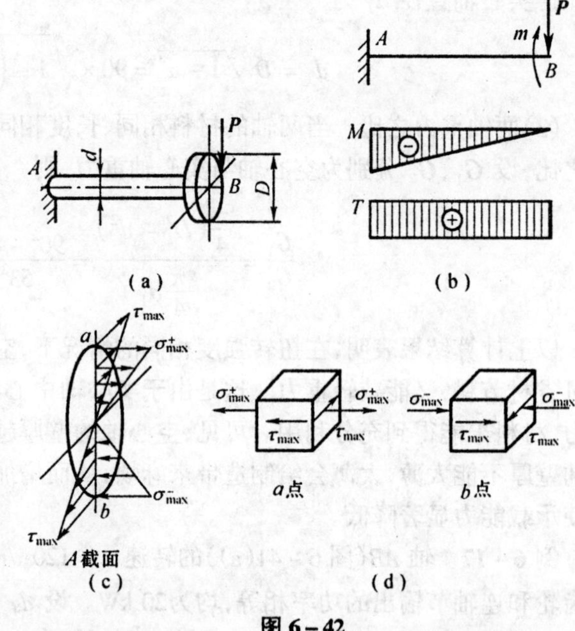

图 6-42

要对这类产生弯曲和扭转组合变形的轴进行强度设计，也同样要先确定危险截面和危险点，确定的方法仍然是进行内力分析，所以首先要画出轴的弯矩图和扭矩图(如图 6-42(b)剪力一般忽略不计)，并据此分析传动轴上可能的危险截面。再根据截面上的弯矩和扭矩的实际方向，以及它们分别产生的正应力和剪应力的分布情况，即可确定弯扭组合变形轴的危险点及其应力状态，如图 6-42(c)、(d)所示。

根据已学知识可知，截面上的正应力和剪应力分别为

$$\sigma=\frac{M}{W}$$

$$\tau=\frac{T}{W_p}$$

由危险点的应力状态(图 6-42(d))可知，该危险点的应力状态与前面所讲的梁内第三类危险点的应力状态完全相同。又因为工程实际中的圆轴一般是由塑性材料制成的，所以可以直接应用最大剪应力理论得出的强度设计准则，即

$$\sigma_{xd}=\sigma_1-\sigma_3=\sqrt{\sigma^2+4\tau^2}\leqslant[\sigma]$$

将 $\sigma=\frac{M}{W}$ 及 $\tau=\frac{T}{W_p}$ 代入上式，并考虑到 $W_p=2W$，则有

$$\frac{\sqrt{M^2+T^2}}{W}\leqslant[\sigma] \tag{6-36}$$

上式即为圆轴在弯扭组合变形时的强度条件公式。

对于拉伸(压缩)与扭转组合变形的圆轴，由于其危险截面上的应力情况及危险点的应

力状态都与弯扭组合变形时相同，所以上式仍然成立。

下面举例说明圆轴弯扭组合变形的强度计算。

例 6-18 图 6-43 所示为一卷扬机的示意图，试用第三强度理论来确定卷扬机能够吊起的最大容许载荷 P。设卷扬机轴圆截面的直径 $d=2r=30$ mm，鼓轮的直径 $D=360$ mm，机轴材料的许用应力等于 80 MPa。

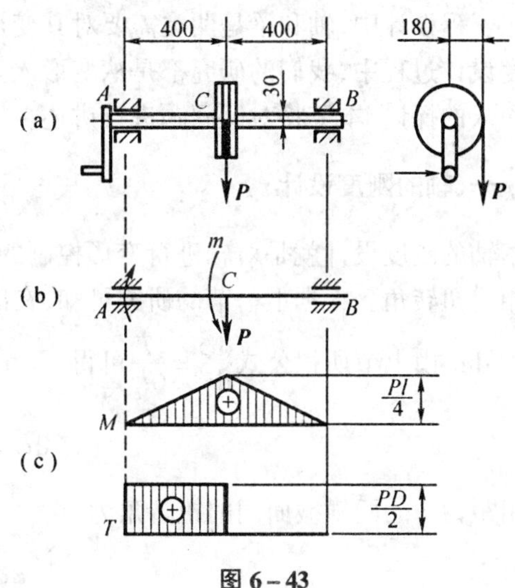

图 6-43

解 (1)外力分析　卷扬机机轴的计算简图，如图 6-43(b)所示。将 $\boldsymbol{P}$ 力向轮与轴的交点 C 简化，可得一横向力 $\boldsymbol{P}$ 和一力偶为 $m=P\cdot\dfrac{D}{2}$。机轴在力 $\boldsymbol{P}$ 作用下，产生弯曲变形，在力偶 m 作用下，轴的 AC 段产生扭转变形，故卷扬机机轴 AC 段产生弯曲与扭转的组合变形。

(2)内力分析　由计算简图画出卷扬机机轴的内力图(图 6-43(c))。根据内力图即可找出危险截面，位于 C 点稍偏左的横截面上。最大弯矩值为

$$M_{\max}=\frac{1}{4}Pl=\frac{1}{4}P\times 800=200P\ \text{N}\cdot\text{mm}$$

扭矩值在 AC 段各截面均相同，其值为

$$T=\frac{D}{2}P=180P\ \text{N}\cdot\text{mm}$$

(3)按第三强度理论求容许载荷　实心圆轴的抗弯截面模量为

$$W=\frac{\pi d^3}{32}=\frac{1}{4}\pi r^3=\frac{1}{4}\pi\times 15^3=2\ 650\ \text{mm}^3$$

根据公式

$$\frac{\sqrt{M^2+T^2}}{W}\leqslant[\sigma]$$

有

$$\frac{\sqrt{P^2(200^2+180^2)}}{2\ 650}\leqslant 80$$

解得

$$P=788\ \text{N}$$

第六节　轴和梁的刚度设计

本章第一节已经讲过，刚度设计就是根据工程要求对构件进行设计，以保证在确定的外部荷载作用下，构件的弹性位移(最大位移或指定位置处的位移)不超过规定的数值，可见刚度设计与强度设计是有很大区别的。刚度设计不是以应力是否达到屈服应力或强度极限作为设计的依据，而是以限制弹性位移的大小作为设计依据。这样设计的结果，就使得按刚度设计要求设计出来的杆件，其应力在多数情况下都是在比例极限以下的。也就是说，一般情

况下，按刚度设计要求设计的杆件是能满足强度设计要求的，但按强度设计要求设计的杆件却不一定能满足刚度设计的要求。

工程设计中，轴和梁是两类需要对其变形进行严格控制的构件。在前面进行轴和梁的强度设计过程中，我们的研究都是从变形入手的，但是在研究的过程中都没有对变形问题进行深入的探讨，本节将对此问题进行讲述。

一、轴的刚度设计

轴的刚度设计就是对轴进行变形控制的设计。所谓轴的扭转变形就是轴上两横截面间的相对扭转角。根据上一节的研究可知，在图 6－34 中，两截面间的距离为 dx，其相对扭转角为 $d\varphi$，由上节所得公式$\frac{d\varphi}{dx}=\frac{T}{GI_p}$可得

$$d\varphi=\frac{T}{GI_p}dx$$

则相距为 l 的两横截面间的扭转角为

$$\varphi=\int_0^{\varphi}d\varphi=\int_0^{l}\frac{T}{GI_p}dx$$

当轴在 l 范围内 T、G 和 I_p 均为定值时得

$$\varphi=\frac{T}{GI_p}\int_0^{l}dx=\frac{Tl}{GI_p} \tag{6-37}$$

式中 T——横截面上的扭矩；

l——两横截面间的距离；

G——材料的剪切弹性模量；

I_p——横截面对圆心的极惯性矩。

上式称为等直圆轴扭转时扭转角计算公式。扭转角的单位是弧度(rad)。由上式可以看出，在扭矩一定的情况下，GI_p 越大，单位长度上的扭转角越小。这说明 GI_p 反映了圆轴抵抗扭转变形的能力，故称之为抗扭刚度。

圆轴轴单位长度上的扭转角称为单位长度扭转角，用 θ 表示，则

$$\theta=\frac{\varphi}{l}=\frac{T}{GI_p} \tag{6-38}$$

式中单位长度扭转角 θ 的单位是弧度/米(rad/m)。工程上常用度/米(°/m)作为的单位，则上式变为

$$\theta=\frac{T}{GI_p}\cdot\frac{180}{\pi} \tag{6-39}$$

工程上，为了保证机械的传动性能和加工工件所要求的精度，通常要求轴的最大单位扭转角不能超过许用的单位扭转角[θ]，即

$$\theta\leqslant[\theta] \tag{6-40}$$

这就是圆轴扭转时的刚度设计准则。

将式(6－39)代入则有

$$\theta=\frac{T}{GI_p}\cdot\frac{180}{\pi}\leqslant[\theta] \tag{6-41}$$

上式就是圆轴扭转时的刚度条件。

圆轴扭转时的刚度条件与其强度条件都可以解决同样的问题。下面举例说明圆轴扭转时刚度设计的计算。

例 6-19 一传动轴受力情况如图 6-44 所示。已知材料的许用剪应力$[\tau]=40$ MPa,许用单位扭转角$[\theta]=0.5$ °/m,材料的剪切弹性模量 $G=8\times10^4$ MPa,试设计轴的直径。

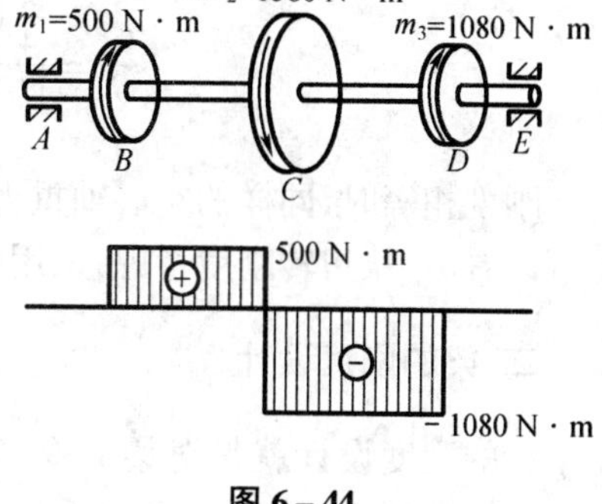

图 6-44

解 (1)画扭矩图,按计算扭矩的规律算得各段扭矩为

BC 段 $T_{BC}=500\ \text{N·m}$

CD 段 $T_{CD}=500-1\,580=-1\,080\ \text{N·m}$

由以上计算结果,按适当比例画扭矩图,如图 6-44 所示。从扭矩图上可见看出,危险截面在 *CD* 段内,并且

$$|T|_{\max}=1\,080\ \text{N·m}$$

(2)按强度条件设计轴的直径

$$\tau_{\max}=\frac{T_{\max}}{W_p}=\frac{1\,080\times10^3}{0.2d^3}\leqslant40$$

所以

$$d\geqslant\sqrt[3]{\frac{1\,080\,000}{0.2\times40}}=51.4\ \text{mm}$$

(3)按刚度条件设计轴的直径

$$\theta_{\max}=\frac{T_{\max}}{GI_p}\times\frac{180}{\pi}=\frac{1\,080\times180}{8\times10^4\times10^6\times0.1d^4\pi}\leqslant0.5$$

所以

$$d\geqslant\sqrt[4]{\frac{1\,080\times180}{8\times10^{10}\times0.1\pi\times0.5}}=0.062\,8\ \text{m}=62.8\ \text{mm}$$

要使轴同时满足强度条件和刚度条件,取轴的直径为 63 mm。

例 6-20 试校核例 6-15 中汽车传动轴的刚度,并按相同抗扭刚度设计实心轴直径 D_2(材料不变),最后比较实心轴与空心轴的重力。已知$[\theta]=2$ °/m, $G=80$ GPa。

解 (1)校核刚度

$$\theta=\frac{T}{GI_p}\times\frac{180}{\pi}=\frac{m\times180}{G\times0.1D^4(1-\alpha^4)\pi}$$
$$=\frac{1.5\times10^6\times180\times10^3}{80\times10^3\times0.1\times90^4\left[1-\left(\frac{85}{90}\right)^4\right]\times3.14}=0.8°/m<[\theta]$$

故传动轴刚度足够。

(2)求 D_2 圆轴抗扭刚度为 GI_p,当材料相同时,两轴抗扭刚度相等的条件为两轴的极惯性矩相等,即

$$\frac{\pi D^4}{32}(1-\alpha^4)=\frac{\pi D_2^2}{32}$$

得

$$D_2 = D\sqrt[4]{1-\alpha^4} = 90\times\sqrt[4]{1-\left(\frac{85}{90}\right)^4} = 61 \text{ mm}$$

空心轴与实心轴的重力比为

$$\frac{G_1}{G_2} = \frac{\frac{\pi}{4}(D^2-d^2)}{\frac{\pi}{4}D_2^2} = \frac{90^2-85^2}{61^2} = 0.235$$

刚度相等时,同样的空心轴重力,仅为实心轴重力的23.5%。与例6－15中的31.1%相比可以看出,从扭转刚度考虑,采用空心轴更为合理。

二、梁的刚度设计

梁的刚度设计就是对梁的变形控制的设计。由本章第四节内容可知,梁在受外力作用发生弯曲变形后,它的轴线由原来的直线变成了一条连续而光滑的曲线(图6－45),称为挠曲线。

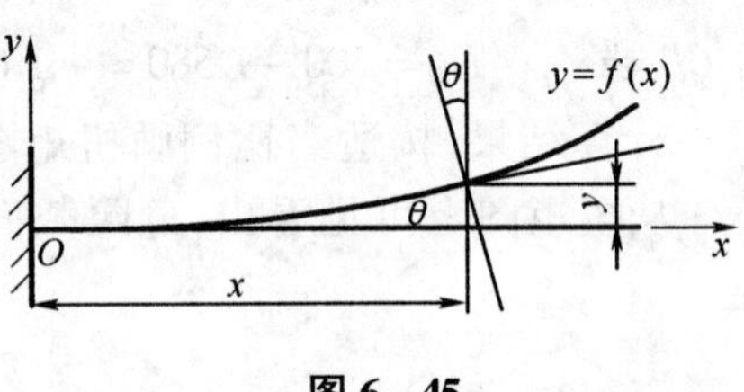

图6－45

因为梁的变形是弹性变形,所以梁的挠曲线也称弹性曲线。弹性曲线可以表示为函数式 $y=f(x)$,称为弹性曲线方程或挠曲线方程。梁在发生弯曲变形时会产生以下两个变化:

1.梁弯曲时,轴线上的任一点(即梁任一横截面的形心)在垂直于轴线方向上会产生一定的位移,这个位移称为该点的挠度。图6－45中,到固定端的距离为 x 的点,其挠度为 y。一般规定,向上的挠度为正,向下的挠度为负,挠度的单位为mm。

2.梁弯曲时,梁的任一横截面都会产生绕中性轴相对于原来位置的转动,这个转过的角度称为该截面的转角。图6－45中,到固定端的距离为 x 的截面,其转角为 θ。由图中可以看出,转角其实就是挠曲线上某点的切线与梁轴线的夹角,转角的单位是弧度(rad)。一般规定,逆时针方向的转角为正,顺时针方向的转角为负。

因此,梁的变形就用挠度和转角两个量来表示。梁的刚度设计也就是要对梁的挠度和转角进行控制。求解挠度和转角的基本方法是积分法。其基本思路是:根据本章第四节中,在分析梁的横截面上正应力时得到的,梁弯曲后中性层的曲率表达式(这个公式其实也就是挠曲线的曲率公式)推导出挠曲线微分方程,再通过对挠曲线微分方程的求解,得出挠度和转角。

由于用这个方法求解梁的变形涉及到微积分运算,计算过程繁难,前人已经探索出了更为方便实用的多种求解方法,为我们今天的学习和应用都带来了极大的方便。近年来,由于计算机的的大量普及应用,又开发出了许多在工程设计中应用价值很高的设计软件,使得许多原来很繁难的工作变得方便而容易了,因此从实际应用考虑,本书对积分法不作讲解,仅对求梁变形的叠加法进行一般应用讲解。表6－2中给出了前人用积分法算得的常用的梁在简单受载荷情况下的挠度和转角计算公式,供解题时查用。此表也称挠度表,在《材料力学手册》和《机械设计手册》都列有更多情况下的计算结果,需要时可进行查找。

对于一些基本梁(如简支梁、悬臂梁等),当梁上的载荷比较简单时,其挠度和转角可直接由挠度表中直接查得。当梁所受载荷比较复杂,在表中不能直接查得时,则可利用叠加法计算,不需要繁难的计算。所谓叠加法,就是将梁上所受的复杂载荷分解为若干种挠度表中有的简单载荷形式,然后利用表中的结果分别求出各简单载荷单独作用下的变形,再将相应

的代数值分别相加，这样就得到了梁在复杂载荷作用下的挠度和转角。要注意的是，叠加法只有在材料服从虎克定律且变形很小的前提下才可以应用。

表 6-2 简单载荷作用下梁的变形

序号	梁的简图	挠曲线方程	梁端面转角	最大挠度
1	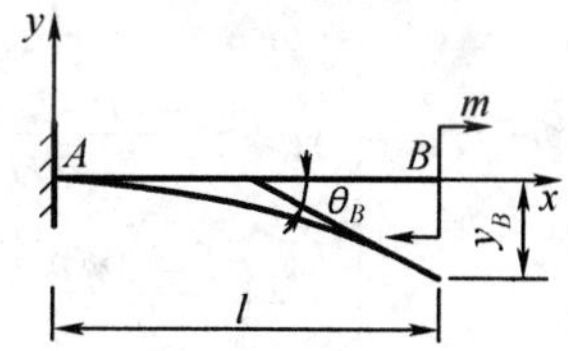 (y, A, B, m, θ_B, x, y_B, l)	$y=-\dfrac{mx^2}{2EI}$	$\theta_B=-\dfrac{ml}{EI}$	$y_B=-\dfrac{ml^2}{2EI}$
2	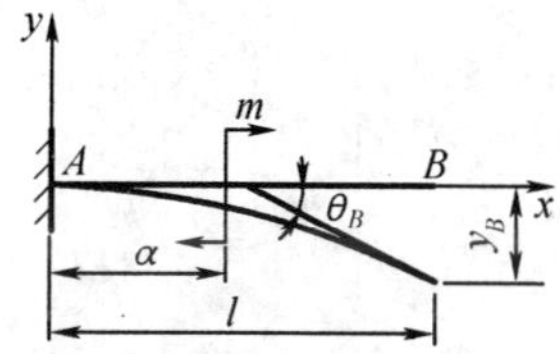 (y, A, m, B, θ_B, x, y_B, α, l)	$y=\dfrac{mx^2}{2EI}\ (0\leqslant x\leqslant a)$ $y=-\dfrac{ma}{EI}\left[(x-a)+\dfrac{a}{2}\right]$ $(a\leqslant x\leqslant l)$	$\theta_B=-\dfrac{ma}{EI}$	$y_B=-\dfrac{ma}{EI}\left(1-\dfrac{a}{2}\right)$
3	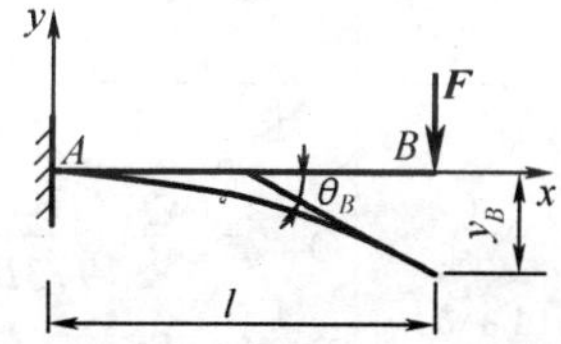 (y, F, A, B, θ_B, x, y_B, l)	$y=-\dfrac{Fx^2}{6EI}(3l-x)$	$\theta_B=-\dfrac{Fl^2}{2EI}$	$y_B=-\dfrac{Fl^3}{3EI}$
4	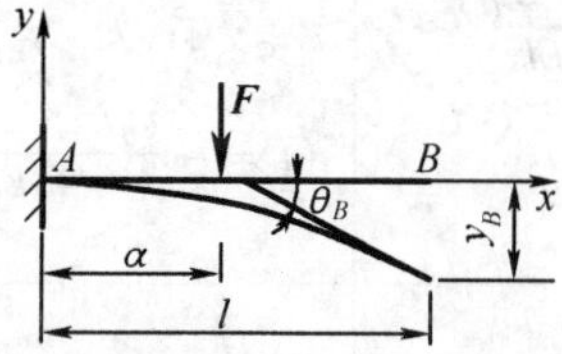 (y, F, A, B, θ_B, x, y_B, α, l)	$y=-\dfrac{Fx^2}{6EI}(3a-x)$ $(0\leqslant x\leqslant a)$ $y=-\dfrac{Fa^2}{6EI}(3x-a)$ $(a\leqslant x\leqslant l)$	$\theta_B=-\dfrac{Fa^2}{2EI}$	$y_B=-\dfrac{Fa^2}{6EI}(3l-a)$
5	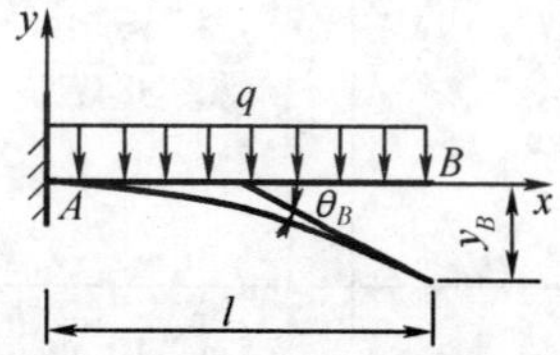 (y, q, B, A, θ_B, x, y_B, l)	$y=-\dfrac{qx^2}{24EI}(x^2-4lx+6l^2)$	$\theta_B=-\dfrac{ql^3}{6EI}$	$y_B=-\dfrac{ql^4}{8EI}$
6	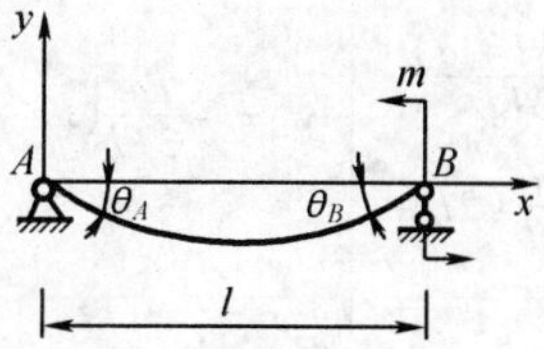 (y, m, A, B, θ_A, θ_B, x, l)	$y=-\dfrac{mx}{6lEI}(l^2-x^2)$	$\theta_A=-\dfrac{ml}{6EI}$ $\theta_B=\dfrac{ml}{3EI}$	$y_{max}=-\dfrac{ml^2}{9\sqrt{3}EI}$ $\left(x=\dfrac{1}{\sqrt{3}}\right)$ $y_{\frac{1}{2}}=-\dfrac{ml^2}{16EI}$

表 6-2(续)

序号	梁的简图	挠曲线方程	梁端面转角	最大挠度
7	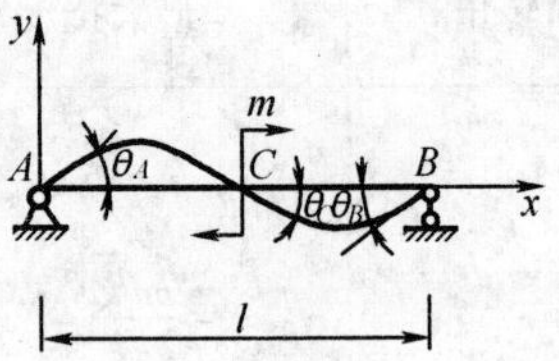	$y=\frac{mx}{6lEI}(l^2-3b^2-x^2)\quad(0\leqslant x\leqslant a)$ $y=\frac{m}{6lEI}[-x^3+3l(x-a)^2+(l^2-3b^2)x]\quad(a\leqslant x\leqslant l)$	$\theta_A=\frac{m}{6lEI}(l^2-3b^2)$ $\theta_B=\frac{m}{6lEI}(l^2-3a^2)$	$y_{A\max}=\frac{(l^2-3b^2)^{\frac{3}{2}}}{9\sqrt{3}lEI}$ $x=\left(\frac{l^2-3b^2}{3}\right)^{\frac{1}{2}}$ $y_{B\max}=\frac{-(l^2-3a^2)^{\frac{1}{2}}}{9\sqrt{3}lEI}$ $x=\left(\frac{l^2-3a^2}{3}\right)^{\frac{3}{2}}$
8	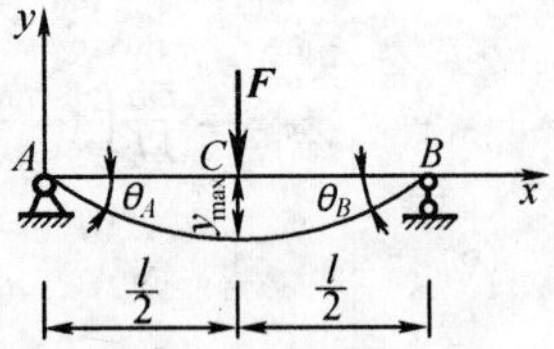	$y=-\frac{Fx}{48EI}(3l^2-4x^2)\quad(0\leqslant x\leqslant\frac{1}{2})$	$\theta_A=-\frac{Fl^2}{16EI}$ $\theta_B=\frac{Fl^2}{16EI}$	$y_{\max}=-\frac{Fl^3}{48EI}$
9	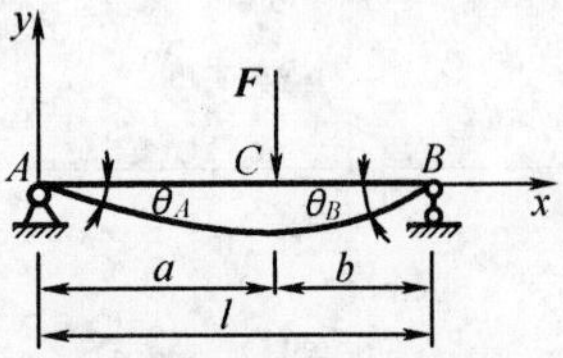	$y=-\frac{Fbx}{6lEI}(l^2-x^2-b^2)\quad(0\leqslant x\leqslant a)$ $y=-\frac{Fb}{6lEI}\frac{l}{b}[(x-a)^3+(l^2-b^2)x-x^3]\quad(a\leqslant x\leqslant l)$	$\theta_A=-\frac{Fab(1+b)}{6lEI}$ $\theta_B=\frac{Fab(l+a)}{6lEI}$	$y_{\max}=-\frac{Fb(l^2-b^2)^{\frac{3}{2}}}{9\sqrt{3}lEI}$ $\left[x=\sqrt{\frac{l^2-b^2}{3}}\right]$ $(a\geqslant b)$ $y_{\frac{1}{2}}=-\frac{Fb(3l^2-4b^2)}{48EI}$
10	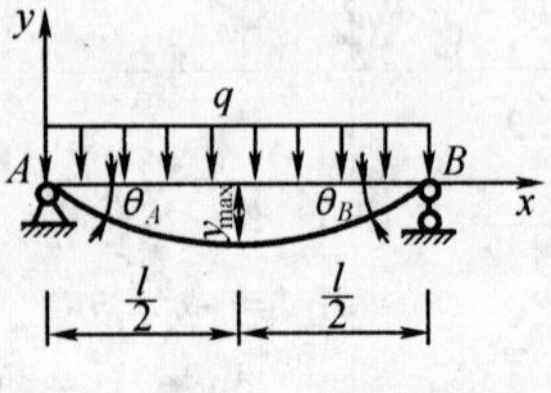	$y=-\frac{qx}{24}(l^3-2lx^2+x^3)$	$\theta_A=-\frac{ql^3}{24EI}$ $\theta_B=\frac{ql^3}{24EI}$	$y_{\max}=-\frac{5ql^4}{384EI}$
11	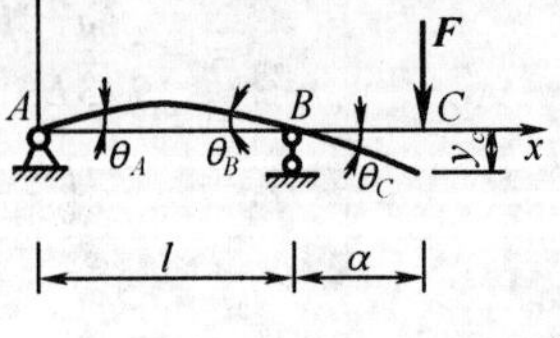	$y=\frac{Fax}{6lEI}(l^2-x^2)\quad(0\leqslant x\leqslant l)$ $y=-\frac{F(x-l)}{6EI}[a(3x-l)-(x-l)^2]\langle l\leqslant x\leqslant(l+a)\rangle$	$\theta_A=\frac{Fal}{6EI}$ $\theta_B=-\frac{Fal(l+a)}{3EI}$ $\theta_C=-\frac{Fa}{6EI}(2l+3a)$	$y_C=-\frac{Fa^2}{3EI}(l+a)$

表 6-2(续)

序号	梁的简图	挠曲线方程	梁端面转角	最大挠度
12		$y=-\frac{mx}{6lEI}(x^2-l^2)$ $(0\leqslant x\leqslant l)$ $y=-\frac{m}{6EI}(3x^2-4xl+l^2)\langle l\leqslant x\leqslant(l+a)\rangle$	$\theta_A=\frac{ml}{6EI}$ $\theta_B=-\frac{ml}{3EI}$ $\theta_C=\frac{m}{3EI}(l+3a)$	$y_C=\frac{ma}{6EI}(2l+3a)$
13		$y=\frac{qa}{12EI}\left(lx-\frac{x^3}{l}\right)$ $(0\leqslant x\leqslant l)$ $y=-\frac{qa^2}{12EI}\left[\frac{x^3}{l}-\frac{(2l+a)(x-l)^3}{al}+\frac{(x-l)^4}{2a^2}-lx\right]$ $\langle l\leqslant x\leqslant(l+a)\rangle$	$\theta_A=\frac{qa^2l}{12EI}$ $\theta_B=-\frac{qa^2l}{6EI}$ $\theta_C=\frac{qa^2}{6EI}(l+a)$	$y_C=-\frac{qa^3}{24EI}(3a+4l)$ $y_x=\frac{qa^2l^2}{18\sqrt{3}EI}\ (x=\frac{l}{\sqrt{3}})$

在工程设计中,对于梁的刚度要求,就是要根据具体的技术要求,限制其最大挠度和转角(也有时要限制特定截面的挠度和转角)不超过规定的数值,即

$$y_{max}\leqslant[y] \tag{6-42}$$

$$\theta_{max}\leqslant[\theta] \tag{6-43}$$

式中 $[y]$——许用挠度;

$[\theta]$——许用转角。

式(6-42)、(6-43)为梁的刚度设计准则,亦称为刚度条件。式中的许用挠度和许用扭转角是针对不同的技术要求而确定的,其值可由相关的设计规范中查得。

一般情况下,能满足强度条件的梁,往往能够满足刚度条件,所以在设计时,常常是先进行强度设计,然后对刚度进行校核。

例 6-21 一简支梁 AB,已知其 EI,所受载荷情况如图 6-46 所示,试求 C 点的挠度。

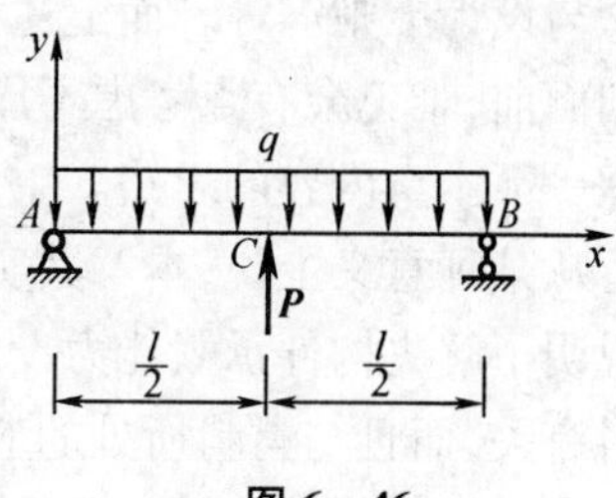

图 6-46

解 查表 6-2 可知,当集中力 $\boldsymbol{P}$ 单独作用时,C 点的挠度为

$$(y_C)_P=\frac{P(2l)^3}{48EI}=\frac{Pl^3}{6EI}$$

当均布载荷 q 单独作用时,C 点的挠度为

$$(y_C)_q = -\frac{5q(2l)^4}{384EI} = -\frac{5ql^4}{24EI}$$

P 和 q 同时作用时，C 点的挠度为

$$y_C = (y_C)_P + (y_C)_q = \frac{Pl^3}{6EI} - \frac{5ql^4}{24EI}$$

例 6－22　单梁桥式起重机如图 6－47 所示，已知跨度 $l = 9.2$ m，最大起重重力 $G = 50$ kN，梁是 32b 工字钢，吊梁工作时在超载 25% 的情况下最大挠度不得大于 $l/500$，试校核此单梁吊车的刚度。

解　电葫芦作用在梁上的力可看成集中力，电葫芦运行至梁中点时挠度最大，由表 6－2 可以查得

$$y_{\max} = \frac{Pl^3}{48EI}$$

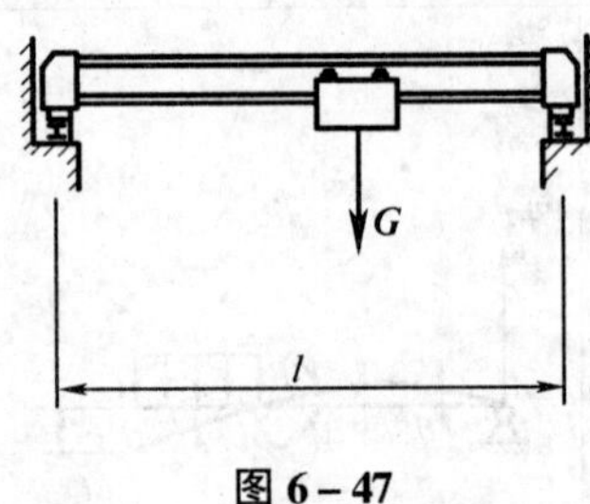

图 6－47

由题意

$$P = \left(1 + \frac{25}{100}\right) G$$

又由《机械设计手册》型钢表中查得 32b 工字钢的惯性矩

$$I = 11\ 621.38\ \text{cm}^4, \quad E = 200\ \text{GPa}$$

所以

$$y_{\max} = \frac{50(1 + 0.25) \times 9\ 200^3}{48 \times 2 \times 10^2 \times 1\ 162 \times 10^5} = 43.63\ \text{mm}$$

此梁的许用挠度为

$$[y] = \frac{l}{500} = \frac{9\ 200}{500} = 18.4\ \text{mm}$$

可见

$$y_{\max} > [y]$$

所以此梁的刚度不合要求。

第七节　问题讨论与说明

一、回顾本章

刚刚学习完本章以后，可能有的人会有一点理不清头绪的感觉，这也是正常的。因为本章实际上是本书前面各章基本概念、基本理论与基本方法的综合，所以本章所涉及的内容十分广泛，诸如受力分析、内力分析、内力图、应力分析、应力求解公式的应用、变形分析、失效概念与设计准则等等。而上述种种又要依据不同变形形式具体进行。这么多的要求一下子堆到面前，难免会有点考虑不周，也就会使自己觉得好像有一点混乱似的。下面就让我们来整理一下本章内容的思路。

从某种意义上说，本章其实就是第五章内容的延续和具体化。实际上，第五章的内容已经说明了解决构件承载能力设计的三点最重要的问题，一是构件的强度失效不仅与构件的材料有关，而且与材料所处的应力状态有关；二是正因第一点的原因，所以应用失效准则时，必须先根据材料的力学行为以及所处的应力状态，确定可能的失效类型，也就是判断是屈服失效还是断裂失效；三是应用相应的准则解决实际问题。但是，第五章给出的只是一个解题

的总体思路,而不是设计的步骤。这一结论更具普遍意义,理论性较强。本章所讲述的正是这一总体思路在杆件发生不同变形形式下的具体应用。

虽然从理论上说都应该经过上述步骤,但是经过第六章的学习我们已经知道,在实际问题中我们是把针对主应力建立的设计准则,变成了针对最大应力值进行设计的强度条件,来最终完成构件承载能力设计的。这是因为,在实际应用时为了保证构件安全,要求构件内任一点的最大应力值,都不能达到极限应力值。实际工程中,为了确保安全,不允许这个最大应力值超过许用应力。应该肯定,在杆件内找最大应力值要比找主应力容易多了,而且也更直接了。所以,从解决实际问题的角度说,只要掌握了强度条件和刚度条件公式,并能熟练应用这些公式,就能够实现对构件进行强度和刚度设计的目的。唯一要注意的就是:杆件在不同变形形式下,其强度条件和刚度条件公式是不同的,相互不能通用。

正确进行强度和刚度设计的关键在于确定危险截面和危险点,因此能正确画出杆件的内力图,就成了很重要的问题;内力分析是依据外力进行的,因此能正确对杆件所受外力进行分析和计算,又成了很重要的问题,而这个问题却是第一编所讲述的。

要对构件进行正确的强度和刚度设计,就必须认真做好每一步,工程设计中每一步中的小失误,都会导致最终结果的错误,错误的设计计算结果会带来不可估量的损失。每一个学习过工程力学的人都应该永远记住这一点。

二、工程实际中的问题多数属于综合性问题

从前面的回顾中已经看到了一些本章问题的综合性,那说的是多种概念、理论和方法综合应用于设计的问题,每个设计都要涉及到这样的综合。在实际工程设计中,综合是体现在更多方面的。

1.同一类问题的综合

在工程设计中,有的结构中所包含的杆件可能会产生各种不同的变形形式,比如同一结构中可能既有拉压问题也有弯曲问题,可能同时还有扭转问题。在进行强度设计时经常要考虑的就是连接件的强度问题。

发生复杂变形的杆件也可以认为是一个综合的问题。

2.强度问题、刚度问题和稳定性问题的综合

在工程设计中,有的结构中的对某些杆件既有强度要求,又有刚度要求,必须进行全面设计。还有的会有稳定性要求,有关稳定性的问题将在下一章进行讲解。

3.其他综合性问题

在工程设计中,还会有其他许多种综合性问题。比如在求解很多工程实际问题时,在解决强度、刚度和稳定性问题之前,必须首先求解超静定问题,确定结构中各构件的受力,确定问题的性质并分别加以解决。

三、提高构件强度的途径

提高构件的强度是在不增加或少增加材料的前提下,使构件承受更大的荷载而不发生强度失效。

对于强度问题,只要降低危险面处的弯矩或剪力,或采用各种方法使危险面得以加固,就可以达到提高强度的目的。例如对于梁或承受纯扭转的圆轴,强度设计的主要依据为

$$\sigma_{\max}=\frac{M_{\max}}{W}\leqslant[\sigma],\quad \tau_{\max}=\frac{T_{\max}}{W_p}\leqslant[\tau]$$

所以可以有两种途径提高构件强度,一种是通过改变支承与加力点的位置,或者通过辅助构件,使弯矩或扭矩的峰值尽量减少。例如图 6-48(a)中所示的压力容器,支承向中间移动时,中间截面上的弯矩逐渐减少,但支承处截面上的弯矩数值却逐渐增大,当二者数值相近时,这时的支承位置便比较合适。又如图 6-48(b)所示简支主梁,若没有次梁,集中荷载直接作用在梁中点时最大弯矩值为 $M_{\max}=Pl/4$。采用次梁之后,作用在住梁上的加力点发生变化,梁内最大弯矩值变为 $M_{\max}=Pl/8$。

改变加力点位置,减少最大弯矩或最大扭矩值,还可以通过调整结构中各零件的位置来实现。例如图 6-49 中所示的齿轮轴上齿轮,在不影响结构功能的情形下,齿轮愈接近支承处,轴内的最大弯矩愈小。

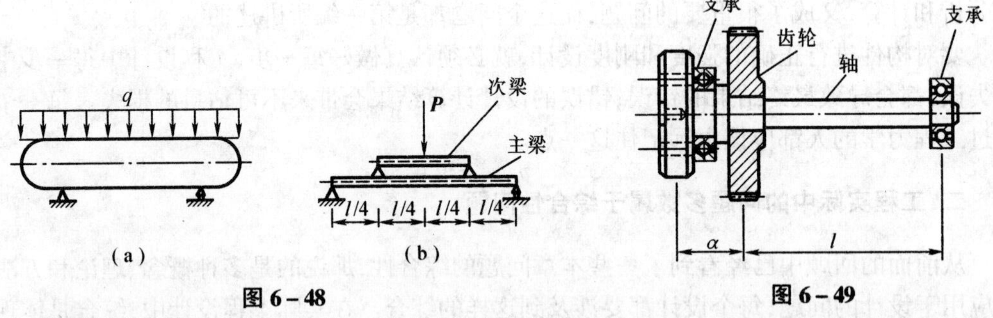

图 6-48　　图 6-49

提高构件强度的另一种途径是根据截面上应力分布的特点,选择经济、合理的截面形状。例如根据梁横截面上正应力分布,在中性轴附近的材料没有充分利用,故可在不改变横截面面积的情形下,将中性轴附近的材料移至距中性轴较远处。据此,将截面设计成工字型、圆管形或其他形状的空心截面,就能达到不增加材料而是强度提高的目的。因为

$$\sigma_{\max}=\frac{M_{\max}}{W}$$

显然加大弯曲截面模量 W,可以达到提高强度的目的,但增加 W 的同时还应使横截面面积不增加或很少增加,因为面积的增加意味着增加材料的消耗,这是不经济的。因此,工程上利用弯曲截面模量与横截面面积的比值 W/A 来衡量截面的合理性与经济效益。例如对于立放的矩形截面 $W/A=0.167h$;对于工字型钢 $W/A=(0.27\sim0.31)h$;对于立放的槽型截面 $W/A=(0.27\sim0.31)h$;可见工字和槽型的经济性要比实心矩形截面为优。又如直径为 D 的实心圆截面,$W/A=0.125D$;而对于外径为 D、内径为 d,内外径之比为 $d/D=\alpha$ 的圆管型截面,$W/A=(1+\alpha^2)D/8$;当 $\alpha=0.8$ 时,$W/A=0.205D$,可见圆管截面比实心圆截面更合理更经济。采用空心受扭圆轴也可取得同样效果。

此外,对于拉、压强度不等的材料,例如抗压力强度大、而抗拉强度差的材料,应采用 T 形这类中性轴与上、下边缘不等距离的截面,并使距中性轴较远的边受压应力,从而使材料得以充分利用。

四、提高构件刚度的途径

提高刚度主要是指减小梁的弹性位移。弹性位移不仅与荷载有关,而且与杆长和梁或

轴的刚度有关。对于梁,其长度对弹性位移影响较大,例如对于集中力作用的情形,挠度和梁长的三次方量级成正例,转角则与梁长的二次方量级成比例。因此减小弹性位移除了采用合理的截面形状以增加惯性矩 I 外,主要是减少梁的长度 l,当梁的长度无法减少时则需增加中间支座。

此外,选用弹性模量 E 或剪切弹性模量 G 较高的材料也能提高构件的刚度。但是对于各种钢材,弹性模量的数值相差甚微,因而与一般钢材相比,选用高强度钢材并不能提高构件的刚度。

需要指出的是,工程中对于某些构件有强度要求,对刚度则有相反的要求,即希望构件在保证强度要求的前提下,能产生较大的弹性位移,以增加其柔性,例如汽车中的板簧即属此例。为此,工程上常常采用变截面等强度梁。

习　题

6－1　在题 6－1 图中,直杆的横截面面积分别是 A, A_1,且 $A_1=0.5A$,长度为 l,弹性模量为 E,载荷如图,试画出它的轴力图,并求出各段横截面上的应力及杆的绝对变形。

6－2　在圆钢杆上铣去一槽,如题 6－2 图所示。已知钢杆受拉力 $P=15$ kN,钢杆直径 $d=20$ mm,试求 1－1 和 2－2 截面上的应力(铣去槽的面积可近似看成矩形,暂不考虑应力集中)。

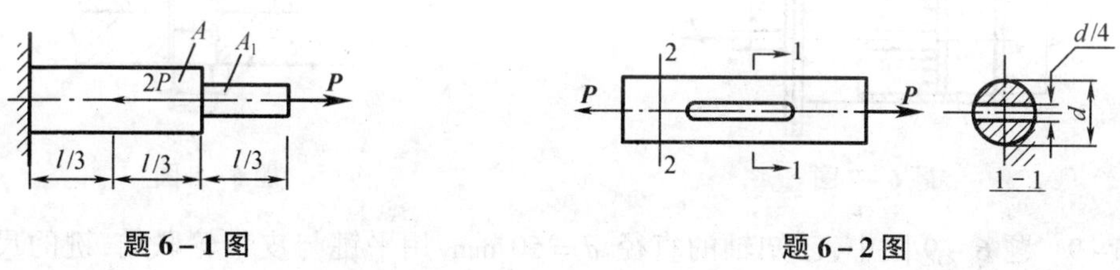

题 6－1 图　　　　题 6－2 图

6－3　题 6－3 图中,零件受力 $P=38$ kN。试判断最大拉应力发生在哪个截面? 最大拉应力的值为多少(不考虑应力集中的影响)?

6－4　题 6－4 图中,吊环螺钉 $M12$,其内径为 $d1=10.11$ mm,其材料的许用应力 $[\sigma]=80$ MPa,试计算此螺钉能吊起的最大重量 $\boldsymbol{P}$。

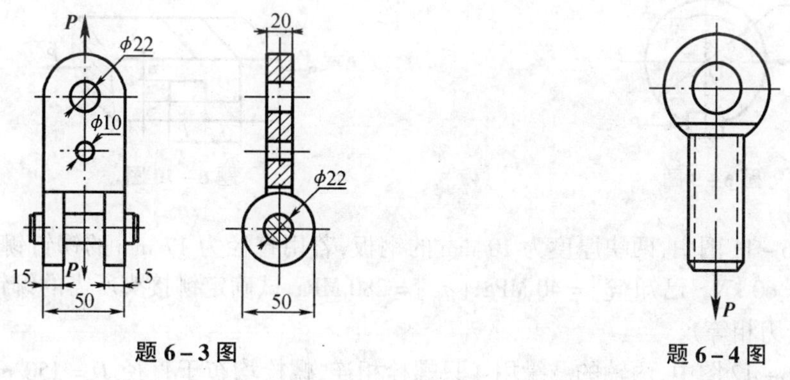

题 6－3 图　　　　题 6－4 图

6-5 题6-5图中，三角架由 AB 与 BC 两根材料相同的圆截面的杆构成，材料的许用应力$[\sigma]=100$ MPa，载荷 $P=10$ kN，试设计两杆的直径。

6-6 题6-6图中，A3钢钢板的厚度 $t=12$ mm，宽度 $b=100$ mm，铆钉孔的直径 $d=17$ mm。设轴向力 $P=100$ kN，每个孔上承受的力为 $P/4$，安全系数 $ns=2$，试校核其强度。

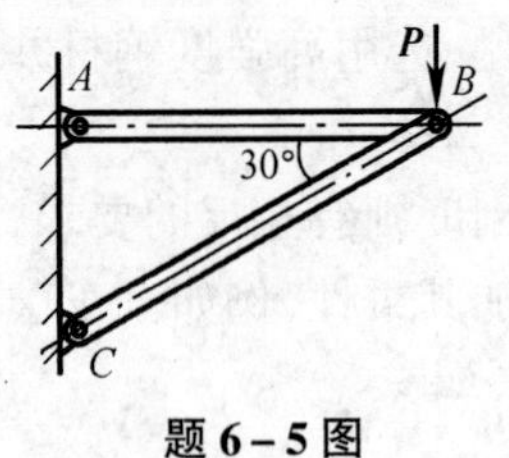

题6-5图

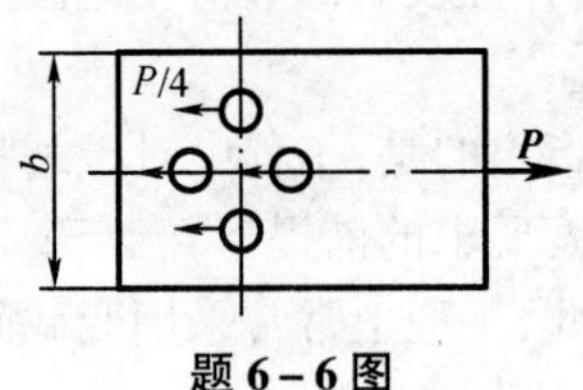

题6-6图

6-7 某铣床工作台进给液压缸如题6-7图所示。缸内工作油压 $p=2$ MPa，液压缸内径 $D=75$ mm，活塞杆直径 $d=18$ mm，活塞杆材料的许用应力$[\sigma]=50$ MPa，试校核该活塞杆的强度。

6-8 如题6-8图所示，螺栓的内径 $d=10.1$ mm，拧紧后在长度 $l=80$ mm内伸长量 $\Delta l=0.003$ mm。材料的弹性模量为 $E=210$ GPa，试计算螺栓横截面的应力和螺栓的预紧力。

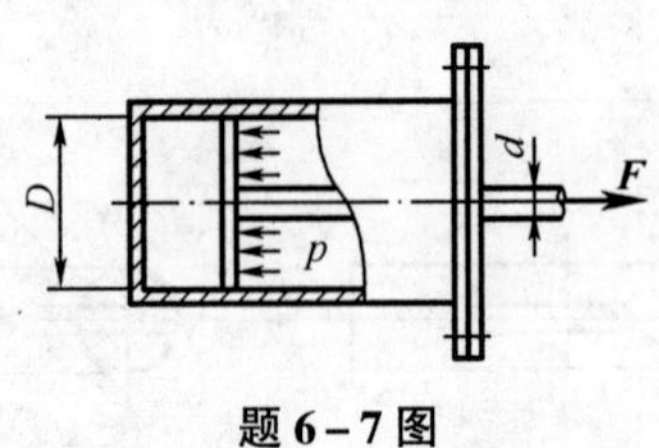

题6-7图

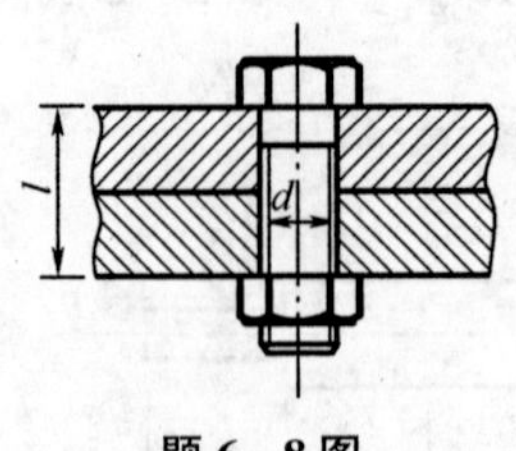

题6-8图

6-9 题6-9图中，已知轴的直径 $d=50$ mm，用平键与皮带轮联结，键的尺寸 $b=16$ mm，$h=10$ mm，键材料的$[\tau]=80$ MPa，$[\alpha_{jy}]=240$ MPa，轴传递的力偶 $m=1\,600$ N·m。求键的长度 l。

6-10 题6-10图中，试校核榫接头的剪切和挤压强度。已知力 $P=150$ kN，尺寸 $a=12$ mm，$b=100$ mm，$l=30$ mm，接头材料的$[\tau]=40$ MPa，$[\sigma_{jy}]=120$ MPa。

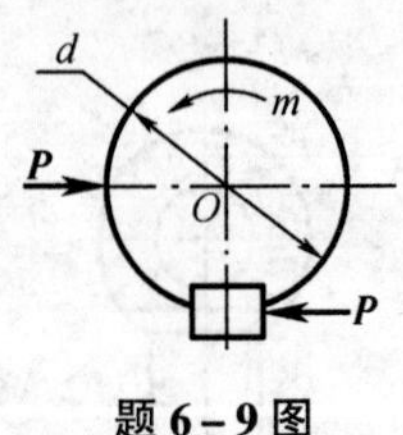

题6-9图

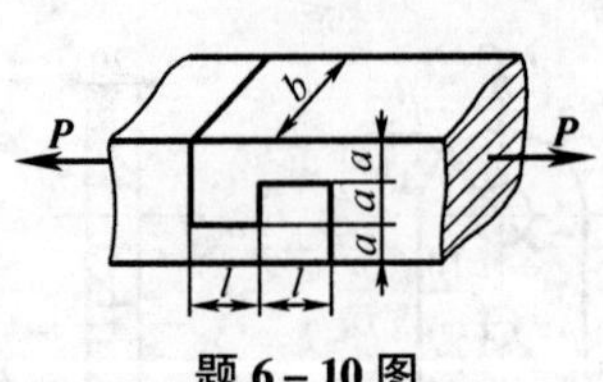

题6-10图

6-11 题6-11图中，两块厚度为10 mm的钢板，若用直径为17 mm的铆钉铆接在一起，钢板拉力$P=60$ kN。已知$[\tau]=40$ MPa，$[\sigma_{jy}]=280$ MPa，试确定铆接头所需的铆钉数(假设每只铆钉的受力相等)。

6-12 题6-12图中，两轴的凸缘用4只螺栓相连，螺栓均布于直径 $D=150$ mm的圆周上。已知传递的力偶矩$m=2\,500$ N·m，凸缘厚度 $h=10$ mm，螺栓材料为A3钢，$[\tau]=$

80 MPa，$[\sigma_{jy}]=200$ MPa，试设计螺栓直径（假设每只螺栓受力相等）。

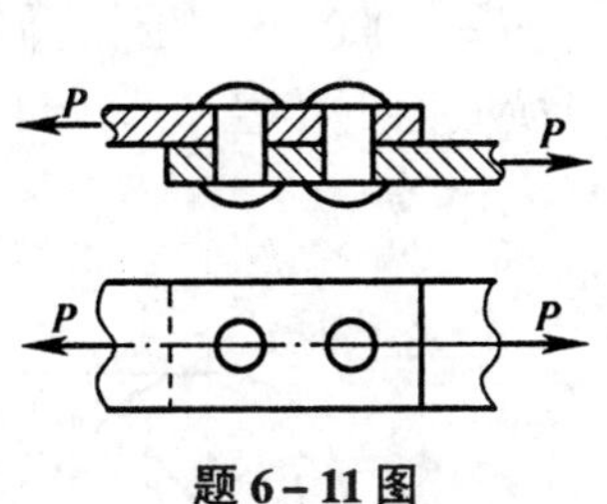

题 6－11 图

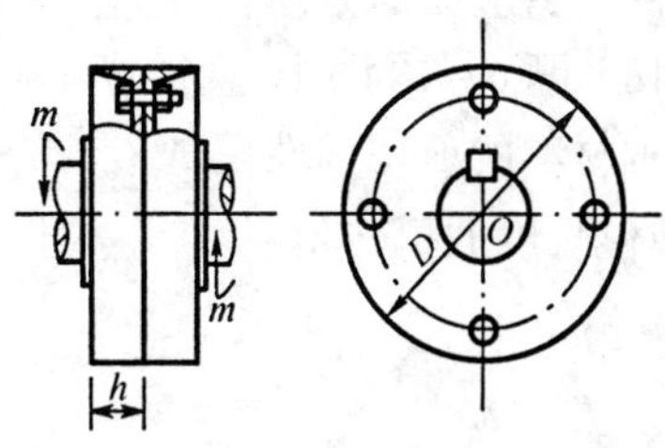

题 6－12 图

6－13　销钉式安全联轴器如图 6－13 图所示，允许传递的外力偶矩 $m=3\times10^5$ N·mm，销钉材料的极限剪应力 $\tau^b=360$ MPa，轴的直径 $D=30$ mm，为保证 $m>33\times10^5$ N·mm 时销钉被剪断，求销钉的直径。

6－14　题 6－14 图中，冲床的最大冲力为 400 kN，冲头材料的许用应力 $[\sigma]=440$ MPa，被冲剪钢板的剪切强度极限 $\tau^b=360$ MPa，求在最大冲力作用下所能冲剪的圆孔最小直径 d 和钢板的最大厚度。

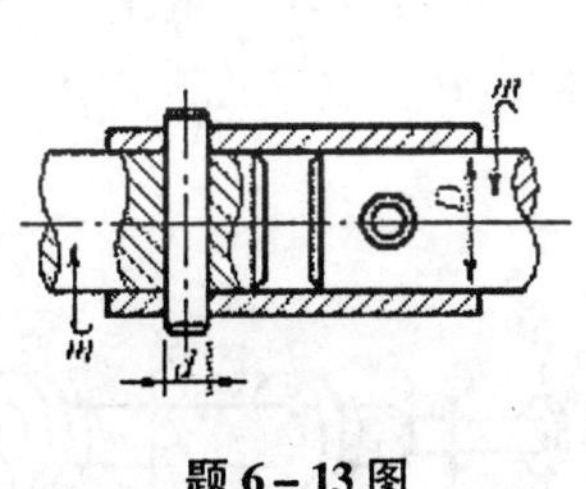

题 6－13 图

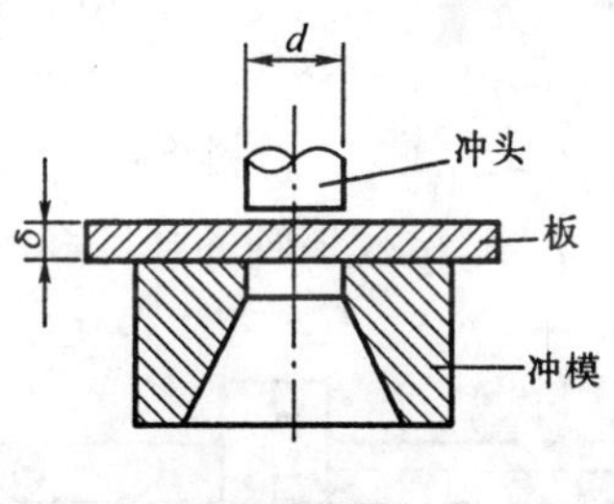

题 6－14 图

6－15　题 6－15 图中，螺栓受拉力 P 作用，其材料的许用剪切应力$[\tau]$与许用拉应力$[\sigma]$之间的关系为$[\tau]=0.6[\sigma]$，试计算螺栓直径 d 和螺栓头部高度 h 的合理比值。

6－16　题 6－16 图中，圆轴扭转时，横截面上 A，B 两点距离圆心的距离分别为 $OA=30$ mm，$OB=50$ mm。已知 A 点的剪应力 $\tau_A=50$ MPa，试求 B 点剪应力大小，并图示其方向。

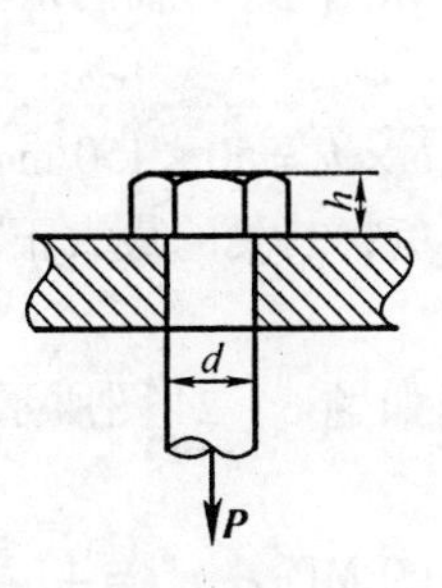

题 6－15 图

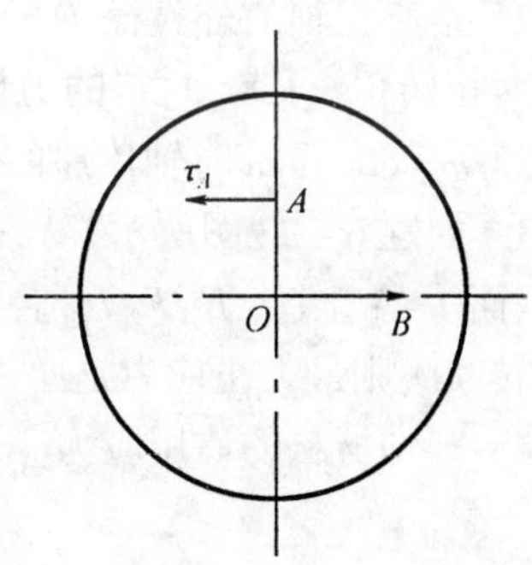

题 6－16 图

6－17　题6－17图中,试求(1)轴 AB Ⅰ－Ⅰ截面上距圆心20 mm各点的剪应力,并图示 A,B 两点剪应力的方向;(2)Ⅰ－Ⅰ截面的最大剪应力;(3)AB 轴的最大剪应力。

6－18　题6－18图中,直径 $d=50$ mm的圆轴两端受 $m=1\ 000$ N·m的外力偶作用而发生扭转,轴材料的剪切弹性模量 $G=8\times10^4$ MPa,试求(1)横截面上半径 $\rho_A=d/4$ 处的剪应力;(2)单位长度的扭转角。

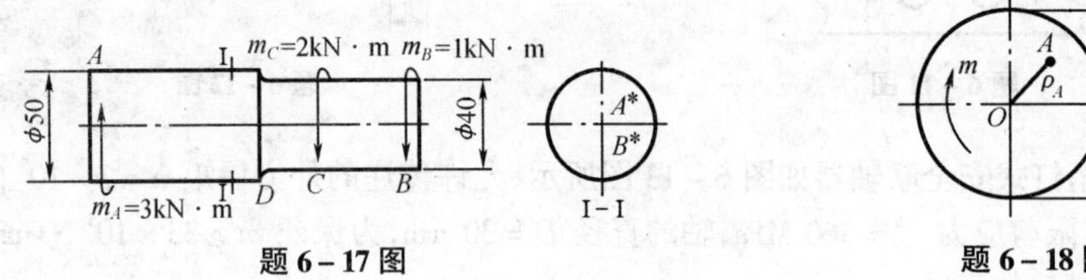

题6－17图　　题6－18图

6－19　题图6－19中,实心轴通过牙嵌离合器把功率传给空心轴。传递的功率 $P=7.5$ kW,轴的转速 $n=100$ r/min,试选择实心轴直径 d 和空心轴外直径 d_2。已知 $\alpha=d_1/d_2=0.5$,$[\tau]=40$ MPa。

6－20　如题图6－20所示阶梯圆轴直径分别为 $d_1=40$ mm,$d_2=70$ mm,轴上装有三个带轮,已知 B 轮输入功率 $P_3=30kW$,转速 $n=200$ r/min。A 轮与 D 轮的输出功率分别为 $P_1=13$ kW,$P_2=17$ kW。材料许用应力 $[\tau]=60$ MPa,切变模量 $G=80$ GPa。许用单位长度扭转角 $[\theta]=2°/m$,试校核轴的强度和刚度。

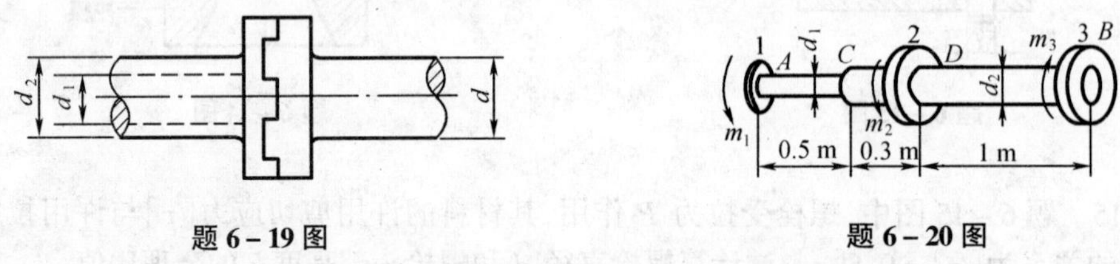

题6－19图　　题6－20图

6－21　圆轴的直径 $d=50$ mm,转速 $n=120$ r/min。若该轴横截面上的最大剪应力等于60 MPa,问传递的功率是多少?

6－22　空心钢轴的外直径 $D=100$ mm,内直径 $d=50$ mm。已知间距 $l=2.7$ m的两横截面的相对扭转角 $=1.8°$,材料的剪切弹性模量 $G=8\times10^4$ GPa,求(1)轴的最大剪应力;(2)当轴的转速 $n=80$ r/min时轴传递的功率。

6－23　如题6－23图所示,简支梁为矩形截面。已知 $b\times h=50\times150\ \text{mm}^2$,$P=16$ kN,试求(1)截面1－1上 D、E、F、H 等点的正应力的大小和正负;(2)梁的最大正应力;(3)若将梁的截面转90°,则最大正应力是原来最大正应力的几倍。

6－24　圆轴材料的许用应力 $[\sigma]=120$ MPa,承载情况如题6－24图所示,试校核其强度。

6－25　题6－25图中,梁的材料为铸铁,已知,$[\sigma_y]=100$ MPa,$[\sigma_l]=40$ MPa,截面对中性轴的惯性矩 $I_z=10^3\ \text{cm}^4$,试校核其正应力强度。

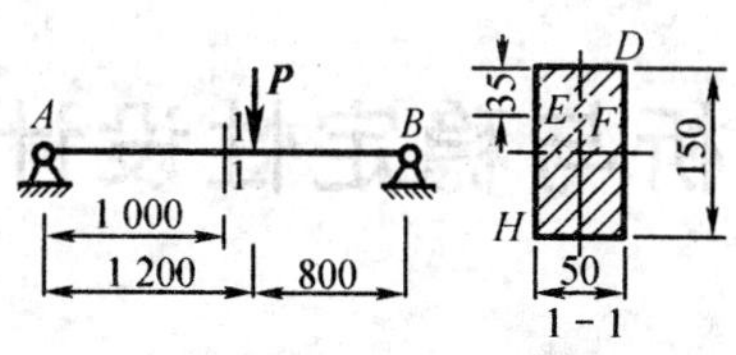

题 6-23 图

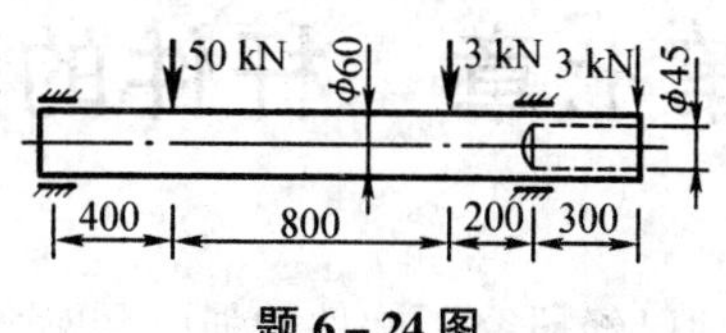

题 6-24 图

6-26 若在正方形横截面短柱的中间开一槽，使横截面面积减少为原面积的一半，如题 6-26图所示，试问开槽后的最大正应力为不开槽时最大的几倍？

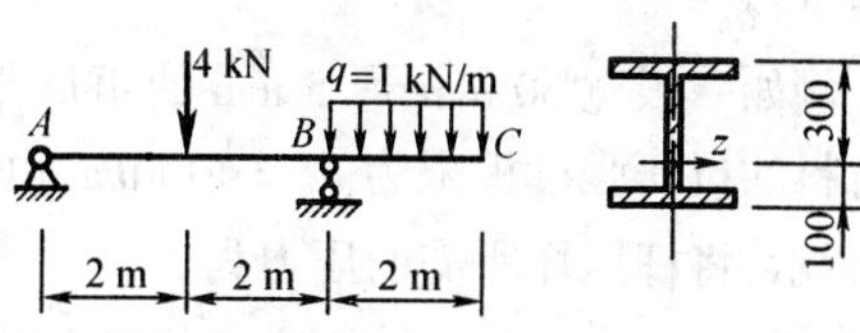

题 6-25 图

6-27 小型铆钉机座如题 6-27 图所示，材料为铸铁，许用应力各为$[\sigma_l]=30$ MPa，$[\sigma_y]=80$ MPa，1-1 截面的惯性矩 $I=3\ 789\ \text{cm}^4$，在冲打铆钉时，受力$P=20$ kN作用，试校核 1-1 截面的强度。

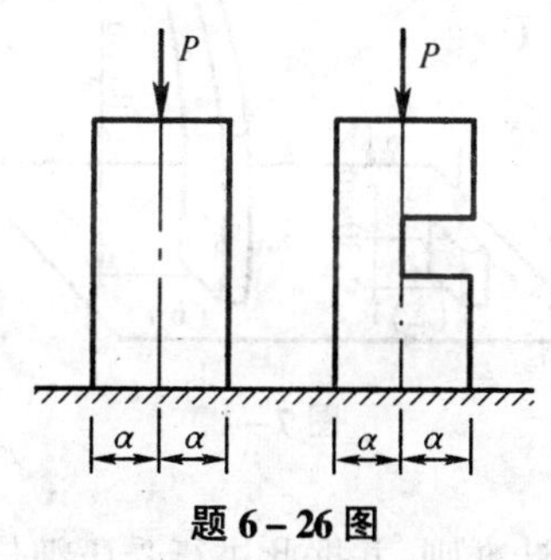

题 6-26 图

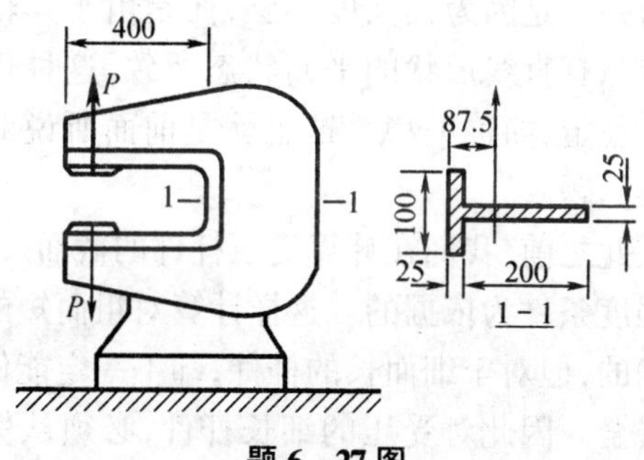

题 6-27 图

6-28 如题 6-28 图所示电动机带动皮带轮转动。已知电动机功率 $P=12$ kW，转速 $n=940$ r/min，皮带轮直径 $D=300$ mm，重力 $G=600$ N，皮带轮紧边拉力与松边拉力之比为 $T/t=2$，AB 轴直径 $d=40$ mm，材料为 45[#] 钢，$[\sigma]=120$ MPa，试校核该轴的强度。

6-29 题 6-29 图中，在 AB 轴上装有两个轮子，轮上分别作用力 $\boldsymbol{P}$ 和 $\boldsymbol{Q}$ 而处于平衡状态。已知$Q=12$ kN，$D_1=200$ mm，$D_2=100$ mm，轴的材料为钢，$[\sigma]=120$ MPa，试确定轴的直径 d。

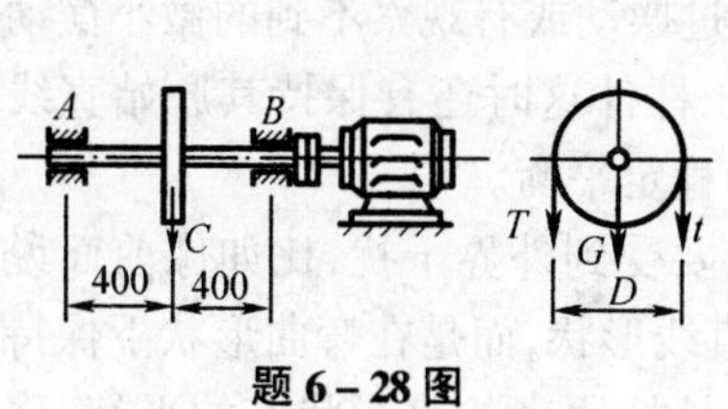

题 6-28 图

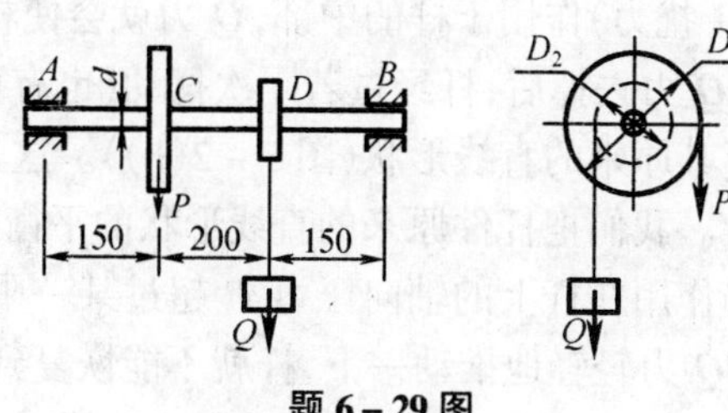

题 6-29 图

第七章　杆件的稳定分析与稳定性设计

前面已经研究了构件的强度和刚度问题。本章将研究受压构件的稳定性问题。它和强度,刚度问题一样,是材料力学所研究的基本问题之一,特别是对于细长的压杆,必须给予足够的重视。

例如一根宽 30 mm,厚 5 mm 的矩形截面松木杆,对其施加轴向压力,如图 7-1 所示。设材料的抗压强度极限为 $\sigma_b = 40$ MPa,由实验可知,当杆很短时(设高为 30 mm),如图 7-1(a)所示,将杆压坏所需的压力为

$$P = \sigma_b A = 40 \times 10^6 \times 0.005 \times 0.03 = 6\ 000\ \text{N}$$

若杆长为 1 m,则只需 30 N 的压力,杆就会变弯,压力若再增大,杆将产生显著的弯曲变形而失去工作能力(图 7-1(b))。这说明,细长压杆丧失正常工作能力并不是因为其强度不够,而是由于其轴线不能维持原有直线形状的平衡状态所致,这种现象称为丧失稳定,简称失稳。这也就是前面所说的稳定性失效问题。

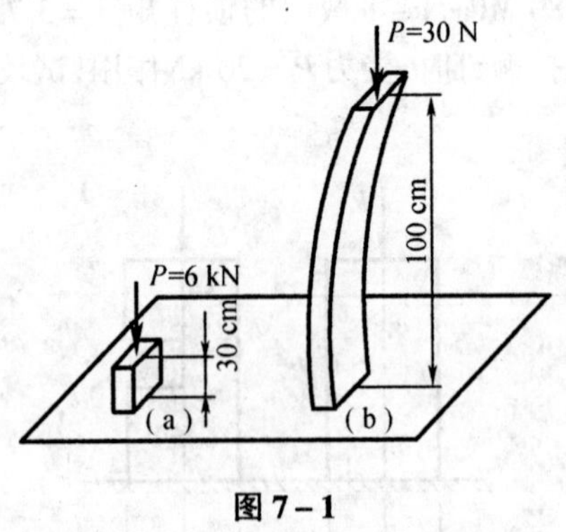

图 7-1

在此之前,我们在计算受压杆件的截面尺寸时,都以强度条件为依据的。这样计算对粗而短的杆件是正确的,但对于细而长的杆件,却不一定能保证其工作安全。因此对受压的细长杆件,必须从保证杆件不发生稳定性失效的角度出发,建立新的失效判据和设计准则,并据此进行受压细长杆的稳定性设计。这就是本章要研究解决的问题。

第一节　受压杆件稳定的概念

取一细长直杆(图 7-2(a))。将其两端用铰链支座连接(图中未画出),沿着直杆的轴线施加一个逐渐增大的压力 $\boldsymbol{P}$。当 $\boldsymbol{P}$ 力很小时,直杆仍保持着直线的形状,如果说杆有变形的话,也只是其长度略为缩短了一些(图 7-2(a))。这时,如果我们以很小的横向力 $\boldsymbol{Q}$(水平干扰力)作用于杆的中部,$\boldsymbol{Q}$ 力就会使杆发生微小的弯曲变形。但这种弯曲只是暂时的,但 $\boldsymbol{Q}$ 力去掉后,杆经过若干次摆动(也有可能不经过摆动或有观察不到的微小摆动),仍能恢复其原来的直线形状(图 7-2(b))。这表明,受压杆件这时还有保持其原始直线形状的能力。我们把杆件原来的直线形状的平衡状态称为稳定平衡。

当作用在杆上的轴向压力 $\boldsymbol{P}$ 超过某一限度时,只要受到外界干扰,比如像前面说的那样,以 $\boldsymbol{Q}$ 力轻轻地推动一下,杆就不能恢复到原来的直线形状,而是在弯曲形状下保持新的平衡(图 7-2(c))。我们把能发生这种情况的受压细长杆原来的直线状态的平衡,称为不稳定平衡。压杆的稳定性问题,就是针对受压杆件能否保持它原来的直线形状的平衡状态而言的。

通过上述分析可以看出,压杆能否保持稳定,与压力 P 的大小有着密切的关系。随着压力 P 的逐渐增大,压杆就会由稳定平衡状态过度到不稳定平衡状态。也就是说,压杆的稳定性失效,其实质是由于杆件轴向压力的改变,引起的压杆平衡状态的改变。更具体地说,就是使压杆的轴线由原来的直线变成了曲线。我们将压杆从稳定平衡过渡到不稳定平衡时的压力称为临界力或临界载荷,以 P_{cr} 表示。显然,当杆件所受的外力达到临界值时,压杆即开始丧失稳定。

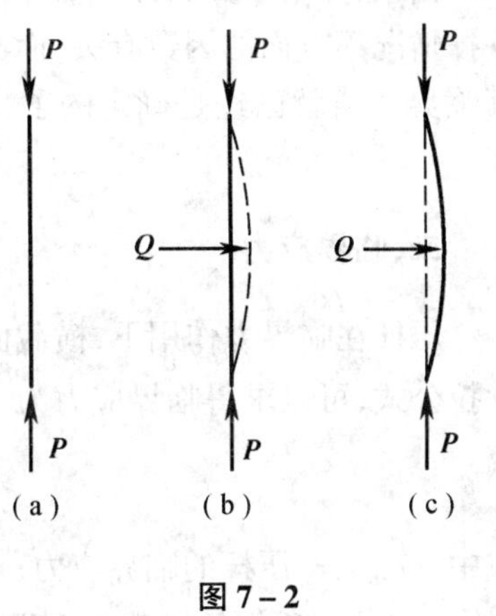

图 7-2

上述确定压杆临界载荷的方法称为静力方法。从结果可以很容易看出,掌握压杆临界力的大小,将是解决压杆稳定问题的关键,压杆临界力就是压杆稳定性的静力学判据。

稳定性失效具有突发性,常常给工程带来灾难性后果。在工程实际中,如果只注意压杆的强度而忽视其稳定性,会给工程结构带来极大的隐患,甚至造成严重的事故,因此在设计这类构件时,进行稳定性设计是非常必要的。例如螺旋千斤顶的丝杆(图 7-3)及托架中的压杆(图 7-4),当其过于细长时,就必须进行稳定计算。

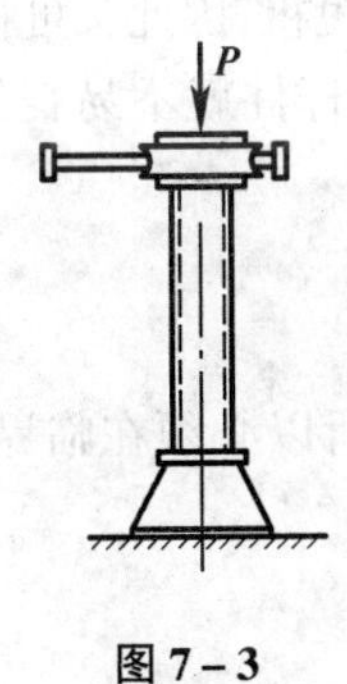

图 7-3

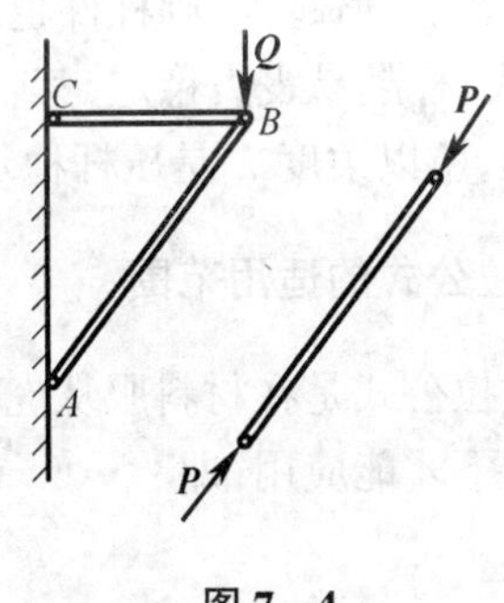

图 7-4

第二节 临界力与临界应力

从前面的分析我们已经知道,临界力对于压杆稳定性的设计具有十分重要的意义,下面我们就来研究一下如何确定压杆的临界力。

一、欧拉公式

当作用在压杆上的压力 $P = P_{cr}$ 时,杆在干扰力作用后将变弯。在杆的变形不大,杆内应力不超过比例极限的情况下,根据弯曲变形的理论可以求出临界力大小为

$$P_{cr} = \frac{\pi^2 EI}{(\mu l)^2} \tag{7-1}$$

式中 I——杆横截面对中性轴的惯性矩;

μ——与支撑情况有关的支撑系数,其值见表 7-1;

l——杆的长度,而 μl 称为相当长度。

由式(7－1)可以看出,临界力与材质的种类、截面的形状和尺寸、杆件的长度和两端的支撑情况等方面的因数有关,而与所承受载荷无关。也就是说,一个已经加工完成的杆件,其临界力值就已经是确定的了,只要外加荷载不达到这个值,杆件就会处在稳定的平衡状态。

二、临界应力

压杆在临界力作用下,横截面上的应力称为临界应力,以 σ_{cr} 表示。根据计算临界力的欧拉公式,可以求得临界应力为

$$\sigma_{cr}=\frac{P_{cr}}{A}=\frac{\pi^2 EI}{A(\mu l)^2}$$

式中 σ_{cr}——压杆的临界应力;

A——压杆的横截面面积。

若以 $I/A=i^2$ 代入上式,则得

$$\sigma_{cr}=\frac{\pi^2 E}{\left(\frac{\mu l}{i}\right)^2}=\frac{\pi^2 E}{\lambda^2} \tag{7-2}$$

式(7－2)中,i 称为截面的惯性半径,而 $\lambda=\frac{\mu l}{i}$ 称为压杆的细长比,它是一个无量纲的量。

不难看出,λ 值越大,则杆件越细长;λ 值越小,则杆件越短粗,因此又可把 λ 称为柔度。显然,λ 越大,杆越易丧失稳定,其临界力越小;反之,λ 越小,杆件就不易丧失稳定,其临界力就比较大,所以柔度 λ 是压杆稳定计算中的一个重要参数。

三、欧拉公式的适用范围

因为欧拉公式是在材料服从虎克定律的条件下导出的,所以必须在临界应力小于比例极限的条件下才能应用,即

$$\frac{\pi^2 E}{\lambda^2}\leqslant\sigma_p$$

表 7－1 不同支座情况下的支撑系数

支撑情况	两端铰支	一端固定一端铰支	两端固定	一端固定一端自由
简图	P_{cr}	P_{cr}	P_{cr}	P_{cr}
μ	1	0.7	0.5	2

由此可以求得对应于比例极限的柔度 λ 为

$$\lambda_p = \pi\sqrt{\frac{E}{\sigma_p}} \tag{7-3}$$

这样就可以用 λ_p 来表示欧拉公式的适用范围。显然,只有当压杆的实际柔度大于对应于比例极限的柔度时,即 $\lambda \geqslant \lambda_p$ 时,欧拉公式才能适用。这样的杆件称为大柔度杆或细长杆。分别将 A3 钢、铸铁、木材的弹性模量及比例极限代入式(7-3)后,即可求得

A3 钢 $\lambda \geqslant \lambda_p = 100$

铸铁 $\lambda \geqslant \lambda_p = 80$

木材 $\lambda \geqslant \lambda_p = 110$

由临界应力公式(7-2)可知,压杆的临界应力是柔度的函数。若以 σ_{cr} 为纵坐标,柔度 λ 为横坐标,按式(7-2)可画出图 7-5 所示的曲线 AB,称为欧拉曲线。欧拉公式的适用范围可在此图上表示出。曲线上的实线部分 BC 是适用部分;虚线 AC,由于应力已超过了比例极限,为无效部分。对应于 C 点的柔度即为λ_p。

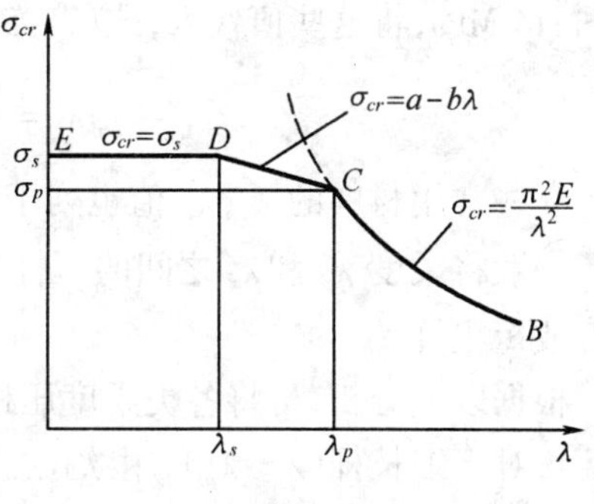

图 7-5

四、经验公式

对于不能应用欧拉公式计算临界应力的压杆,即当压杆内的工作应力大于比例极限但小于屈服极限(塑性材料)时,可应用在实验基础上建立的经验公式。经验公式有直线公式和抛物线公式等。其中直线公式比较简单,应用方便,其形式为

$$\sigma_{cr} = a - b\lambda \tag{7-4}$$

式中 a 和 b 是与材料性质有关的常数,其单位为 Pa 或 MPa。一些常用材料的 a、b 值列于表 7-2 中。

表 7-2 常用材料的 a、b 值

材 料	a/MPa	b/MPa	λ_p	λ_s
A3 钢,10、25 钢	310	1.15	100	60
35 钢	469	2.62	100	60
45、55 钢	589	3.82	100	60
铸铁	338.7	1.483	80	—
木材	29.3	0.194	110	40

式(7-4)也有一个适用范围,例如对塑性材料制成的压杆,要求其临界应力不得超过材料的屈服范围极限,即

$$\sigma_{cr} = a - b\lambda < \sigma_s$$

或

$$\lambda > \frac{a - \sigma_s}{b}$$

若把使用经验公式的最小柔度极限值表示为 λ_s，则

$$\lambda_s > \frac{a - \sigma_s}{b} \tag{7-5}$$

综上所述，可以确定式(7-4)适用的范围应是

$$\lambda_s < \lambda \leqslant \lambda_p$$

由式(7-5)可以确定各种材料的 λ_s，如 A3 钢，其 $\sigma_s = 240$ MPa，$a = 310$ MPa，$b = 1.14$ MPa，将这些值代入，式(7-5)得

$$\lambda_s = \frac{a - \sigma_s}{b} = \frac{310 - 240}{1.14} = 60$$

一些常用材料的 λ_s，λ_p 值也列于表 7-2 中。

一般将柔度 λ_p 和 λ_s 之间的压杆称为中柔度杆或中长杆，柔度小于 λ_s 的压杆称为小柔度杆或短粗杆。

根据以上分析，可将各类柔度压杆的临界应力计算公式归纳如下：

1. 对于细长杆($\lambda \geqslant \lambda_p$)，用欧拉公式

$$\sigma_{cr} = \frac{\pi^2 E}{\lambda^2}$$

2. 对于中、长杆($\lambda_s < \lambda \leqslant \lambda_p$)，用经验公式

$$\sigma_{cr} = a - b\lambda$$

3. 对于短粗杆($\lambda \leqslant \lambda_s$)，用压缩强度公式

$$\sigma_{cr} = \sigma_s$$

例 7-1 有一长 $l = 300$ mm 矩形截面宽 $b = 2$ mm，高 $h = 10$ mm 的压杆。两端铰接，材料为 A3 钢，$E = 200$ GPa，试计算压杆的临界应力和临界力。

解 (1)求惯性半径 i 因采用矩形截面，如果失稳必在刚度较小的平面内产生微弯曲，故应求出最小惯性半径

$$i_{\min} = \sqrt{\frac{I_{\min}}{A}} = \sqrt{\frac{hb^3}{12} \cdot \frac{1}{bh}} = \frac{b}{\sqrt{12}} = \frac{2}{3.46} = 0.578 \text{ mm}$$

(2)求柔度 λ 查表 7-1，可知 $\mu = 1$(两端铰支)

$$\lambda = \frac{\mu l}{i} = \frac{1 \times 300}{0.578} = 519 > \lambda_p$$

(3)用欧拉公式计算临界应力

$$\sigma_{cr} = \frac{\pi^2 E}{\lambda^2} = \frac{\pi^2 \times 20 \times 10^4}{519^2} = 7.32 \text{ MPa}$$

(3)计算临界力

$$P_{cr} = \sigma_{cr} \cdot A = 7.32 \times 2 \times 10 = 146 \text{ N}$$

第三节 压杆的稳定性设计

一、稳定安全准则

从前面内容我们已经知道，只要压杆所承受的压力不达到临界力值，压杆的平衡就是稳

定的。实际工程中,大都要求压杆的直线平衡位置是稳定的。为此,必须使压杆所承受的工作载荷不大于临界力。实际上,为了使压杆具有足够的稳定性,不仅要使用在压杆上的工作压力小于临界力,而且还应有一定的安全余度。为了保证这个余度,压杆所承受的工作载荷必须满足下述条件

$$P \leqslant \frac{P_{cr}}{[n_W]} \quad 或 \quad \sigma \leqslant \frac{\sigma_{cr}}{[n_W]} \tag{7-6}$$

上式即为稳定安全准则。P_{cr}、σ_{cr}是压杆的临界力和临界应力;P,σ 是压杆的工作压力和工作压应力;$[n_W]$称为压杆的稳定安全系数。

二、安全系数法

基于稳定安全准则,令

$$n_W = \frac{P_{cr}}{P} \geqslant [n_W] \quad 或 \quad n_W = \frac{\sigma_{cr}}{\sigma} \geqslant [n_W] \tag{7-7}$$

上式中 P_{cr}和σ_{cr}分别为临界应力和临界力;n_W 为压杆的工作安全系数,对于三类不同压杆,应分别采用不同的公式计算;σ 和 P 分别为杆件的工作应力和工作载荷。

在工程中,对于构件的稳定安全储备都有一定的要求,$[n_W]$常以表示要求受压构件必须达到稳定储备程度,称为规定的稳定安全系数。要使受压杆件具有足够的稳定性,就必须是工作稳定安全系数大于规定的稳定安全系数,即

$$n_W \geqslant [n_W] \tag{7-8}$$

式(7-8)称为压杆的稳定条件。其中$[n_W]$称为规定的稳定安全系数。

确定规定的稳定安全系数涉及因素较多,是一个既复杂又重要的问题。$[n_W]$的值在有关的设计规范中都有明确的规定一般情况下$[n_W]$可采用如下数值

钢　　$[n_W] = 1.8 \sim 3.0$

铸铁　　$[n_W] = 5.0 \sim 5.5$

木材　　$[n_W] = 2.8 \sim 3.2$

按公式(7-8)进行稳定计算的方法称为安全系数法。

下面举例说明其应用。

例 7-2　螺旋千斤顶如图 7-6 所示,丝杠的长度375 mm,直径40 mm,材料为 45 号钢,最大起重量 P 为80 kN,规定的安全稳定系数为$[n_W] = 4$,试校核丝杠的稳定性。

解　(1)计算柔度　丝杠可简化为下端固定上端自由的压杆(图 7-6(b)),故支撑系数 $\mu = 2$。因

$$i = \sqrt{\frac{I}{A}} = \sqrt{\frac{\frac{\pi d^2}{64}}{\frac{\pi d^2}{4}}} = \frac{d}{4} = \frac{40}{4} = 10\ \text{mm}$$

故

$$\lambda = \frac{\mu l}{i} = \frac{2 \times 375}{10} = 75$$

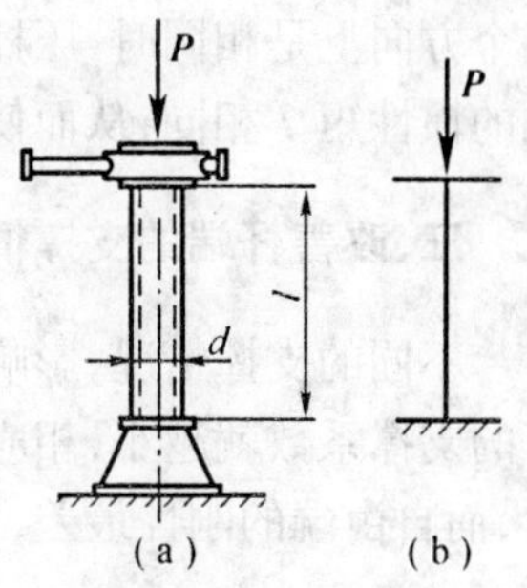

图 7-6

(2)计算临界力　因 $60 = \lambda_s < \lambda < \lambda_p = 100$,故此丝杠为中长杆,应采用经验公式计算临界压力。由表 7-2 查得 $a =$

589 MPa, $b = 3.82$ MPa。根据经验式(7-4)可得

$$\sigma_{cr} = a - b\lambda = (589 - 3.82 \times 75) \times 10^6 \text{ Pa}$$

于是可得临界力为

$$P_{cr} = \sigma_{cr} \cdot A = (589 - 3.82 \times 75) \times 10^6 \times \frac{\pi d^2}{4}$$

$$= (589 - 3.82 \times 75) \times 10^6 \times \frac{3.14 \times 0.04^2}{4}$$

$$= 381 \text{ kN}$$

(3)校核压杆的稳定性

$$n_W = \frac{P_{cr}}{P} = \frac{381}{80} = 4.76 > 4 = [n_W]$$

所以此千斤顶时稳定的。

第四节　提高压杆稳定性的措施

压杆的临界力大,其稳定性就高;压杆的临界力小,其稳定性就差。也就是说,临界力的大小是衡量压杆稳定性强弱的重要依据,所以提高压杆临界力或临界应力,就成为提高压杆稳定性的关键。临界应力 P_{cr}不仅与材料的力学性质有关,还与压杆的柔度 λ 有关。而柔度又受到压杆长度、支撑情况以及截面惯性半径的影响,因此我们可以根据这几方面的因素,采取适当的措施来提高压杆的稳定性。

一、减小压杆的长度

减小压杆的长度,可以降低压杆的柔度,从而提高压杆的稳定性,所以在条件允许的条件下,应尽力减小压杆的长度。在压杆的中间增加支座或支撑,也可起到减小压杆长度的作用。

二、选择合理的截面形状

在截面面积和其他条件相同的情况下,选择合理的截面形状能使临界应力提高。合理的截面形状是指在截面面积相同时具有较大的轴惯性矩 I,这样就会使惯性半径 i($i = \sqrt{\frac{I}{A}}$)增大,而柔度 λ 减小,使临界应力得到提高。显然,材料远离中性轴是较为合理的。所以空心圆管的临界力要比截面面积相同的实心圆杆的临界力大。另外,杆端约束情况在各个方向上是相同时,压杆首先在轴惯性矩 I 小的方向失稳,所以应尽量使截面对任一形心轴的惯性矩 I 相同,从而使压杆在各个方向上都有相同的稳定性。

三、改善杆端的支撑情况

不同的支撑情况,影响到支撑系数 μ。从表 7-1 中可以看出,杆端约束的刚性越强,压杆的支撑系数就越小,相应的柔度就越低,稳定性就越高。固定端约束的刚性最强,铰接次之,而自由端的刚性最差,所以应尽量加强杆端支撑的刚性,使其稳定性得到提高。

四、合理选用材料

对于大柔度杆,用欧拉公式计算临界应力,因 $\sigma_{cr}=\frac{\pi^2 E}{\lambda^2}$,故 σ_{cr} 与材料的弹性模量成正比,而与材料的强度指标无关,所以对于 E 值大致相同的材料,就不必选用高强度的。如各种钢的 E 值相差不大,用高强度钢并不能提高临界应力,不如用普通钢更加经济实惠。

对于中小柔度杆,由经验公式 $\sigma_{cr}=a-b\lambda$ 可知,临界应力 σ_{cr} 与材料的强度有关,所以采用高强度钢可以提高其稳定性。

第五节 问题讨论与说明

一、稳定性问题的特点

稳定性问题与前面所讲述的强度问题和刚度问题是不相同的。在强度问题和刚度问题中,所涉及的平衡都没有考虑变形的影响,是物体没有发生变形情况下的平衡。而在稳定性问题中,所建立的的平衡微分方程是考虑了压杆微弯时的局部平衡。

强度问题和刚度问题主要控制的是危险截面及危险点的应力,因此杆件的受力情况及危险截面的形状和尺寸都会对计算结果产生影响。而受压杆件失稳问题是杆件由直线平衡转为弯曲平衡的过程,其过程与梁的弯曲变形有相似之处,是杆件的一种整体行为,而不是杆件个别截面的行为,所以个别截面的削弱对压杆临界力的影响不大。

二、关于平衡的再认识

所有的结构构件或机器零件在某些特定载荷的作用下,都会在某一位置保持平衡,这个平衡位置通常也称为平衡构形。平衡构形有的是稳定的有的是不稳定的。平衡稳定性的判别准则有三种:

1.静力学准则

外界施加微小干扰力,使物体或系统偏离初始平衡构形。干扰力去掉后,物体或系统仍能回复到初始平衡构形,则初始平衡构形是稳定的,否则是不稳定的。

2.能量准则

在所有平衡构形中势能取极小值者是稳定的平衡构形,势能取极大值者是不稳定的平衡构形。

3.动力学准则

物体或系统处于平衡构形,对其施加微小扰动,使之在平衡构形附近作自由振动。若振动是有界的,则初始平衡构形是稳定的,否则是不稳定的。

压杆稳定问题中,对压杆的稳定性判断采用的是静力学判别准则。

三、要重视稳定性设计

要进行正确的稳定性设计必须注意以下三点:第一要正确进行受力分析,判断哪些杆受压,对于受压杆,特别是细长压杆必有稳定性问题;第二要根据约束性质以及截面的几何形状和尺寸,确定压杆的柔度;第三要根据柔度,正确区分三类不同压杆,分别采用相应的公式计算其临界荷载。

需要特别指出的是,压杆稳定失效与强度和刚度失效有着本质上的差异,前者失效时的荷载远远低于后者,而且往往是突发性的,因而常常造成灾难性后果。

在19世纪末,当一辆客车通过瑞士的一座铁路桥时,桥桁架压杆失稳,致使桥发生灾难性坍塌,大约有200人遇难。加拿大和俄国的一些铁路桥梁也曾经由于压杆失稳而造成灾难性事故。

虽然科学家和工程师们早就面对着这类灾害,进行了大量的研究,采取了很多预防措施,但直到现在还不能完全终止这种灾害的发生。1983年10月,地处北京的某单位科研楼工地的钢管脚手架在距地面5 m~6 m处突然外弓,刹那间,这座高达54.2 m、长17.25 m、总重565.4 kN的大型脚手架轰然坍塌。造成5人死亡、7人受伤;脚手架所用建筑材料大部分报废,经济损失4.6万元;工期推迟一个月。现场调查结果表明,脚手架结构本身存在严重缺陷,致使结构失稳坍塌,是这次灾难性事故的直接原因。

习　题

7-1　题7-1图中有三根材料相同、直径相等的杆件,试问哪一根杆的稳定性最差,哪一根杆的稳定性最好?

7-2　题7-2图中,压杆的材料为A3钢,$E=206$ GPa,横截面有四种几何形状,但其面积均为3.6×10^3 mm^2,试计算它们的临界力,并比较它们的稳定性。

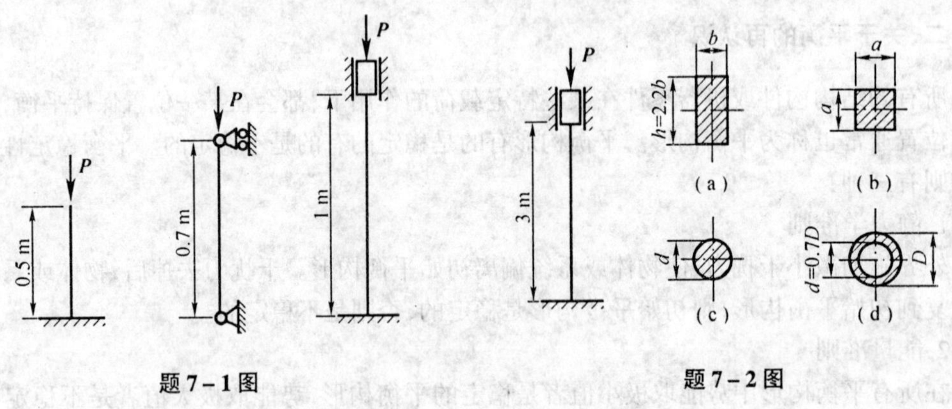

题7-1图　　　　题7-2图

7-3　题7-3图所示的托架,承受载荷$P=10\times10^3$ N,已知AB杆的外径$D=50$ mm,内径$d=40$ mm,两端为球铰,材料为Q235钢,$E=200$ GPa,$\sigma_p=200$ MPa。若规定稳定安全系数$n_w=3$,试问AB杆是否稳定。

7-4　题7-4图所示为连杆两端为柱销连接,两销空间距$l=3.2$ m,横截面面积$A=40$ cm^2,惯性矩$I_y=120$ cm^4,$I_z=800$ cm^4,连杆材料为Q235A钢,$E=206$ GPa,$\sigma_p=200$ MPa,轴向压力$F=400$ kN,若规定稳定安全系数$n_w=2$,试校核连杆的稳定性。

7-5　题7-5图中,横梁AB的截面为矩形,竖杆CD的截面为圆形,在C处用铰链连接。杆CD的直径$d=20$ mm,材料为Q235A钢,$E=206$ GPa,$\sigma_p=200$ MPa,规定稳定安全系数$n_w=3$。若测得梁的最大弯曲正应力$\sigma=140$ MPa,试校核CD杆的稳定性。

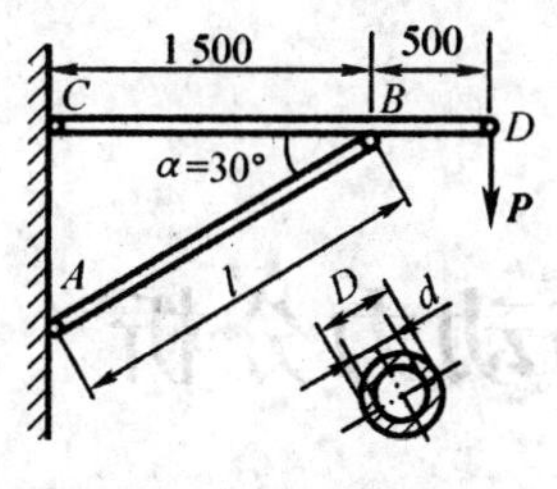

题 7－3 图

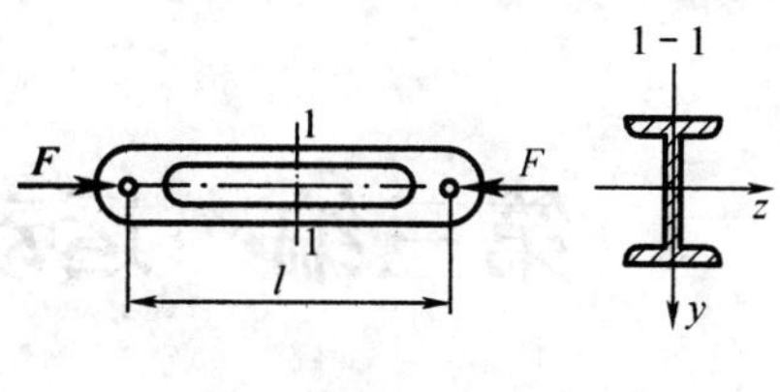

题 7－4 图

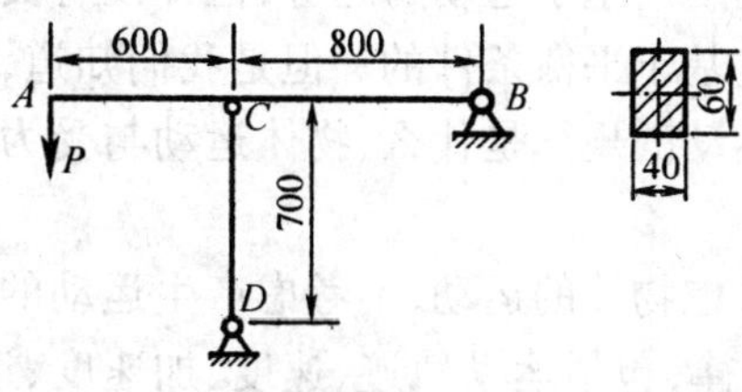

题 7－5 图

第三编 运动分析与动力分析

在静力学中,我们讨论了力系的简化及物体在力系作用下平衡的规律,但没有涉及物体的运动,虽然物体在力的作用下产生了运动的趋势,但并没有真正动起来;在构件承载能力设计中所讨论的问题,仍然是基于平衡条件的。但是我们知道,在力的作用下,物体的运动是一定会发生的,那么物体运动的规律是什么、物体运动与受力之间的关系又是什么,本编中将解决这两个问题。

其中运动分析部分,只考虑物体的运动,不考虑产生运动的原因,即只从几何观点研究物体的位置随时间变化的规律,包括运动轨迹、速度、加速度、运动方程及它们相互间的关系。在动力分析部分,将引入质量、转动惯量等概念,从而研究物体所受力与该力引起物体运动变化的关系。学习运动分析的目的,一方面是为学习动力学打基础,另一方面,将为以后学习机械设计和专业课打好基础。例如在机构设计时,要求出某些点的轨迹、速度、加速度,机构上某些特定点要实现预先规定的某种运动。在工程实际中,许多机械和零部件都要进行动力学分析和计算,其目的主要是解决冲击、振动、动载荷、动平衡和机床刚度等复杂问题,并且在机械原理、机械设计等后续专业课程中也对动力分析知识有许多需要,所以对许多机械类专业都需要有一定的动力学基本理论。

运动和静止是相对的概念。研究任何一个物体的运动,都必须选取某一个物体作为参考系。说明物体运动时,必须同时说明这一运动是相对于某个参考系而言的。在工程中,研究物体的运动都是取与地球相固连的坐标系作为参考系,简称静坐标系。

瞬时和时间间隔是描述运动的时间概念。瞬时是指某一时刻,如六点整、一秒末等。时间间隔是指两个瞬时之间的一段时间,从瞬时 t_1 到瞬时 t_2 的时间间隔是 t_2-t_1。

在运动学中,为了使所研究的问题简单明了,常把物体简化成点或刚体。点是指不考虑物体的形状及其体积大小;刚体是指在运动过程中形状和体积都不变化的物体。当物体的几何尺寸和形状在运动过程中对所研究的课题和所需的结果不起主要作用时,可以不考虑其体积的大小,将物体简化成一个点,理解为纯粹的几何点,在运动学中称此点为动点。在动力学中,由于需要考虑物体的质量,就将这个具有质量的而不考虑大小的点称为质点。

第八章 点的一般运动与刚体的基本运动

第一节 运动分析概述

运动分析中将所研究物体简化成两类,一是点;二是刚体。我们的研究也将分别对点和刚体进行研究。所谓的研究物体位置随时间变化的规律,其实质就是用几何法将物体定位并找出其位置随时间变化的函数关系式,这个函数关系式表明了物体运动的规律,称为运动方程。据运动方程可以确定物体及物体上某点在任意时刻、任意位置的速度、加速度及运动轨迹。

机械运动常常会表现为一种复杂的合成运动形式,所以我们的研究要从点和刚体的基本运动出发,最终落在点和刚体的合成运动上。根据实际需要,我们更关注的是点的速度和加速度。

第二节 描述点的一般运动的方法

研究点的运动,就是研究动点在所选参考系上的几何位置随时间变化的规律。具体来说,就是要确定动点的运动方程、速度、加速度等运动规律。点所经过的路线称为轨迹。按轨迹形状的不同,点的运动可为直线运动和曲线运动。下面介绍两种常用的方法。

一、自然法

自然法是以点的轨迹作为自然坐标轴来确定动点的位置的方法。

1.运动方程

如图8-1所示,设动点 M 的轨迹为一已知曲线,在轨迹上任选一点 O 为原点,并规定 O 点的一侧为正向,另一侧为负向。当某一瞬时动点的位置至原点 O 的弧长 s 已知时,则动点在该瞬时的位置便可确定。弧长 s 是代数量,称为动点 M 轨迹上的**弧坐标**。当动点运动时,s 随时间连续变化,故弧坐标 s 是随时间的单值连续函数,即

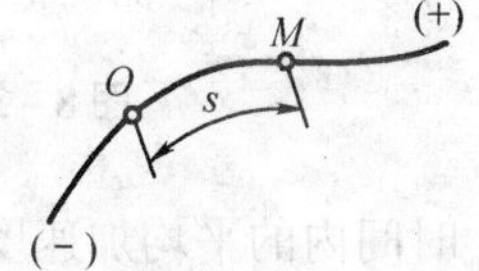

图8-1

$$s=f(t) \tag{8-1}$$

上式表明了点的运动规律,称为点沿已知轨迹的运动方程。

用自然法描述点的运动规律时,必须具有已知轨迹和运动方程两个条件。

这里有几个概念要注意区分,动点在运动过程中,任一瞬时的弧坐标和路程有不同的含义。弧坐标是动点沿轨迹离原点的距离 s,表明动点的位置所在,其值与所取原点的位置有关。路程则是动点在某一时间间隔内沿轨迹所走过的弧长,其值与原点位置无关。位移是指动点位置的移动,用从起始位置指向终止位置的有向线段表示。弧坐标是代数量,路程是算术量,位移是矢量。

2.速度

点的速度是描述点的运动快慢和方向的物理量;速度是矢量。

如图 8-2 所示,动点沿曲线运动,在瞬时 t 位于 M 点,弧坐标为 s;经过时间间隔 Δt,点由 M 点运动到 M' 点,其弧坐标增量为 Δs,位移为 $\overline{MM'}$。位移 $\overline{MM'}$ 与 Δt 的比值称为 Δt 时间内的平均速度,其大小为

$$v^{*}=\frac{|\overline{MM'}|}{\Delta t} \tag{8-2}$$

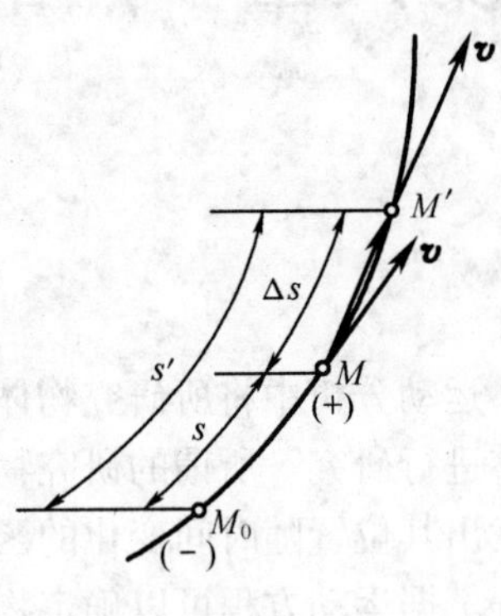

图 8-2

平均速度只能大致说明点在 Δt 时间内的运动情况。显然,Δt 愈小,$\overline{MM'}$ 的大小与 Δs 的差别愈小,平均速度愈趋近于动点的真实速度,因此当 Δt 趋近于零时,$\overline{MM'}$ 的大小趋近于 Δs,而这时的平均速度 v^{*} 就趋近于动点在瞬时 t 的速度,其大小为

$$v=\lim_{\Delta t\to 0}\frac{|\overline{MM'}|}{\Delta t}=\lim_{\Delta t\to 0}\frac{\Delta s}{\Delta t}=\frac{\mathrm{d}s}{\mathrm{d}t} \tag{8-3}$$

当 $\Delta t\to 0$ 时,M' 趋近于 M,$\overline{MM'}$ 的极限方向于 M 点的切线方向重合,指向运动的一方。

综上所述可知,点作曲线运动的瞬时速度的大小等于动点弧坐标对时间的一阶导数,其方向沿轨迹的切线方向,指向动点运动的方向。如果$\frac{\mathrm{d}s}{\mathrm{d}t}$大于零,速度方向指向 s 正方向;如果其值为负时,则指向 s 负方向。

3.加速度

点的加速度是描述点的速度大小和方向随时间而变化的物理量;加速度是矢量。

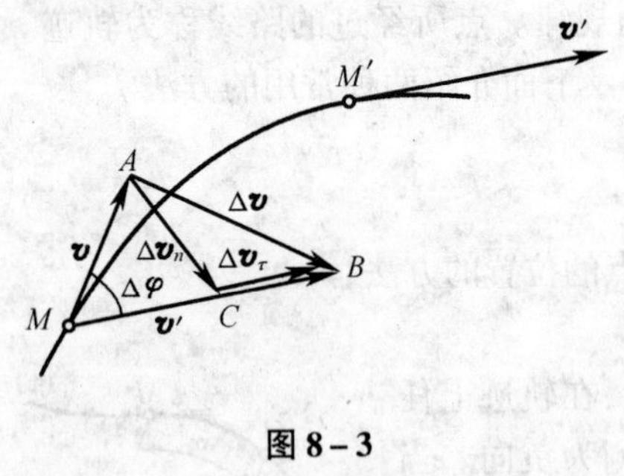

图 8-3

如图 8-3 所示,点作变速曲线运动,设在瞬时 t 位于 M 的动点的速度为$\boldsymbol{v}$,经过 Δt 时间后,动点位于 M',其速度为$\boldsymbol{v}'$。可见,动点的速度大小和方向都发生了变化。

速度的变化量 $\Delta\boldsymbol{v}$与相应的 Δt 时间间隔的比值,可以粗略地描述速度变化的快慢,就是动点在 Δt 时间内的平均加速度 $\boldsymbol{a}^{*}$,即

$$\boldsymbol{a}^{*}=\frac{\Delta\boldsymbol{v}}{\Delta t}$$

其方向与速度增量 Δv 的方向一致。

当 $\Delta t\to 0$ 时,平均加速度趋近于点在瞬时 t 的加速度 $\boldsymbol{a}$,即

$$\boldsymbol{a}=\lim_{\Delta t\to 0}\frac{\Delta\boldsymbol{v}}{\Delta t} \tag{8-4}$$

上式即为点的加速度的定义式,但是它并不能根据速度方程 $v=f(t)$ 按$\frac{\mathrm{d}v}{\mathrm{d}t}$运算直接求得,因为此处$\boldsymbol{v}$是矢量而非代数量。

由于定义式中实际上包含了加速度的大小和方向两个量,所以通常把加速度分解为两个量,一个是由速度大小变化引起的加速度,称为**切向加速度**,用 a_τ 表示;另一个是由速度

方向变化引起的加速度，称为**法向加速度**，也称**向心加速度**（物理学中有过接触），用 $\boldsymbol{a}_n$ 表示。下面对这两个量分别进行说明。

可以证明，切向加速度的大小为

$$a_\tau = \frac{\mathrm{d}v}{\mathrm{d}t} = \frac{\mathrm{d}^2 s}{\mathrm{d}t^2} \tag{8-5}$$

切向加速度的方向沿轨迹上点的切线方向，其值为正时，指向轨迹的正向；其值为负时，指向轨迹的负向。要注意一点，切向加速度的正负说明的是其自身方向，并不能说明点是加速运动还是减速运动。要确定点的运动是加速还是减速，必须对照速度的方向，只要加速度的方向与速度的方向一致，点就做加速运动，否则就是减速运动。

可以证明，法向加速度的大小为

$$a_n = \frac{v^2}{\rho} \tag{8-6}$$

式中 ρ 为动点在曲线 M 处的曲率半径，其值高等数学中已有描述。工程中的曲线常常是某个圆的一部分，所以可以表示为 $a_n = \dfrac{v^2}{R}$，R 是圆的半径。法向加速度的方向沿轨迹的法线方向且指向曲率中心。

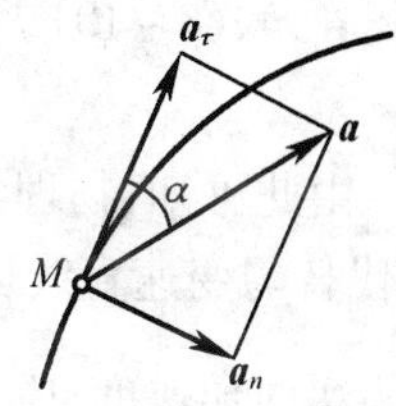

图 8-4

综上所述，加速度由切向加速度和法向加速度组成，切向加速度描述了速度大小随时间的变化率；法向加速度描述了速度方向随时间的变化率，因此全加速度 $\boldsymbol{a}$ 等于切向加速度 $\boldsymbol{a}_\tau$ 和法向加速度的矢量和 $\boldsymbol{a}_n$，如图8-4所示。即

$$\boldsymbol{a} = \boldsymbol{a}_\tau + \boldsymbol{a}_n \tag{8-6}$$

因为切向加速度与法向加速度在任一瞬时都互相垂直，所以全加速度的大小为

$$a = \sqrt{a_\tau^2 + a_n^2} = \sqrt{\left(\frac{\mathrm{d}v}{\mathrm{d}t}\right)^2 + \left(\frac{v^2}{\rho}\right)^2} \tag{8-7}$$

其方向可由 $\boldsymbol{a}$ 与 $\boldsymbol{a}_\tau$ 所夹锐角 α 确定，即

$$\tan\alpha = \left|\frac{a_n}{a_\tau}\right| \tag{8-8}$$

点的运动有下列几种特殊情况：

(1)变速直线运动　由于直线的曲率半径 $\rho \to \infty$，因此法向加速度值 $a_n = \dfrac{v^2}{\rho} = 0$，速度方向没有改变，全加速度值 $a = a_\tau = \dfrac{\mathrm{d}v}{\mathrm{d}t}$。

(2)匀速曲线运动　由于速度为一常值，因此切向加速度值 $a_\tau = \dfrac{\mathrm{d}v}{\mathrm{d}t} = 0$，全加速度值 $a = a_n = \dfrac{v^2}{\rho}$。

(3)匀速直线运动　由于速度为一常值，$a_\tau = \dfrac{\mathrm{d}v}{\mathrm{d}t} = \dfrac{\mathrm{d}v}{\mathrm{d}t} = 0$；速度方向不变，$a_n = 0$，因此全加速度值。

(4)变速曲线运动　这是最一般的情况，可由(8-7)式和(8-8)式求得点的加速度。

(5)匀变速曲线运动　点运动的切向加速度值为一常量，即

$$a_\tau = \frac{dv}{dt} = C \quad (常数)$$

上式积分后可得

$$v = a_\tau t + C_1$$

设 $t=0$ 时，$v=v_0$ 代入上式可得 $C_1 = v_0$，则

$$v = v_0 + a_\tau t \tag{8-9}$$

将(8-9)式再积分，由 $v=\frac{ds}{dt}$ 可得

$$s = v_0 t + \frac{1}{2}a_\tau t^2 + C_2$$

设 $t=0$ 时，点的弧坐标 $s=0$ 可得 $C_2=0$，则

$$s = v_0 t + \frac{1}{2}a_\tau t^2 \tag{8-10}$$

由(8-9)、(8-10)式消去 t 得

$$v^2 - v_0^2 = 2a_\tau s \tag{8-11}$$

由此可知，物理学中有关匀变速直线运动的公式，仍可应用于匀变速曲线运动，只需以 a_τ 代替匀变速直线运动公式中的 a 即可。由于点作曲线运动，故必然还有导致速度方向改变的法向加速度，应根据 $a_n = \frac{v^2}{\rho}$ 求得。

二、直角坐标法

点作曲线运动时，若点的轨迹未知，则研究点的运动应采用直角坐标法。

1.运动方程

设动点 M 在平面内作曲线运动。取直角坐标 Oxy 作为参考系，则 M 点在任一瞬间是的位置可由坐标 x，y 来确定。如图 8-5 所示，当动点 M 运动时，其坐标 x，y 随时间而变化，因此动点坐标 x，y 是时间的单值连续函数，即

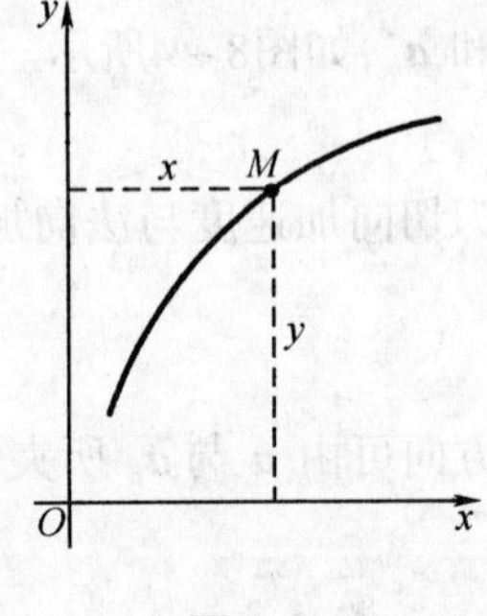

图 8-5

$$\left.\begin{aligned} x &= f_1(t) \\ y &= f_2(t) \end{aligned}\right\} \tag{8-12}$$

(8-12)式称为以直角坐标表示的点的运动方程。

如果从(8-12)两式中消去时间参数 t，就得到动点的轨迹方程

$$y = \phi(t) \tag{8-13}$$

由上式逐点描绘即可得动点的轨迹图。

2.速度

设点 M 在平面内做曲线运动，其运动方程为

$$x = f_1(t), \quad y = f_2(t)$$

如图 8-6 所示，在瞬时 t，动点位于 M，其坐标位于 x，y；经时间 Δt，动点位于 M'，其坐标为 x'，y'，因此在时间 t 内动点的位移为 $\overline{MM'}$，动点在瞬时 t 的速度为

$$\boldsymbol{v} = \lim_{\Delta t \to 0} \frac{\overline{MM'}}{\Delta t} \tag{8-14}$$

由于微位移 $\Delta s=\overline{MM'}$ 的极限方向为曲线的切线方向，角 α 的极限值等于 M 点处切向速度与 x 轴的夹角。Δs 在 x、y 轴上的投影为 $\Delta x,\Delta y$；$\Delta x=\Delta s\cos\alpha,\Delta y=\Delta s\sin\alpha$，于是可得动点在 x,y 轴方向上的速度分别为

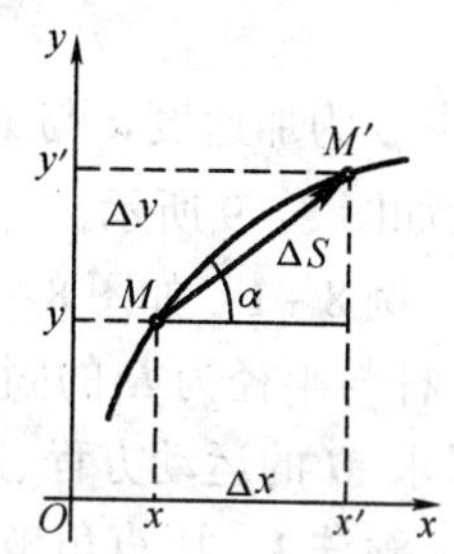
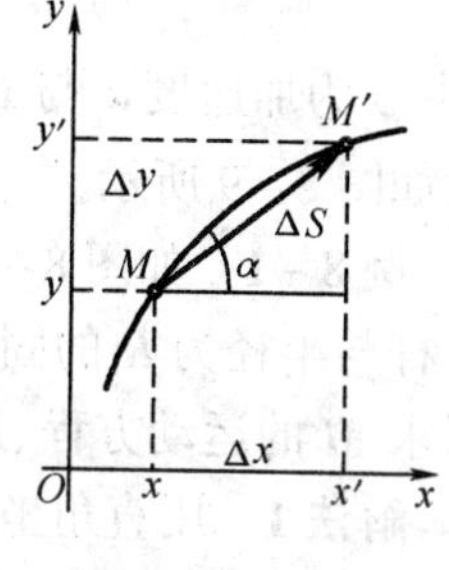

图 8-6

$$v_x=\lim_{\Delta t\to 0}\frac{\Delta x}{\Delta t}=\lim_{\Delta t\to 0}\frac{\Delta s}{\Delta t}\cos\alpha=\frac{\mathrm{d}s}{\mathrm{d}t}\cos\alpha=v\cos\alpha$$

$$v_y=\lim_{\Delta t\to 0}\frac{\Delta y}{\Delta t}=\lim_{\Delta t\to 0}\frac{\Delta s}{\Delta t}\sin\alpha=\frac{\mathrm{d}s}{\mathrm{d}t}\sin\alpha=v\sin\alpha$$

即

$$v_x=v\cos\alpha=\frac{\mathrm{d}x}{\mathrm{d}t},\quad v_y=v\sin\alpha=\frac{\mathrm{d}y}{\mathrm{d}t}\tag{8-15}$$

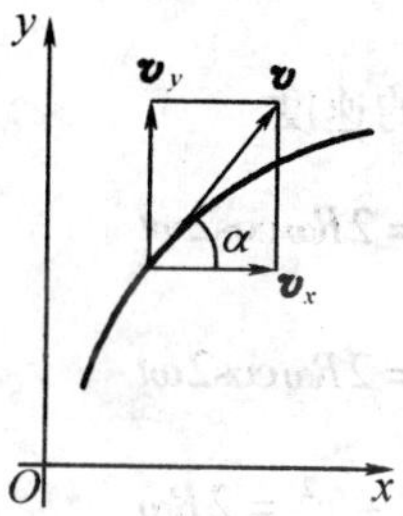

上式表明，动点的速度在直角坐标轴上的投影，等于其相应坐标对时间的一阶导数。因此，若已知以直角坐标表示的动点运动方程，即可求出速度的大小方向，如图 8-7 所示。

图 8-7

$$v=\sqrt{v_x^2+v_y^2}=\sqrt{\left(\frac{\mathrm{d}x}{\mathrm{d}t}\right)^2+\left(\frac{\mathrm{d}y}{\mathrm{d}t}\right)^2}\tag{8-16}$$

$$\tan\alpha=\left|\frac{v_y}{v_x}\right|\tag{8-17}$$

式中 α 为 $\boldsymbol{v}$ 与 x 轴所夹的锐角，$\boldsymbol{v}$ 的指向由 $\boldsymbol{v}_x,\boldsymbol{v}_y$ 的正负号决定。当 $\boldsymbol{v}_x,\boldsymbol{v}_y$ 的投影指向与坐标轴正向一致时，其投影值为正；与坐标轴正向相反时，其投影值为负。

3.加速度

如图 8-8 所示，设点 M 在平面内作曲线运动，在瞬时 t，动点位于 M，其速度为 $\boldsymbol{v}$，经时间 Δt，动点位于 M'，其速度为 $\boldsymbol{v}'$，则在 Δt 时间内动点速度的改变量为

$$\Delta\boldsymbol{v}=\boldsymbol{v}'-\boldsymbol{v}$$

动点在瞬时时 t 的加速度为

$$\boldsymbol{a}=\lim_{\Delta t\to 0}\frac{\Delta\boldsymbol{v}}{\Delta t}\tag{8-18}$$

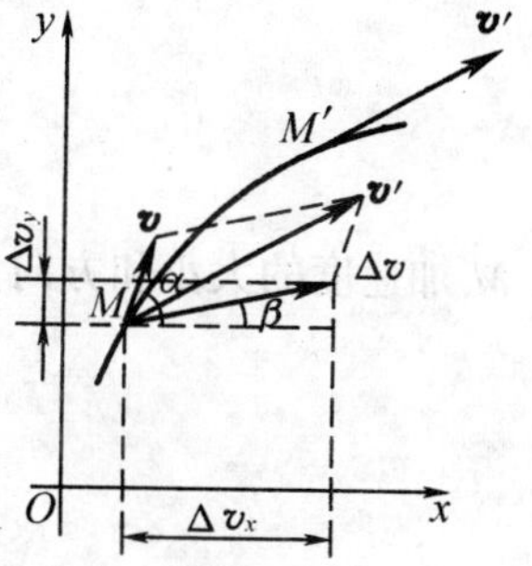

图 8-8

按照速度投影的相似分析过程，由于 $\boldsymbol{v}$ 在 x,y 轴上的投影分别为 $\Delta v_x,\Delta v_y$，且

$$\Delta v_x=\Delta v\cos\beta,\quad \Delta v_y=\Delta v\sin\beta$$

可得加速度，在 x,y 轴上投影为

$$\left.\begin{aligned}a_x&=\lim_{\Delta t\to 0}\frac{\Delta v_x}{\Delta t}=\frac{\mathrm{d}v_x}{\mathrm{d}t}=\frac{\mathrm{d}^2x}{\mathrm{d}t^2}=a\cos\beta\\a_y&=\lim_{\Delta t\to 0}\frac{\Delta y_x}{\Delta t}=\frac{\mathrm{d}v_y}{\mathrm{d}t}=\frac{\mathrm{d}^2y}{\mathrm{d}t^2}=a\sin\beta\end{aligned}\right\}\tag{8-19}$$

上式表明，动点的加速度在直角坐标轴上的投影，等于其相应速度对时间的一阶导数。由式(8-19)可求出加速度的大小和方向分别为

$$a=\sqrt{a_x^2+a_y^2}=\sqrt{\left(\frac{\mathrm{d}v_x}{\mathrm{d}t}\right)^2+\left(\frac{\mathrm{d}v_y}{\mathrm{d}t}\right)^2}=\sqrt{\left(\frac{\mathrm{d}^2x}{\mathrm{d}t^2}\right)^2+\left(\frac{\mathrm{d}^2y}{\mathrm{d}t^2}\right)^2}\tag{8-20}$$

$$\tan\beta = \left|\frac{a_y}{a_x}\right| \tag{8-21}$$

式中 β 为加速度 $\boldsymbol{a}$ 与 x 轴的夹角，$\boldsymbol{a}$ 的指向由 a_x，a_y 的正负号决定，如图 8-9 所示。

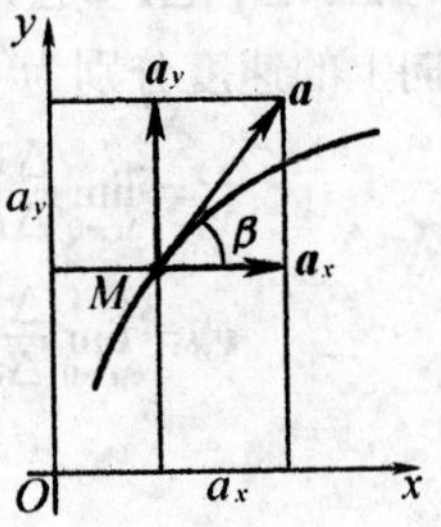

图 8-9

例 8-1 如图 8-10 所示摇杆套环机构，A 为固定铰链，环将 AB 杆与半径为 R 的固定圆环套在一起，杆 AB 与铅垂线夹角 $\varphi = \omega t$，求 M 的运动方程、速度、加速度。

解法 1 用直角坐标法求解，如图 8-10(b)所示建立直角坐标系 Oxy。

(1)建立 M 点的运动方程　由图中几何关系建立运动方程为

$$x = R\sin 2\varphi = R\sin 2\omega t$$

$$y = R\cos 2\varphi = R\cos 2\omega t$$

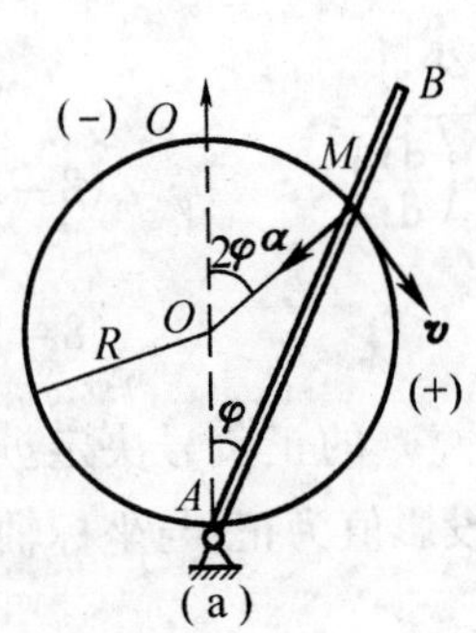

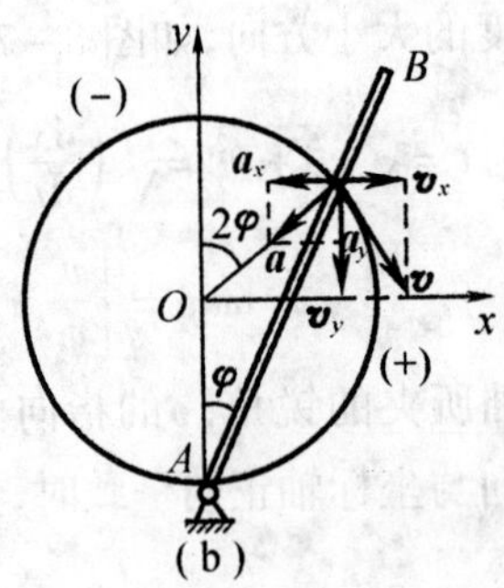

图 8-10

(2)求点 M 的速度

$$v_x = \frac{\mathrm{d}x}{\mathrm{d}t} = 2R\omega\cos 2\omega t$$

$$v_y = \frac{\mathrm{d}x}{\mathrm{d}t} = 2R\omega\cos 2\omega t$$

$$v = \sqrt{v_x^2 + v_y^2} = 2R\omega$$

$$\tan\alpha = \left|\frac{v_y}{v_x}\right| = \tan 2\omega t$$

(3)求点 M 的加速度

$$a_x = \frac{\mathrm{d}v_x}{\mathrm{d}t} = -4R\omega^2\sin 2\omega$$

$$a_y = \frac{\mathrm{d}v_y}{\mathrm{d}t} = -4R\omega^2\cos 2\omega$$

点 M 加速度的大小和方向为

$$a = \sqrt{a_x^2 + a_y^2} = 4R\omega^2$$

$$\tan\beta = \left|\frac{a_y}{a_x}\right| = \cot 2\omega t$$

解法 2 用自然法求解

以套环为研究对象，由于环的运动轨迹已知，故采用自然法求解。以圆弧上 O' 点为弧坐标原点，顺时针为弧坐标方向，建立弧坐标轴，如图 8-10(a)所示。

(1)建立点的运动方程　由图中几何关系建立运动方程为

$$s = R(2\varphi) = 2R\omega t$$

(2)求点 M 的速度

$$v = \frac{\mathrm{d}s}{\mathrm{d}t} = 2R\omega$$

(3)求点 M 的加速度

$$a_\tau = \frac{\mathrm{d}v}{\mathrm{d}t} = 0$$

$$a_n=\frac{v^2}{\rho}=\frac{(2R\omega)^2}{\rho}=4R\omega^2$$

点 M 的全加速度为

$$a=\sqrt{a_\tau^2+a_n^2}=4R\omega^2$$

其方向沿 MO 指向 O。

经比较可以看出，两种解法计算结果完全一致，用自然法解题简洁，结果清晰，但只适用于运动轨迹已知的情况；用直角坐标法，解题较烦琐，但它既适用于点的运动轨迹已知的情况，也适用于点的运动轨迹未知的情况，故应用较广泛。

例 8-2 曲柄 OA 绕定轴 O 匀速转动，通过连杆 AB 带动滑块 B 作水平直线往复运动，如图 8-13 所示。$OA=r$，$AB=l$，且 l 大于 r，OA 的起始位置在水平线上，即 $\varphi=\omega t$，试求滑块 B 点的速度方程、速度和加速度。

解 (1)求运动方程 由图 8-13 可知，B 点的坐标为

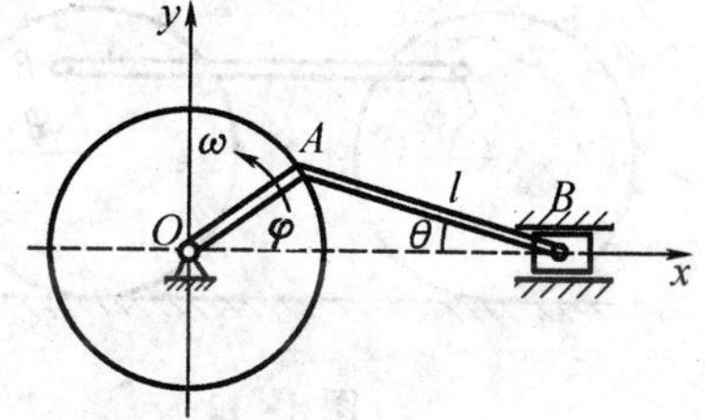

图 8-11

$$x=r\cos\varphi+l\cos\theta$$

由于

$$r\sin\varphi=l\sin\theta$$

$$\cos\theta=(1-\sin^2\theta)^{\frac{1}{2}}=\left[1-\left(\frac{r}{l}\right)^2\sin^2\varphi\right]^{\frac{1}{2}}$$

为了在求导运算时简单，将上式简化，用二项式定理

将上式展开，并因 $|y|=\left(\frac{r}{l}\sin\varphi\right)^2<1$，可略去高项不计。由

$$(1+y)^n=1+ny+\frac{n(n-1)}{2!}y^2+\frac{n(n-1)(n-2)}{3!}y^3+\cdots$$

可得

$$\cos\theta=1-\frac{1}{2}\left(\frac{r}{l}\right)^2\sin^2\varphi+\cdots=1-\frac{1}{2}\left(\frac{r}{l}\right)^2\left(\frac{1-\cos2\varphi}{2}\right)$$

$$=1-\frac{1}{4}\left(\frac{r}{l}\right)^2+\frac{1}{4}\left(\frac{r}{1}\right)^2\cos2\varphi$$

将 $\varphi=\omega t$ 及 $\cos\theta$ 代入 $x=r\cos\varphi+l\cos\theta$ 可得

$$x=l\left[1-\frac{1}{4}\frac{r^2}{l^2}\right]+r\left(\cos\omega t+\frac{1}{4}\frac{r}{l}\cos2\omega t\right)$$

将上式一次求导可得

$$v=\frac{\mathrm{d}x}{\mathrm{d}t}=-r\omega\left(\sin\omega t+\frac{1}{2}\frac{r}{l}\sin2\omega t\right)$$

再次求导可得

$$a=\frac{\mathrm{d}^2x}{\mathrm{d}t^2}=-r\omega^2\left(\cos\omega t+\frac{r}{l}\cos2\omega t\right)$$

第三节 刚体的基本运动

在工程上常见的并不是点的运动，许多运动的物体也不能简单地简化为点运动，而只能看成是刚体的运动。例如机器轴和齿轮的转动；机床工作台的移动；起重机臂的抬起和旋

转，车轮的滚动等。

刚体的最简单的运动形式是平行移动和绕定轴转动。平行移动和绕定轴转动称为刚体的基本运动。

研究刚体基本运动的目的，一方面是因为它在工程上有广泛的应用，另外一方面也是为以后研究刚体的复杂运动打下基础。

一、刚体的平行移动

刚体在运动过程中，刚体上任一直线始终与它原来的位置保持平行，这种运动称为平行移动，简称平动，如图 8－12 中的连杆 AB 属于曲线平动；图 8－13 中的滑块 B 属于直线平动。

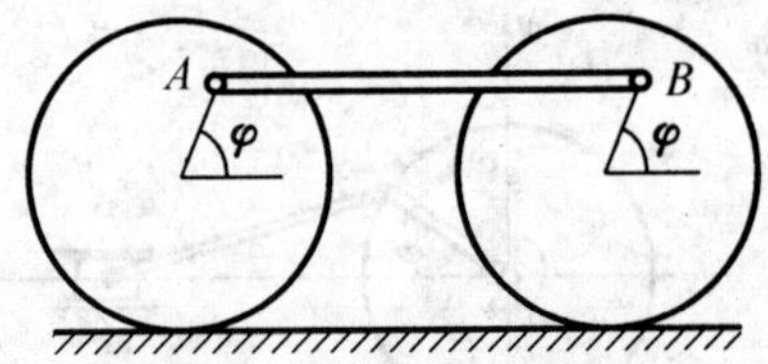

图 8－12

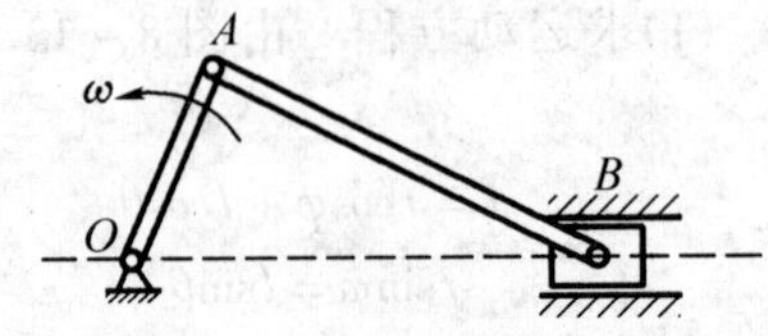

图 8－13

当刚体作平动时，刚体上任意两点 AB 的运动轨迹如图 8－14 所示，A, B, A_1, B_1, A_2, B_2，为各不同瞬时在轨迹上的对应点，故有

$$AB \underline{\mathbin{/\!/}} A_1B_1 \underline{\mathbin{/\!/}} A_2B_2 \underline{\mathbin{/\!/}} \cdots \underline{\mathbin{/\!/}} A_nB_n$$

因而，连接 $A, A_1, A_2, \cdots$，及 $B, B_1, B_2, \cdots, B_n$ 可得各平行四边形，有

AA_1 与 BB_1，A_1A_2 与 B_1B_2，…，$A_{n-1}A_n$ 与 $B_{n-1}B_n$ 分别平行且相等。于是，折线 $AA_1A_2\cdots A_n$ 和 $BB_1B_2\cdots B_n$ 完全平行且相等，当 $AA_1A_2\cdots A_n$ 及对应的 $BB_1B_2\cdots B_n$ 均各为无限小的微位移时，则两条折线成为两条完全平行且相等的曲线，这两条曲线就是刚体上任意两点的轨迹。依此类推可知，平动时，刚体上各点的轨迹形状相同，且互相平行。由图 8－14 可见，在任何的时间间隔内，两点具有相同的位移，从而在任何瞬间时两点的速度都相同，即

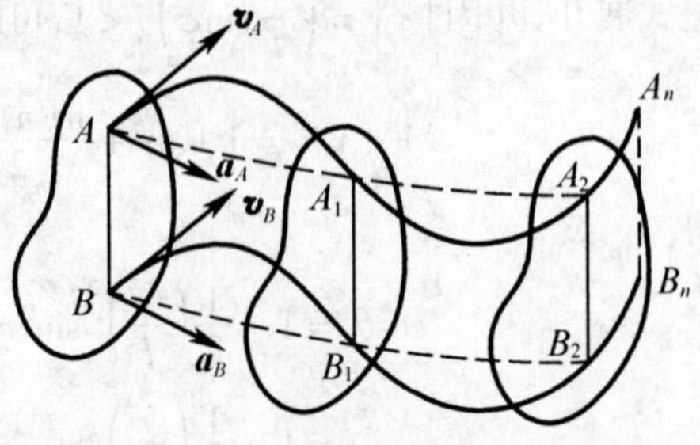

图 8－14

$$\boldsymbol{v}_A = \lim_{\Delta t \to 0} \frac{\overline{\boldsymbol{A}_{n-1}\boldsymbol{A}_n}}{\Delta t}, \quad \boldsymbol{v}_B = \lim_{\Delta t \to 0} \frac{\overline{\boldsymbol{B}_{n-1}\boldsymbol{B}_n}}{\Delta t}$$

由于

$$\overline{\boldsymbol{A}_{n-1}\boldsymbol{A}_n} = \overline{\boldsymbol{B}_{n-1}\boldsymbol{B}_n}$$

故

$$\boldsymbol{v}_A = \boldsymbol{v}_B$$

因为在任何瞬时 A 点和 B 点速度完全相同，所以其速度变化情况也完全相同，因而在任何瞬时 A、B 两点的加速度必然也完全相同，即

$$\boldsymbol{a}_A = \boldsymbol{a}_B$$

由于 AB 两点是任意选取的，所以可得结论：刚体作平动时，刚体上各点的速度和加速

度完全相同。刚体上任一点的运动都能代表整个刚体的运动,因此在研究刚体平动时,可用刚体上任一点的运动来表征,刚体平动问题可归结为点的运动来研究。

二、刚体绕定轴转动

刚体运动时,体内(或其延伸部分)有一条直线始终保持不动,这种运动称为定轴转动。定轴转动时这条不动的直线称为转轴,刚体上其他各点都绕此轴作不同半径的圆周运动。刚体绕定轴转动在工程上应用甚多,例如带轮、飞轮、齿轮等。

1.转动方程

如图 8-15 所示,通过轴线作一假想固定平面Ⅰ,再通过轴线作一假想动平面Ⅱ固结在转动体上。这两个平面间的夹角称为刚体的转角,角 φ 是代数量。转动刚体的位置由转角确定,对应一个转角,刚体便有一个确定的位置,刚体上各点在各自圆周上所走弧长所对应的中心角均等于转角。刚体转动时,转角随时间变化,即转角是时间的单值连续函数

$$\varphi = f(t) \tag{8-22}$$

上式称为刚体的转动方程,它表示刚体转动的规律,由转动方程可以确定任一瞬时的转角,也就可以确定任一瞬时刚体绕定轴转动的位置。转角单位为 rad,规定逆时针转动的转角为正值,顺时针的转角为负值。

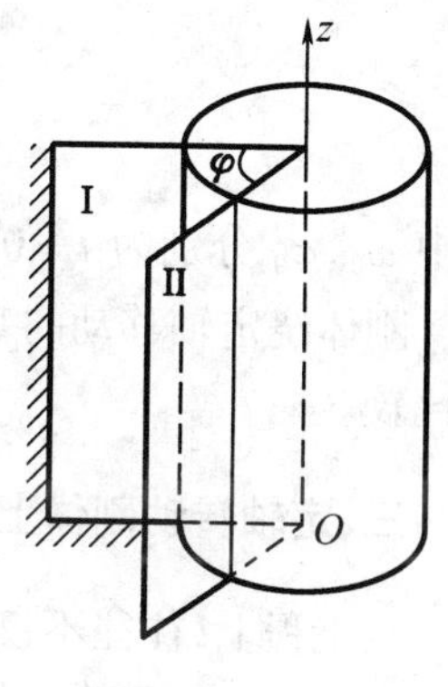

图 8-15

2.角速度

角速度是表示刚体转动快慢和转动方向的物理量,常用符号 ω 表示,其值等于转角对时间的一阶导数,即

$$\omega = \frac{dx}{dt} \tag{8-23}$$

角速度的方向与角位移增量方向一致,角位移增加的方向即为角速度正方向。角速度是代数量,其单位为 rad/s。在工程上,通常以 r/min 表示转动的快慢,成为转速,以 n 表示。角速度 ω 与转速 n 之间的关系为

$$\omega = \frac{2\pi n}{60} = \frac{\pi n}{30} \tag{8-24}$$

3.角加速度

角加速度是表示角速度变化快慢的物理量,常用符号 ε 表示,其值等于角速度对时间的一阶导数,或等于转角对时间的二阶导数,即

$$\varepsilon = \frac{d\omega}{dt} = \frac{d^2\varphi}{dt^2} \tag{8-25}$$

当 $\frac{d\omega}{dt} > 0$ 时,ε 与 ω 方向相同;当 $\frac{d\omega}{dt} < 0$ 时,ε 与 ω 方向相反。即角加速度与角速度同号时,刚体作加速运动;异号时,刚体作减速运动。角加速度是代数量,其单位是 rad/s^2。

4.匀速及匀变速转动

匀速及匀变速顶轴转动是工程中常见的情况,可作为刚体绕定轴转动的特殊情况。

(1)匀速定轴转动　若刚体作定轴转动时角速度不变,则称为匀速转动,仿照点的匀速运动公式可得

$$\omega = \frac{\mathrm{d}\varphi}{\mathrm{d}t} = 常量$$

$$\varphi = \varphi_0 + \omega t \tag{8-26}$$

式中 φ_0 是 $t=0$ 时转角 φ 的值。

(2)匀变速转动　刚体作定轴转动时，角加速度为一常量，称为匀变速运动，仿照点的匀变速运动公式可得

$$\varepsilon = 常量$$

$$\omega = \omega_0 + \varepsilon t \tag{8-27}$$

$$\varphi = \varphi_0 + \omega_0 t + \frac{1}{2}\varepsilon t^2 \tag{8-28}$$

$$\omega^2 - \omega_0^2 = 2\varepsilon(\varphi - \varphi_0) \tag{8-29}$$

式中 ω_0, φ_0 分别为 $t=0$ 时的角速度和转角。

刚体绕定轴移动的基本公式与点的运动的基本公式，在性质和形式上都是相似的，请自行比较。

三、定轴转动刚体上点的速度和加速度

在工程上，往往不仅要知道刚体转动的角速度和角加速度，还需要知道刚体上某点的速度和加速度。例如为了保证机器安全运转。在设计带轮时，需要知道轮缘的速度，以防止轮缘由于离心力而断裂；在车削或铣削工件时，也要知道工件的圆周速度，以保证有最佳的切削效果。下面我们就来研究一下，如何求出定轴转动刚体上某点的速度和加速度的问题。

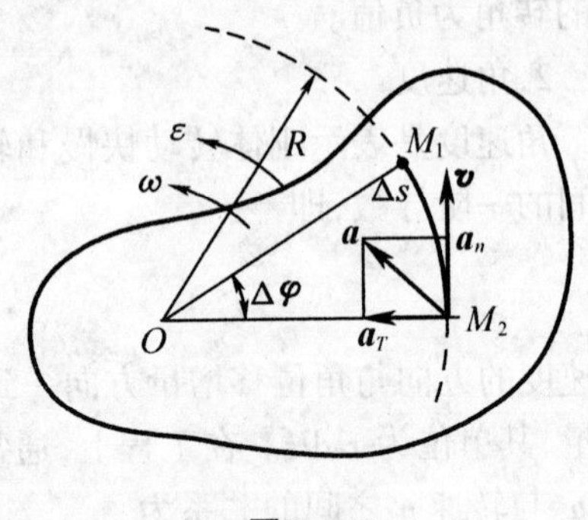

图 8-16

1.速度

如图 8-16 所示，刚体绕定轴 O 转动，刚体上各点的运动轨迹均为不同半径的同心圆，任取刚体上一点 M，其半径 OM 为该点到轴线的距离。某瞬时的角速度为 ω，角加速度为 ε。在瞬时 t 开始，经过 Δt 时间，刚体转过 $\Delta\varphi$ 角，M 点经过 Δs 到达 M_1 处，所以 M 点在瞬时 t 的速度大小为

$$v = \lim_{\Delta t \to 0}\frac{\Delta s}{\Delta t} = \lim_{\Delta t \to 0}\frac{R\Delta\varphi}{\Delta t} = R\lim_{\Delta t \to 0}\frac{\Delta\varphi}{\Delta t} = R\omega \tag{8-30}$$

上式表明：绕定轴转动刚体内任一点的速度，等于角速度与该点到转轴距离的乘积，其方向沿圆周的切线并与刚体的转向一致。如图 8-17 所示，刚体上各点的线速度与其半径成正比，点离转轴距离越远，则其线速度越大。

在工程上，往往已知圆柱体（齿轮、带轮等）的转速 n，求圆周上一点的速度。设圆柱的直径为 D 则其圆周速度的大小为

$$v = R\omega = \frac{D}{2}\cdot\frac{\pi n}{30} = \frac{\pi D n}{60}\ \ \mathrm{m/s} \tag{8-31}$$

或

$$v = \pi D n\ \ \mathrm{m/min} \tag{8-32}$$

2.加速度

如图 8－17 所示，M 点作圆周运动，其加速度可分解为切向加速度和法向加速度。切向加速度的大小为

$$a_{\tau}=\frac{\mathrm{d}v}{\mathrm{d}t}=\frac{\mathrm{d}(R\omega)}{\mathrm{d}t}=R\frac{\mathrm{d}\omega}{\mathrm{d}t}=R\varepsilon \tag{8-33}$$

$\boldsymbol{a}_{\tau}$ 和 ε 有相同的正负号，$\boldsymbol{a}_{\tau}$ 的方向是沿着点的圆周的切线，指向和 ε 的方向一致。当 ε、ω 同号时，$\boldsymbol{a}_{\tau}$ 和 $\boldsymbol{v}$ 同向，为加速运动；反之，当 ε、ω 异号时，$\boldsymbol{a}_{\tau}$、$\boldsymbol{v}$ 反向，为减速运动，如图 8－18所示。

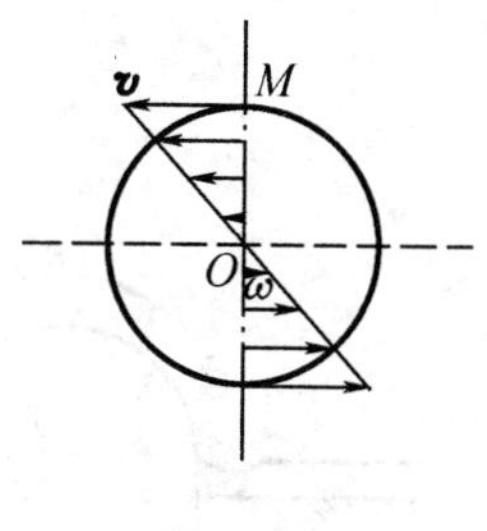

图 8－17

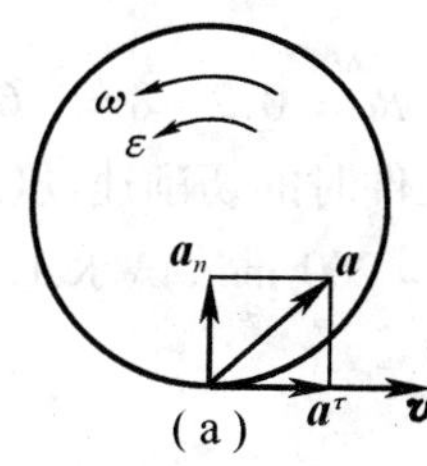

图 8－18

(a)加速转动；(b)减速转动

法向加速度的大小为

$$a_n=\frac{v^2}{R}=\frac{(R\omega)^2}{R}=R\omega^2 \tag{8-34}$$

$\boldsymbol{a}_n$ 指向运动中心。

M 点的全加速度的大小为

$$a=\sqrt{a_{\tau}^2+a_n^2}=\sqrt{(R\omega)^2+(R\varepsilon)^2}=R\sqrt{\varepsilon^2+\omega^4} \tag{8-35}$$

$$\beta=\arctan\left|\frac{a_{\tau}}{a_n}\right|=\arctan\left|\frac{\varepsilon}{\omega^2}\right| \tag{8-36}$$

β 角为全加速度 $\boldsymbol{a}$ 与法线的夹角。

上式表明：绕定轴转动刚体内各点的全加速度，其大小与该点到转轴的距离成正比，方向与转动半径的夹角相同，如图 8－19 所示。

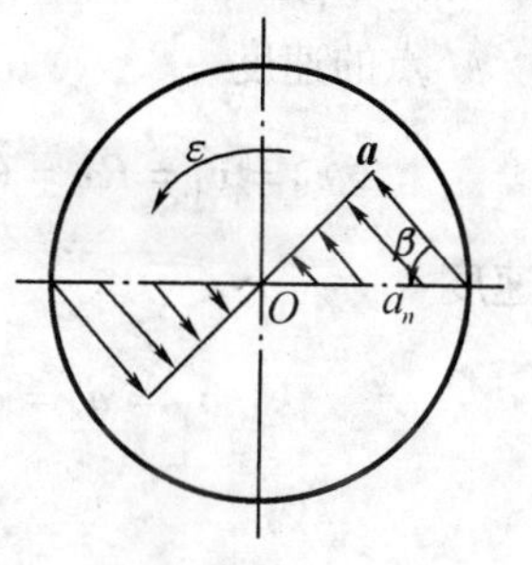

图 8－19

例 8－3 起重机的鼓轮直径 $D=400$ mm，钢丝绳绕在鼓轮上，下端悬有挂重。如图 8－20所示。若向上起吊时，鼓轮的转动方程为 $\varphi=2t^2$（φ 的单位是 rad，t 的单位是 s），试求(1)重物的加速度；(2)启动后 2 s 时，重物的速度；(3)启动后，重物上升的高度。

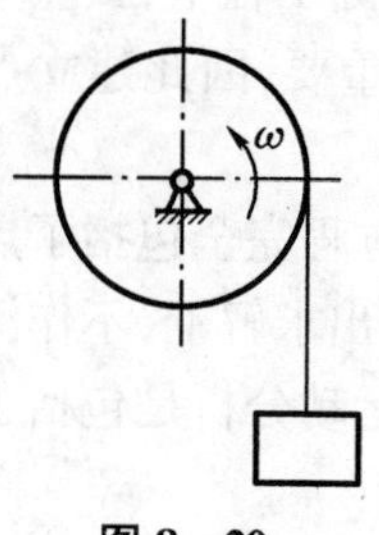

图 8－20

解 设钢丝绳不伸长且与轮子间无相对滑动，则鼓轮转动时，重物、钢丝绳缘三者线速度均相等；重物、钢丝绳的加速度和轮缘的切向加速度相等。

(1)求重物加速度

鼓轮的角速度 $\omega=\frac{\mathrm{d}\varphi}{\mathrm{d}t}=\frac{\mathrm{d}}{\mathrm{d}t}(2t^2)=4t$

角加速度 $$\varepsilon = \frac{d\omega}{dt} = \frac{d}{dt}(4t) = 4\ \text{rad/s}^2$$

重物加速度 $$a = a_\tau = R\varepsilon = 0.2 \times 4 = 0.8\ \text{m/s}^2$$

(2)求启动后 2 s 的重物速度

重物上升速度 $$v = R\omega = 0.2 \times 4t = 0.8t$$

当 $t = 2$ s时 $$v = 0.8t = 0.8 \times 2 = 1.6\ \text{m/s}$$

(3)求启动后 2 s 上升高度

鼓轮在 2 s 内的转角

$$\varphi = 2t^2 = 2 \times 2^2 = 8\ \text{rad}$$

重物上升高度

$$h = R\varphi = 0.2 \times 8 = 1.6\ \text{m}$$

例 8－4 如图 8－21 车床切削工件时的切削速度(工件圆周速度)$v = 40$ m/min,工件直径 $D = 200$ mm,试求工件应有的转速 n。

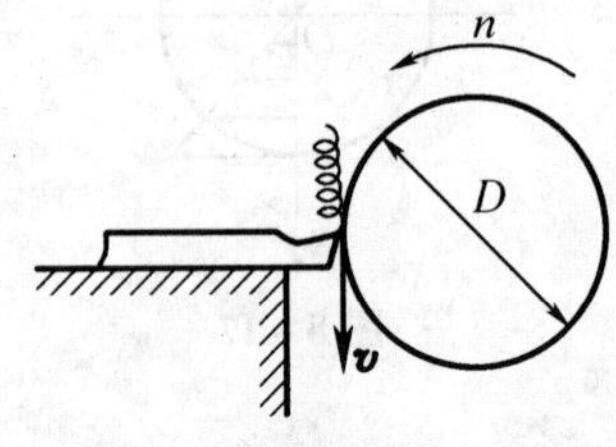

图 8－21

解 由(8－32)式可得

$$n = \frac{v}{\pi D} = \frac{40}{\pi \times 0.2} = 63.6\ \text{r/min}$$

例 8－5 搅拌机机构如图 8－22 所示,若 $AB = O_1O_2$,$O_1A = O_2B = 25$ cm,O_1A 绕 O_1 轴转动的转速 $n = 38$ r/min,求 M 点的轨迹、速度和加速度。

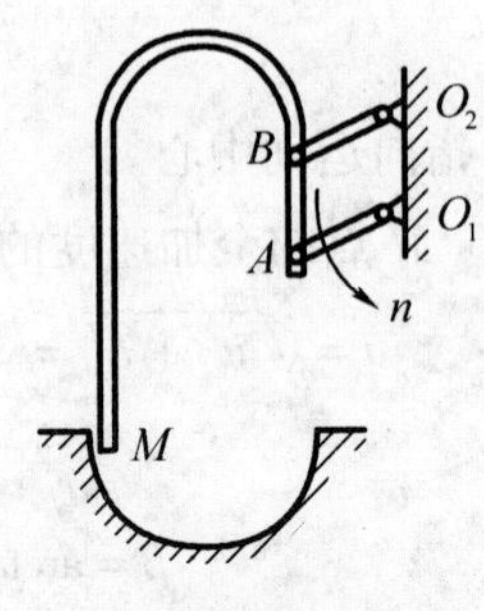

图 8－22

解 因 O_1ABO_2 在任何位置为平行四边行,故构件 ABM 作平动,M 点的轨迹与点 A 相同,为半径等于 $r = O_1A$ 的圆周。

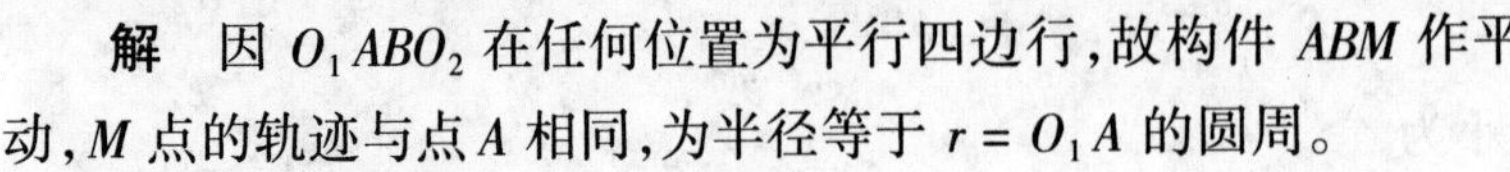

M 点的速度

$$v_M = v_A = R\omega = \overline{O_1A}\frac{\pi n}{30} = 0.25\frac{\pi \times 38}{30} = 1\ \text{m/s}$$

加速度

$$a_M = a_A = a_n = \frac{v_A^2}{R} = \frac{1^2}{0.25} = 4\ \text{m/s}^2$$

第四节 问题讨论与说明

一、关于点的运动方程与点的运动几何性质

从本章内容可以看出,我们的研究更关注点的运动。这是因为在实际工程中,虽然要控制物体的运动,但要实现具体的工程动作,对点的运动控制就显得更加重要,因此建立点的运动方程与研究点的运动几何性质是本章的主要内容。

点的运动方程与点的运动几何性质既有联系又有区别。点的运动方程完全包括了点的运动几何性质。但是,如果对运动方程的认识只停留在数学方程式的列出求解上,不作深入的物理学分析,就不能真正了解点的运动形象。从这个意义上说,点的运动分析是包括了这两层含义的。其实,运动分析都含有这两层意义。

二、关于点的运动的两类问题

点的运动问题有两类，第一类是给定点的运动方程(轨迹)，确定其速度和加速度，或者给出相关条件，进而确定速度和加速度。第二类是已经加速度和运动初始条件，通过积分求得速度和运动方程(轨迹)。我们已经通过对第一类问题的重点介绍，阐述了描述点运动的方法及速度和加速度的概念。第二类问题的主要问题是数学运算，所以不作更高的要求。要注意的是第二类问题的实际意义，比如通过动力学分析一般是先得到的点的加速度，这就要对其进行积分运算，才能得到点或刚体的运动规律。

习　题

8-1　一列车作直线运动，制动后，列车的运动方程为 $s=16t-0.2t^2$（s 以 m 计，t 以 s 计），试求制动开始时的速度、加速度、制动时间及停车前运行的距离。

8-2　点的运动方程为 $x=10t^2$，$y=7.5t^2$（x，y 以 cm 计，t 以 s 计），试求 $t=4$ s 时点的速度与加速度的大小和方向。

8-3　点的运动方程为 $x=4t^2-3$，$y=3t^2+2$（x，y 以 cm 计，t 以 s 计），试求 $t=4$ s 时点的速度与加速度的大小和方向。

8-4　列车由车站出发，沿半径 $\rho=600$ m 的圆弧轨道作匀加速运行，3 分内经过路程 1 620 m，试求 3 分钟时的切向及速度、法向加速度、全加速度。

8-5　设点的运动方程为 $x=2t$，$y=2t^2$（x，y 以 m 计，t 以 s 计），试求(1)点的轨迹方程；(2)当 $t=2$ s 时的速度、加速度。

8-6　点的运动方程为 $x=a\cos\omega t$，$y=a\sin\omega t$，式中 a，ω 为常量，试求点的轨迹方程。若 $\omega=2\pi$ rad/s，$a=20$ cm，求 $t=1$ s 时的速度、加速度。

8-7　题 8-7 图所示曲柄连杆机构的 $OA=AB=60$ cm，AB 杆上 M 点位于 $MB=20$ cm 处，$\varphi=4\pi t$（t 以 s 计）。试求：(1) AB 杆上 M 点的轨迹；(2)当 $\varphi=0$ 时，M 点的速度和加速度。

8-8　刚体作定轴转动，其转动方程 $\varphi=t^3$（φ 的单位为 rad，t 的单位为 s）。试求 $t=2$ s 时，刚体转过的圈数、角速度和角加速度。

8-9　如题 8-9 图所示，两平行摆杆 $O_1A=O_2B=0.5$ m，且 $O_1O_2=AB$，若在某瞬时摆杆的角速度 $\omega=2\pi$ rad/s，角加速度 $\varepsilon=3$ rad/s^2，求杆 AB 上 M 点的速度和加速度。

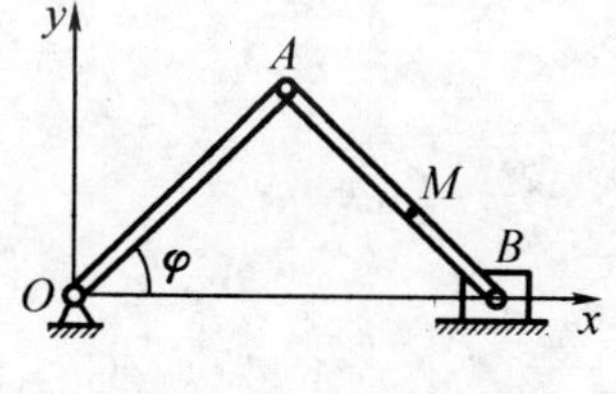

题 8-7 图

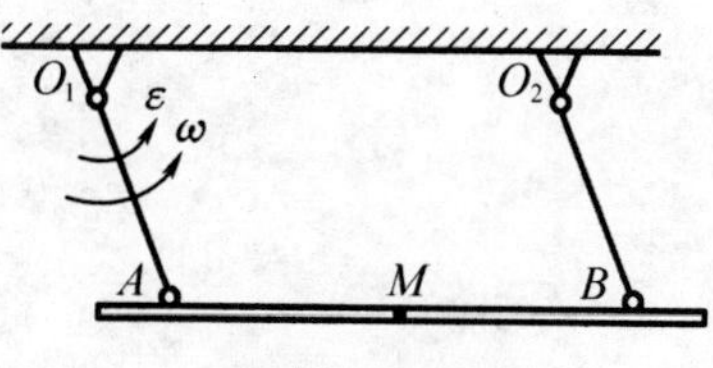

题 8-9 图

8-10　如题 8-10 图所示平行连杆机构的曲柄长 $O_1A=O_2B=150$ mm，连杆长 $AB=O_1O_2$，曲柄 O_1A 以匀速 $n=320$ rad/min 转动，试求连杆 AB 的中点 M 的速度和加速度。

8－11　题 8－11 图所示手摇卷扬机的手柄长 $l=40$ cm，鼓轮直径 $d=20$ cm。由于操作者脱手，作用力消失，手柄在自由下落的重物作用下，由静止开始转动，试求经过 3 s 后的角速度、角加速度及手柄末端的速度。

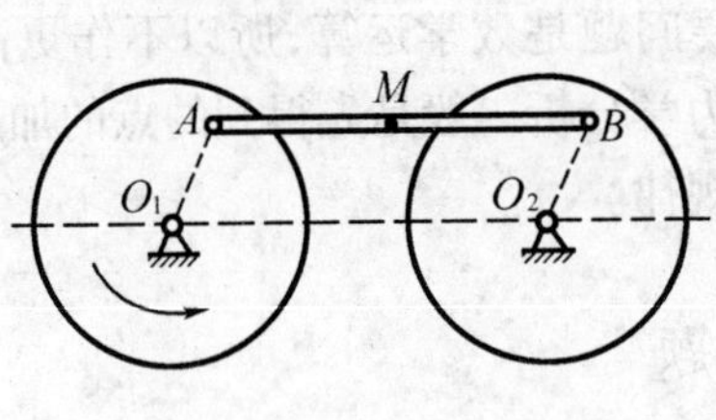

题 8－10 图

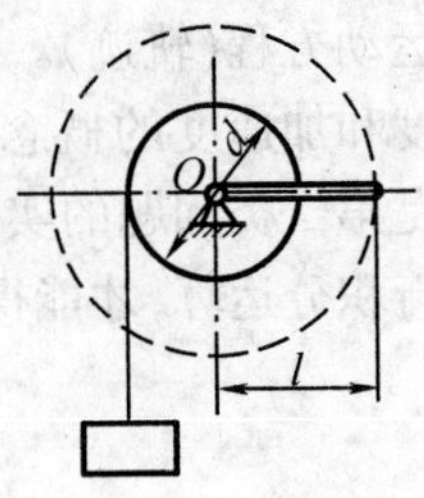

题 8－11 图

8－12　半径 $R=0.5$ m 的飞轮由静止开始作匀加速转动，经 10 s 后，在轮缘上的点有速度 $v=10$ m/s，求 $t=15$ s 时，飞轮轮缘上一点的切向、法向加速度。

8－13　钢板 AB 置于滚子传送带上运输，滚子半径均为 $R=25$ cm，如题 8－13 图所示。在某瞬时，钢板具有向右的匀加速度 $a_A=0.5$ m/s²，在同一瞬时，滚子周边上一点的加速度 $a=3$ m/s²。假设钢板 AB 与滚子间无滑动。求该瞬时钢板 AB 的速度 v_{AB}。

8－14　圆盘绕其转动中心 O 转动，某瞬时轮缘上 A 点的速度 $v_A=0.8$ m/s，方向如题图 8－14所示。在同一瞬时，轮缘上任一点 B 的全加速度与半径 OB 的夹角的正切为 0.6，即。若圆盘半径 $R=10$ cm。求此时圆盘的角加速度。

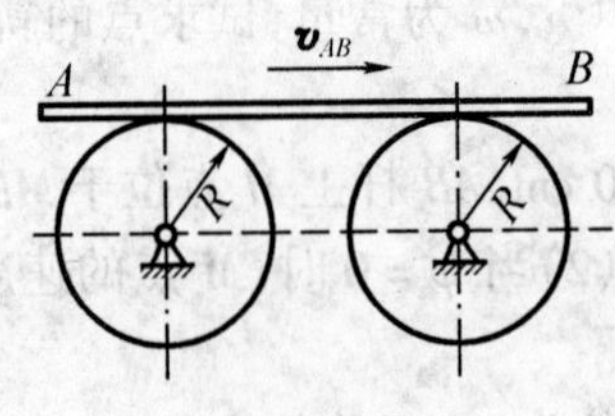

题 8－13 图

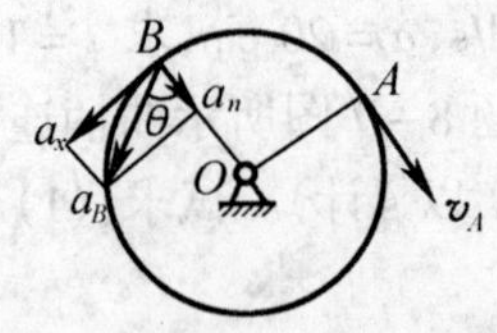

题 8－14 图

第九章 点的合成运动

前面我们已经研究了点的基本运动,那是一个点在一个参考系中运动的情况。在实际工程中,常常会遇到要在两个不同的参考系中,对同一点的运动进行描述的情况。由物理学我们已经知道,在不同参考系上描述同一物体的运动会有不同的结论。比如沿地面作直线滚动的车轮上一点的运动,对路上的观察者,见到点的轨迹是旋轮线,对坐在车上的观察者,见到点的轨迹是圆。虽然同一个运动在不同的参考系中会反映出不同的观察结果,但是两者之间一定存在着某种联系。本章就将建立物体相对于不同参考系的运动之间的关系,并利用这一关系,解决比较复杂的运动问题。

第一节 点的合成运动的概念

在工程上,把固定于地面的坐标系称为**静参考系**,或简称**静系**;把固定于相对于地面运动的物体上的坐标系称为**动参考系**,或简称**动系**。现在从物体相对于静系和动系的运动之间的关系,来说明合成运动的概念。

如图 9-1 所示,研究沿地面作直线滚动的车轮轮缘上点 M 的运动,路上行人所观察到的是相对于与地面固连的静参考系的运动,即车厢作直线运动,M 点的轨迹是旋轮线;车厢中人所观察到的是相对于与车厢固连的动参考系的运动,即 M 点运动是一圆周运动。实际上,圆周运动和平动是同时进行的,M 点既跟随动系一起平动,又在动系上作圆周运动,旋轮线就是这两个运动的合成结果,因此轮缘上 M 点的运动就是两个简单运动的合成。

如图 9-2 所示,桥式起重机起吊重物时重物 M 的运动,当起重机横梁不动时,起重机小车沿横梁水平行走,同时小车上卷扬机提升工件 M 向上运动。工件对小车(动系)来说,是沿垂直方向的直线平动,而小车对地面(静系)则是沿水平方向的直线运动。因此 M_1 可以作出如下分析,先假设工件 M 相对于小车不动,只是随着小车一起水平运动到 M 点,然后小车不动,只是工件 M 相对于小车从 M_1 上升到 M' 点。实际上,小车和重物是同时运动的,亦即,重物 M 的运动是上述两个简单运动的合成。

综合上述可知,通过选择适当的关系,可以把复杂的点的运动分解为两个简单的运动。对各个简单运动进行分析后,把它们再合成起来,就可以解决复杂的运动问题。

为了便于进一步研究这些运动,引入下列定义:

绝对运动——动点相对于静系的运动;

相对运动——动点相对于动系的运动;

牵连运动——动系相对于静系的运动。

从上述定义可知,动点的绝对运动和相对运动都是动点的运动,只是相对的参考系不同而已;而牵连运动是参考体对静系的运动,也就是固连着动参考系的刚体的运动,其运动可能是平动、转动或者是其他较复杂的运动。一般而言作牵连运动刚体(即动系平面上)上的各个点的运动速度是不相同的。在某一瞬时,动系上与动点位置相重合的点称为**牵连点**。随着动点在动系平面上运动,牵连点的位置在不断的改变。不同瞬时有不同的牵连点,各个牵连点连续地在动系平面上所形成的曲线即是相对轨迹。下面用例子来说明上述三种运动。

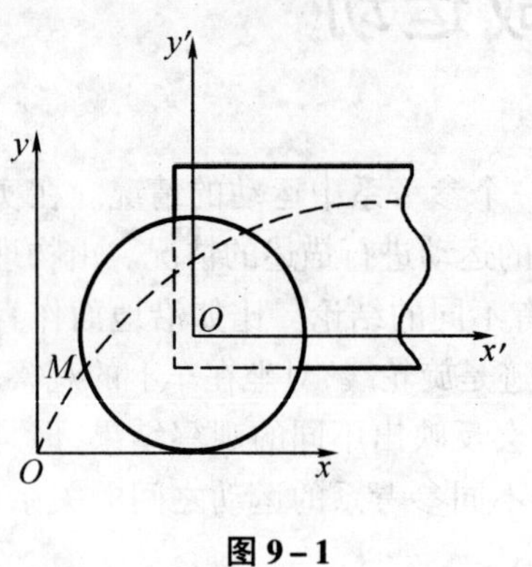

图 9－1

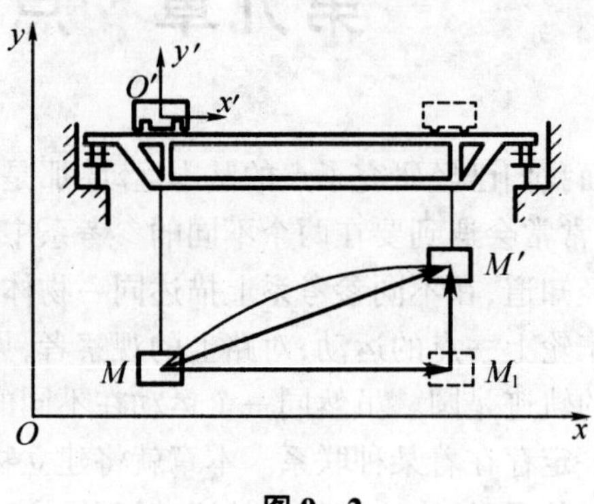

图 9－2

仍以图 9－1 的车轮为例，静系固连在地面上，动系固连在车厢上，当车轮直线滚动时，轮上 M 点（动点）相对地面（静系）的运动是绝对运动，M 点（动点）相对车厢（动系）的运动是相对运动，而车厢（动系）相对地面（静系）的运动则是牵连运动。

以图 9－2 桥式起重机为例，静系固连在地面上，动系固连在小车上。当小车起吊重物并同时水平移动时，重物（动点）相对地面（静系）的运动是绝对运动，重物（动点）相对小车（动系）的运动是相对运动，而小车（动系）相对地面（静系）的运动是牵连运动。

在分析上述三种运动时，首先必须确定动坐标系、静坐标系和被研究的动点。绝对运动可以认为是由相对运动和牵连运动合成的运动，故相对运动和牵连运动被称为分运动，绝对运动是它们的合成运动。

第二节　点的速度合成定理

现在研究点的绝对运动、相对运动、牵连运动三者之间的关系，首先观察三种运动的位移之间的关系。如图 9－3 所示运动平面 S 上有一曲线槽 AB，槽内有动点 M 沿槽运动，静参考系 Oxy 固连在地面上，动参考系 $O'x'y'$ 固连在运动平面 S 上。设在瞬时 t，动点位于动系 Oxy 的 M 处，经过时间 Δt 后，曲线槽随同动参考系运动到 $A'B'$ 位置，而动点 M 也沿曲线槽运动到 M'，显然 $\overset{\frown}{MM'}$ 为绝对轨迹，$\overline{MM'}$ 为绝对位移；$\overset{\frown}{M_1M'}$ 为相对轨迹，$\overline{M_1M'}$ 为相对位移；$\overset{\frown}{MM_1}$ 为牵连轨迹，$\overline{MM_1}$ 为牵连位移；并有

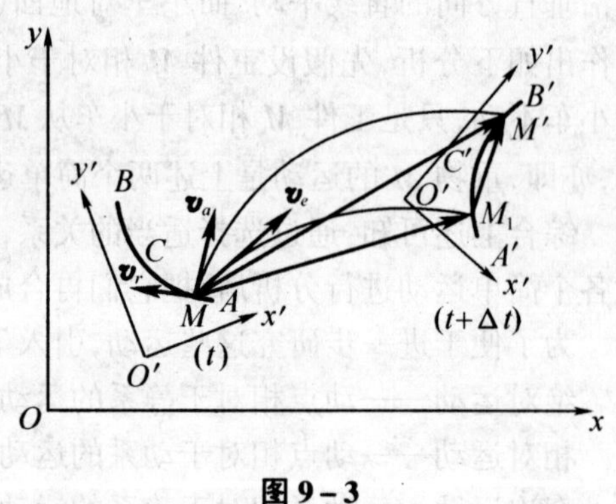

图 9－3

$$\overline{MM'}=\overline{MM_1}+\overline{M_1M'}$$

上式表明，动点的绝对位移是牵连位移和相对位移的矢量和。

将上式两边各除以 Δt，并取 $\Delta t\to 0$ 的极限值可得

$$\lim_{\Delta t \to 0}\frac{\overline{MM'}}{\Delta t}=\lim_{\Delta t \to 0}\frac{\overline{MM_1}}{\Delta t}+\lim_{\Delta t \to 0}\frac{\overline{M_1M'}}{\Delta t}$$

式中 $\lim_{\Delta t \to 0}\frac{\overline{MM'}}{\Delta t}$——动点在瞬时 t 的绝对速度$\boldsymbol{v}_a$，其方向沿绝对轨迹$\widehat{MM'}$在 M 点的切线方向；

$\lim_{\Delta t \to 0}\frac{\overline{M_1M'}}{\Delta t}$——动点在瞬时 t 的相对速度$\boldsymbol{v}_r$，其方向沿相对轨迹$\widehat{M_1M'}$在 M 点的切线方向；

$\lim_{\Delta t \to 0}\frac{\overline{MM'}}{\Delta t}$——牵连点(动参考系平面上与动点相重合的点)在瞬时 t 的牵连速度$\boldsymbol{v}_e$，其方向沿牵连轨迹$\widehat{MM_1}$在 M 点的切线方向，即

$$\boldsymbol{v}_a=\boldsymbol{v}_e+\boldsymbol{v}_r \tag{9-1}$$

上式即为点的速度合成定理：动点的绝对速度等于牵连速度与相对速度的矢量和。

上式中三个速度矢量，共包含大小、方向 6 个 x 量，如已知其中 4 个，即可用速度平行四边形解出其余两个未知量。

应该注意，定理中所知的动点的牵连速度，是指动系上瞬时 t 与动点重合的那个点相对于静系的速度。作牵连运动的往往是刚体(即动系)的运动，当刚体作平动时，动系上同一瞬时时各点速度均相同；而当刚体作转动时，动系上同一瞬时各点速度都不相同，因此必须以确定动系上该瞬时与动点相重合的那个点的速度作为牵连速度。

例 9-1 如图 9-4 所示，车厢以速度 v 沿水平轨道行驶，雨点垂直下落，现测得雨点对车厢的相对速度的方向与铅垂线成 α 角，且偏向车厢运动相反的方向，试求雨点相对于地面的速度。

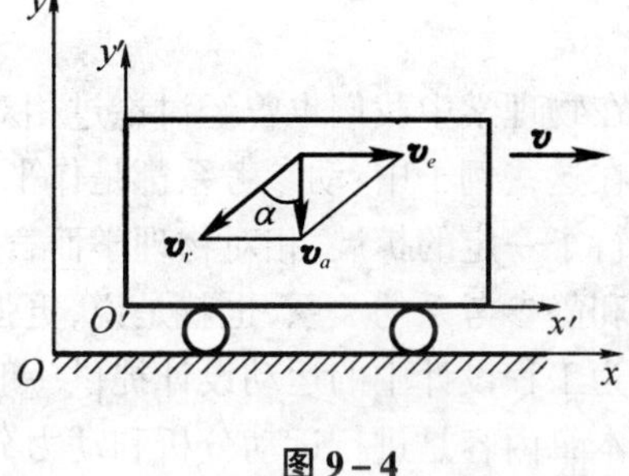

图 9-4

解 取雨点 M 为动点。动系固接在车厢上，牵连运动是速度为$\boldsymbol{v}$的车厢平动；相对运动是雨点相对于车厢沿着铅垂线 α 角的直线运动；绝对运动是雨点铅垂线下落相对于地面的运动。

由速度合成定理

$$\boldsymbol{v}_a=\boldsymbol{v}_e+\boldsymbol{v}_r$$

可知，牵连速度$\boldsymbol{v}_e$ 的大小、方向已知，相对速度的方向已知，绝对速度的方向已知，共有四个量已知，作出平行四边形显示速度的关系，如图 9-4 所示。由矢量图可得雨点相对于地面的速度大小为

$$v_a=v_e\cot\alpha=v\cot\alpha(\text{向下})$$

雨点相对于车厢的速度大小为$\boldsymbol{v}_r=v/\sin\alpha$。

例 9-2 如图 9-5 所示，圆形凸轮的半径 $R=80$ mm，偏心距 $e=60$ mm，以匀角速度 $\omega=2$ rad/s绕 O 轴转动，杆 AB 能在滑槽上下平动，杆的下端点 A 紧贴在凸轮上，试求图 10-5所示位置杆 AB 与凸轮圆心 C 在一直线上时，杆 AB 的速度。

解 在机构运动过程中，两个构件上均无常接触点，可任取凸轮上的接触点或杆 AB 上的接触点为动点。因为 AB 杆作平动，各点速度均相同，故只要求动其上任一点的速度即可；取 AB 的下端接触点 A 为动点。动系固连在凸轮上，静系固连在地面上，因此，从动杆上

A 点的速度是绝对速度，上与 A 点相接触的一点的速度是牵连速度，而动点 A 相对于凸轮沿圆周切线方向的速度是相对速度。

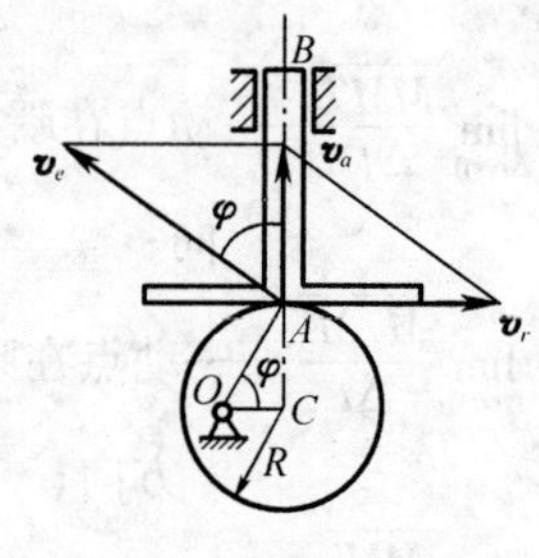

图 9-5

由速度矢量图可得从动杆 AB 的速度大小为

$$v_a = v_e\cos\varphi = (\overline{OA}\cdot\omega)(e/\overline{OA}) = e\omega$$
$$= 60\times2 = 120\ \text{mm/s}\quad(\text{向上})$$

通过以上例题的分析，可以归纳出应用点的合成定理的一般方法和步骤如下。

(1)选取动点和动参考系　首先明确题意，分析各物体的运动及相互关系。一般问题通常取所需要研究的那个点为动点，另一运动体为动系，所选取的动系应能将动点的运动分解为牵连运动和相对运动。因此动点和动系不应选在同一个物体上。机构问题常选取两运动物体的重合点或接触点，取其一为动点，另一则为动系的牵连点。若选取一构件上常接触点为动点，另一构件为动系，则动点在动系上相对运动的轨迹便能较明显地呈现找到，相对速度 $\boldsymbol{v}_r$ 的方向也就随之确定，易于进行分析和计算。

(2)分析绝对、相对、牵连三种运动，并分析三种运动的大小和方向，6 个量中若有 4 个量为已知，便可求其余两个未知量。

(3)作速度平行四边形求解　应用点的速度合成定理，作出速度平行四边形，$\boldsymbol{v}_a$ 必是平行四边形的对角线。利用三角关系或矢量投影定理求出未知量。

第三节　问题讨论与说明

在物理学中我们也曾经讨论过相对运动的问题，比如火车窗上的雨点、水中行驶的船等等。在这些例子中，动参考系都是作平行移动的。工程力学中所讲述的，是在物理学的基础上进行了一定的扩展，相对物理学而言，工程力学更注重的是动参考系的概念及动点、动参考系和静参考系的关系，也就是说，更强调静参考系与动参考系的运动复合概念，其最终目标是为工程设计中的运动设计提供一般的分析方法。

本章内容是进行运动分析和动力分析的基础，既是本编内容的重点，也是本编内容的难点。本章的学习对于学好下一章更具有十分重要的意义。

习　题

9-1　一船从 A 点离岸，与水流成垂直方向前进，在水流作用下，经过 8 分钟到达对岸 C 点，如题 9-1 图所示。已知 $AC = 160$ m，AC 与水平河岸成 60°角，试求河水流速及船航速。

9-2　如题 9-2 图所示，汽车水平直线行驶，已知雨点垂直下落的速度为 20 m/s，雨点在汽车侧面车身上的痕迹为与铅垂线成45°的直线。试求汽车行驶的速度。

9-3　题 9-3 图中，三角形块沿水平方向运动，其斜边与水平线成 a 角。杆 AB 的 A 端靠在斜面上，另一端固定在筒内铅垂滑动活塞 B 上。如果三角形块以速度 v_0 向右运动，求活塞 B 的速度。

9-4　裁纸机构如题 9-4 图所示，纸由传送带以速度 $v_1 = 0.05$ m/s 输送，裁纸刀 K 沿

固定导杆 AB 以速度 $v_2 = 0.13$ m/s 移动。欲使裁出的纸为矩形,试求导杆 AB 的安装角 θ 应为多少?

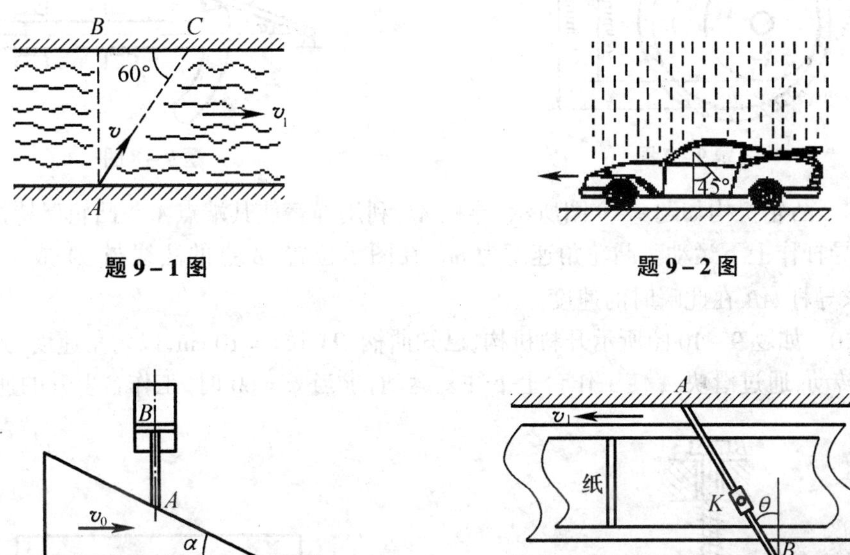

题 9-1 图　　题 9-2 图

题 9-3 图　　题 9-4 图

9-5　如题 9-5 图所示,车床主轴的转速 $n = 30$ r/min,工件的直径 $D = 4$ cm,车刀纵向走刀速度为 1 cm/s,试求车刀对工件的相对速度。

9-6　为了卸下胶带运输机上的物料,特装置挡板把物料挡住并推向旁边如题 9-6 图所示,挡板与胶带运动方向间的夹角为 $\alpha = 60°$。设胶带运动速度 $v_1 = 0.6$ m/s,物料被挡阻后沿挡板的运动速度 $v_2 = 0.14$ m/s,试求物料对胶带的相对速度的大小及其与胶带前进方向的夹角。

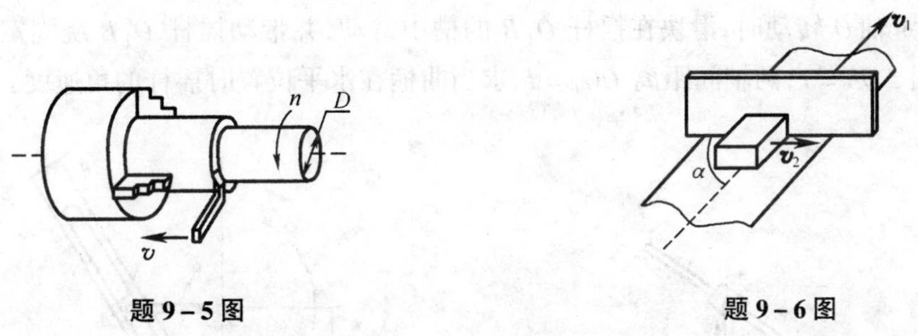

题 9-5 图　　题 9-6 图

9-7　题 9-7 图所示内圆磨床的砂轮直径 $d = 60$ mm,转速 $n_1 = 10\,000$ r/min,工件的孔径 $D = 80$ mm,转速 $n_2 = 500$ r/min,n_1 与 n_2 转向相反,求磨削时砂轮与工件接触点之间的相对速度。

9-8　曲柄滑杆机构如题 9-8 图所示,滑杆上有半径 $R = 10$ cm 的圆弧形滑道,曲柄 $OA = r = 10$ cm,以角速度 $\omega = 4t$ rad/s 绕 O 轴转动,通过滑块 A 带动滑杆 BC 水平移动。当 $t = 1$ s,$\varphi = 30°$,试求此时滑杆 BC 的速度。

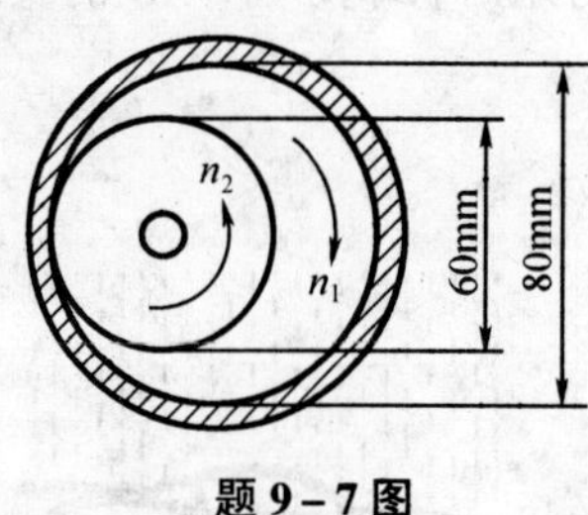

题 9-7 图

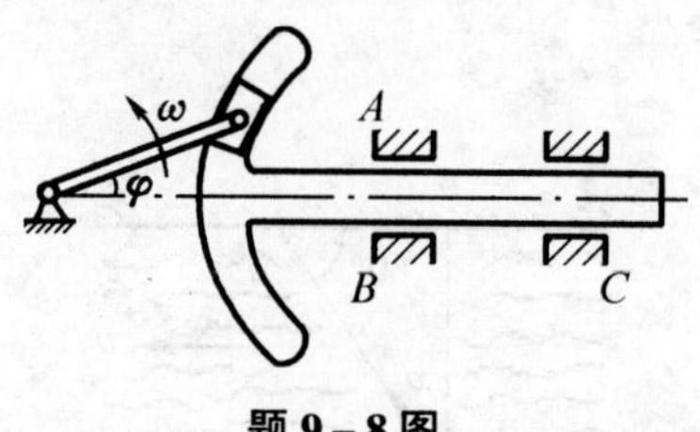

题 9-8 图

9-9 凸轮机构如题 9-9 图所示,导杆 AB 利用弹簧使其端点 A 与凸轮保持接触,凸轮转动时,导杆作上下运动。凸轮角速度为 ω_1,在图示位置,A 点的法线与 OA 成 α 角,且 $OA = e$,试求导杆 AB 在此瞬时的速度。

9-10 如题 9-10 图所示升料机构,已知曲柄 OA 长 $r = 10$ cm,以匀角速度 $\omega = 10$ rad/s 绕 O 轴转动,通过滑块 A 使工作台上下往复运动,求当 $\varphi = 60°$时,工作台上升的速度。

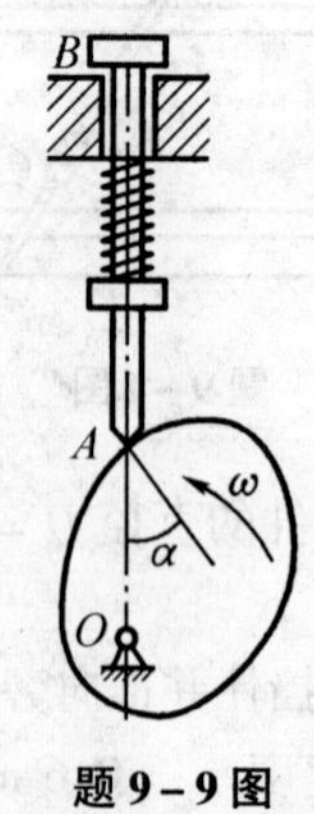

题 9-9 图

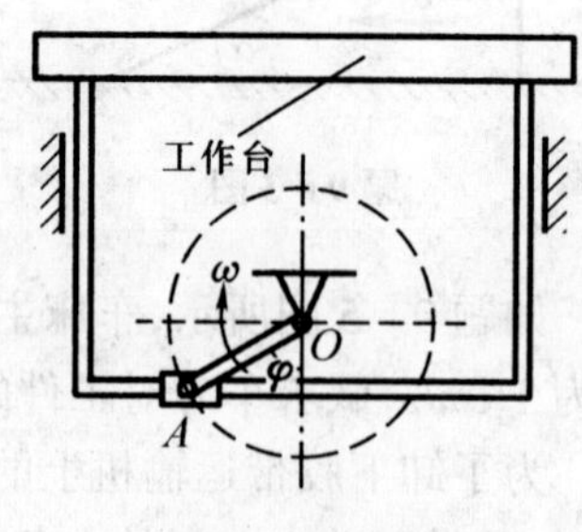

题 9-10 图

9-11 求在题 9-11 图所示的连杆机构中,当 $\alpha = \pi/4$ 时摇杆 OC 的角速度。已知 AB 杆以匀速 u 向上运动,开始时 $\alpha = 0$。

9-12 刨床的急回机构中,曲柄 OA 的一端 A 与滑块用铰链连接。当曲柄 OA 以匀角速度 ω 绕固定轴 O 转动时,滑块在摇杆 O_1B 的槽中滑动,并带动摇杆 O_1B 绕固定轴 O_1 摆动。设曲柄长 $OA = r$,两轴间距离 $OO_1 = l$,求当曲柄在水平位置时摇杆的角速度。

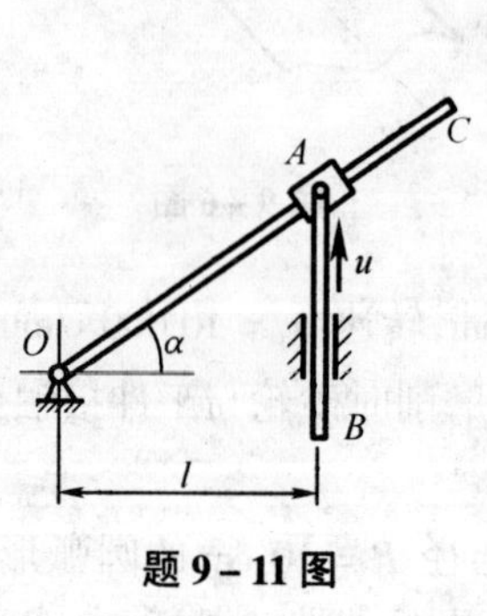

题 9-11 图

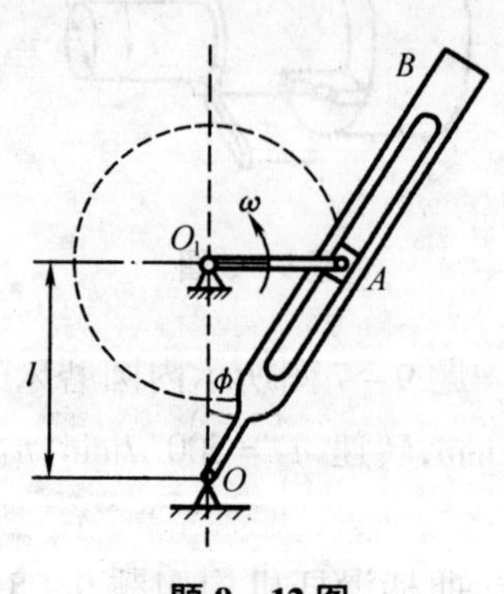

题 9-12 图

第十章 刚体的平面运动

前面已经讲过刚体的基本运动,在工程实际中虽然有许多构件进行的是刚体的基本运动形式的运动,但是更多的构件进行的是一种同时包含着平动和定轴转动这两种基本形式的运动。下面我们就来研究这种由两种基本运动形式合成的刚体运动形式。

第一节 刚体平面运动方程

刚体运动时,刚体内任意点与某一固定平面的距离始终保持不变,则此运动称为刚体的平面平行运动,简称为平面运动。

刚体平面运动的实例很多,例如沿直线轨道滚动的车轮;柱体在平面上的滑动(图 10-1);内燃机连杆的运动(图 10-2)等。刚体的定轴转动和平动都是平面运动的特殊情况。

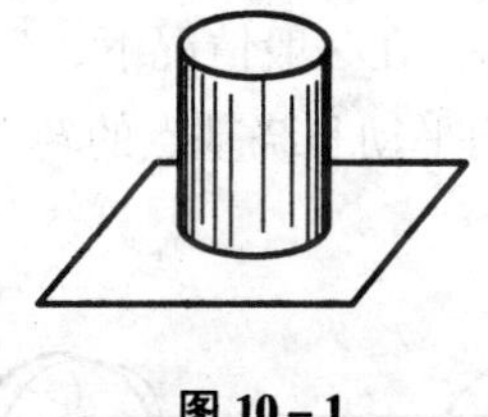

图 10-1

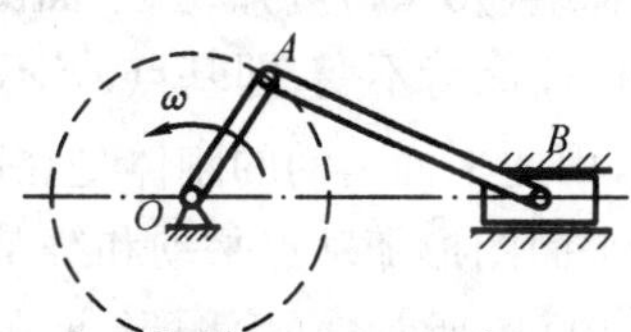

图 10-2

在图 10-3 中,一刚体作平面运动,刚体上各点到固定平面Ⅰ的距离保持不变,在刚体内任取一个和固定平面Ⅰ平行的横截面 S,则此截面 S 始终在平面Ⅱ内运动,又过截面 S 上任意点 A 作一条与固定平面Ⅰ垂直的直线,则此直线将作平行于自身的运动,并且直线上各点的运动与截面 S 上的 A 点的运动完全相同。由此可见,截面 S 上的各点的运动就代表了整个物体的运动,因此刚体的平面运动可以简化为截面图形 S 在自身平面内的运动。

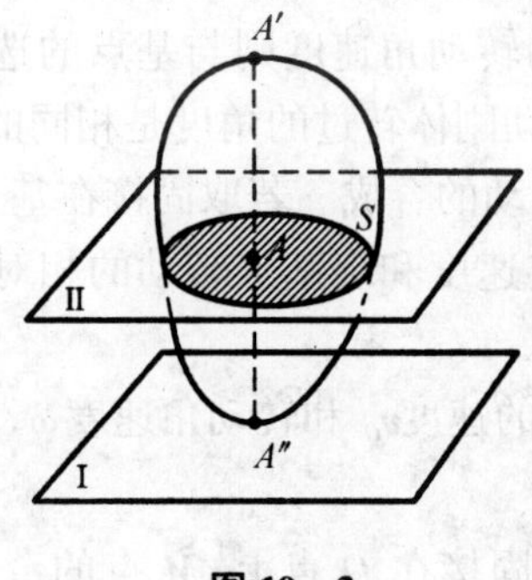

图 10-3

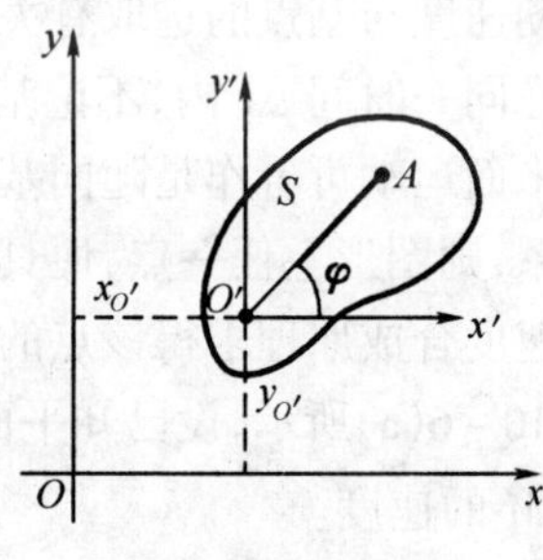

图 10-4

如图 10-4 所示,要确定平面图形 S 的位置只需要确定图形上任一线段(例如 $O'A$)的位置就可以了。由于图形内各点相对于此线段的位置是一定的,只要此线段 $O'A$ 位置确定，图形的位置也就确定。因此，平面图形的运动可以用图形上任一线段的运动来表示。

静参考系 Oxy 固接于地面，动参考系 $O'x'y'$ 固接于图形 O' 点上并随 O' 点作平动，这样，代表图形运动的线段 $O'A$ 的运动，就可分解为随动系 $O'x'y'$ 的平动（牵连运动）和线段 $O'A$ 在动系上绕原点 O' 的转动（相对运动）。我们把平动的动系原点 O' 称为**基点**，于是，$O'A$ 的位置可由基点 O' 的坐标 x'_O、y'_O 及 $O'A$ 与 x 的交角（x' 轴始终和 x 轴平行）φ 来决定。

当平面图形 S 运动时，x'_O、y'_O、φ 都是时间的连续函数，可表示为

$$\left.\begin{aligned} x'_O &= f_1(t) \\ y'_O &= f_2(t) \\ \varphi &= f_3(t) \end{aligned}\right\} \tag{10-1}$$

上式完全确定了每一瞬时的平面图形 S 的位置，这组方程称为**刚体平面运动方程**。

第二节　平面图形内各点的速度

一、速度合成法

由方程组（10-1）可知，当平面图形 S 运动时，若角 φ 保持恒值不变，则刚体作平面平动；若 x'_O 和 y'_O 保持不变，即基点 O' 不动，则刚体作定轴转动。在一般情况下，x'_O、y'_O、φ 都随时间而变，因此平面运动的刚体是在同时进行随基点的平面平动和绕基点的转动。所以，平面运动是平面图形随基点平动和绕基点转动的合成运动。

如图 10-5 所示，平面图形 S 在时间间隔 Δt 内，由位置Ⅰ运动到位置Ⅱ，这一运动过程，既可以看作平面图形 S 以任意点 A 为基点平动到 A_1 点，再以 A_1 点为中心转过角度 θ 到位置Ⅱ；也可以看作以任意点 O' 为基点平动到 O'_1 点，再以 O'_1 点为中心转动角度 θ 到位置Ⅱ。

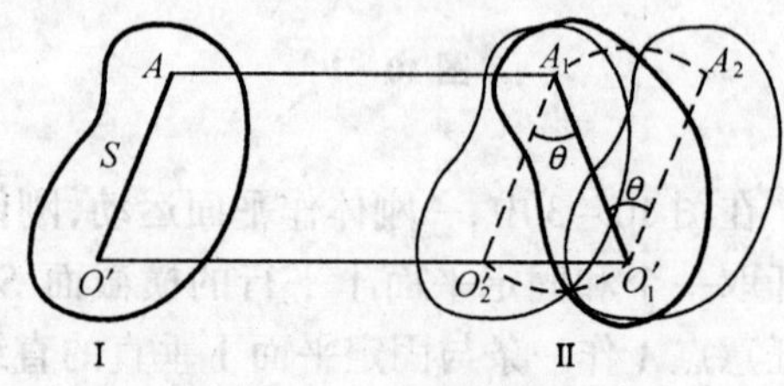

图 10-5

上述两种运动分解方式，都可以表达出某一瞬时的运动情况，得到相同的运动结果。但是，选取不同的基点，其平动部分在时间 Δt 内走的位移大小和方向也就不同，即刚体平面运动的平动速度与基点的选取有关。而刚体平面运动的转动角速度则与基点的选取无关，这是因为在同一时间 Δt 内，不论基点如何选取，平面运动刚体转过的角度是相同的。

刚体平面运动可看作是随同基点平动和绕基点的转动的合成。若取固接在基点作平动的动坐标系，则图形上任一点，便具有和基点相同的牵连速度和绕基点转动的相对速度，因此可利用速度合成原理求得该点的绝对速度。

如图 10-6(a)所示，设已知平面图形 S 上任一点 O 的速度 $\boldsymbol{v}_O$ 和转动角速度 ω，求图形 S 上任一点 M 的速度。

由于 O 点速度为已知，故取 O 点为基点，并将动系固接在 O 点上，M 点的牵连速度 $\boldsymbol{v}_e$ 就等于基点 O 的速度 $\boldsymbol{v}_o$（图 10-6(b)）；又由于平面图形 S 的转动角速度 ω 为已知，故 M 点的相对速度 $\boldsymbol{v}_r$ 就是 M 点绕基点 O 转动的线速度 $\boldsymbol{v}_{MO}$（图 10-6(c)），根据速度合成定理可得 M 点的绝对速度（图 10-6(d)）

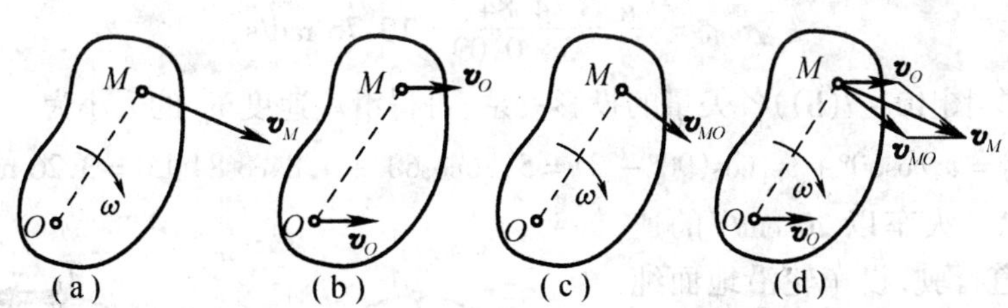

图 10-6

$$\boldsymbol{v}_M = \boldsymbol{v}_O + \boldsymbol{v}_{MO} \tag{10-2}$$

上式表明,平面运动的刚体上任一点的速度,等于基点速度与该点绕基点的转动线速度的矢量和。这种方法称为**基点法或速度合成法**。

例 10-1 曲柄滑块机构如图 10-7(a)所示,曲柄的转速 $n = 590$ r/min,活塞 B 的行程 $s = 2r = 188$ mm,曲柄与连杆的长度比 $r/l = 1/5$。当曲柄与水平线成 $\varphi = 30°$角时,试用基点法求连杆的角速度 ω_{AB} 和滑块 B 的速度 v_B。

解 在此机构汇总,曲柄作定轴转动,滑块作直线平动,连杆 AB 作平面运动。取连杆 AB 为研究对象,由已知条件得

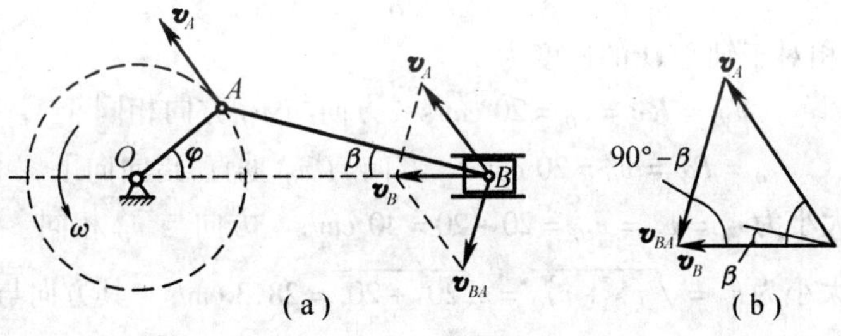

图 10-7

$$v_A = r\omega = 0.09 \times \left(\frac{\pi \times 590}{30}\right) = 5.56 \text{ m/s}$$

方向垂直曲柄 OA,指向如图 10-7(a)所示。

选速度大小、方向已知的 A 点为基点,按(10-2)式

$$\boldsymbol{v}_B = \boldsymbol{v}_A + \boldsymbol{v}_{BA}$$

由于 v_A, v_B 的方向已定,按上式作矢量三角形,如图 10-7(b)所示。由正弦定理可得

$$\frac{v_{BA}}{\sin 60°} = \frac{v_A}{\sin(90° - \beta)}$$

式中 β 角可从图 10-7(a)的△OAB 中由正弦定理求出

$$\sin\beta = \frac{r}{l}\sin 30° = \frac{1}{5}\sin 30° = 0.1$$

$$b = 5°45', \quad \cos b = 0.995$$

故

$$v_{BA} = \frac{v_A \sin 60°}{\cos 5°45'} = 5.56 \times \frac{0.866}{0.995} = 4.84 \text{ m/s}$$

连杆的角速度 $$\omega_{BA}=\frac{v_{BA}}{l}=\frac{4.84}{5\times0.09}=10.76\ \text{rad/s}$$

由矢量三角形(图 10－7(b))各矢量的投影关系,可得滑块速度 v_B 的大小为

$$v_B=v_A\cos60^\circ+v_{BA}\cos(90^\circ-\beta)=5.56\cos60^\circ+4.84\cos84^\circ15'=3.26\ \text{m/s}$$

例 10－2 火车以 20 cm/s 的速度沿直线轨道行驶,设车轮沿地面纯滚动而无滑动,其半径为 R,试用基点法求图 10－8 中车轮上 A,B 两点的速度。

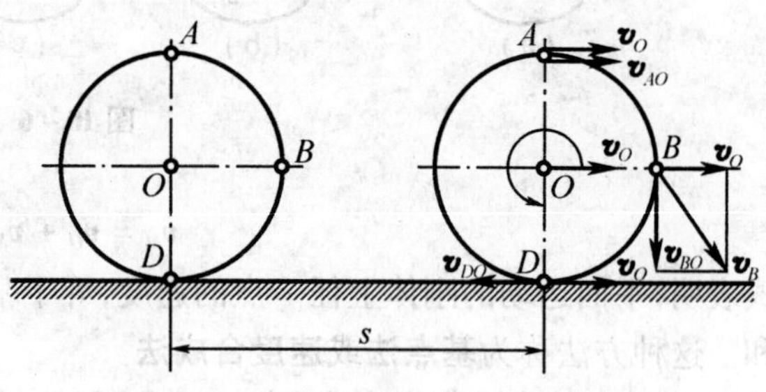

图 10－8

解 由于已知轮的轴心速度 $v_O=20$ cm/s,故取轴心 O 为基点。

由于车轮作纯滚动,故在轮缘与地面接触处 D 点的绝对速度为 v_D,由此可求出车轮的角速度 ω。

以 O 为基点,设角速度为 ω,则有

$$v_D=v_o-v_{DO}=v_o-R\omega=0$$

$$\omega=\frac{v_o}{R}$$

所以 A 点和 B 点相对于轴心 O 的速度为

$v_{AO}=R\omega=v_O=20$ cm/s 方向与 v_O 方向相同

$v_{BO}=R\omega=v_O=20$ cm/s 方向与 v_O 垂直,指向向下

A 点的速度大小为 $v_A=v_O=v_{AO}=20+20=40$ cm/s 方向与 v_O 相同

B 点的速度大小为 $v_B=\sqrt{v_O^2+v_{BO}^2}=\sqrt{20^2+20^2}=28.3$ cm/s 其方向与水平线成45°角,如图 10－8 所示。

二、速度投影法

如前所述,平面图形 S 上任意 A 与 B 的速度存在着确定的关系为

$$\boldsymbol{v}_B=\boldsymbol{v}_A+\boldsymbol{v}_{BA} \tag{10-3}$$

根据矢量投影定理,合矢量 $\boldsymbol{v}_B$ 在某一轴 x 上的投影,等于它的各分矢量 $\boldsymbol{v}_A$ 和 $\boldsymbol{v}_{BA}$ 在同轴上投影的代数和,故从(10－3)式可得

$$(\boldsymbol{v}_B)_x=(\boldsymbol{v}_A)_x+(\boldsymbol{v}_{BA})_x \tag{10-4}$$

投影轴是可以任意选取的。如图 10－9 所示,若选 AB 连线为投影轴,因 $\boldsymbol{v}_{BA}$ 垂直于 AB 连线,故 $(\boldsymbol{v}_{BA})_x=0$,则式(10－4)可写成为

$$v_B\cos\beta=v_A\cos\alpha \tag{10-5}$$

上式表明,平面图形上任意两点的速度在这两点连线上的投影相等,称为**速度投影定理**。这个定理的物理意义是明显的,它表明刚体上任意两点的距离是不变的,所以这两点的速度在两点连线方向的分量必须相等,否则,两点的距离不是拉开,便是缩短,这是不可能的。所以速度投影法在本质上是刚体上任意两点距离不变性质的一种反映,在原理上是基点的一个投影式。

在有些情况下,使用速度投影定理比其他方法更易于求解平面运动的速度问题。例如,若已知刚体上 A 点速度的大小及方向以及 B 点速度的方向,而不知 A,B 两点间的距离及刚体角速度的情况下,应用速度投影定理可求得 v_B 的值。

例 10-3 椭圆规尺 $AB=200$ mm,A,B 两滑块分别在互垂直的两滑槽中滑动,如图10-10所示。已知 A 端速度 $v_A=20$ mm/s,尺 AB 的倾斜角 $\varphi=30°$。试用投影法求 B 端的速度 v_B。

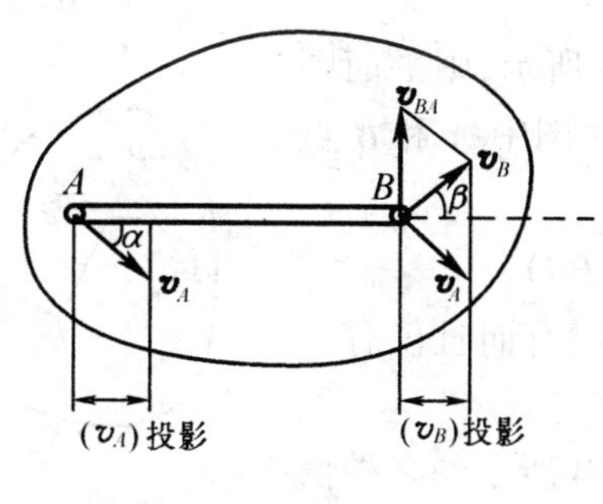

图 10-9

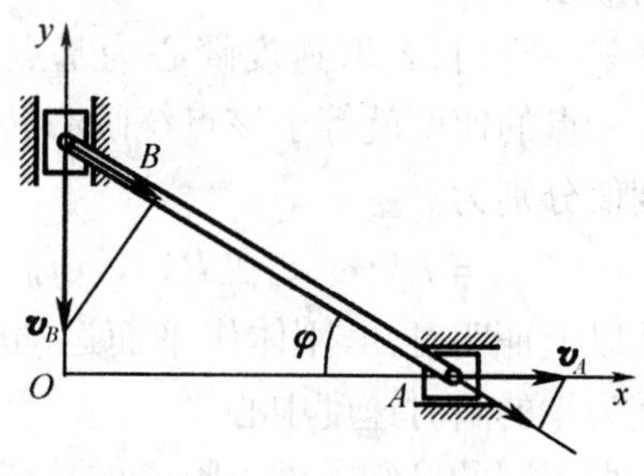

图 10-10

解 滑块 A 水平向左运动带动滑块 B 垂直向下运动。应用速度投影定理,将速度 $\boldsymbol{v}_A$、$\boldsymbol{v}_B$ 向 AB 连线上投影,可得

$$v_A\cos 30° = v_B\cos 60°$$

故

$$v_B = v_A\cos 30°/\cos 60° = 20\times 0.866/0.5 = 34.64 \text{ mm/s}$$

例 10-4 试用投影法求解图 10-11。

解 A 点的速度大小和方向已知,B 点的速度方向已知,并且 φ 和 β 也已知。应用速度投影定理可得

$$v_A\cos(90°-\alpha) = v_B\cos\beta$$

故

$$\begin{aligned}v_B &= v_A\cos(90°-\alpha)/\cos\beta = v_A\times\sin(\varphi+\beta)/\cos\beta\\ &= 5.56\times\sin 35°45'/\cos 5°45' = 3.26 \text{ m/s}\end{aligned}$$

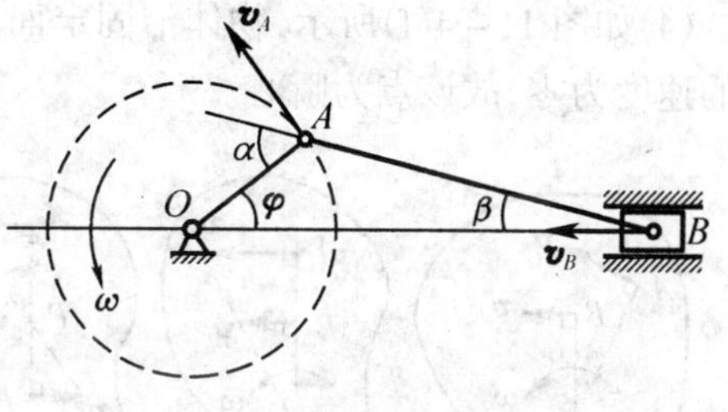

图 10-11

由本例可以看出,运用速度投影法不涉及相对速度,所以不能求出连杆 AB 的角速度 ω_{AB},但求解 $\boldsymbol{v}_B$ 的过程比较简捷。

三、速度瞬心法

由基点法知,平面运动刚体上任一点的速度,等于任选基点的移动速度与该点转动速度的矢量和。由此可以推想,若基点选在该瞬时速度为零的点上,则平面运动刚体上任一点的速度只等于该点绕基点转动的速度。速度为零的基点就被称为平面运动刚体在此瞬时速度中心,简称**瞬心**。利用瞬心去求任一点速度的方法称为**瞬心法**。由于基点速度为零,故可避免矢量合成的运算过程。

前面证明刚体平面运动时,确实存在着瞬时速度为零的点——瞬时速度中心。

如图 10-12 所示,设已知平面运动刚体的平面图形上 O 点的速度为 $\boldsymbol{v}_O$,角速度为 ω,则

其上任一点 P 的速度$\boldsymbol{v}_P$，按基点法可得

$$\boldsymbol{v}_P + \boldsymbol{v}_o + \boldsymbol{v}_{PO}$$

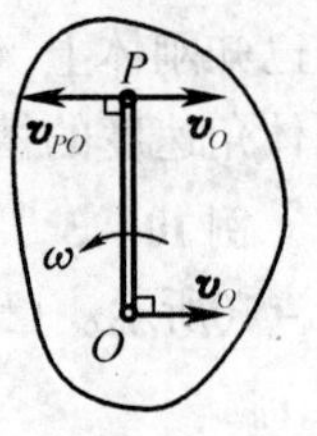

图 10－12

式中$\boldsymbol{v}_{PO}$的大小为$\boldsymbol{v}_{PO} = OP \cdot \omega$，方向与 OP 垂直；若在 P 点与$\boldsymbol{v}_{PO}$正好等值、共线、反向，则 P 点的绝对速度为零，P 点就是此瞬时的瞬时速度中心。欲使$\boldsymbol{v}_O$ 与$\boldsymbol{v}_{PO}$等值、共线、反向，则 P 点必在通过 P 点并与$\boldsymbol{v}_O$ 垂直的直线上，并且有 $OP = v_O/\omega$。显然，瞬心 P 可能在平面图形内，也可能延伸在平面图形以外。

在某一瞬时，若取速度瞬心为基点，如图 10－13 所示，则平面图形上任一点的速度就等于该点绕瞬心转动的线速度。图中 A 和 B 点的速度值分别为

$$v_A = PA \cdot \omega (v_A \perp PA), \quad v_B = PB \cdot \omega (v_B \perp PB)$$

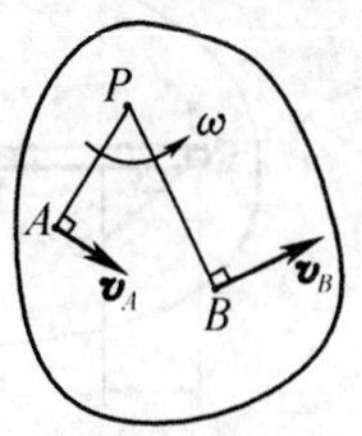

图 10－13

从以上证明可知，刚体作平面运动时，在任何瞬时有而且仅有一个速度为零的瞬时速度中心。

根据不同的已知条件求瞬心的位置有如图 10－14 所示的多种情况：

(1)如图 10－14(a)所示，已知 A,B 两点的速度方向，通过这两点作垂直于其速度的两条直线，则两条直线的交点就是速度瞬心；

(2)如图 10－14(b)、(c)所示，若 A,B 两点速度大小不等，其方向与 AB 连线垂直，则瞬心位置可根据速度与其转动半径成正比的关系确定；

(3)如图 10－14(d)、(e)所示，若任意两点 A,B 的速度$\boldsymbol{v}_A$ 平行于$\boldsymbol{v}_B$，且$\boldsymbol{v}_A = \boldsymbol{v}_B$，则瞬心在无穷远处，平面图形作瞬时平动；

(4)如图 11－4(f)所示，物体沿固定面作无滑动的滚动(称为纯滚动)，物体上只有接触点的速度为零，故该点为瞬心。

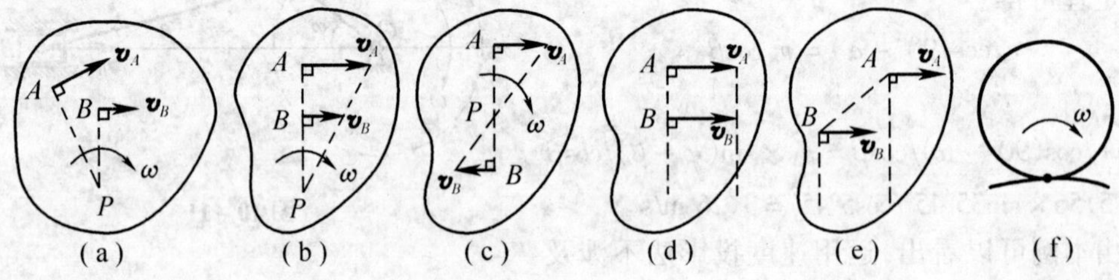

图 10－14

平面运动可以分解成平动和转动，现在利用瞬心的概念，又进一步将平面运动简化成绕瞬心的转动。应特别指出，刚体作平面运动过程中，作为瞬心那一点的位置不是固定的，而是随时间不断地变化。速度瞬心在某一瞬时的速度为零，该点的加速度不为零。下一瞬时该点的速度便不再为零了。这就是瞬心与刚体绕定轴转动的转动中心的不同点。定轴转动中心位置是固定不变的，该点的速度、加速度均恒为零。

当刚体作瞬时平动时，在此瞬时角速度为零，各点的速度相同，但各点的加速度并不相同，角加速度不等于零，下一瞬时，各点的速度便不再相同。否则如各点的速度、加速度均相同，刚体就不是作瞬时平动，而是作平动了。

例 10-5 试用瞬心法求解例 10-3。

解 如图 10-15 所示，分别从 A，B 两点作速度$\boldsymbol{v}_A$ 和$\boldsymbol{v}_B$ 的垂线交于 P 点，P 点即尺 AB 的速度瞬心，故尺 AB 的角速度为

$$\omega = v_A / AP = v_A / AB\sin30° = 20/20\sin30° = 0.2 \text{ rad/s}$$

B 点的速度值为

$$v_B = BP \cdot \omega \cdot AB \cdot \cos30° \cdot \omega = 200\cos30° \times 0.2 = 34.64 \text{ mm/s}$$

用瞬心法还可以求出作平面运动的尺 AB 上任一点的速度，例如求中点 D 的速度，则

$$v_D = DP \cdot \omega = \frac{AB}{2} \cdot \omega = 100 \times 0.2 = 20 \text{ mm/s}$$

其方向垂直于 DP，与尺 AB 的转向一致。

例 10-6 试用瞬心法求解例 10-2，即车轮中心 O 有 $v_O = 20$ m/s 水平方向，车轮的半径为 R，求图 10-16 所示轮缘上 A、B 点的速度。

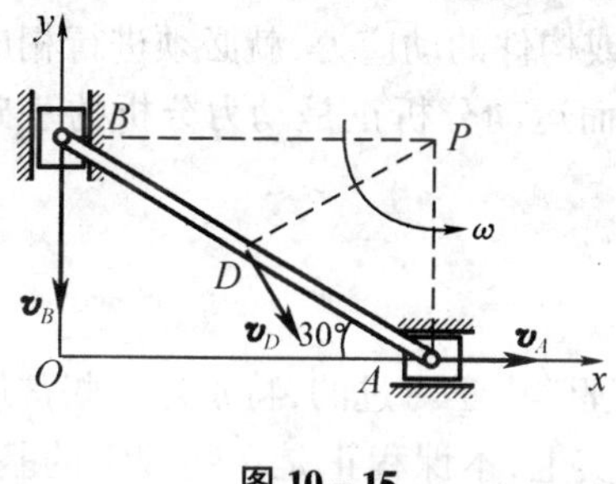

图 10-15

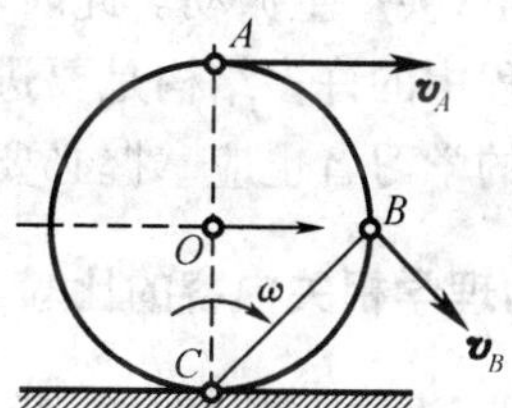

图 10-16

解 如图所示，由于车轮作纯滚动而无滑动，车轮与地面接触点 C 在该瞬时的速度为 v_C，所以 C 点为车轮的速度瞬心。

由于车轮中心速度$\boldsymbol{v}_O$ 为已知，故车轮的角速度 ω 为

$$\omega = v_O / R = 20/R \text{ rad/s}$$

轮缘上 A，B 两点的速度，可由下式求出

$$v_A = AC \cdot \omega = 2R \cdot \frac{20}{R} = 40 \text{ mm/s}(\text{方向垂直于 } AC)$$

$$v_B = BC \cdot \omega = (\sqrt{2}R) \cdot \frac{20}{R} = 28.3 \text{ mm/s}(\text{方向垂直于 } BC)$$

第三节　问题讨论与说明

一、对刚体平面图形的再认识

有许多初学者在学完本章后会产生一些疑惑：不是学习刚体平面运动问题吗，为什么接触的问题都是平面的、点的问题呢？还有的初学者好像没有疑问，其实根本就没有形成刚体运动分析的概念，在实际工作中见到同类问题根本不知道如何下手。所有类似问题的产生，都是因为初学者没有建立起对刚体平面图形的正确认识。

刚体平面图形实际是对刚体平面运动力学模型的再简化的结果。本章第一节重点说明

的就是这个问题，其结果是把作平面运动的一般刚体模型简化成了平面图形或平面图形上的线段。实际上，我们是通过定位平面图形上的线段定位了平面图形，通过定位了平面图形定位了作平面运动的刚体。

搞清这个问题对正确掌握工程运动分析很有意义。

二、关于运动分析在工程中的应用问题

工程中的物体系统分为机构和结构两类。从力学意义上讲，机构指的是具有刚体自由度的物体系统；结构指的是没有刚体自由度的物体系统。

机构设计必须进行运动分析，这是不言而喻的。机械类专业的学习者必须掌握运动分析知识。

结构设计也有许多要进行运动分析。为了求出结构的内、外约束力，常将结构的一部分解除约束，再用相应的约束力代替。这样，结构就转化为机构，再运用运动分析的相关方法进行求解。如果从实际角度出发，对结构的弹性变形加以考虑，那么结构在一定的初始条件或载荷作用下，会产生振动。此时若要求出振动规律或构件的动应力，就必须进行相应的运动分析。工程中的许多结构是要进行动力学设计的，而运动分析正是动力分析的基础。工程结构专业的学习者也应掌握必要的运动分析知识。

三、与物理学相关内容的比较

回顾第八、九、十章会发现，其中许多内容是在物理学中学习过的，特别是一些常用的特殊运动形式，更是与物理学中所讲授的完全相同。事实上，本课程正是在物理学的基础上，对点和刚体模型的运动形式进行了更为全面的、系统的和较为深入的讲授，初步完成对运动学普遍规律的认识。

与物理学不同的是，物理学更注重理论性和对普遍规律的研究，而工程力学则将重点放在了介绍同一物体对于静参考系和动参考系的运动学关系上，更注重的是怎样为工程设计中的运动设计提供一般的分析方法。

习　题

10-1　直杆 AB 上 A 点的速度 $v_A = 1$ m/s，方向沿 AB 杆，B 点速度 v_B 方向与 AB 杆成 60°角，如题 10-1 图所示，试求 v_B 的值。

10-2　杆 AB 放置如题 10-2 图所示，已知 B 点沿地面有水平向右速度 $v_B = 5$ m/s，试求在此瞬时，杆 AB 与台棱角相接触的 C 点的速度 v_C 的值。

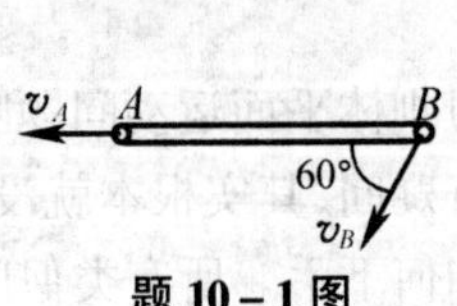

题 10-1 图

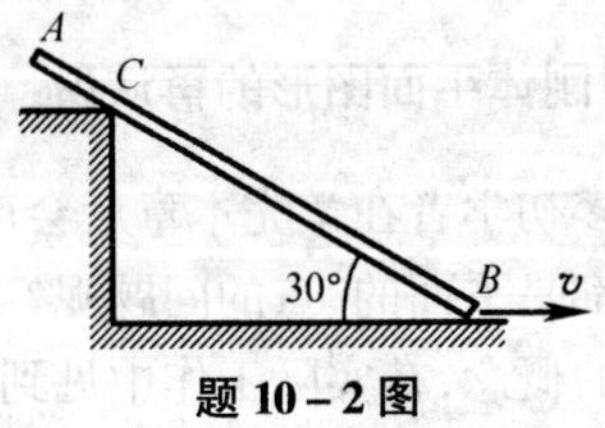

题 10-2 图

10-3　车轮沿地面作直线纯滚动，已知轮的直径 $d = 0.4$ m，角速度 $\omega = 7.5$ rad/s，试求

题10－3图所示轮缘上 A,B,C,D 四点的速度。

10－4　在题 10－4 图所示机构中，曲柄 OA 以角速度 ω_0 绕 O 轴转动，通过齿条 AB 带动齿轮绕 O_1 转动，已知齿轮半径 $r=0.5OA$，齿条与曲柄交角 $\alpha=60°$，求齿轮的角速度。

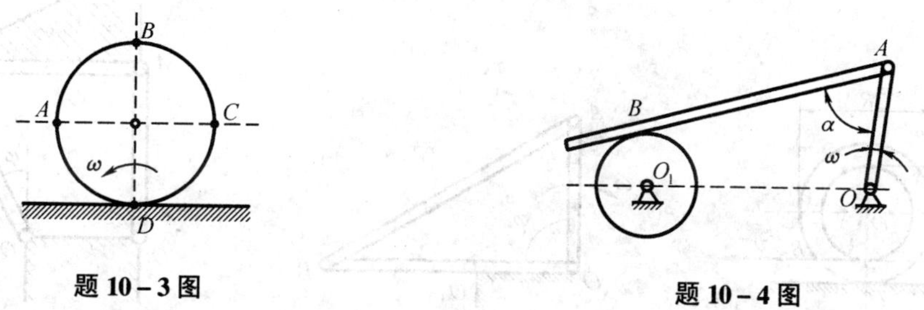

题 10－3 图　　题 10－4 图

10－5　石油唧筒机构如题 10－5 图所示，主动轮以 $n=20$ r/min 绕 O 轴转动。当 CD 和 OA 位于水平位置时，B 点在 O 点的铅垂线上，试求此瞬时 C 点的速度。已知 $O_1C=2$ m，$O_1B=3$ m，$AB=2.5$ m，$OA=0.6$ m。

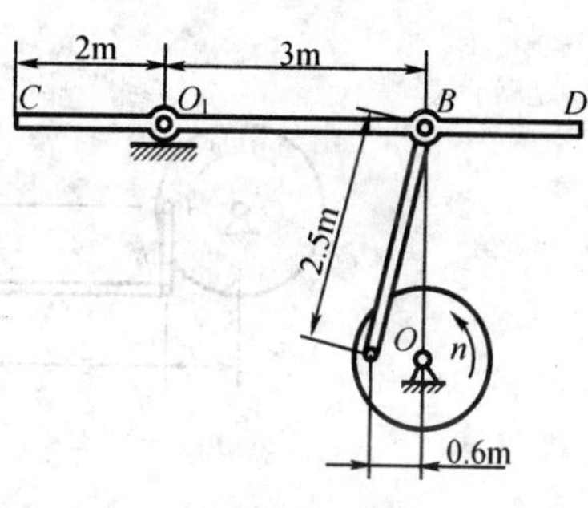

题 10－5 图

10－6　如题 10－6 图所示的曲柄连杆机构中，曲柄 $OA=400$ mm，连杆 $AB=1\ 000$ mm。曲柄 OA 绕 O 轴作匀速转动，其转速 $n=180$ r/min。当曲柄与水平线成 45°角时，求连杆的角速度和其中点的速度。

10－7　如题 10－7 图所示，两齿条以速度 $v_1=6$ m/s和 $v_2=2$ m/s作同方向运动，两齿条间夹有一齿轮，其半径为 $r=0.5$ m，求齿轮的角速度及其中心 O 点的速度。

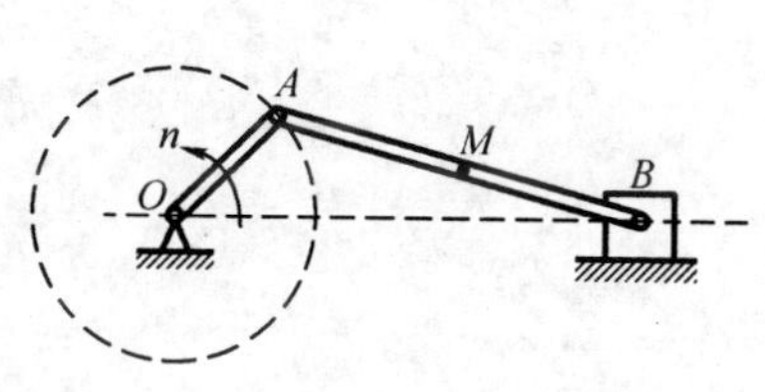

题 10－6 图

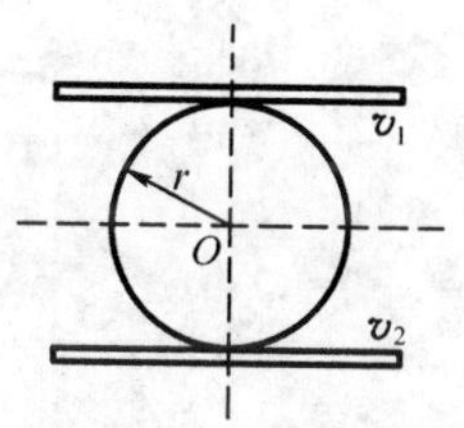

题 10－7 图

10－8　绕线轮作水平直线纯滚动，如题 10－8 图所示。若线的 B 端以速度 v_1 沿水平方向运动，试求绕线轮轴心 O 的速度。

10－9　四连杆机构 $OA=O_1B=0.5AB$。曲柄 OA 的角速度 $\omega=7.5$ rad/s。如题 10－9 图所示，当 $\varphi=90°$时，OO_1 与 O_1B 共线时，求连杆 AB 和曲柄 O_1B 的角速度。

10－10　四连杆机构如题 10－10 图所示，曲柄 O_1A 的角速度 $\omega=2$ rad/s，长 $O_1A=10$ cm，$O_1O_2=5$ cm，$AD=5$ cm。当 O_1A 为铅垂时，AD 与 AO_1 共线，并且 $AB\,/\!/\,O_1O_2$，$\varphi=30°$。求此时三角板 ABD 的角速度和 D 点的速度。

10－11　两个四连杆机构的尺寸如题 10－11 图所示，轮子以角速度 ω_0 顺时针转动，求题图所示瞬时杆 AB 和杆 BC 的角速度。

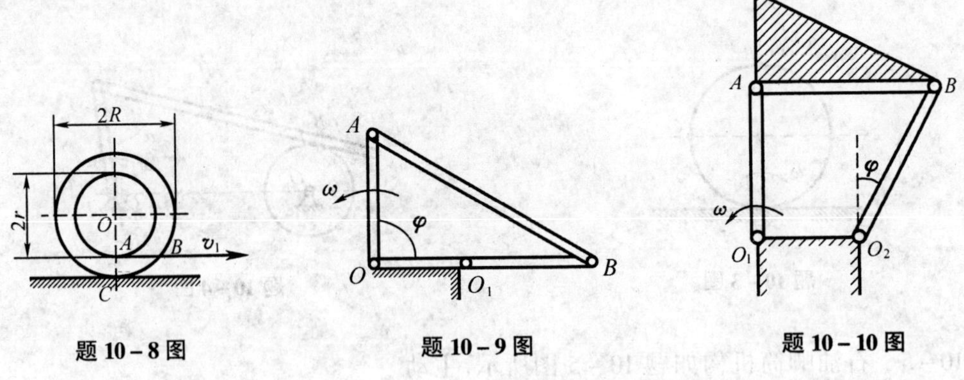

题 10－8 图　　题 10－9 图　　题 10－10 图

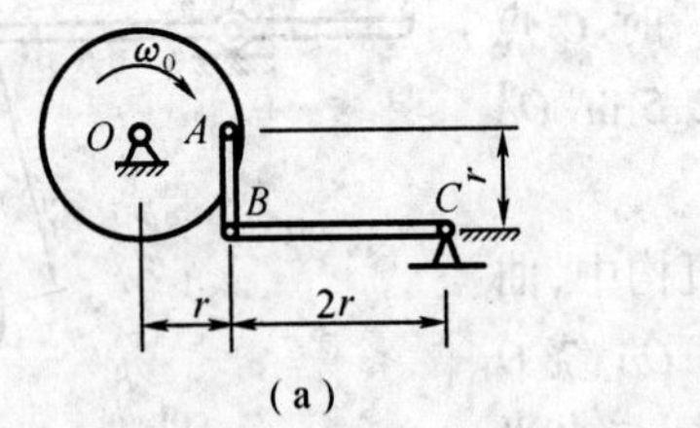

(a)

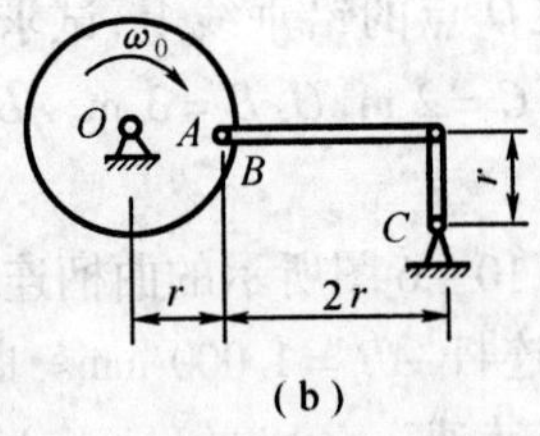

(b)

题 10－11 图

第十一章 动力学普遍定理及其应用

第一节 动力分析概述

本书的"静力分析"编中,研究的是物体的受力,其基础是力系的简化和平衡。在静力分析中,没有涉及物体的运动。

在"运动分析与动力分析"编中,前面有关运动分析的内容中,从几何学的角度研究了物体的运动,但没有涉及产生运动的原因,即没有研究作用在物体上的力与物体运动之间的关系。由本章开始研究物体的机械运动与作用力之间的关系,其目的在于对物体的机械运动进行安全的分析,而方法是研究作用于物体的力与物体之间的关系,建立物体机械运动的普遍规律。下面先介绍几个常用的基本概念。

一、质点与质点系

动力分析中将会涉及到质点与质点系这两种抽象模型。

前面已提到,当忽略物体的几何形状和几何尺寸,而不影响研究问题的结果时,此物体即可抽象为质点。例如研究人造地球卫星的运行轨道时,可将卫星抽象为质点。又如物体平动时,由于物体上各点的运动完全相同,故可以不考虑物体的几何形状和几何尺寸,而将物体简化为一质点。

由有限或无限个质点所组成的系统,称为"质点系"或"质系"。质点系既包括物体,也可以包括变形固体,以至流体;既可以代表单个物体,也可以代表若干物体的组合,因此质点系的动力分析可以概括机械运动的最一般规律。刚体则是一种特殊的质点系,其中任意两个质点间的距离保持不变。

对质点系进行动力分析,往往无需揭示组成质点系的所有点的运动状态,而只需阐明质点系整体的运动特征。例如对于物体,只需确定物体质心的平动和绕质心转动,而无需对物体上每一点的运动逐一加以分析。

二、动力分析所涉及的两类量

动力分析中将要涉及两类量,一类是与运动有关的量,例如动量、动量矩和动能等均属于此,这些量与质量、速度或加速度有关;另一类是与力有关的量,如冲量、冲量矩以及功等,这些与力、力作用的时间或力移动的距离有关。

动力学普遍定理就是对这两类量之间的关系的描述,我们通过这些关系找到各个量之间的转换,从而解决要研究的问题。

三、质点系的内力和外力

对质点系作动力分析时,通常需要将作用在质点系上的力按两种不同方法加以分类。

一种方法是将质点系上的力分为内力和外力。质点系以外的物体施加在质点系各质点上的力称为"外力";质点系各质点间的相互作用力称为"内力"。外力与内力的区分是相对的，例如当研究由机车和车厢组成的列车运动时，这列车可视为由机车和车厢这些质点组成的质点系，这时机车与车厢之间的相互作用力为内力，但当分析机车或单节车厢的运动时，则机车与车厢之间的作用力，对于所研究的对象便变成为外力。

另一种方法是将作用在质点系上的力分为主动力与约束力。作为约束的物体施加于被约束物体上的力称为“约束力”。因为被约束物体的运动状态是变化着的，故约束力随着运动状态的变化而变化。所以，这种约束力不同于静力分析的约束力，有时又称为“动约束力”或“动反力”。除约束力以外的力称为“主动力”。

四、动力分析的两类问题

动力分析所涉及的问题比较广泛，但可归纳为两大类。

第一类问题是已知物体的运动，求作用在物体上的力。例如已知机器的运动规律，求其各零件、部件上受的力或受地基的约束力等即属此类。

第二类问题是，已知作用在物体上的力，确定物体的运动规律，包括位移、速度和加速度等。例如已知作用在炮弹、导弹上的推动力，求炮弹、导弹的弹道等即属此类。

在工程实际中，许多机械和零、部件都需要进行动力学的分析和计算，以解决冲击、震动、动载荷、动平衡和机床刚度等复杂的课题，而机械原理、机械设计等后续课程也需要动力学的知识。因而学习动力学的基本理论，对于解决工程实际问题，有着十分重要的意义。

应用质点运动微分方程，求解质点动力学两类基本问题，是解决动力学问题的基本方法，但是在许多实际工作中，由微分方程求积分，有时是很困难的，特别是对于质点系动力学问题，如果采用这一方法则需写出系统中每个质点的运动微分方程，再去积分，其困难就更大，而且在有些问题中，往往不需要研究质点系中每一个质点的运动。因而在一定条件下，应用动力学普遍定理来解决实际问题，不仅计算简便，而且物理概念明确，便于深入了解机械运动的性质。

动力学普遍定理包括动量定理、动量矩定理和动能定理，这些定理都是从动力学基本方程推导而来的。

第二节　质点动力学基本方程

一、动力学基本定律

动力学的全部内容是以动力学基本定律为基础的。动力学基本方程是牛顿运动定律的数学表示形式。质点动力学有三个基本定律，通常称为牛顿运动三定律。牛顿三大定律我们在物理学中早已学习过，并且做过大量练习，物理学中的学习在此都是适用的，为此在动力学内容的学习中，不再进行更多的练习和讲解，只作必要的深入和拓展。

第一定律(惯性定律)

任何质点如不受力的作用，则将保持其原来的静止或匀速直线运动的状态。

物体保持其运动状态不变的特性称为惯性，所以第一定律又成为惯性定律，而质点的匀速直线运动又称为惯性运动。

在生活和生产实践中，我们经常遇到惯性引起的一些现象。例如汽车刚开时车上的乘客会向后仰，而刹车又会向前扑。

这一定律还说明质点的运动状态如果发生变化，则质点必然受到力的作用，因此力是质点运动状态改变的原因。

第二定律（力与加速度的关系定律）

质点的质量和加速度的乘积，等于作用于质点的力的大小，加速度的方向与力的方向相同，即

$$\boldsymbol{F} = m\boldsymbol{a} \tag{11-1}$$

式(11-1)是牛顿第二定律的数学表达式，它是质点动力学的基本方程，建立了质点的加速度、质量与作用力之间的定量关系。当质点上受到多个力作用时，则式中的力是所受力系的合力。

式(11-1)表明，如果用大小相等的力作用于质量不同的质点上，则质量大的质点加速度小、质量小的质点加速度大。这说明质点的质量越大其运动状态越不容易改变，也就是说质点的惯性越大，因此质量是质点惯性的度量。

设真空中质量为 m 的质点，受重力作用而自由下落，其加速度为重力加速度，由牛顿第二定律可得

$$\boldsymbol{G} = m\boldsymbol{g} \tag{11-2}$$

式(11-2)给出了重力与质量的关系。由于物体的重力易于直接测量故常用式(11-2)根据重力求出质量。要特别注意，重力与质量是两个完全不同的概念。重力是由于地球的吸引而使物体受到的力，它随着物体与地面的距离的改变而改变，而质量是物体的固有属性，是一个不随地理位置的改变而改变的量。

第三定律（作用力与反作用力定律）

两个质点之间的相互作用力总是等值、相反、共线，且分别作用在对应的质点上。

这个定律在静力学中学习过，在此重提的重要意义在于：这个定律不仅在物体平衡时成立，在物体运动时也是同样成立。第三定律给出了质点系中个质点间相互作用的关系。由此，我们能将质点动力学的原理推广应用到研究质点系动力学问题中去。

二、质点运动微分方程

将动力学基本方程投影于不同坐标系，可建立不同形式的质点运动微分方程。

1. 直角坐标形式的质点运动微分方程

设质量为 m 的质点 $M(x,y,z)$ 在诸力 $F_1, F_2, \cdots, F_n$ 的作用下沿曲线运动，如图 11-1 所示，动力学基本方程为

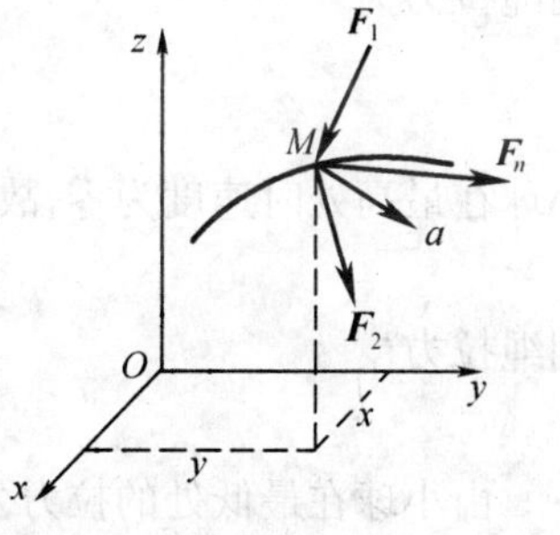

$$\sum \boldsymbol{F} = m\boldsymbol{a}$$

将上述投影到直角坐标系上则得

$$\left.\begin{aligned} ma_x &= \sum F_x \text{ 即 } m\frac{\mathrm{d}^2 x}{\mathrm{d}t^2} = \sum F_x \\ ma_y &= \sum F_y \text{ 即 } m\frac{\mathrm{d}^2 y}{\mathrm{d}t^2} = \sum F_y \\ ma_z &= \sum F_z \text{ 即 } m\frac{\mathrm{d}^2 z}{\mathrm{d}t^2} = \sum F_z \end{aligned}\right\} \tag{11-3}$$

图 11-1

上式即为直角坐标形式的质点运动微分方程。若质点作平面曲线运动，则式(11-3)仅剩两式。

2.自然坐标形式的质点运动微分方程

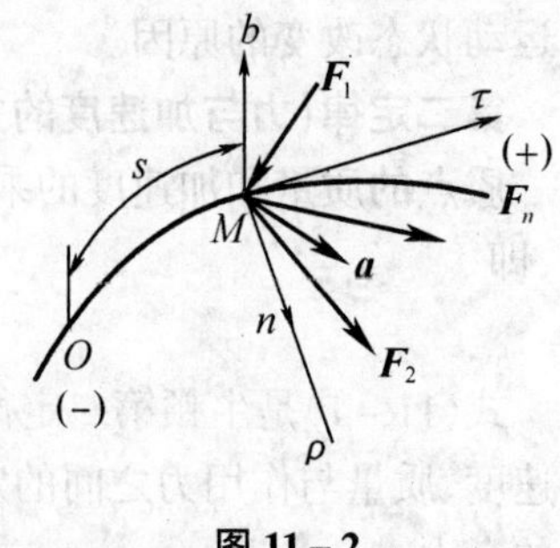

图 11 – 2

在实际应用中,如果质点运动轨迹已知,采用自然坐标系则更为方便。为此,将动力学基本方程投影在自然轴的切线、法线及副法线上,如图 11 – 2 所示,则得

$$\left.\begin{aligned} ma_\tau &= \sum F_\tau \text{ 即 } m\frac{\mathrm{d}^2 s}{\mathrm{d}t^2} = \sum F_\tau \\ ma_n &= \sum F_n \text{ 即 } m\frac{v^2}{\rho} = \sum F_n \\ 0 &= \sum F_b \text{ 即 } 0 = \sum F_b \end{aligned}\right\} \quad (11-4)$$

此式即为自然坐标形式的质点运动微分方程。

三、质点动力学第一类基本问题

质点动力学第一类问题是:已知质点的运动,求作用于质点上的力。在这类问题中,质点的运动方程或速度函数是已知的,只需将其代入质点运动微分方程,便可求出未知的作用力。求解这类动力学问题的步骤可大致归纳为:

(1)选取研究对象,画受力图;

(2)分析运动,根据所给条件,分析某瞬间的运动情况;

(3)根据研究对象的运动情况,确定采用何种形式的运动微分方程;

(4)列运动微分方程,求解未知量。

例 11 – 1 小球质量为 m,悬挂于长为 l 的细绳上,绳重不计。小球在铅垂面内摆动时,在最低处的速度为 v,摆在最高处时,绳与铅垂线的夹角为 φ,如图 11 – 3 所示,此时小球速度为零,试分别计算小球在最低与最高位置时绳的拉力。

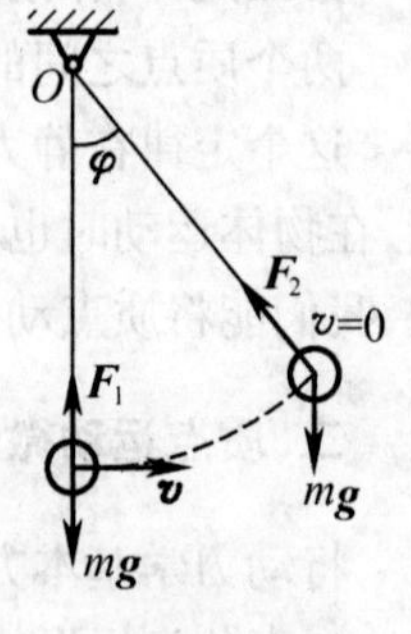

图 11 – 3

解 小球作圆周运动,受重力 $\boldsymbol{G} = m\boldsymbol{g}$ 和绳拉力 $\boldsymbol{F}$ 的作用。在最低处有法向加速度 $a_n = \frac{v^2}{l}$,由质点运动微分方程沿法向的投影式有

$$f_1 = mg = ma_n = m\frac{v^2}{l}$$

则绳拉力为

$$F_1 = mg + m\frac{v^2}{l} = m\left(g + \frac{v^2}{l}\right)$$

小球在最高处时速度为零,故法向加速度也为零,则其运动微分方程沿法向投影式为

$$F_2 - mg\cos\varphi = ma_n = 0$$

则绳拉力

$$F_2 = mg\cos\varphi$$

由小球在最低处的拉力公式可知,拉力由两部分组成,一部分等于物体重力,称为静拉力;一部分由加速度引起,称为附加动拉力,全部拉力称为动拉力。由拉力表达式还可以看出,减小绳子拉力的途径是减少速度或增加绳长。

四、质点动力学第二类基本问题

质点动力学第二类问题是:已知作用在质点上的力,求质点的运动。这类问题比较复

杂,因为作用于质点上的力是常力,也可以是与许多物理因素相关的变量。求解这类动力学问题的步骤可大致归纳为:

(1)选取研究对象,画受力图;

(2)分析运动,确定指点运动的初始条件;

(3)列运动微分方程,求解未知量。

例 11-2 如图 11-4 设质点 M 以初速度 v 从 O 点与 x 轴成 α 角的方向射出,不计空气阻力,求质点 M 的运动规律。

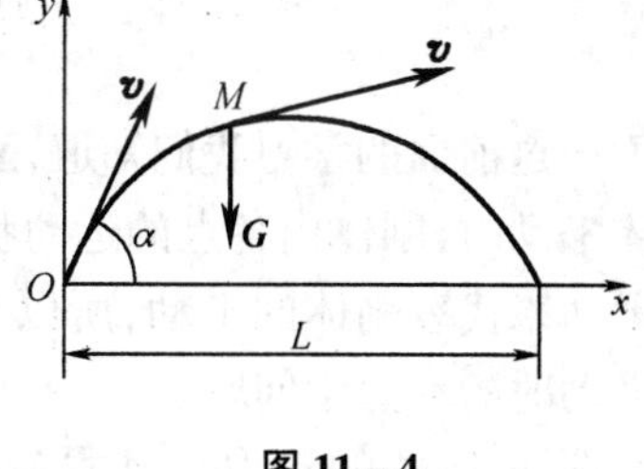

图 11-4

解 由题中条件可知,这是动力学第二类问题,力是常力。

(1)取质点 M 为研究对象,它在被射出后的全部运动过程中,仅受重力 G 的作用,如图 11-4 所示。

(2)由于质点的受力方向与速度方向成一角度故质点 M 作平面曲线运动。

(3)建立坐标系,列运动微分方程,并求解运动规律。选取直角坐标轴 Oxy 得

$$\begin{cases}\dfrac{\mathrm{d}v_x}{\mathrm{d}t}=0\\ \dfrac{\mathrm{d}v_y}{\mathrm{d}t}=-g\end{cases} \qquad ①$$

将①式积分依次得

$$\begin{aligned}v_x&=C_1\\ v_y&=-gt+C_2\end{aligned} \qquad ②$$

或写成

$$\begin{cases}\dfrac{\mathrm{d}x}{\mathrm{d}t}=C\\ \dfrac{\mathrm{d}y}{\mathrm{d}t}=-gt+C_2\end{cases} \qquad ③$$

将③式积分得

$$\begin{cases}x=C_t+C_3\\ y=-\dfrac{1}{2}gt^2+C_2t+C_4\end{cases} \qquad ④$$

式中 C_1、C_2、C_3、C_4 为积分常数,可由运动的初始条件确定,即当 $t=0$ 时,$x=0,y=0,v_x=v\cos\alpha,v_y=v\sin\alpha$,将这些条件代入②、④式中得

$$C_1=v\cos\alpha,\quad C_2=v\sin\alpha,\quad C_3=0,\quad C_4=0$$

于是可得质点 M 的运动方程为

$$\begin{cases}x=vt\cos\alpha\\ y=vt\sin\alpha-\dfrac{1}{2}gt^2\end{cases} \qquad ⑤$$

从⑤式中消去参数 t,得质点的轨迹方程

$$y=x\tan\alpha-\frac{gx^2}{2v^2\cos^2\alpha}$$

上式表明，质点的轨迹为一抛物线。

(4)分析讨论　当抛射体到达射程 L 时，$y=0$ 代入轨迹方程得

$$L=\frac{v^2}{g}\sin 2\alpha$$

从上式可以看出，对于同样大小的初速度 v，当 $\alpha=45°$时射程最大。

第三节　刚体绕定轴转动动力学基本方程

通过前面的学习我们知道，刚体(质点系)有两种简单运动形式：平动和定轴转动。因为刚体平动时，刚体内各点的运动状态完全相同，可以简化成质点的运动，习惯上用刚体质心的运动来代表刚体的平动，所以可以用质点运动微分方程求解刚体平动时的动力学问题。

这样，刚体的动力学基本就只剩下刚体绕定轴转动问题了。下面就来讨论刚体绕定轴转动时作用在刚体上的力与其运动之间的关系。

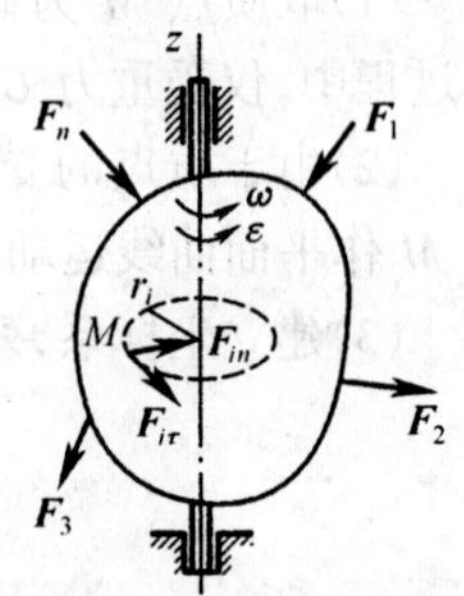

图 11－5

一、刚体绕定轴转动的动力学微分方程

设有一个刚体，在外力系 $\boldsymbol{F}_1, \boldsymbol{F}_2, \cdots, \boldsymbol{F}_n$ 作用下绕定轴 z 转动，如图 11－5 所示，某瞬时刚体转动的角速度为 ω，角加速度为 ε。在刚体上任取一质点 M_i，其质量为 m_i，转动半径为 r_i，则有

$$a_{i\tau}=r_i\varepsilon$$

$$a_{in}=r_i\omega^2$$

故有

$$F_{i\tau}=m_i a_{i\tau}$$

$$F_{in}=m_i a_{in}$$

因为所有法向力都通过 z 轴，它们对 z 轴的力矩的代数和必等于零，若以 $\sum m_z(\boldsymbol{F})$ 表示所有外力对 z 轴的力矩的代数和，则有

$$\sum m_z(\boldsymbol{F})=\sum m_z(\boldsymbol{F}_{i\tau})$$

故
$$m_z(\boldsymbol{F}_{i\tau})=(m_i r_i\varepsilon)r_i=m_i r_i^2\varepsilon$$

若令
$$J_z=m_i r_i^2$$

则有

$$\sum m_z(\boldsymbol{F})=J_z\varepsilon \tag{11-5}$$

式(11－5)中，$J_z=m_i r_i^2$ 称为刚体对 z 轴的**转动惯量**，它是刚体各质点的质量与其对应的转动半径平方的乘积的总和。

式(11－5)称为刚体绕定轴转动的动力学基本方程，角加速度的转向与转动力矩的转向相同。因为 $\varepsilon=\frac{\mathrm{d}\omega}{\mathrm{d}t}=\frac{\mathrm{d}^2\varphi}{\mathrm{d}t^2}$，所以式(11－5)可以写成如下形式

$$\sum m(\boldsymbol{F})=J_z\frac{\mathrm{d}\omega}{\mathrm{d}t}=J_z\frac{\mathrm{d}^2\varphi}{\mathrm{d}t^2} \tag{11-6}$$

式(11－6)称为刚体绕定轴转动的微分方程。

二、转动惯量

刚体的转动惯量具有明确的物理意义，由式(11－5)可以看出，不同的刚体受到相等的力矩作用时，转动惯量大的刚体角加速度小，转动惯量小的刚体角加速度大，即转动惯量大的刚体不易改变其运动状态，所以转动惯量是转动刚体惯性的度量。

由式 $J_z = m_i r_i^2$ 可知，转动惯量的大小不仅取决于刚体质量的大小，而且与质量的分布情况有关，即与质量距固定轴的距离有关。它是由刚体的质量、质量分布及转轴的位置三个因素决定的，如机械上的飞轮，边缘较厚而中间却挖空，目的在于将大部分材料分布在远离转轴的地方，以增大其转动惯量，使机器运转平衡；但是也因此在启动时增大了启动力矩，所以对于转动惯量大的设备应尽量减少启动次数。反之，在一些仪表中，为使指针反应灵敏，就应当减少它的转动惯量，所以制造时要选择密度小的材料，并力求尺寸做得小些。转动惯量的单位是 千克·米^2($kg \cdot m^2$)

1. 简单形体转动惯量的计算

(1)均质等截面细直杆

设有一长为 l 的均质杆，质量为 m，如图 11－6 所示，求此杆对通过杆的一端且与杆垂直的 z 轴的转动惯量。

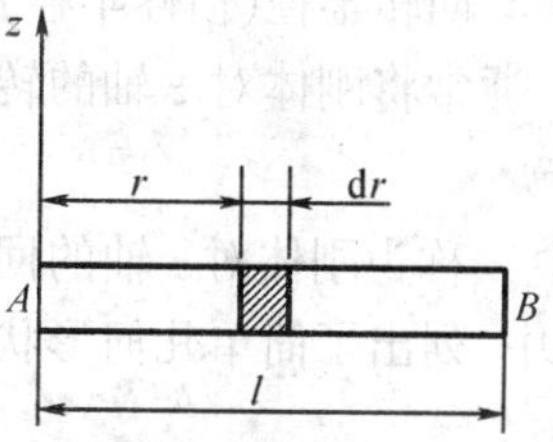

图 11－6

将杆分割成许多微小段 dr，其质量为 dm，设其中任一个微小段到 z 轴的距离为 r，此微小段的质量为

$$dm = \frac{m}{l}dr$$

此微小段对 z 轴的转动惯量为

$$r^2 dm = \frac{m}{l}r^2 dr$$

于是
$$J_z = \int \frac{m}{l}r^2 dr = \frac{ml^2}{3}$$

(2)均质细圆环　设圆环的半径为 R，质量为 m，如图 11－7 所示，用积分法即可求得它对通过中心，且与圆盘面相垂直的 z 轴的转动惯量为

$$J_z = mR^2$$

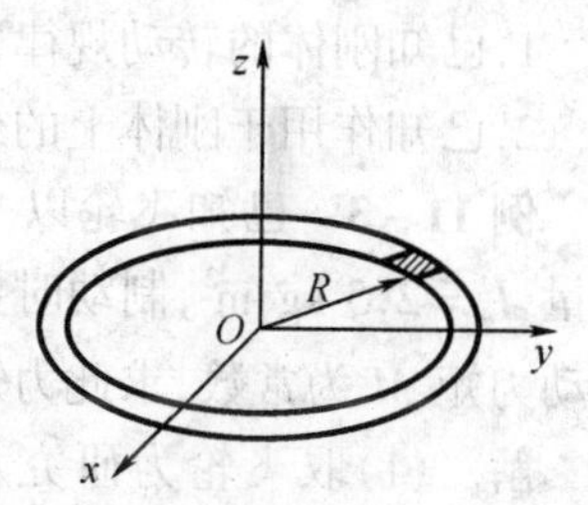

图 11－7

其他常见形状的均质物体的转动惯量，可从相关工程手册中查得。

2. 平面薄板形物体的转动惯量

当刚体为一个平面薄板，厚度很小，可忽略不计，取薄板平面为 Oxy 平面，坐标轴 z 轴垂直于薄板平面，如图 11－8 所示。

设刚体对 x, y, z 轴的转动惯量分别为 J_x, J_y, J_z，则有

$$J_z = J_x + J_y \tag{11-7}$$

上式表明：平面薄板形刚体对于 z 轴的转动惯量，等于对刚体平面内任意一对与 z 轴垂直的正交轴的转动惯量之和。

3. 平行移轴定理

设有一平面薄板形刚体，其质量为 m，x 轴通过质心 C，轴平行于 x 轴，两轴相距为 d，

如图 11-9 所示,则有

$$J_{x'} = J_x + md^2 \tag{11-8}$$

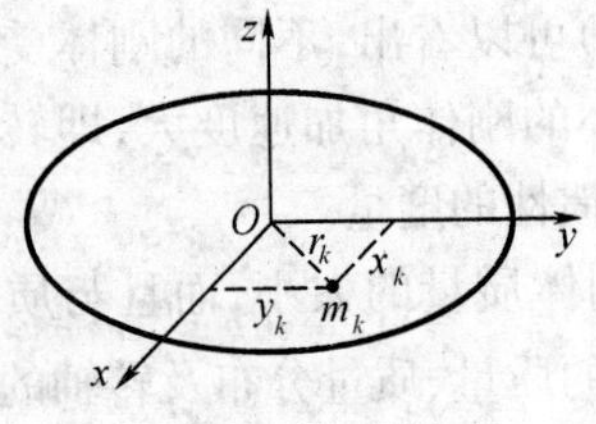

图 11-8

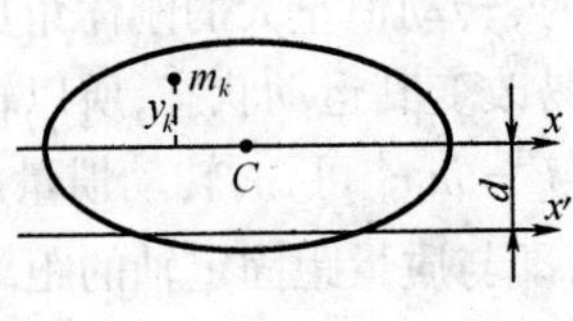

图 11-9

式(11-8)表明,刚体对任何轴的转动惯量,等于刚体对通过刚体质心并与该轴平行的轴的转动惯量加上刚体质量与两轴距离平方的乘积,此即为转动惯量的平行移轴定理。由此定理可知,通过质心 C 轴的转动惯量是所有互相平行轴的转动惯量中最小的。

4. 回转半径(惯性半径)

通常将刚体对 z 轴的转动惯量表示为整个刚体的质量 m 与某一长度 ρ 的平方乘积,即

$$J_z = m\rho^2 \tag{11-9}$$

式中 ρ 称为刚体对 z 轴的回转半径,亦称为惯性半径(也有用 i 来表示)。在《机械设计手册》中,列出了简单几何形状已标准化的零件的惯性半径,以供工程技术人员查询。

三、刚体绕定轴转动的动力学基本方程的应用

刚体绕定轴转动的动力学基本方程可以解决刚体转动动力学的两类问题:

1. 已知刚体的转动规律,求作用于刚体上的外力矩或外力;

2. 已知作用于刚体上的外力矩或外力,求其转动规律。

例 11-3 已知飞轮以 $n = 600$ r/min 的转速转动,转动惯量 $J_o = 2.5\ \text{kg}\cdot\text{m}^2$,制动时要使它在一秒钟内停止转动,设制动力矩 M 为常数,求此力矩 M 的大小。

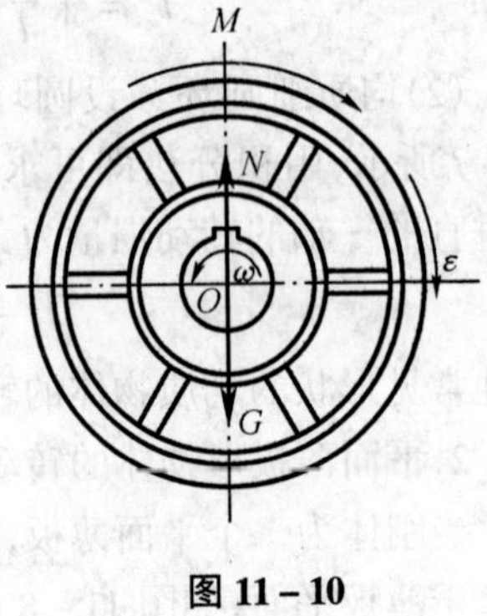

图 11-10

解 (1)取飞轮为研究对象,其受力图如图 11-10 所示,飞轮受制动力矩 M、轴承反力 N 及飞轮自重 G 的作用。

(2) M 为常量,故飞轮匀减速转动,所以 $\omega = \omega_0 - \varepsilon t$

式中 $$\omega_0 = \frac{\pi n}{30} = \frac{600\pi}{30} = 20\pi\ \text{rad/s}$$

因为 $\omega = 0$, $t = 1$ s,代入数值得

$$\varepsilon = 20\pi\ \text{rad/s}^2$$

(3)以 ω 方向为正向,并由式(11-5)可得

$$-J_O\varepsilon = -M$$

代入数值得

$$M = J_O\varepsilon = 2.5 \times 20\pi = 157\ \text{N}\cdot\text{m}$$

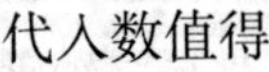

例 11-4 如图 11-11(a)所示,在提升设备中,一根绳子跨过滑轮吊起一质量为 m 的物体。滑轮的质量为 M,并假定质量均匀分布在圆周上(将滑轮看成圆环)。滑轮的半径为

r,由电动机传来的转动力矩为 M_O,绳的质量不计,求挂在绳子上的重物的加速度 $\boldsymbol{a}$。

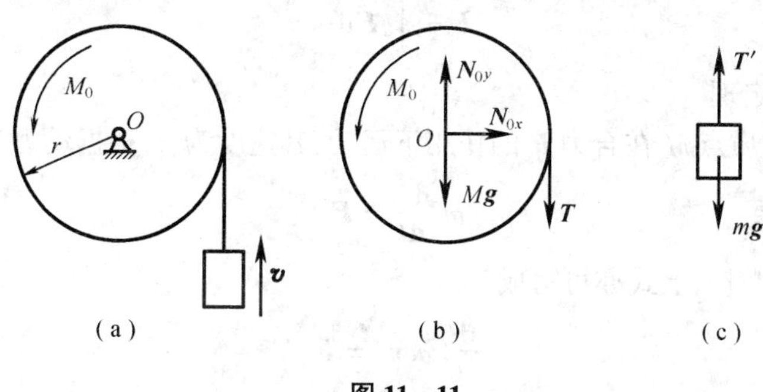

图 11-11

解 (1)以滑轮为研究对象并画出受力图,如图 11-11(b)所示,由式(11-5)可得

$$J_O\varepsilon = M_O - Tr$$

即

$$Mr^2\varepsilon = M_O - Tr \qquad ①$$

(2)以重物为研究对象并画受力图,如图 11-11(c)所示,列质点运动微分方程

$$ma = T' - mg \qquad ②$$

(3)求加速度 $\boldsymbol{a}$　因为 $T = T'$,$r\varepsilon = a$,解方程①、②即可得

$$a = \frac{M_O - mgr}{(m+M)r}$$

第四节　动量定理

动力学基本方程是解决动力学问题的基本方法,但是在工程中,有时用动力学普遍定理(动量定理、动量矩定理、动能定理)解题会更方便。此外,这些定理中提出的动量、动量矩、动能等概念,也都有明确的物理意义,了解这些概念对更深入地理解物体机械运动的特性十分有利。

一、质点的动量定理

1.质点的动量

由物理学已经知道,动量是表征质点机械运动强度的一个物理量。设质点的质量为 m,其速度为 v,则质点的动量可由质点的质量与其速度的乘积来表示,即在该瞬时质点的动量为 mv。动量是矢量,它的方向与质点的速度方向相同,动量的单位是 kg·m/s。

2.冲量

我们已经知道,力在一段时间间隔内作用的累积效应称为冲量。当作用力为 $\boldsymbol{F}$ 时,在时间间隔 t 内的冲量 $\boldsymbol{I}$ 为

$$\boldsymbol{I} = \boldsymbol{F}t$$

冲量是矢量,它的方向与力的方向相同,冲量的单位是 N·s。当作用力 $\boldsymbol{F}$ 为变力时,它在无穷小的时间间隔 dt 内可视为常量,故可得 dt 时间内力的元冲量为

$$d\boldsymbol{I} = \boldsymbol{F}dt$$

于是可得在时间间隔 t 内力的冲量为

$$\boldsymbol{I} = \int_0^t \boldsymbol{F} \mathrm{d}t$$

3.质点的动量定理

设质量为 m 的质点 M 在合力 $\boldsymbol{F}$ 的作用下运动，其速度为 v，根据动力学基本方程有

$$m \frac{\mathrm{d} \boldsymbol{v}}{\mathrm{d}t} = \boldsymbol{F}$$

由于质点的质量为常量，上式亦可写成

$$\frac{\mathrm{d}}{\mathrm{d}t}(m\boldsymbol{v}) = \boldsymbol{F} \qquad (11-10)$$

可以看出，式中 $m\boldsymbol{v}$为质点的动量。因此上式表明：质点动量对时间的变化率等于该质点所受的合力。这就是微分形式的质点的动量定理。

将式(11－10)分离变量后，两边积分得

$$m\boldsymbol{v}_2 - m\boldsymbol{v}_1 = \int_0^t \boldsymbol{F} \mathrm{d}t = \boldsymbol{I} \qquad (11-11)$$

上式表明，质点动量在任一时间间隔内的改变，等于在同一时间间隔内作用在该质点上的合力的冲量。这就是积分形式的质点的动量定理，又称为冲量定理，其直角坐标投影式为

$$\left.\begin{aligned} m\boldsymbol{v}_{2x} - m\boldsymbol{v}_{1x} &= \int_0^t \boldsymbol{F}_x \mathrm{d}t = \boldsymbol{I}_x \\ m\boldsymbol{v}_{2y} - m\boldsymbol{v}_{1y} &= \int_0^t \boldsymbol{F}_y \mathrm{d}t = \boldsymbol{I}_y \\ m\boldsymbol{v}_{2z} - m\boldsymbol{v}_{1z} &= \int_0^t \boldsymbol{F}_z \mathrm{d}t = \boldsymbol{I}_z \end{aligned}\right\} \qquad (11-12)$$

二、质点系的动量定理

该质点系由 n 个质点组成，其中某质点的质量为 m，速度为$\boldsymbol{v}$，作用在该质点上的力有外力 $\boldsymbol{F}_i^{(e)}$ 和质点系内各质点之间相互作用的力，即内力 $\boldsymbol{F}_i^{(i)}$。由质点动量定理有

$$\frac{\mathrm{d}}{\mathrm{d}t}(m_i \boldsymbol{v}_i) = \boldsymbol{F}_i^{(e)} + \boldsymbol{F}_i^{(i)}$$

对于质点系内的各质点，都可以写出如下形式的方程，将这 n 个方程相加得

$$\sum \frac{\mathrm{d}}{\mathrm{d}t}(m_i \boldsymbol{v}_t) = \sum \boldsymbol{F}_i^{(e)} + \sum \boldsymbol{F}_i^{(i)}$$

又可写为

$$\frac{\mathrm{d}}{\mathrm{d}t}\left(\sum m_i \boldsymbol{v}_i\right) = \sum \boldsymbol{F}_i^{(e)} + \sum \boldsymbol{F}_i^{(i)}$$

式中 $\sum m_i \boldsymbol{v}_t$ 为质点系内各质点动量的矢量和，称为质点系的动量，并以 P 表示，$\boldsymbol{P} = \sum m_i \boldsymbol{v}_t$，又因为作用于质点系上的所有内力总是成对出现，且它们的大小相等，方向相反，所以内力的矢量和恒等于零，即 $\sum \boldsymbol{F}_i^{(i)} = 0$，于是上式可简化为

$$\frac{\mathrm{d}\boldsymbol{P}}{\mathrm{d}t} = \sum \boldsymbol{F}_i^{(e)} \qquad (11-13)$$

即质点系的动量对时间的变化率，等于质点系所受外力的矢量和，这就是微分形式的质点系

的动量定理。

将式(11－13)两边乘以 dt,并在时间间隔($t_1 \to t_2$)内进行积分得

$$\boldsymbol{P}_2 - \boldsymbol{P}_1 = \int_{t_1}^{t_2} \boldsymbol{F}_i^{(e)} \mathrm{d}t = \sum \boldsymbol{I}^{(e)} \tag{11-14}$$

式中 $\boldsymbol{P}_2$ 和 $\boldsymbol{P}_1$ 分别表示质点系在 t_1 和 t_2 时的动量。

式(11－14)表明,质点系的动量在任一时间间隔内的变化,等于在同一时间间隔内作用在该质点系上所有外力的冲量的矢量和。这就是积分形式的质点系的动量定理,其在直角坐标的投影为

$$\left.\begin{aligned} \boldsymbol{P}_{2x} - \boldsymbol{P}_{1x} &= \sum \boldsymbol{I}_x^{(e)} \\ \boldsymbol{P}_{2y} - \boldsymbol{P}_{1y} &= \sum \boldsymbol{I}_y^{(e)} \\ \boldsymbol{P}_{2z} - \boldsymbol{P}_{1z} &= \sum \boldsymbol{I}_z^{(e)} \end{aligned}\right\} \tag{11-15}$$

式(11－15)表明,在某一时间间隔内,质点系的动量在坐标轴上投影的改变,等于作用在该质点系上的所有外力在同一时间间隔内的冲量在同一轴上的投影的代数和。

当质点系不受外力作用或作用在质点系上外力的矢量和为零时,即 $\sum \boldsymbol{F}_i^{(e)} = 0$ 时,由式(11－13)及式(11－15)有

$$\boldsymbol{P} = \sum m_i \boldsymbol{v}_i = m \boldsymbol{v}_c = \text{常量} \tag{11-16}$$

式(11－16)表明,当作用于质点系上外力的矢量和恒等于零时,此质点系的动量将保持不变,这就是质点系的**动量守恒定理**。

如果外力在某一轴上投影的代数和恒等于零,设 $\sum \boldsymbol{F}_x^{(e)} = 0$,则有 $\sum \boldsymbol{I}_x^{(e)} = 0$,由式(11－15)得

$$P_{2x} - P_{1x} = mv_{vc} = \text{常量}$$

即作用于质点系上的所有外力,在某坐标轴上投影的代数和为零时,该质点系的动量在同一轴上的投影保持不变。

例 11－5 设作用在活塞上的合力 $\boldsymbol{F}$ 随时间的变化规律 $F = 0.4mg(1-kt)$,其中 m 为活塞的质量,$k = 1.6\ \mathrm{s}^{-1}$。已知 $t_1 = 0$,活塞的速度 $v_1 = 0.2$ m/s,方向沿水平向右,试求 $t_2 = 0.5$ s 时活塞的速度。

解 以活塞为研究对象,取坐标轴 Ox(水平方向)且向右为正向,由式(11－12)有

$$mv_{2x} - mv_{1x} = I_x$$

因为

$$I_x = \int_{t_1}^{t_2} F_x \mathrm{d}t = 0.4mg\int_{t_1}^{t_2}(1-kt)\mathrm{d}t = 0.4mgt_2\left(1-\frac{k}{2}t_2\right)$$

把 $v_{1x} = v_1$,$v_{2x} = v_2$ 及 t_2 值代入得

$$m(v_2 - v_1) = 0.4mgt_2\left(1-\frac{k}{2}t_2\right)$$

$$v_2 = v_1 + 0.4gt_2\left(1-\frac{k}{2}t_2\right) = 0.2 + 0.4\times9.8\times0.5\times\left(1-\frac{1.6}{2}\times0.5\right) = 1.38\ \mathrm{m/s}$$

第五节　动量矩定理

一、动量矩

工程中,把物体绕某点(轴)转动运动量的大小称为动量矩。

1.质点对轴的动量矩

设有质点 M,其质量为 m,它在与 z 轴垂直的平面内的速度为$\boldsymbol{v}$,动量为 $m\boldsymbol{v}$,如图 11－12 所示。我们把质点的动量与质点的速度 v 到 z 轴的距离 r 的乘积定义为质点对固定轴 z 的动量矩,以 $M_z(m\boldsymbol{v})$表示,即

$$M_z(m\boldsymbol{v}) = \pm mvr$$

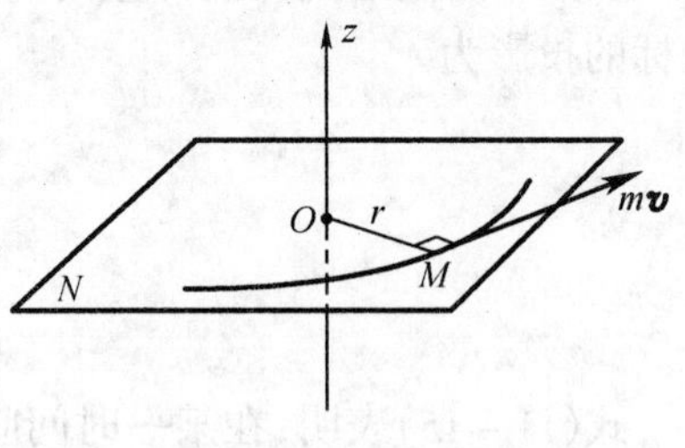

图 11－12

由上式可以看出,动量矩是代数量,通常规定:从轴的正向看去,使质点绕轴作逆时针转动的动量矩为正,反之为负。动量矩的单位为 $kg\cdot m^2/s$。

2.质点系对轴的动量矩

设质点系由 n 个质点组成,则所有质点对于固定轴 z 的动量矩的代数和为质点系的动量矩,记为 L_z,即

$$L_z = \sum M_z(m\boldsymbol{v}) = \sum m_i v_i r_i = \sum m_i r_i^2 \omega$$

定轴转动的刚体对固定轴 z 的动量矩为

$$L_z = J_z \omega$$

式中 J_z 为刚体对 z 轴的转动惯性;ω 为刚体的角速度。

二、动量矩定理

1.质点动量矩定理

设在平面 xy 内有一质点 M,此质点绕与平面 xy 垂直的 z 轴作圆周运动。如图 11－13 所示,已知质点的质量为 m,某瞬时速度为$\boldsymbol{v}$,加速度为 $\boldsymbol{a}$,其动量为 $m\boldsymbol{v}$,根据动力学基本方程 $\boldsymbol{F} = m\boldsymbol{a}$,将此式向 M 点处的圆周的切线方向投影得

$$\boldsymbol{F}_\tau = m\boldsymbol{a}_\tau$$

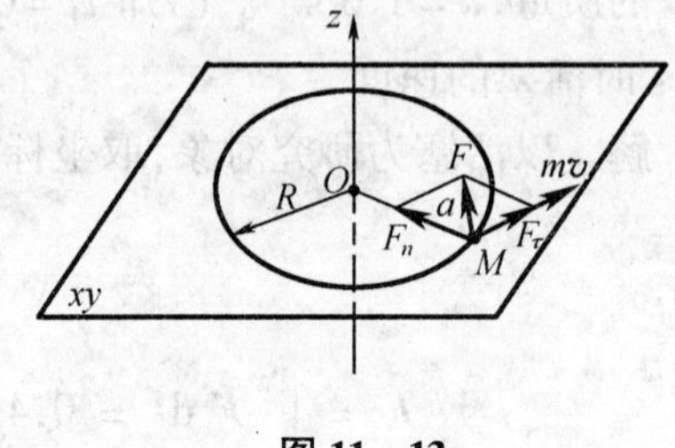

图 11－13

再将投影式两边乘以圆的半径 R 得

$$F_\tau R = m a_\tau R = m\frac{\mathrm{d}v}{\mathrm{d}t}R = \frac{\mathrm{d}}{\mathrm{d}t}(mvR)$$

式中 $F_\tau R$ 为作用于质点上的力$\boldsymbol{F}$ 对转轴 z 的力矩;mvR 表示质点的动量与它到 z 轴垂直距离的乘积,即质点对 z 轴的动量矩,它表征质点绕 z 轴转动的强度,故上式可写成

$$\frac{\mathrm{d}}{\mathrm{d}t}M_z(m\boldsymbol{v}) = M_z(\boldsymbol{F}) \qquad (11-17)$$

这一结论虽然是从一特例中推导出来的,但是它具有普遍意义。它表明,质点对于某一固定轴的动量矩对时间的导数等于质点对于同一轴的力矩。这就是质点的动量矩定理。

2.质点系动量矩定理

设质点系由 n 个质点组成,取其中任一质点 M_i,此质点的动量为 $m_i\boldsymbol{v}_i$,作用在该质点上内力的合力为 $\boldsymbol{F}_i^{(i)}$,外力的合力为 $\boldsymbol{F}_i^{(e)}$。由前述质点动量矩定理有

$$\frac{\mathrm{d}}{\mathrm{d}t}M_z(m\boldsymbol{v}) = M_z(\boldsymbol{F}_i^{(i)}) + M_z(\boldsymbol{F}_i^{(e)})$$

或

$$\frac{\mathrm{d}}{\mathrm{d}t}\sum M_z(m\boldsymbol{v}) = \sum M_z(\boldsymbol{F}_i^{(i)}) + \sum M_z(\boldsymbol{F}_i^{(e)})$$

式中 $M_z(m\boldsymbol{v})$为质点系对固定轴 z 的动量矩,记为 L_z。在质点系中由于内力成对出现,它们对 z 轴力矩的代数和恒等于零,即 $\sum M_z(\boldsymbol{F}_i^{(i)}) = 0$,故上式可写为

$$\frac{\mathrm{d}}{\mathrm{d}t}\sum M_z(m\boldsymbol{v}) = \sum M_z(\boldsymbol{F}_i^{(e)})$$

或

$$\frac{\mathrm{d}L_z}{\mathrm{d}t} = M_z \tag{11-18}$$

式(11-18)表明,质点系对于某一固定轴的动量矩对时间的导数,等于质点系上所有外力对同一轴的力矩的代数和,这就是质点系的动量矩定理。

由式(11-18)可以看出,当作用于质点系上的外力对某一固定轴力矩的代数和等于零时,即当 $\sum M_z(\boldsymbol{F}_i^{(e)}) = 0$ 时有

$$\frac{\mathrm{d}}{\mathrm{d}t}\sum M_z(m\boldsymbol{v}) = 0$$

即

$$L_z = \sum M_z(m\boldsymbol{v}) = 常量 \tag{11-19}$$

式(13-19)表明,如果作用于质点系的外力对某固定轴力矩的代数和等与零,则质点系对于该轴的动量矩保持不变。这就是质点系的**动量矩守恒定律**。

例 11-6 提升装置如图 11-14 所示,已知滚筒质量为 M,直径为 d,它对于该轴的转动惯量为 J,作用与滚筒上的主动转矩为 T,被提升重物的质量为 m,求重物上升的加速度。

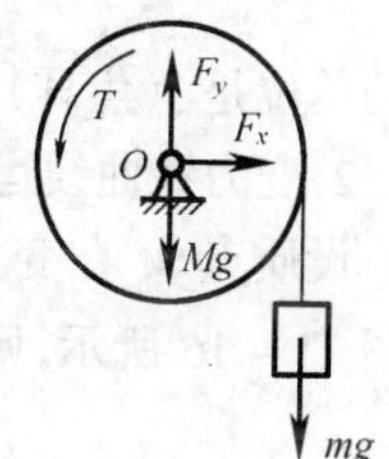

图 11-14

解 取滚筒与重物组成的质点系为研究对象。作用于质点系上的外力及力矩有重物的重力 mg;滚筒重力 Mg;轴承 O 处的约束反力 $\boldsymbol{F}_x$、$\boldsymbol{F}_y$。设某瞬时滚筒转动的角速度为 ω,则重物上升的速度

$$v = \frac{d}{2}\omega$$

整个系统对转轴 O 的动量矩为

$$L = J\omega + mv\frac{d}{2} + J\omega + m\omega\frac{d^2}{4}$$

由质点系动量矩定理

$$\frac{\mathrm{d}}{\mathrm{d}t}\left(J\omega + m\omega\frac{d^2}{4}\right) = T - mg\frac{d}{2}$$

即

$$\frac{d\omega}{dt}\left(J + m\frac{d^2}{4}\right) = T - mg\frac{d}{2}$$

滚筒角加速度为

$$\varepsilon = \frac{4T - 2mgd}{4J + md^2}$$

重物上升的加速度为

$$a = \frac{d}{2}\varepsilon = \frac{2Td - mgd^2}{4J + md^2}$$

第六节　动能定理

一、力的功

由物理学已经知道，作用在物体上的力所做的功，表征了力在其作用点的运动过程中对物体作用的积累效果，其结果是引起了物体能量的改变和转化。

1.常力在直线运动中的功

设质点 M 在常力 $\boldsymbol{F}$ 作用下，物体从位置 M_1 移动到 M_2，位移为 s，如图 11－15 所示，则力所做的功为

$$W = Fs\cos\alpha$$

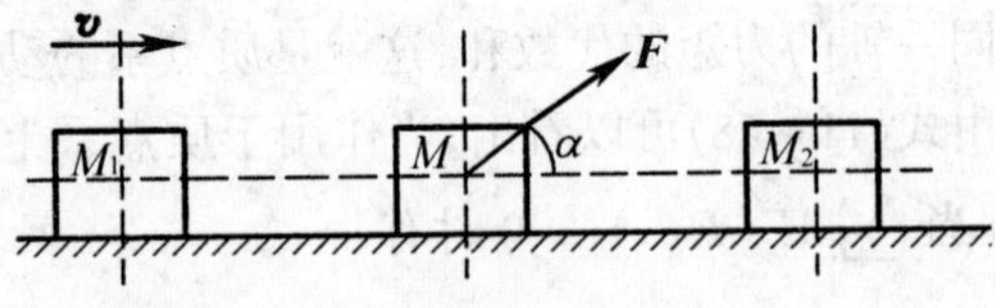

图 11－15

式中 α 为力 $\boldsymbol{F}$ 与力作用点的位移 s 之间的夹角。功是代数量。

$$\begin{cases} \alpha < 90^\circ & W > 0 & \text{力做正功} \\ \alpha > 90^\circ & W < 0 & \text{力做负功} \\ \alpha = 90^\circ & W = 0 & \text{力不做功} \end{cases}$$

功的单位是 J(焦耳)，1 J = 1 N·m。

2.变力在曲线运动中的功

设质点 M 在变力作用下沿曲线由 M_1 移到 M_2，如图 11－16 所示，则变力在路程 M_1M_2 中所做的功为

$$W = \int_{M_1}^{M_2}(F_x dx + F_y dy + F_z dz)$$

或

$$W = \int_{M_1}^{M_2} F\cos\alpha\, ds = \int_{M_1}^{M_2} F_\tau\, ds$$

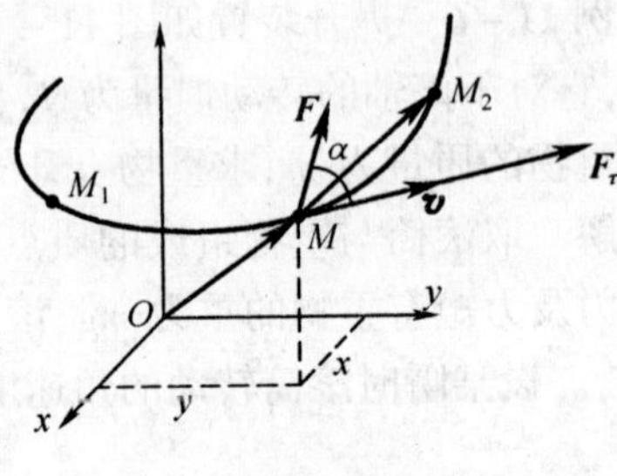

图 11－16

3.合力的功

在任一路程中，作用于质点上合力的功等于各分力在同一路程中所做功的代数和。

4.几种常见力的功

(1)重力的功

$$W = \pm Gh$$

上式中 h 表示质点在始点位置与终点位置的高度差。若质点下降，重力的功为正；质点上升，重力的功为负。

(2)弹性力的功　上式表明，弹性力的功等于弹簧的刚度系数 k 与其始末位置变形的平方之差的乘积的一半。当初变形大于末变形时，弹性力的功为正，反之为负。

$$W=\frac{1}{2}k(\delta_1^2-\delta_2^2)$$

(3)作用于定轴转动刚体上力矩的功　设定轴转动刚体上作用一常力矩 M_z，则刚体转过 φ 角时力矩的功为

$$W=M_z\varphi$$

当力矩与转角转向一致时，功为正值，反之为负。

由于质点系的内力总是成对出现，且大小相等、方向相反。所以对于刚体而言，刚体内力的功的和等于零。在许多理想情况下，约束反力的功(或功之和)等于零，包括不可伸长的柔绳、光滑面约束、光滑铰链支座、中间铰链以及在固定面上作纯滚动的刚体。

二、动能

由物理学已经知道，所谓动能就是物体由于机械运动所具有的能量。

1.质点的动能

设质量为 m 的质点，某瞬时的速度为 v，则质点在该瞬时的动能

$$T=\frac{1}{2}mv^2$$

动能是一个为正的标量。

2.质点系的动能

质点系内各质点动能的总和为质点系的动能。刚体是不变质点系，由于刚体运动形式不同，其动能的计算公式也不同。现分述如下。

(1)刚体作平动时的动能　刚体平动时，其中各质点的瞬时速度都相同，设刚体质量为 m，质心速度为 $\boldsymbol{v}_C$，则平动刚体的动能

$$T=\frac{1}{2}mv_C^2$$

(2)刚体绕定轴转动时的动能　设刚体绕固定轴 z 转动，某瞬时的角速度为 ω，转动惯量为 J_z，则刚体的动能为

$$T=\frac{1}{2}J_z\omega^2$$

上式表明，刚体绕定轴转动时的动能，等于刚体对定轴的转动惯量与角速度平方乘积的一半。

(3)刚体作平面运动时的动能　设作平面运动的刚体的质量为 m，质心为 C，角速度为 ω，则刚体的动能为

$$T=\frac{1}{2}mv_C^2+\frac{1}{2}J_C\omega^2$$

式中 v_C 为质心的速度；J_C 为刚体对质心轴的转动惯量。这说明，刚体作平面运动时的动能，等于随质心平动的动能与相对质心转动的动能之和。

三、动能定理

1.质点的动能定理

设质量为 m 的质点 M 在力 $\boldsymbol{F}$ 作用下作曲线运动，由 M_1 运动到 M_2，速度由 v_1 变为 v_2，如图 11-17 所示，则质点动能定理的微分形式为

$$\mathrm{d}\left(\frac{1}{2}mv^2\right)=\mathrm{d}W \tag{11-20}$$

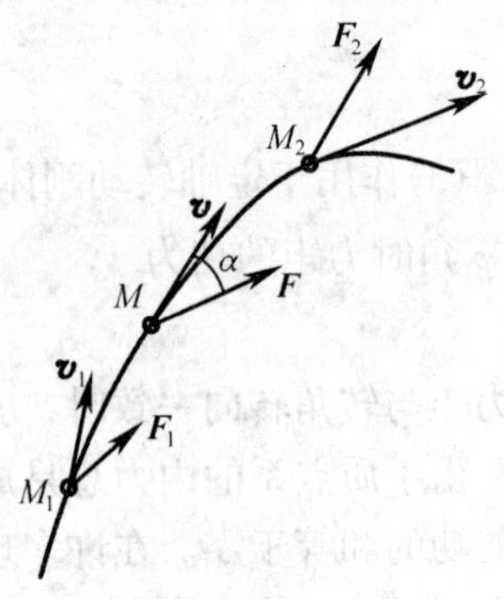

图 11-17

上式表明，质点动能的微分等于作用于质点上力的功。将该式沿曲线 M_1M_2 积分得

$$\int_{v_1}^{v_2}\mathrm{d}\left(\frac{1}{2}mv^2\right)=\int_{M_1}^{M_2}\mathrm{d}W$$

即

$$\frac{1}{2}mv_2^2-\frac{1}{2}mv_1^2=W \tag{11-21}$$

上式表明，在任一路程中质点动能的变化，等于作用在质点上的力在同一路程中所做的功，称为动能定理。

由于动能定理包含质点的速度、运动的路程和力，故可用来求解与质点速度、路程有关的问题，也可以用来求解与加速度有关的问题。动能定理是标量方程，求解动力学问题可回避矢量运算，比较方便。

2.质点系的动能定理

质点动能定理可以推广到质点系。

设质点系由 n 个质点组成，质点系内任一质点质量为 m_i，某瞬时速度为 v_i，所受外力的合力为 $\boldsymbol{F}_i^{(e)}$，内力的合力为 $\boldsymbol{F}_i^{(i)}$，当质点有微小位移 $\mathrm{d}\boldsymbol{r}$ 时，由质点的动能定理的微分形式得

$$\mathrm{d}\left(\frac{1}{2}m_iv_i^2\right)=\mathrm{d}W_i^{(e)}+\mathrm{d}W_i^{(i)}$$

式中 $\mathrm{d}W_i^{(e)}$ 和 $\mathrm{d}W_i^{(i)}$ 表示作用于该质点上的外力的合力的元功。质点系中各个质点皆可写出如上形式的方程，将各等式相加可得

$$\sum\mathrm{d}\left(\frac{1}{2}m_iv_i^2\right)=\sum\mathrm{d}W_i^{(e)}+\sum\mathrm{d}W\ (i)_i$$

即

$$\mathrm{d}T=\sum\mathrm{d}W_i^{(e)}+\sum\mathrm{d}W_i^{(i)} \tag{11-22}$$

式(11-22)表明，质点系动能的微分等于作用于质点系上的所有外力和内力元功的代数和，称为质点系动能定理的微分形式。将式(11-22)积分得

$$T_2-T_1=\sum W_i^{(e)}+\sum W_i^{(i)}$$

由于质点系内功的总和在一般情况下不等于零，因此将作用于质点系上的力分为主动力和约束反力，则质点系动能定理可写成

$$T_2-T_1=\sum W_F+\sum W_N$$

式中 $\sum W_F$ 和 $\sum W_N$ 分别表示作用于质点系所有主动力和约束反力在路程中做功的代数

和。对于理想约束，其 $\sum W_N=0$，故动能定理的积分形式可写成

$$T_2-T_1=\sum W_F \tag{11-23}$$

上式表明，在理想约束情况下，质点系的动能在任一路程中的增量，等于作用在质点系上的所有主动力在同一路程中所做功的代数和，称为质点系动能定理。

例 11-7 如图 11-18 所示，导轮的质量 $m=40$ kg，半径 $r=0.4$ m，绕铰支点 O 的转动惯量 $J=3.2\ \text{kg}\cdot\text{m}^2$，绕绳的一端悬重物 $G=2$ kN，另一端有水平力 $F=3$ kN 作用，从静止开始，求重物上升 10 m 后的速度。

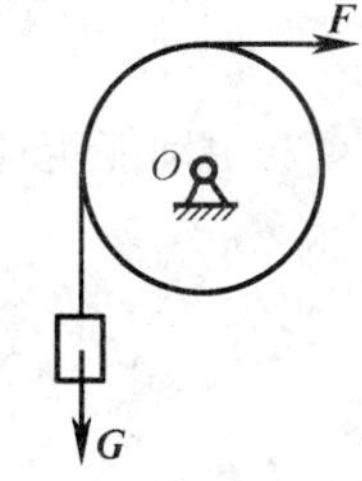

图 11-18

解 (1)取导轮及悬重为质点系，求外力功

重力 $\boldsymbol{G}$ 做功 $W_G=Gs=-2\,000\times10=-2\times10^4\ \text{N}\cdot\text{m}$

力 $\boldsymbol{F}$ 做功 $W_F=Fs=300\times10=3\times10^4\ \text{N}\cdot\text{m}$

(2)求质点系动能

初始时，质点系动能 $T_1=0$；

终了时，质点动能 T_2 等于重物的动能与导轮的动能之和；

重物的动能 $$\frac{1}{2}\frac{G}{g}v^2=\frac{1}{2}\frac{2\,000}{9.8}v^2$$

导轮的动能 $$\frac{1}{2}J\omega^2=\frac{1}{2}J\left(\frac{v}{r}\right)^2=\frac{1}{2}\times3.2\times\left(\frac{v}{4}\right)^2$$

(3)由动能定理

$$T_2-T_1=W_G+W_F$$

代入数据

$$\frac{1}{2}\frac{2\,000}{9.8}v^2+\frac{1}{2}\times3.2\times\left(\frac{v}{0.4}\right)^2=3\times10^4-2\times10^4$$

解得

$$v=9.45\ \text{m/s}$$

例 11-8 卷扬机如图 11-19 所示，鼓轮在常力偶 M 的作用下，将圆柱沿斜坡上拉，已知鼓的半径为 R_1，质量分布在轮缘上，圆柱的半径为 R_2，质量为 m_2，质量均匀分布。设斜坡的倾角为 θ，圆柱只滚不滑，系统从静止开始运动，求圆柱中心经过路程 s 时的速度。

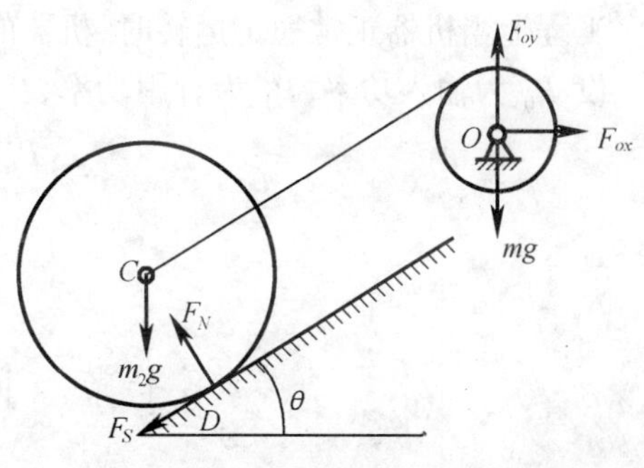

图 11-19

解 (1)取圆柱和鼓轮一起组成质点系，因为此系统的约束均为理想约束，故只需要计算主动力的功。

力矩的功为 $W_M=M\varphi$

重力的功为 $$W_G=-m_2gs\sin\theta$$

(2)求质点系动能

初始时刻，质点系动能 $T_1=0$；

终了时刻，质点系动能 T_2 等于鼓轮动能与圆柱动能之和；

鼓轮动能 $$\frac{1}{2}J_1\omega_1^2$$

圆柱动能 $$\frac{1}{2}m_2v_C^2+\frac{1}{2}J_C\omega_2^2$$

查表可知转动惯量为 $J_1=\frac{1}{2}m_1R_1^2$, $J_C=J_2=\frac{1}{2}m_2R_2^2$

把 $\omega_1=\frac{v_C}{R_1}$, $\omega_2=\frac{v_C}{R_2}$代入得

$$T_2=\frac{v_C^2}{4}(2m_1+3m_2)$$

(3)由动能定理

$$T_2-T_1=W$$

即

$$\frac{v_C^2}{4}(2m_1+3m_2)=M\varphi-m_2g\sin\theta$$

把 $\varphi=\frac{s}{R_1}$代入解得

$$v_C=2\sqrt{\frac{(M-m_2gR_1\sin\theta)s}{R(2m_1+3m_2)}}$$

四、功率

在工程中,不仅要计算功而且要知道做功的快慢。力在单位时间内所做的功称为功率,常用符号 P 表示。作用于质点上的功率等于力在速度方向上的投影与速度的乘积,即

$$P=F_\tau v$$

功率的单位是瓦特,常用符号 W 表示

$$1\ \mathrm{W}=1\ \mathrm{J/s}$$

一般情况下力矩的功率为

$$P=T\omega$$

工程上当机器正常稳定运转时,机器的有用功率与输入功率之比称为机械效率。

设 P_0 为输入功率,P_1 为有用功率,P_2 为无用功率,η 为机械效率,则

$$P_0=P_1+P_2$$

$$\eta=\frac{P_1}{P_0}$$

第七节 问题讨论与说明

一、关于动力学普遍定理的综合应用问题

学习了这么多的解题方法,那么在实际中我们究竟在用哪个呢?其实,可以按照机械运动的两种尺度——动量与动能,将动力学普遍定理分为两类。一类是动量型,它包括动量与动量矩定理;另一类是动能型,即动能定理。两种类型各有特点。

1.动量定理与动量矩定理只局限于研究机械运动的传递和变化问题,而动能定理却能研究机械运动和其他运动形式转化的问题。

2.在动量定理与动量矩定理中包括有时间的量,而在动能定理中包括有路程的量。

3.动量定理与动量矩定理是矢量形式,每个定理都可以写出三个投影方程,而动能定理是标量形式,只有一个方程。

4.在动量定理与动量矩定理中,内力可以不考虑,但在动能定理中内力之功的和一般不为零。

5.两类定理都有微分形式和积分形式,微分形式表示机械作用与机械运动之间的瞬时关系。积分形式表示机械作用与机械运动在一段过程前后之间的关系。

6.动力学普遍定理均是由牛顿第二定律导出的,该定律只有在惯性参考系中才成立。

普遍定理的两种类型,都反映机械作用和机械运动之间的关系,所以原则上哪种类型都可以解决动力学问题。但是当求解一个具体的动力学问题时,就是要根据已知量和未知量以及每个定理的特点来考虑。

不过,由各定理的内容和特点可知,在动能定理中不包括约束反力,因此不能用此定理求约束反力,但用其解决已知主动力和系统的位置变化求速度、加速度或已知路程和速度的变化求主动力是十分方便的。特别是动能定理是个标量方程不考虑各有关物理量的方向,应用时更为简便。

由于在动量中包括约束反力,所以用动量定理可以求约束反力。通常是先用动能定理求出加速度,然后再用动量或动量定理求出所要求的力。但这种方法不是绝对的。对于转动问题,可应用动量矩定理求解。

求解动力学问题,常要先按运动学知识分析速度、加速度之间的关系;有时还要先判断是否属于动量或动量矩守恒情况。如果是守恒的,则可以利用守恒条件给出的结果,进行进一步求解。

二、关于动量守恒的思考

实际上,动量定理是由牛顿第二定律导出的。当外力系主矢量和为零的情况下动量守恒。在物理学中,动量守恒是关于自然界一切过程的最基本定律。动量守恒定律不仅不依赖于牛顿第二定律,而且比牛顿第二定律更具一般性。这是因为物理学研究物质运动的普遍形态,这时包括动量守恒、动量矩守恒和机械能守恒在内的守恒状态是普遍的;而工程动力学主要研究的是惯性参考系中的宏观问题,特别是非自由质点系的问题,其一般运动过程的动量并不守恒,守恒往往只能在理想状态下。

三、关于本章内容

本章内容大部分都是高中物理学中已经学过的知识。对于许多专业来说,高中物理学中的知识是足够支持后续专业课学习的。对于这类专业学习者,本章的主要目的是复习,并希望能通过一些例题更进一步阐明物理学中知识的重要性和知识的连续性。大学普通物理学中关于这部分内容的讲授比本教材的阐述更加详细,对于学习过该课程的学习者,本章的学习不存在任何问题。对于没有学习过大学普通物理学的学习者,本章内容也足够支持后续课程的学习需要。

习　题

11－1　在题 11－1 图中，重 $G=98$ N 的圆柱放在框架内，框架以加速度 $a=2g$ 作水平方向平动，求圆柱和框架铅垂侧面间的压力 N_A。已知 $\alpha=15°$，摩擦不计。

11－2　小球在细绳拉力作用下作水平平面内的匀速圆周运动，如题 11－2 图所示。已知质点重 mg，圆周速度 v 及绳长 l，试求绳与铅垂线的夹角 α。

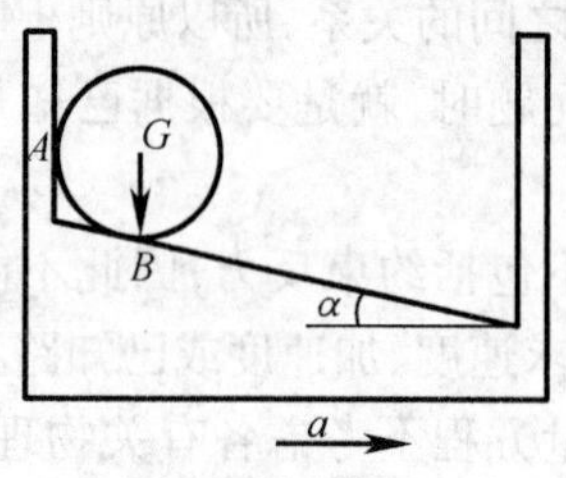

题 11－1 图

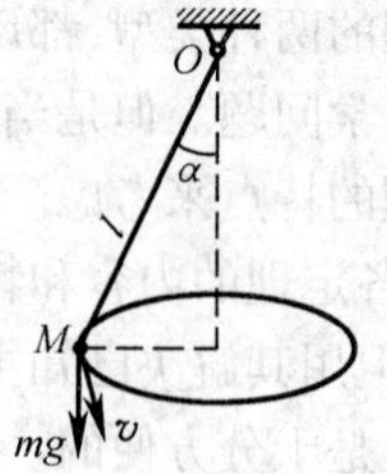

题 11－2 图

11－3　已知物块 A 重 2 kN，物块 B 重 3 kN，作用力 $F=3$ kN，试分别求出题 11－3 图(a)、(b)中物块 A 的加速度。绳索及导轮的质量不计，摩擦不计。

11－4　物块 A，B 各重 $G_A=1$ kN，$G_B=3$ kN，用跨过不计质量的导轮的绳子相连，如题 11－4 图所示。开始时两物块有高度差 $h=19.6$ m，求静止释放后，两物块到达相同高度所需的时间。

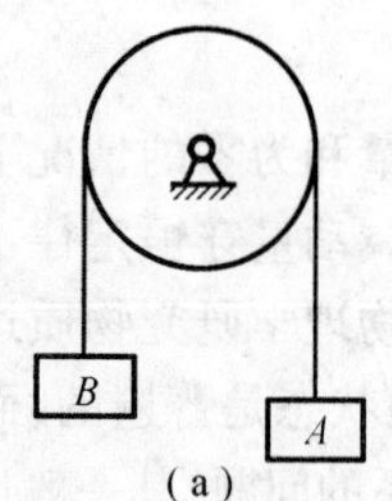

(a)

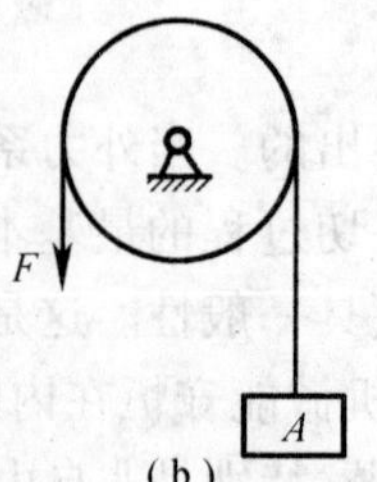

(b)

题 11－3 图

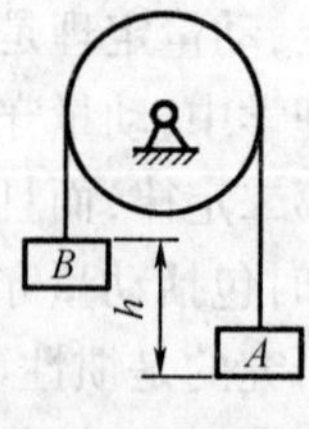

题 11－4 图

11－5　物块由静止开始沿倾角为 α 的斜面下滑，如题 11－5 图所示。设物块重力为 G，物块与斜面间的摩擦系数 f 为常数，求物块下滑 s 距离所需时间。

11－6　计算题 11－6 图中质点系的动量：(a)质量为 m 的均质圆盘，圆心具有水平速度 v_0，沿水平面滚动；(b)非均匀圆盘，质量为 m，质心距转轴 $OC=e$，以角速度 ω 绕 O 轴转动；(c)质量为 m 的均质杆，长度为 l，角速度为 ω。

11－7　计算题 11－7 图中各机构系统的动能(图中 r 为半径，ω 为角速度，m_i 为构件质量)。

11－8　如题 11－8 图所示，汽车质量为 1.5×10^3 kg，通过 A 至 B 为 900 m 的路程，运行阻力为 230 N，阻力方向与速度方向相反，B 点比 A 点高 20 m，求汽车克服重力和阻力所做的功。

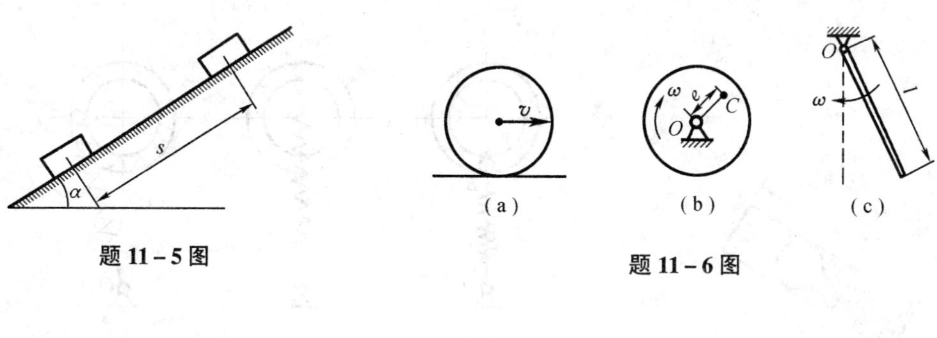

题 11－5 图

题 11－6 图

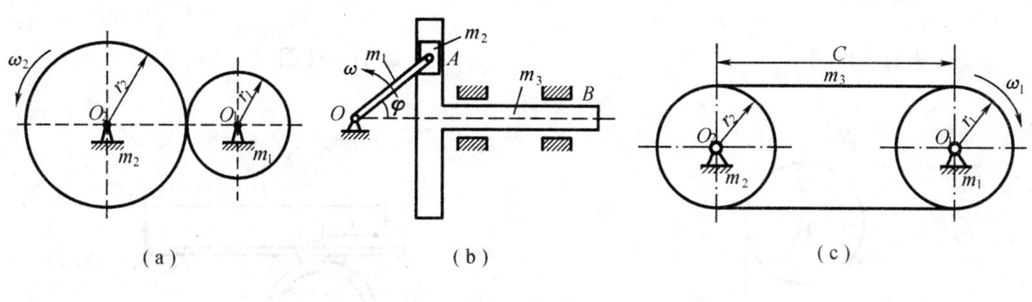

题 11－7 图

11－9 题 11－9 图所示斜面与水平成 30°角，重物沿斜面下滑，其初速度为零。若摩擦系数 $f=0.1$。试求重物在水平端滑行 2 m 后的速度。

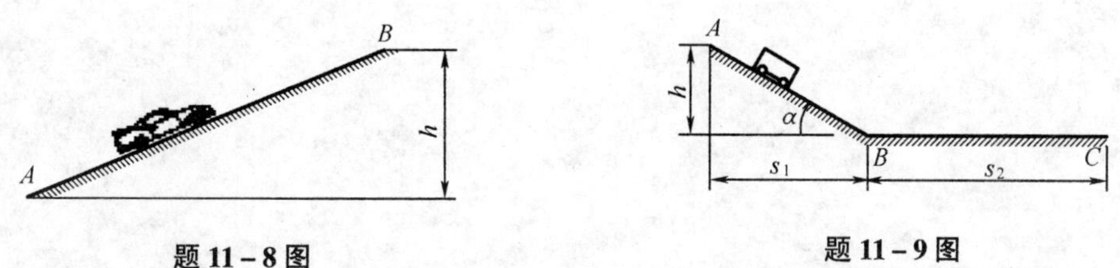

题 11－8 图

题 11－9 图

11－10 如题 11－10 图所示自动弹射器倾斜地放置，倾角 $\alpha=30°$，弹簧未受力时原长 $l_0=20$ cm 恰好等于筒长，刚性系数 $k=2$ N/cm。将弹簧压缩到长 10 cm，然后将重为 0.3 N 的小球借弹力射出，求小球离开筒口时的速度。

11－11 弹簧原长 $l_0=OB=6r$，刚性系数为 k。在铅垂平面内，其一端铰接于 O 点，另一端与一质量为 m 的滑块相连，滑块约束于半径为 r 的圆弧形槽内滑动，如题 11－11 图所示。开始时，滑块静止位于 A 点，稍有干扰后，滑块向下滑行，求滑块至 C 点处的速度 v_c。

11－12 如题 11－12 图所示，圆轮重 0.4 kN，半径 $r=0.3$ m，绕转轴的转动惯量 $J=1.8$ kg·m^2，绳索的一端挂重 $G=2$ kN。从静止开始，欲使挂重上升幅度 20 m 后，具有向上速度 $v=4$ m/s，求作用在圆轮上的驱动力矩 M。

11－13 题 11－13 图所示的制动手柄长 $l=50$ cm，$a=10$ cm，制动轮的质量分布于轮缘，轮的质量 $m=20$ kg，半径为 $r=10$ cm，轮以转速 $n_0=1\ 000$ r/min 旋转，闸块与制动轮间摩擦系数 $f=0.6$。欲使制动后轮转 100 转而停止，求手柄上的压力 P。

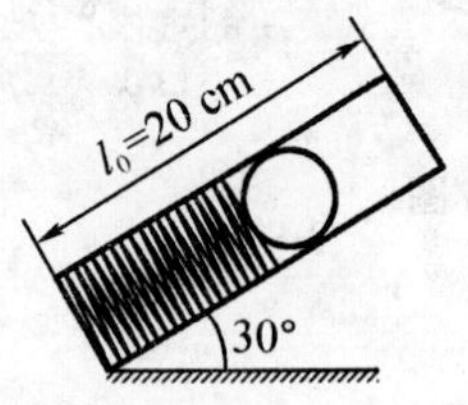

题 11－10 图

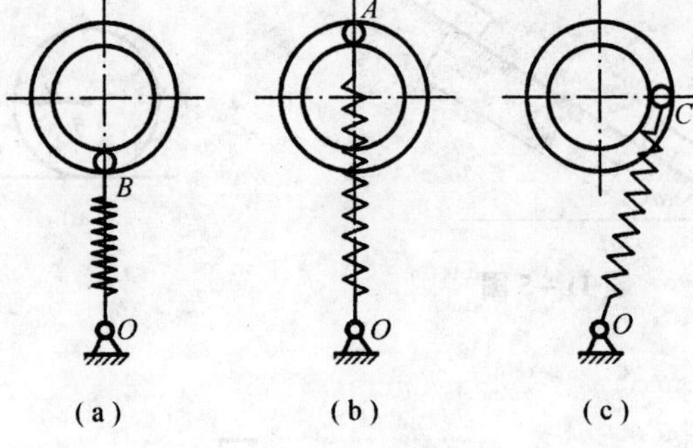

题 11－11 图

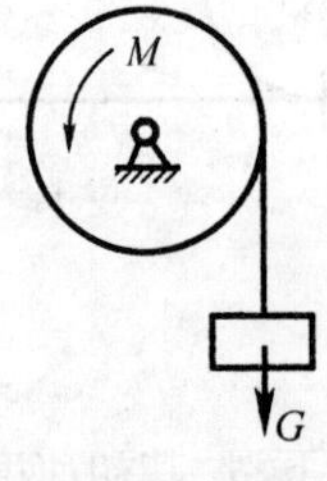

题 11－12 图

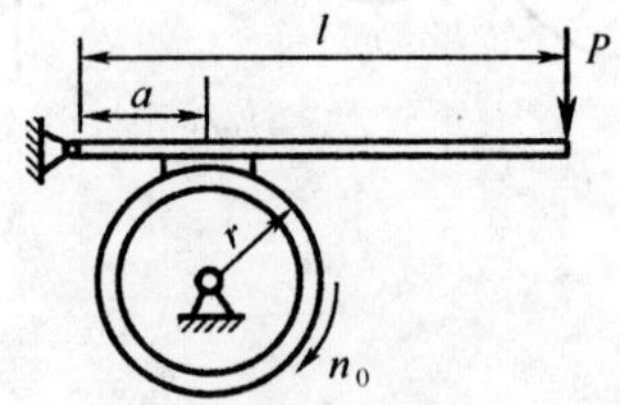

题 11－13 图

第十二章　动静法及其应用

前面介绍了一些求解动力学的基本方法，这些方法求解动力学问题都是十分有效的。但是，在求解有些动力学问题时，这些方法就显得有点繁锁。本章介绍求解动力学问题的另一种方法，即将动力学问题在形式上化为静力学问题来进行求解，这种方法称为动静法。使用动静法去求解物系的动约束反力时，常会带来很大的方便，计算过程要比采用其他方法简捷得多。

第一节　惯性力与动静法

一、质点的惯性力概念

任何物体都有保持静止或匀速直线运动的属性，称为惯性。当物体受到外力作用而产生运动状态的变化时，运动物体即对施力物体产生反作用力，因这种反作用力是由于运动物体的惯性所引起的，故称为运动物体的惯性力，以 $\boldsymbol{Q}$ 表示，此力作用对象是施力物体。如图 12－1 所示，工人沿着光滑地面以力 $\boldsymbol{F}$ 推一质量为 m 的小车，小车的加速度为 $\boldsymbol{a}$，根据牛顿第二定律数学表达式 $\boldsymbol{F}=m\boldsymbol{a}$；又由作用与反作用定律可知，工人必受到小车的反作用力 $\boldsymbol{Q}$，它与作用力 $\boldsymbol{F}$ 等值、反向且共线，所以，惯性力 $Q=-m\boldsymbol{a}$。

可见，惯性力是因为外力的作用而使物体的运动状态改变时，由于其惯性而引起的运动物体对施力物体的反作用力，其大小等于运动物体质量与加速度的乘积，方向与加速度方向相反，作用对象是施力物体。

如图 12－2 所示，当质点作曲线运动时，质点具有切向加速度 $\boldsymbol{a}_\tau$ 和法向加速度 $\boldsymbol{a}_n$，相应地，质点的惯性力可表示为

$$\boldsymbol{Q}=\boldsymbol{Q}_\tau+\boldsymbol{Q}_n$$

式中 $\boldsymbol{Q}_\tau=-m\boldsymbol{a}_\tau$ 为切向惯性力；$\boldsymbol{Q}_n=-m\boldsymbol{a}_n$ 为法向惯性力。由于法向加速度总是指向曲率中心，所以法向惯性力总是沿着法线背离曲率中心，故也称为离心力。

图 12－1

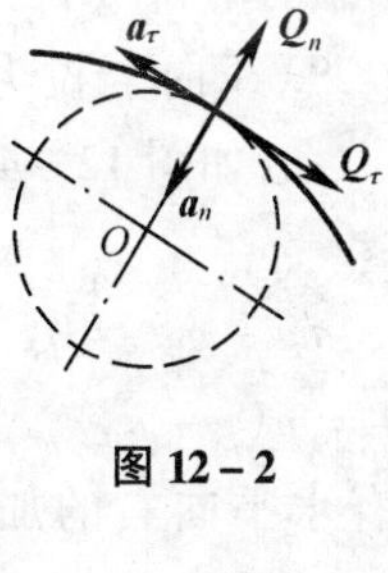

图 12－2

二、质点的达朗伯原理

质量为 m 的质点受主动力 $\boldsymbol{F}$ 和约束力 $\boldsymbol{N}$ 作用，设 $\boldsymbol{F}$ 与 $\boldsymbol{N}$ 的合力为 $\boldsymbol{R}$，质点的加速度为

$\boldsymbol{a}$,则有

$$\boldsymbol{R}=m\boldsymbol{a}$$

$$\boldsymbol{F}+\boldsymbol{N}=m\boldsymbol{a}$$

假想在质点 M 上施加惯性力 $\boldsymbol{Q}=-m\boldsymbol{a}$,则 $\boldsymbol{Q}$ 与 $\boldsymbol{R}$ 必等值、反向、共线,即 $\boldsymbol{F},\boldsymbol{N},\boldsymbol{Q}$ 构成平衡,如图 12-3 所示,它们的合力为零。

$$\boldsymbol{F}+\boldsymbol{N}+\boldsymbol{Q}=0 \tag{12-1}$$

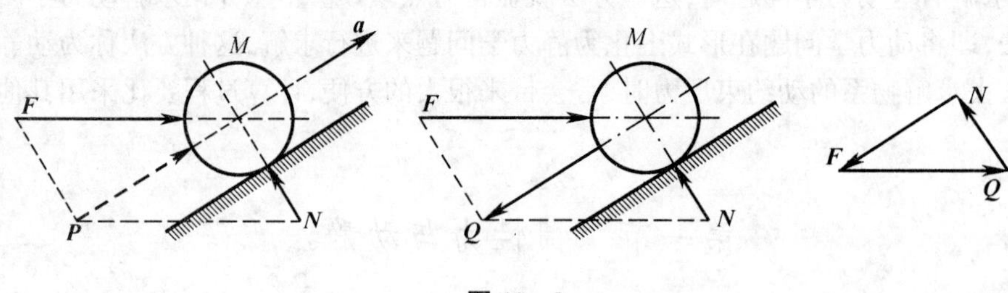

图 12-3

显然如果在变速运动质点上假想地加上惯性力,则作用于质点的惯性力、约束力与主动力在形式上构成平衡力系。这就是质点的达朗伯原理。

由于惯性力实际上并不作用于运动的质点,而是作用于施力物体,惯性力是一个假想地加到运动质点上去的一个虚拟力,质点也并不处于静止或匀速直线运动状态,因此这里所谓平衡是个假象,没有实际的物理意义。

经过这样人为的方法处理后,就能将动力学问题在形式上化为静力学问题,使我们能运用静力学的运算方法来求解,所以此法称为**动静法**。

例 12-1 如图 12-4 所示,小车内有悬线挂一质量为 m 的小球。当小车作下列三种不同方向的匀加速直线运动时,试求出悬线的拉力 T 值。

(1)小车以 $\boldsymbol{a}_0$ 作铅垂向上的匀加速运动(图 12-4(a));

(2)小车以 $\boldsymbol{a}_0$ 作水平向右的匀加速运动(图 12-4(b));

(3)小车以 $\boldsymbol{a}_0$ 沿倾角为 α 的斜面作向上的匀加速运动(图 12-49(c))。

解 取小球为研究对象,用动静法求解。

(1)小球有铅垂向上加速度 $\boldsymbol{a}_0$。惯性力 $\boldsymbol{Q}=-m\boldsymbol{a}_0$ 向下,作用在小球上的力有惯性力 $\boldsymbol{Q}$,悬线向上拉力 $\boldsymbol{T}$,重力 mg,构成平衡力系,如图 12-4(a)所示,则

$$T-mg-ma_0=0$$

$$T=m(g+a_0)$$

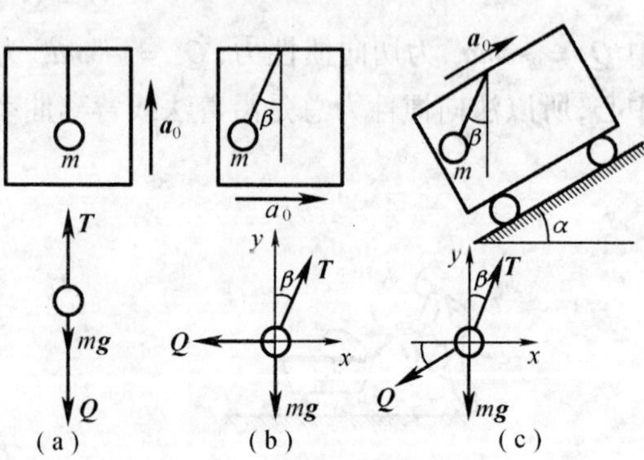

图 12-4

(2)小球有水平向右的加速度 $\boldsymbol{a}_0$。惯性力 $\boldsymbol{Q}=-m\boldsymbol{a}_0$ 水平向左。作用在小球上的力有惯性力 $\boldsymbol{Q}$,重力 mg,与铅垂线成夹角 β 的悬线拉力 $\boldsymbol{T}$,构成平衡力系,如图 12-4(b)所示,则

$$\sum F_x=0,\quad T\sin\beta-ma_0=0$$

$$\sum F_y = 0,\quad T\cos\beta - ma_0 = 0$$

由以上两式可得

$$T = \sqrt{(ma_0)^2 + (mg)^2}$$

$$\tan\beta = \frac{ma_0}{mg} = \frac{a_0}{g}$$

(3)小球有沿斜面方向的加速度 $\boldsymbol{a}_0$,即 $\boldsymbol{a}_0$ 与水平线有夹角 α。惯性力 $\boldsymbol{Q} = -m\boldsymbol{a}_0$ 其方向沿斜面向下。作用在小球上的力有惯性力 $\boldsymbol{Q}$,重力 mg,与铅垂线夹角为 β 的悬线拉力 $\boldsymbol{T}$,构成平衡力系,如图 12-4(c)所示,则

$$\sum F_x = 0,\quad T\sin\beta - ma_0\cos\alpha = 0$$

$$\sum F_y = 0,\quad T\cos\beta - ma_0\sin\alpha - mg = 0$$

由以上二式可得

$$T = \sqrt{(ma_0\cos\alpha)^2 + (ma_0\sin\alpha + mg)^2}$$

$$\tan\beta = \frac{ma_0\cos\alpha}{ma_0\sin\alpha + mg} = \frac{a_0\cos\alpha}{a_0\sin\alpha + g}$$

例 12-2 一辆重 $G = 1.2$ kN 的小车,自横梁上的光滑斜面借自重下滑,当小车滑行至 M 处时,$h = 0.6$ m,$l = 1.4$ m,$\alpha = 30°$,求图 12-5(a)所示位置时支座 A,B 的约束反力。

解 (1)先单独取小车为研究对象,求出它沿斜面下滑的加速度 $\boldsymbol{a}$。由 $\boldsymbol{F} = m\boldsymbol{a}$ 有

$$mg\sin30° = ma$$
$$a = g\sin30°$$

(2)取整体(小车及横梁)为研究对象,如图 12-5(a)所示,应用动静法,将惯性力 作用于小车上,列出静力平衡方程。

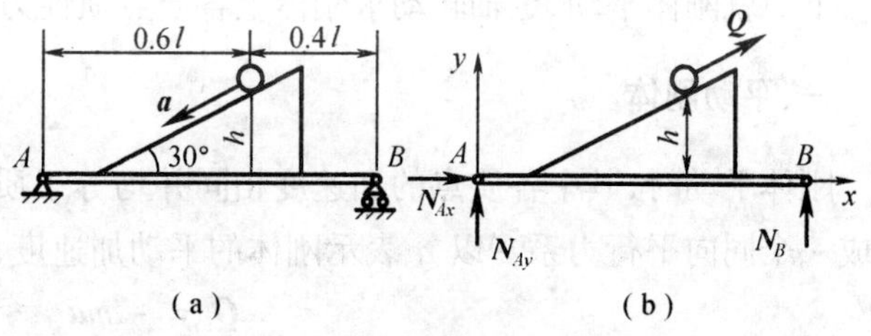

图 12-5

$$\sum m_A(\boldsymbol{F}) = 0,\quad N_B l + (ma\sin30° - mg) \times 0.6l - ma\cos30° \times h = 0$$

即

$$N_B l + (mg\sin^2 30° - mg) \times 0.6l - mg\sin30° \times \cos30° \times h = 0$$

$$N_B \times 1.4 + (1\,200\sin^2 30° - 1\,200) \times 0.6 \times 1.4 - 1\,200\sin30° \times \cos30° \times 0.6 = 0$$

得

$$N_B = 7.627\ \text{N(向上)}$$

$$\sum F_y = 0,\quad ma\sin30° - mg + N_B + N_{Ay} = 0$$

得

$$1\,200\sin^2 30° - 1\,200 + 762.7 \times N_{Ay} = 0$$

$$N_{Ay} = 137.3\ \text{N(向上)}$$

$$\sum F_x = 0,\quad N_{Ax} + ma\cos30° = 0$$

得

$$N_{Ax} = -mg\sin30°\cos30° - 1\,200\sin30°\cos30° = -519.6\ \text{N(向左)}$$

三、质点系的达朗伯原理

设质点系由 n 个质点组成,对其中一个质点 m_k,使作用于此质点的主动力 $\boldsymbol{F}_k$、约束反

力 $\boldsymbol{N}_k$，与其余质点作用的内力 $\boldsymbol{F}^i_{k1}$，$\boldsymbol{F}^k_{k2}$，…和假想的 $\boldsymbol{Q}_k$ 组成平衡力系，可列出方程为

$$\boldsymbol{F}_k+\boldsymbol{N}_k+\boldsymbol{Q}_k+\boldsymbol{F}^i_{k1}+\boldsymbol{F}^i_{k2}+\cdots=0 \quad (k=1,2,\cdots,n)$$

n 个质点可列出 n 个方程。既然作用在每一个质点上的力系在形式上都是平衡力系，则作用在整个质点系的力系是 n 个平衡力系的叠加，在形式上也必然是平衡力系。力系的平衡条件是，力系向任一点处简化的主矢与主矩都分别等于零，将 n 个平衡方程相加可得力系的平衡方程

$$\sum\boldsymbol{F}_k+\sum\boldsymbol{N}_k+\sum\boldsymbol{Q}_k=0 \tag{12-2(a)}$$

$$\sum m_O(\boldsymbol{F}_k)+\sum m_O(N_k)+\sum m_O(\boldsymbol{Q}_k)=0 \tag{12-2(b)}$$

因质点系中的内力是成对出现的，且反向、等值、共线，这些内力矢量和及对任何点力矩的代数和恰好相互抵消，故在(12-2)式中不出现内力。

(12-2)式即为质点系的达朗伯原理：质点系在运动过程中的每一个瞬间，作用于质点系上所有外力与假想地加在质点上的惯性力，在形式上构成平衡力系。

第二节　刚体运动时惯性力系的简化

应用动静法求解刚体动力学问题时，常需先将刚体中各质点的惯性力所组成的惯性力系进行简化，然后将简化的惯性力系主矩、主矢和外力建立平衡关系。

下面就刚体平动、定轴转动求刚体上各质点惯性力系进行简化的结果。

一、平动刚体

刚体平动时，其中各质点的加速度相同并均等于质心加速度，因而各质点的惯性力 $\boldsymbol{Q}_k$ 组成一个同向平行力系。以 $\boldsymbol{a}$ 表示刚体的平动加速度，则

$$\boldsymbol{Q}_k=-m\boldsymbol{a}$$

此惯性力系由大小与质点质量成正比的平行力系组成，与重力所组成的平行力系具有相同的性质，平行的惯性力系合力 $\boldsymbol{Q}_C$ 应通过刚体质心 C。即

$$\boldsymbol{Q}_C=\sum\boldsymbol{Q}_k=\sum-m_k\boldsymbol{a}=-\left(\sum m_k\right)\boldsymbol{a}=-M\boldsymbol{a} \tag{12-3}$$

式中 M 为刚体质量，所以刚体平动时，其惯性力系可简化为一个通过质心的合力，此合力的方向与加速度相反，其值等于刚体质量与加速度的乘积。

二、定轴转动的刚体

工程上许多定轴转动的刚体，一般都有垂直于转轴的质量对称面，故在此平面两边每两个对称质点惯性力的合力都作用在此对称平面内，这样刚体的空间惯性力系，可简化为在对称平面内的平面力系。

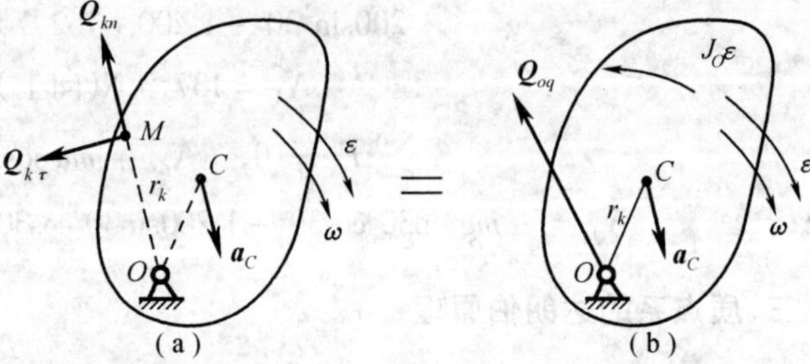

图 12-6

图 12-6 中的平面图形代表刚体对称平面。

设转轴通过 O 点，刚体具有

质量 M 及绕 O 点的转动惯量 J_O，转动角速度为 ω，角加速度为 ε，刚体上任意一点 M_k 具有质量 m_k、加速度 $\boldsymbol{a}_k$，此质点的惯性力 $\boldsymbol{Q}_k=-m_k\boldsymbol{a}_k$。刚体上无数个质点的惯性力组成一个平面惯性力系，将平面惯性力系向转轴 O 点简化，就得到惯性力系的主矢 $\boldsymbol{Q}_{Oq}$ 和主矩 M_{Oq}。

可以证明，此时惯性力系的主矢

$$\boldsymbol{Q}_{Oq}=\sum m_k\boldsymbol{a}_k=-M\boldsymbol{a}_C \tag{12-4(a)}$$

惯性力系对点 O 的主矩

$$M_{Oq}=-J_O\varepsilon \tag{12-4(b)}$$

式(12－4)表明，刚体绕垂直于对称平面的转轴转动时，刚体惯性力系向转轴与对称平面交点 O 简化的结果为通过 O 点的惯性力系的主矢和主矩。惯性力系主矢的值等于刚体质量和质心加速度的乘积，方向与质心加速度相反；主矩的值等于刚体对转轴的转动惯量与角加速度的乘积，转向与角加速度的转向相反。如图 12－6(b)所示。

应用以上结论讨论两种特殊情况：

(1)刚体绕通过质心的轴作加速转动时，因质心的加速度 $\boldsymbol{a}_C$ 等于零，即 $a_C=0$，此时惯性力系的主矢 $\boldsymbol{Q}_{Oq}=-Ma_C=0$，主矩 $M_{Oq}=-J_O\varepsilon$。

(2)刚体绕通过质心的轴作匀速转动时，有 $a_C=0,\varepsilon=0$，故此时惯性力系的主矢 $\boldsymbol{Q}_{Oq}=0$，主矩 $M_{Oq}=0$。

应用动静法求解刚体动力学问题时，必须先分析刚体的运动情况，写出已知或未知刚体质心加速度及角加速度的表达式，再应用相应的惯性力系简化结果，然后建立外力系与惯性力系的平衡关系式。

例 12－3 图 12－7(a)所示小车重 $\boldsymbol{G}_1$，在车上载有长方形箱体重 $\boldsymbol{G}_2$ 的货物，小车在力 $\boldsymbol{P}$ 作用下，沿光滑的水平轨道运动，箱体和小车的摩擦系数 f，小车及货物的质心均位于 A,B 两轮中间，已知 $f=0.4$，$l=3$ m，$h=2$ m，$b=1$ m，$G_1=490$ kN，$G_2=1\,960$ kN，$P=750$ kN。试求小车两轮 A,B 的轨道反力 N_A、N_B，并验算箱体是否会在小车上有相对滑动或翻倒。

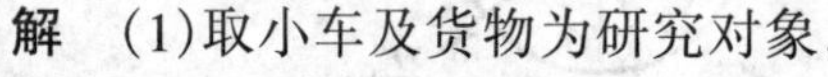

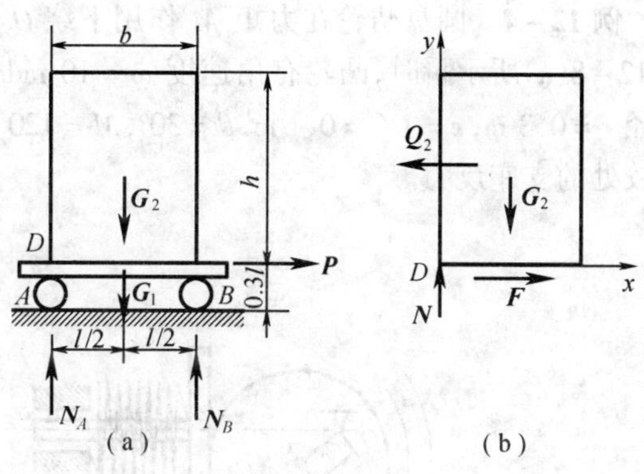

图 12－7

解 (1)取小车及货物为研究对象，先求出小车水平向右的加速度 $\boldsymbol{a}$。应用动静法，惯性力有 $\boldsymbol{Q}_1=-\dfrac{G_1}{g}\boldsymbol{a}$，$\boldsymbol{Q}_2=-\dfrac{G_2}{g}\boldsymbol{a}$。$\boldsymbol{Q}_1,\boldsymbol{Q}_2$ 作用力 $\boldsymbol{P}$ 与自重 $\boldsymbol{G}_1,\boldsymbol{G}_2$ 和轨道反力 $\boldsymbol{N}_A,\boldsymbol{N}_B$ 构成平衡力系。

按静力学列出平衡方程

$$\sum F_x=0,\quad P-\frac{G_2}{g}a-\frac{G_1}{g}a=0$$

$$750-\frac{1960}{9.8}a-\frac{490}{9.8}a=0$$

$$\sum F_y=0,N_A+N_B-(G_1+G_2)=0$$

$$N_A + N_B - (490 + 1\ 960) = 0$$

$$\sum m_B(\boldsymbol{F}) = 0, \quad -N_A L - P \times (0.3l) + (G_1 + G_2)\frac{l}{2} + \frac{G_2}{g}a\left(0.3l + \frac{h}{2}\right) + \frac{G_1}{g}a0.3l = 0$$

$$-N_A \times 3 - 750 \times 0.3l \times 3 \times (490 + 1\ 960) \times 1.5 \times \frac{1\ 960}{9.8}a(0.3 \times 3 + 1) + \frac{490}{9.8}a(0.3 \times 3) = 0$$

由以上三式可解出

$$a = 3\ \text{m/s}^2, \quad N_A = 1\ 427\ \text{N}, \quad N_B = 1\ 025\ \text{N}$$

(2)取长方形箱体为研究对象,已知它有水平向右的加速度 $a = 3\ \text{m/s}^2$。应用动静法画出其受力图,如图 12-7(b)所示,当惯性力值大于最大摩擦力值 $\boldsymbol{F}$ 时,不能保持形式上的静力平衡,会产生相对滑移的现象。现有

$$\boldsymbol{F} = G_2 f = 1\ 960 \times 0.4 = 784\ \text{N}$$

$$Q_2 = -\frac{G_2}{g}a = -\frac{1\ 960}{9.8} \times 3 = -600\ \text{N} \quad (\text{水平向左})$$

因 $F > Q_2$,故箱体在小车上不产生相对滑移。

当惯性力 Q_2 对 D 点力矩 $m_D(\boldsymbol{Q}_2)$ 大于重力 $\boldsymbol{G}_2$ 对 D 点力矩 $m_D(\boldsymbol{G}_2)$ 时,箱体便绕 D 点倒翻。现有

$$m_D(\boldsymbol{Q}_2)\left(\frac{G_2}{g}a\right)\frac{h}{2} = \left(\frac{1\ 960}{9.8} \times 3\right) \times 1 = 600\ \text{N}$$

$$m_D(\boldsymbol{G}_2) = G_2\frac{h}{2} = 1\ 960 \times 0.5 = 980\ \text{N}$$

因 $m_D(\boldsymbol{G}_2) > m_D(\boldsymbol{Q}_2)$,箱体在小车上不翻倒。

例 12-4 圆盘凸轮在力矩 M 作用下绕 O 轴作定轴转动,从而推动水平导杆移动,在图 12-8(a)所示瞬时,凸轮有角速度 $\omega = 10\ \text{rad/s}$,角加速度 $\varepsilon = 20\ \text{rad/s}^2$。自重 $G = 490\ \text{N}$,半径 $r = 0.3\ \text{m}$, $e = OC = 0.1\ \text{m}$, $\theta = 30°$, $M = 120\ \text{N·m}$,试求凸轮作用与导杆的推力 $\boldsymbol{P}$ 及凸轮 O 铰处的支座反力。

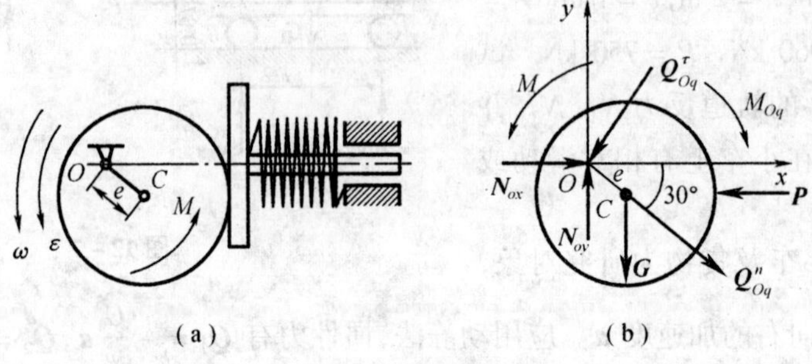

图 12-8

解 (1)取圆盘凸轮为研究对象,圆盘以 ω、ε 转动,质心 C 有加速度 $\boldsymbol{a}_n$ 及 $\boldsymbol{a}_\tau$,方向垂直于 OC,指向和 ε 转向一致。$a_n = e\omega^2 = 0.1 \times 10^2 = 10\ \text{rad/s}^2$ 方向沿 OC,指向 O 点。

惯性力系向 O 点简化的主矢、主矩为

$$Q^\tau_{Oq} = \frac{G}{g}a_\tau = \frac{490}{9.8} \times 2 = 100\ \text{N} \quad (\text{方向与 } \boldsymbol{a}_\tau \text{ 相反})$$

$$Q_{O_q}^n = \frac{G}{g}a_n = \frac{490}{9.8} \times 10 = 500\ \text{N} \quad (\text{方向与 } \boldsymbol{a}_n \text{ 相反})$$

$$M_{O_q} = -J_O\varepsilon = \left(\frac{1}{2}\frac{G}{g}r^2 + \frac{G}{g}e^2\right)\varepsilon = \frac{490}{9.8}\left(\frac{1}{2}\times 0.3^2 + 0.1^2\right)\times 290 = 55\ \text{N}\cdot\text{m} \quad (\text{顺时针转向})$$

(2)应用动静法,凸轮上有作用力 $Q_{O_q}^{\tau}$、$Q_{O_q}^{n}$、M_{O_q} 与自重 $\boldsymbol{G}$ 及导杆反作用力 $\boldsymbol{P}$ 与支座 O 处反力 $\boldsymbol{N}_{Oy}$、$\boldsymbol{N}_{Ox}$ 构成平衡力系,如图 12－8(b)所示。

按静力学列出平衡方程

$$\sum F_y = 0, \quad N_{Oy} - Q_{O_q}^{\tau}\sin 60° - Q_{O_q}^{n}\sin 30° - G = 0$$

$$N_{Oy} - 100\sin 60° - 500\sin 30° - 490 = 0$$

$$\sum F_x = 0, \quad N_{Ox} - Q_{O_q}^{\tau}\cos 60° + Q_{O_q}^{n}\cos 30° - P = 0$$

$$N_{Ox} - 100\cos 60° + 500\cos 30° - P = 0$$

$$\sum m_O(\boldsymbol{F}) = 0, \quad M - Pe\sin 30° - Ge\cos 30° - M_{O_q} = 0$$

$$120 - P\times 0.1\sin 30° - 490\times 0.1\cos 30° - 55 = 0$$

由以上三式可得出

$$P = 451\ \text{N}, \quad N_{Ox} = 68\ \text{N}, \quad N_{Oy} = 826.6\ \text{N}$$

第三节 用动静法求轴承的动反力

高速回转件的转轴都要求垂直对称平面并通过质心。在转动时,惯性力 $\boldsymbol{Q}$ 等于零。但实际上,由于材料的不均匀,会产生回转件的质量中心与几何中心不重合,而制造误差等原因会最终导致回转件质心偏离转轴,简称偏心。这样,回转件高速运转时,质心就会产生一个很大的向心加速度,因而出现一个很大的回转件惯性力系的主矢,使得轴承的负荷加重并影响机器运转。

例如图 12－9(a)所示,某回转件质量为 m,质心的偏心距为 e,回转件安装在转轴长度中点,当回转件作匀角速度转动时,质心只有向心加速度,故回转件的惯性力系主矢为一向转轴简化的径向离心惯性力 $me\omega^2$,又因角加速度为零,故惯性力系主矩为零。此离心惯性力与两支点处反力及回转件自重 mg 构成形式上的平衡。

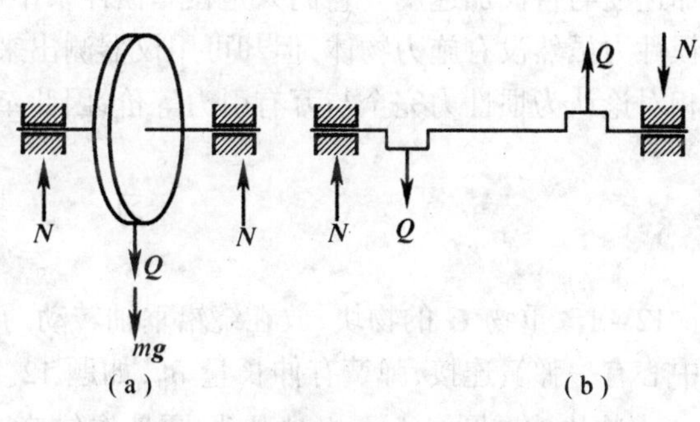

图 12－9

由于回转件自重引起的两轴承的反力称为静反力,所以由离心惯性力引起的两轴承的反力称为动反力,各等于 $\frac{1}{2}me\omega^2$。由于离心力的方向是随着转轴在旋转,因而相应的动反力的方向也随时在变化着而处于旋转状态,当质心转至最低位置时,离心力 $\boldsymbol{F}_2$ 的方向与回转件自重 mg 同一方向,此时产生最大的轴承动反力,其值等于静反力和动反力的算术和,即

$$N_B = N_A = \frac{1}{2}mg + \frac{1}{2}me\omega^2 + \frac{1}{2}m(g + e\omega^2)$$

由于轴承总反力的大小和方向随时都在变化,将引起机器振动,促使轴承摩损加快,因此设计、加工、安装过程中要尽量消除或减小偏心,使动反力减小到允许的程度。此外如图12-9(b)所示,还应注意到,由于曲轴的结构形状所致,在同一根轴上两个构件的偏心引起的两个惯性力,当它们不在同一垂直于转轴的平面内,这两个惯性力会形成惯性力力偶,因而引起相当大的轴承反力,必须采取平衡措施予以消除。

回转件的平衡分为静平衡和动平衡两种。对于盘形零件,由于其厚度远小于径向尺寸,只需采用静平衡即可消除动反力(如齿轮,带轮,飞轮等的静平衡)。静平衡的基本原理是在盘形件偏心距相反方向加配重,或沿偏心方向挖取部分质量。静平衡可在静平衡机上进行。对于轴向尺寸较大的或结构复杂的回转件,如曲轴、电机转子等构件,由于质量分布不均而导致惯性力系为空间力系,消除此类动反力一般采用动平衡办法。动平衡一般应在动平衡实验机上进行。有关这方面的理论,将在机械原理课程中予以介绍。

第四节　问题讨论与说明

动静法是解决动力学问题时经常用到的方法,特别是在求解动反力问题方面具有方便快捷的优点。但是,由于动静法的理论依据是达朗伯原理,而对于达朗伯惯性力(即惯性力),学术界一直存在不同意见。现将清华大学范钦珊教授的相关观点简要介绍如下,以供参考。

达朗伯惯性力中的加速度是绝对加速度,原理也是在惯性参考系中应用的;惯性力是体现物体(或质点)惯性运动的物理量,在原理中人为地使之以力的形式出现,并施加在运动物体上,因此惯性力是虚拟的力。

质点在非惯性系动力学中的牵连惯性力与科氏惯性力只分别涉及绝对加速度的分量牵连加速度与科氏加速度。它们只是在非惯性系中研究质点动力学问题时才施加上去的,这种惯性力虽然没有施力物体,但却可用仪器测出来,人也可以感觉得到。爱因斯坦创立的广义相对论认为惯性力完全与万有引力等价,因此牵连惯性力与科氏惯性力都应是真实的力。

习　题

12-1　重物 G 的物块,放在绕铅垂轴转动的水平圆盘上,物块离转轴距离 r,物块与转轴中心有一弹簧连接,弹簧有伸长量 δ_0,如题12-1图所示。设圆盘与物块间的摩擦系数为 f,求物块放在圆盘上无相对滑动,圆盘作匀速转动时的角速度范围值。已知 $r = 0.3$ m,$G = 100$ N,弹簧刚性系数 $k = 60$ N/cm,$f = 0.5$,$\delta_0 = 2$ cm。

12-2　重 $G = 1$ kN 的小车 M 行驶至长 $l_0 = 4$ m 的横梁 AB 中点时突然刹车停住,由长 $l = 1.6$ m、绳悬重 $G_0 = 0.8$ kN 的工件绕 M 点作定轴转动。在题12-2图所示瞬时,$\theta = 30°$,悬重有速度 $v = 1.4$ m/s 及 $\varepsilon = 3.06$ rad/s²,试求横梁 A,B 两处的支反力。

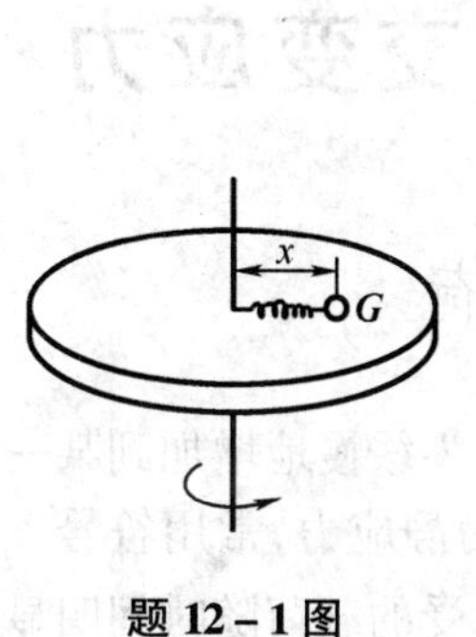

题 12-1 图

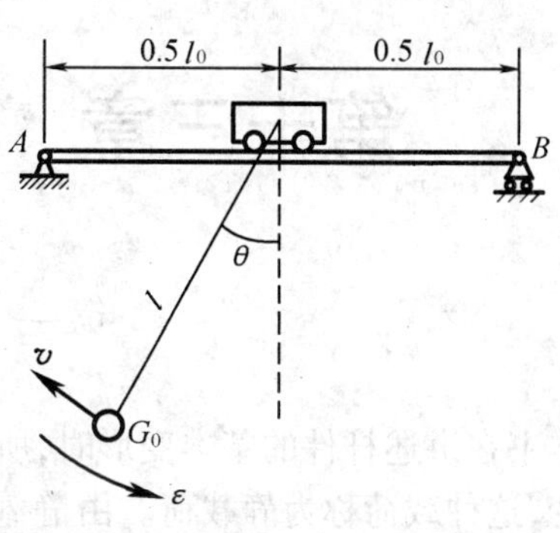

题 12-2 图

12-3 如题 12-3 图所示，$m=125\times10^3$ kg 的飞机着陆时的速度为 200 km/h，制动后沿跑道作匀减速运动，滑行 450 m 后速度降为 50 km/h。飞机的质心离地面高 3 m，地面及空气水平阻力的合力离地面高 1.8 m，不考虑微小的升力，试求飞机前轮 B 的正压力。

12-4 电动机绞车装在梁的中点，绞车提起质量为 2 000 kg 的重物 B，以 1 m/s² 的加速度上升，绞车和梁的质量共为 800 kg，其它尺寸如题 12-4 图所示，试求支座 C 与 D 处的反力。

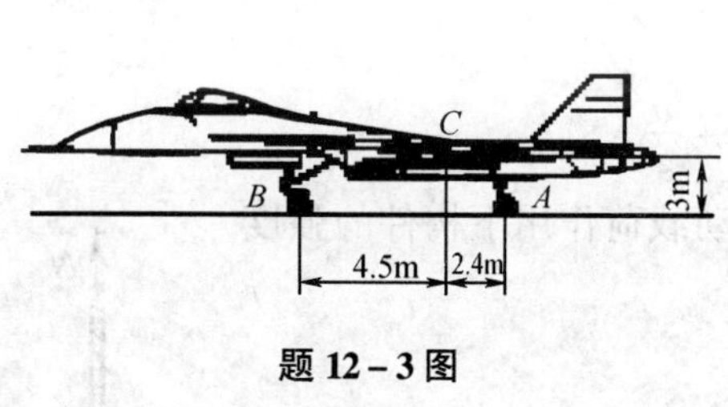

题 12-3 图

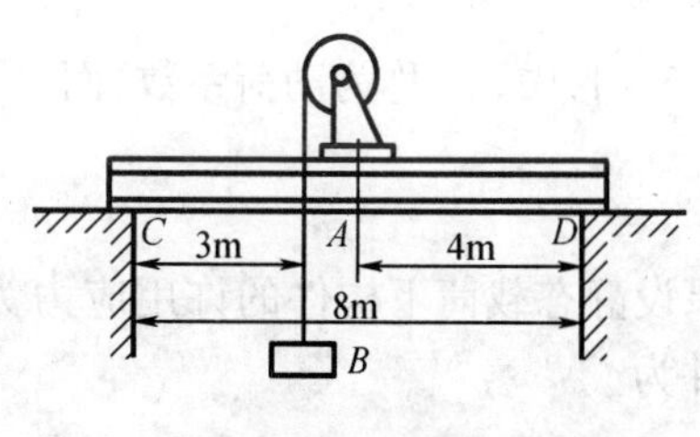

题 12-4 图

第十三章　动载荷与交变应力

第一节　动　载　荷

本书在讲述杆件的基本变形时，所加载荷的特点是由零缓慢地增加到某一数值，以后保持不变，这种载荷称为静载荷。由静载荷产生的应力称为静应力，常用符号 σ_j 表示。但在工程中，还会遇到构件在动载荷作用下的问题。当构件承受的载荷随时间明显变化，或构件内各质点的加速度不能忽略时，工程上就称这些构件承受了动载荷。机械中有许多与动载荷有关的问题，例如起重机钢丝绳向上加速吊起重物；紧急制动的转轴在非常短暂的时间内速度发生急剧变化；机械零件在周期性变化的载荷作用下长期工作。

动载荷对于构件的作用与静载荷不同，例如冲击载荷，它的特点是作用时间短、变化快、强度大。由动载荷产生的应力称为动应力，常用符号 σ_d 表示。

下面以匀加速直线运动为例说明动应力的计算方法。

设质量为 m 的物体作匀加速运动，加速度为 $\boldsymbol{a}$，则动应力 σ_d 为

$$\sigma_d = k_d\sigma_j \tag{13-1}$$

式(13－1)中，k_d 称为动荷系数，而且

$$k_d = 1 + \frac{a}{g}$$

如果设静态载荷下构件的许用应力为$[\sigma]$，则动载荷作用下构件的强度条件为

$$\sigma_{d\max} = k_d\sigma_{j\max} \leqslant [\sigma]$$

例 13－1　如图 13－1 所示起重机钢丝绳长 $L=60$ m，名义直径为 28 cm，有效横截面积 $A=2.9$ cm^2，单位长度的质量 $q=25.5$ N/m，材料的许用应力$[\sigma]=300$ MPa，以 2 m/s^2 的加速度快速提起重 $G=50$ kN 的物体，试校核钢丝绳的强度。

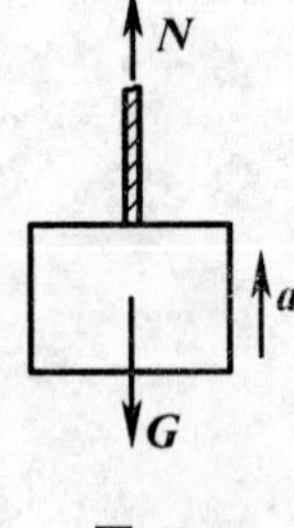

图 13－1

解　受力分析如图 13－1 所示，钢丝绳上的最大静内力为

$$N_{j\max} = G + qL$$

钢丝绳上的最大静应力为

$$\sigma_{j\max} + \frac{N_{j\max}}{A} = \frac{G+qL}{A}$$

因为匀加速铅直运动的动荷系数 $k_d = 1 + \dfrac{a}{g}$，所以钢丝绳内的最大动应力为

$$\sigma_{d\max} = k_d\sigma_{j\max} = \frac{1}{A}(G+qL)\left(1+\frac{a}{g}\right)$$

代入数值

$$\sigma_{d\max} = 214\ \text{MPa} < [\sigma] = 300\ \text{MPa}$$

钢丝绳强度足够。

第二节 交变应力

一、交变应力的概念

在工程中,有许多构件在工作时受到随时间交替变化的应力,这种应力称为交变应力。产生交变应力的原因有两种,一种是由于载荷的大小、方向或位置等随时间作交替的变化;另一种是虽然载荷不随时间变化,但构件本身在旋转。

金属在交变应力作用下发生的断裂称为疲劳断裂。金属的疲劳断裂和静载断裂有本质的区别。

1.疲劳断裂的主要特点

(1)长期在交变应力下工作的构件,即使其最大工作应力远小于其静载下的强度极限应力,也会出现突然断裂。

(2)金属疲劳断裂时,其断面如图 13-2 所示,存在两个明显不同的区域:光滑区和粗糙区。

(3)即使是塑性很好的材料,也常常在没有明显的塑性变形情况下发生脆性断裂。

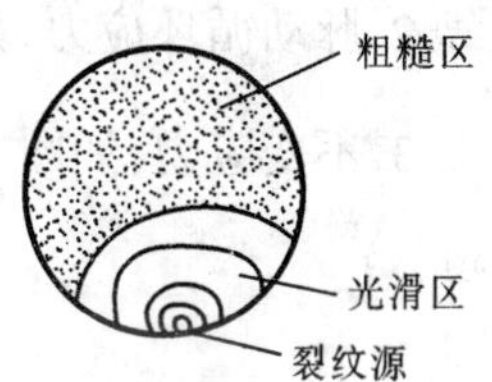

图 13-2

2.疲劳断裂的过程

(1)由于金属内部存在着缺陷,当交变应力的大小超过了一定的限度,疲劳裂纹首先产生在高应力区域的缺陷处(通常称为裂纹源)。

(2)随着交变应力的继续作用,裂纹从疲劳源向纵深扩展。在扩展过程中,随着应力的交替变化,裂纹两边的材料时分时合互相研磨,因而形成断面的光滑区。

(3)随着裂纹的扩展,截面被削弱增多。当截面的残存部分的抗力不足时,就会突然断裂,突然断裂处呈现粗糙颗粒状,这种突然断裂属于脆性断裂。

由于疲劳断裂是在构件运转过程中,在没有显著的塑性变形情况下突然发生的,故往往造成严重的后果。疲劳断裂,尤其是高速运转的动力机械的疲劳断裂在其中占着很大的比例。这一现象的出现促使人们研究疲劳断裂的机理,并用来指导工程实际。

二、交变应力的变化规律和种类

讨论一般情况下的交变应力,如图 13-3 所示,这时最大应力 σ_{max} 与最小应力 σ_{min} 数值并不相等,我们把 σ_{min} 与 σ_{max} 的比值称为循环特征或应力比 r,即

$$r = \frac{\sigma_{min}}{\sigma_{max}} \tag{13-2}$$

最大应力 σ_{max} 与最小应力 σ_{min} 的代数平均值称为平均应力 σ_m;最大应力 σ_{max} 与最小应力 σ_{min} 的代数差的一半称为应力幅度 σ_a,即

$$\sigma_m = \frac{\sigma_{max} + \sigma_{min}}{2} = \frac{\sigma_{max}}{2}(1 + r) \tag{13-3}$$

$$\sigma_a = \frac{\sigma_{max} - \sigma_{min}}{2} = \frac{\sigma_{max}}{2}(1 - r) \tag{13-4}$$

在工程实际中,可以将交变应力归纳成如下三种类型:

1.对称循环应力，如图 13－4 所示，对称循环应力中 $\sigma_{max}=-\sigma_{min}$，故$\dfrac{\sigma_{min}}{\sigma_{max}}=1$。

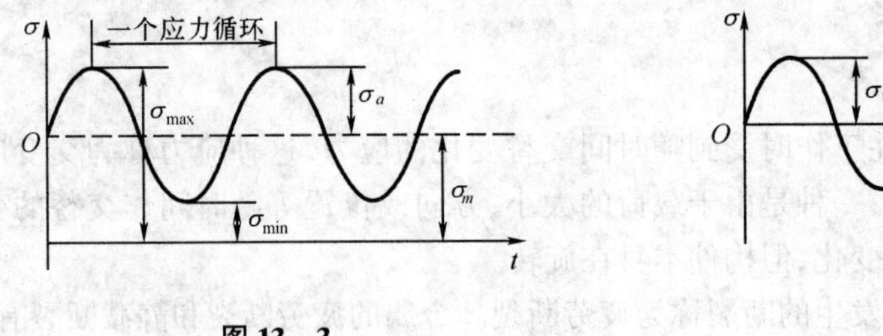

图 13－3

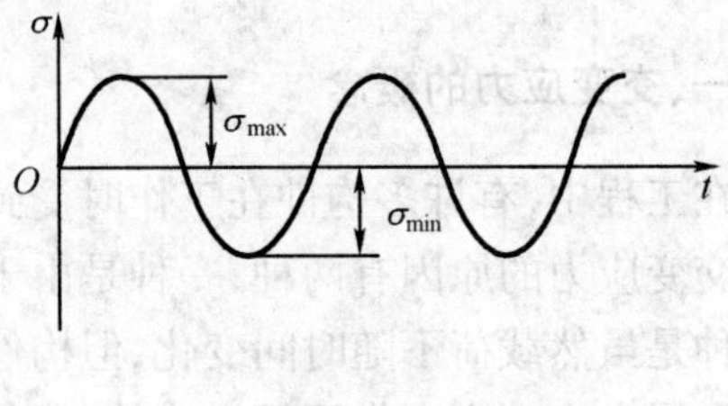

图 13－4

2.脉动循环应力，如图 13－5 所示，脉动循环应力中 $\sigma_{min}=0$，故 $r=\dfrac{\sigma_{min}}{\sigma_{max}}=0$。

3.不变应力，如图 13－6 所示，这种应力也就是静载荷下的应力，这时 $\sigma_{max}=\sigma_{min}$，故 $r=\dfrac{\sigma_{min}}{\sigma_{max}}=1$。

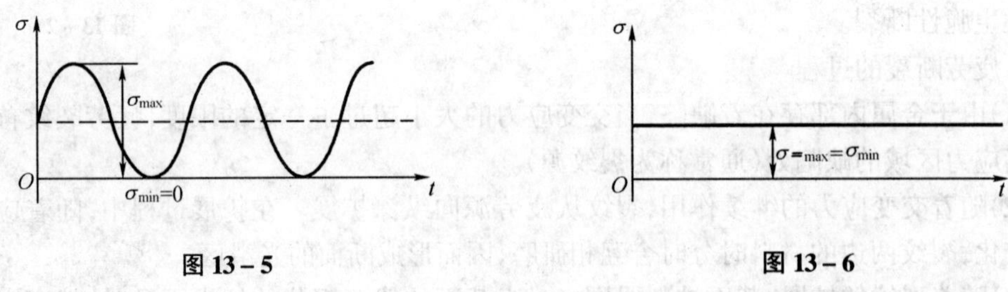

图 13－5　　图 13－6

第三节　材料的持久极限及其影响因素

一、材料的持久极限

通过试验证明，在交变载荷作用下，构件内应力的最大值(绝对值)低于某一极限，则此构件可以经历无数次循环而不断裂，我们把这个应力值称为持久极限，用 σ_r 表示，r 为交变应力的循环特征。

构件的持久极限与循环特征有关，构件在不同循环特征的交变应力作用下有着不同的持久极限，其中对称循环下的持久极限 σ_{-1} 最低，因此通常都将 σ_{-1} 作为材料在交变应力上的主要强度指标。材料的持久极限可以通过疲劳试验测定。下面以常用的对称循环下的弯曲疲劳试验为例，说明持久极限的测定过程。

试验时，准备 6～10 根直径 $d=7\sim10$ mm 的光滑小试件，调整载荷，一般将第一根试件的载荷调整至使试件最大弯曲应力为$(0.5\sim0.6)\sigma_b$。开动疲劳试验机后，试件每旋转一周，其横截面上各点就经受一次对称的应力循环，经过 N 次循环后，试件断裂，然后依次逐根降低试件的最大应力，记录下每根试件的断裂时的最大应力和循环次数。若以最大应力为纵坐标，以断裂时的循环次数 N 为横坐标，绘成一条 $\sigma_{max}-N$ 曲线，这条曲线就称为疲劳曲线，如图 13－7 所示。

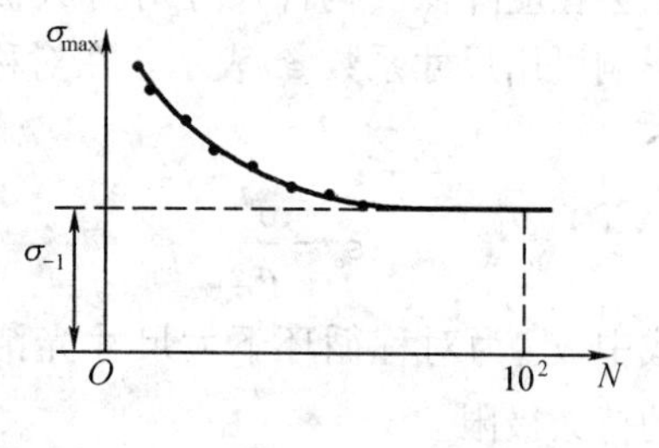

图 13－7

从疲劳曲线可以看出，试件断裂前所经受的循环次数，随构件内最大应力的减小而增加，当最大应力降低到某一数值后，疲劳曲线趋于水平，即疲劳曲线有一条水平渐近线。只要应力不超过这条水平渐近线对应的应力值，试件就可以经历无限次循环而不发生疲劳断裂，这一应力值称为材料的持久极限 σ_{-1}，通常认为，钢制的光滑小试件经过 10^7 次应力循环仍未疲劳断裂，则继续试验也不断裂。因此 $N=10^7$ 次应力循环对应的最大应力值，即为材料的持久极限 σ_{-1}。

各种材料的持久极限还可以从有关手册中查得。

试验表明，材料的持久极限与其静载下的强度极限之间存在以下近似的关系：

$$\sigma_{-1拉} \approx 0.28\sigma_b$$

$$\sigma_{-1弯} \approx 0.40\sigma_b$$

$$\sigma_{-1扭} \approx 0.22\sigma_b$$

二、影响持久极限的因素及疲劳强度计算简介

通过一系列试验，发现材料的持久极限与试件的形状、尺寸、表面加工质量及工作环境等许多因素有关，因此实际工作中构件的持久极限与上述标准试件的持久极限并不完全相同，影响材料持久极限的主要因素可归结为以下三个方面。

1.应力集中的影响

由于工艺和使用要求，构件常需钻孔、开槽或设计台阶等，这样在截面尺寸突变处就会产生应力集中现象。由于构件在应力集中处容易出现微裂纹，从而引起疲劳断裂，因此构件的持久极限要比标准试件的低。通常，用光滑小试件的持久极限与其他因素相同而有应力集中的试件的持久极限之比来表示应力集中对持久极限的影响，这个比值称为有效应力集中系数，用 K_d 表示。在对称循环下

$$K_d=\frac{\sigma_{-1}}{\sigma_{-1}^{k}}$$

式中 σ_{-1} 和 σ_{-1}^{k} 分别是在对称循环下无应力集中与有应力集中时试件的持久极限。

K_d 是一个大于 1 的系数，可以通过试验确定。一些常见情况的有效应力集中系数已制成图表，可以在有关的设计手册中查到。

应该说明的是，应力集中对高强度材料的持久极限影响更大。此外，对轴类零件，截面尺寸突变处要采用圆角过渡，圆角半径愈大，其有效应力集中系数则愈小。若结构需要直角过渡，则需在直径大的轴段上设卸荷槽或退刀槽，以降低应力集中的影响，如图 13－8 所示。

2.构件尺寸的影响

试验表明，相同材料、相同形状的构件，若尺寸大小不同，其持久极限也不相同。构件尺寸愈大，其内部所含的杂质和缺陷随之增多，产生疲劳裂纹的可能性就愈大，材料的持久极

限会相应降低。构件尺寸对持久极限的影响可用尺寸系数 ε_σ 表示。在对称循环下

$$\varepsilon_\sigma = \frac{\sigma^d_{-1}}{\sigma_{-1}}$$

式中 σ^d_{-1} 为对称循环下大尺寸光滑试件的持久极限。

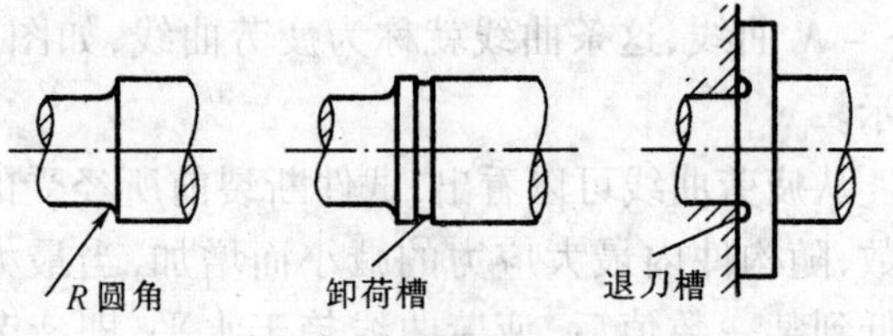

图 13-8

ε_σ 是一个小于 1 的系数，常用材料的尺寸系数可以从有关设计手册中查到。

3.表面加工质量的影响

通常，构件的最大应力产生在表层，疲劳裂纹也会在此形成。测试材料持久极限的标准试件，其表面是经过磨削加工的，而实际构件的表面加工质量若低于标准试件，就会因表面存在刀痕或擦伤而引起应力集中，疲劳裂纹将会在表面产生并扩展，材料的持久性极限就随之降低。表面加工质量对持久极限的影响，用表面质量系数 β 表示。在对称循环下

$$\beta = \frac{\sigma^\beta_{-1}}{\sigma_{-1}}$$

式中 σ^β_{-1} 表示在对称循环下表面加工质量不同的试件的持久极限。

表面质量系数可以从有关的设计手册中查到。随着表面加工质量的降低，高强度钢的 σ^β_{-1} 值下降更为明显，因此优质钢材必须进行高质量的表面加工才能提高疲劳强度。此外，强化构件表面，如对表面进行渗氮、渗碳、滚压、喷丸处理或进行表面淬火等措施，也可提高构件的持久极限。

综合以上三种主要因素，对称循环应力作用下构件的持久极限为

$$\sigma^K_{-1} = \frac{\varepsilon_\sigma \beta}{K_\sigma}\sigma_{-1} \tag{13-5}$$

当构件受对称循环扭转交变应力的作用时，则有

$$\tau^K_{-1} = \frac{\varepsilon_\tau \beta}{K_\tau}\tau_{-1} \tag{13-6}$$

除以上三个主要因素外，还存在很多影响构件持久极限的因素，如介质的腐蚀、温度的变化等。这些影响可以用修正系数来表示。

考虑一定的安全系数，构件在对称循环应力作用下的许用应力可表示为

$$[\sigma^K_{-1}] = \frac{\sigma^K_{-1}}{n} = \frac{\varepsilon_\sigma \beta}{nK_\sigma}\sigma_{-1}$$

式中 n 为规定的安全系数。

构件的疲劳强度为

$$\sigma_{max} \leqslant [\sigma^K_{-1}] = \frac{\varepsilon_\sigma \beta}{nK_\sigma}\sigma_{-1}$$

式中 σ_{max} 是构件危险点的最大工作应力。在机械设计中，一般将疲劳强度条件写成由安全系数表达的形式，若令 n_σ 为工作安全系数，则有

$$n_\sigma = \frac{\sigma^K_{-1}}{\sigma_{max}} = \frac{\varepsilon_\sigma \beta \sigma_{-1}}{K_\sigma \sigma_{max}} \geqslant n \tag{13-7}$$

同样，在对称循环扭转交变应力作用下的构件的疲劳强度条件下为

$$n_\tau = \frac{\tau_{-1}^K}{\tau_{max}} = \frac{\varepsilon_\tau \beta \tau_{-1}}{K_\tau \tau_{max}} \geqslant n \tag{13-8}$$

式中 τ_{max} 为构件的最大工作应力。

在对称循环下，构件疲劳强度计算的基本步骤为：

(1)根据已知数据，查表确定构件的有效应力集中系数 $K_\sigma(K_\tau)$、尺寸系数 $\varepsilon_\sigma(\varepsilon_\tau)$ 和表面质量系数 β；

(2)计算构件的最大工作应力 $\sigma_{max}(\tau_{max})$；

(3)计算构件的工作安全系数 $n_\sigma(n_\tau)$，然后用构件的疲劳强度条件进行强度计算。

对于非对称循环，可看作是在其平均应力 σ_m 上叠加一个幅度为 σ_a 的对称循环，因此只要在对称循环的公式中增加一个修正项，即可得到非对称循环下构件的疲劳强度条件为

$$n_\sigma = \frac{\sigma_{-1}}{\frac{K_\sigma}{\varepsilon_\sigma \beta}\tau_a + \psi_\sigma \sigma_m} \geqslant n \tag{13-9}$$

$$n_\tau = \frac{\tau_{-1}}{\frac{K_\tau}{\varepsilon_\tau \beta}\tau_a + \psi_\tau \tau_m} \geqslant n \tag{13-10}$$

式中 ψ_σ、ψ_τ 是与材料有关的常数，可以从有关设计手册中查到。

一般来说，对 $r>0$ 的情况，还需补充静强度校核。补充公式为

$$n_\sigma = \frac{\sigma_s}{\sigma_{max}} \geqslant n_s \tag{13-11}$$

例 13-2 如图 13-9 所示，圆杆上有一个沿直径的贯穿圆孔，不对称交变弯矩为 $M_{max} = 5M_{min} = 512$ N·m，材料为合金钢，$\sigma_s = 540$ MPa，$\sigma_b = 950$ MPa，$\sigma_{-1} = 430$ MPa，$\psi_\sigma = 0.2$。圆杆表面经磨削加工。若规定安全系数 $n = 2$，$n_s = 1.5$，试校核此杆的疲劳强度。

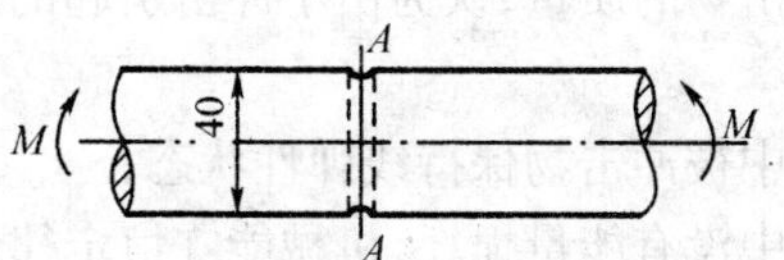

图 13-9

解 (1)计算圆杆的工作应力

$$W = \frac{\pi}{32}d^3 = \frac{\pi}{32} \times 4^3 = 6.28\ \text{cm}^3$$

$$\sigma_{max} = \frac{M_{max}}{W} = \frac{512}{6.28 \times 10^{-6}} = 81.5 \times 10^6\ \text{Pa} = 81.5\ \text{MPa}$$

$$\sigma_{min} = \frac{1}{5}\sigma_{max} = 16.3\ \text{MPa}$$

$$r = \frac{\sigma_{min}}{\sigma_{max}} = \frac{1}{5} = 0.2$$

$$\sigma_m = \frac{\sigma_{max} + \sigma_{min}}{2} = \frac{81.5 + 16.3}{2} = 48.9\ \text{MPa}$$

$$\sigma_a = \frac{\sigma_{max} - \sigma_{min}}{2} = \frac{81.5 - 16.3}{2} = 32.6\ \text{MPa}$$

(2)确定系数 K_σ、ε_σ、β 按照圆杆的尺寸，$\frac{d}{d_0} = \frac{2}{40} = 0.05$。查有关手册得，当 $\sigma_b = 950$

MPa 时，$K_\sigma = 2.18$、$\varepsilon_\sigma = 0.77$。表面经磨削加工的杆件，$\beta = 1$。

(3)疲劳强度校核　由式(13-9)计算工作安全系数

$$n_\sigma = \frac{\sigma_{-1}}{\frac{K_\sigma}{\varepsilon_\sigma \beta}\sigma_a + \psi_\sigma \sigma_m} = \frac{430}{\frac{2.18}{0.77 \times 1} \times 32.6 + 0.2 \times 48.9} = 4.21 > n = 2$$

所以疲劳强度是足够的。

(4)静强度校核　因为 $r = 0.2 > 0$，所以需要校核静强度。

$$n_\sigma = \frac{\sigma_s}{\sigma_{\max}} = \frac{540}{81.5} = 6.62 > n_s = 1.5$$

所以静强度条件也是满足的。

第四节　冲击载荷

当运动物体(冲击物)以一定的速度作用于静止构件(被冲击物)而受到阻碍时，其速度在短时间内发生很大变化，这种现象称为冲击。此时，由于冲击物的作用，被冲击物受到了很大的冲击载荷。工程中的锻造、冲压等就是利用了这种冲击作用。但是，一般的工程构件都要避免或减小冲击，以免受损。

在冲击过程中，由于冲击物的速度在短时间内发生很大变化，而且冲击过程复杂，其加速度不易测定，所以很难用动静法计算，通常采用功能量原理来解决。

为便于分析，通常作如下五点假设：

1.由于冲击物变形很小，故将可冲击物简化为刚体；

2.忽略被冲击物的质量，认为由于冲击引起的应力和变形，在冲击发生的瞬间遍及被冲击物体；

3.冲击过程中被冲击物保持线弹性状态；

4.冲击过程中没有能量损耗，机械能守恒定律成立；

5.冲击后冲击物与被冲击物一起运动。

下面主要分析构件受落体冲击时的冲击应力和变形。

如图 13-10 所示，物体重为 $\boldsymbol{W}$，由静止开始从高度 h 自由下落，冲击下面的直杆。

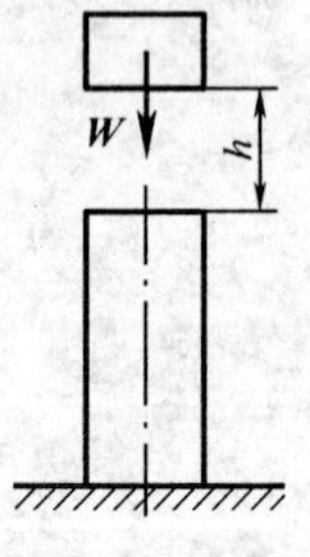

图 13-10

当物体自由下落时，其初速度为零；当冲击直杆后，其速度还是为零，而此时杆的受力从零增加到 $\boldsymbol{F}_d$，杆的缩短量达到最大值 δ_d。

在冲击过程中，重物所做的功为

$$A = W(h + \delta_d) \tag{a}$$

杆的变形能为

$$U_d = \frac{1}{2} F_d \delta_d \tag{b}$$

由于不考虑其它能量损耗，所以根据功能原理，重物所做的功应等于杆的变形能，即

$$A = U_d \tag{c}$$

又因假设杆的变形在线弹性范围内，载荷与位移成正比，故有

$$\frac{F_d}{\delta_d} = \frac{W}{\delta_j}$$

或
$$F_d = \frac{\delta_d}{\delta_j} W \tag{d}$$

式中 δ_j 为直杆受静载荷 W 作用时的静位移。将式(a)、(b)、(d)带入式(c)得

$$W(h + \delta_d) = \frac{1}{2} \frac{\delta_d^2}{\delta_j} W$$

整理后得

$$\delta_d^2 - 2\delta_j \delta_d - 2h\delta_j = 0$$

解方程得

$$\delta_d = \delta_j \pm \sqrt{\delta_j^2 + 2h\delta_j} = \delta_j \left(1 \pm \sqrt{1 + \frac{2h}{\delta_j}} \right)$$

因为求的是冲击时杆的最大缩短量,上式中根号前应取正号,即

$$\delta_d = \delta_j \left(1 + \sqrt{1 + \frac{2h}{\delta_j}} \right) = k_d \delta_j \tag{13-12}$$

式中 k_d 为动荷系数,其值为

$$k_d = 1 + \sqrt{1 + \frac{2h}{\delta_j}} \tag{13-13}$$

由于冲击时材料服从虎克定律,故有

$$\sigma_d = k_d \sigma_j \tag{13-14}$$

式中 σ_d 为冲击时的动应力;σ_j 为重物单独作用在杆件上时杆件横截面上产生的静应力。

由式(13-13)可见,当 $h = 0$ 时,$k_d = 2$,即杆受突加载荷时,杆内应力和变形都是静载荷作用下的两倍,故加载时应尽量缓慢,避免突然加载带来冲击载荷影响。为减少冲击对构件的影响,当 h 为一定时,适当增大构件的静位移 δ_j,可使动荷系数 K_d 减小,从而降低了构件在冲击过程中产生的动应力。如汽车车身与车轴之间加上钢板弹簧,就是为了减小车身对车轴冲击的影响。

例 13-3 一重力为 W 的重物从简支梁 AB 的上方 $h = 200$ mm 处自由下落至梁中点 C,如图 13-11 所示。梁的跨度为 $l = 5$ m,横截面的惯性矩为 $I_z = 2.56 \times 10^{-6}$ m^4,抗弯截面模量为 $M_z = 64 \times 10^{-6}$ m^3,材料的弹性模量为 $E = 200$ GPa,求梁受冲击时横断面上的最大应力。

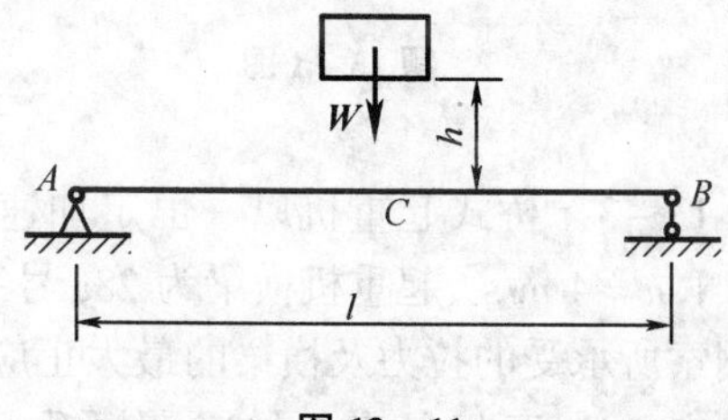

图 13-11

解 在静载荷 W 的作用下,梁中点的静位移(即挠度)为

$$\delta_j = \frac{Wl^3}{48EI_z}$$

梁受冲击时的动荷系数为

$$k_d = 1 + \sqrt{1 + \frac{2h}{\delta_j}} = 1 + \sqrt{1 + \frac{96hEI_z}{Wl^3}} = 1 + \sqrt{1 + \frac{96 \times 0.2 \times 200 \times 10^9 \times 2.56 \times 10^{-6}}{500 \times 5^3}} = 13.58$$

梁横截面上的最大弯曲静应力为

$$\sigma_{j\max}=\frac{M_j}{W_z}=\frac{\frac{Wl}{4}}{W_z}=\frac{500\times 5}{4\times 64\times 10^{-6}}\text{Pa}=9.766\ \text{MPa}$$

梁受冲击时，横截面上的最大动应力为

$$\sigma_d=K_d\sigma_{j\max}=13.58\times 9.766=132.6\ \text{MPa}$$

第五节　问题讨论与说明

动载荷问题是工程中常见的问题，但又是比较复杂的问题，本书只作了一般性的介绍，目的是让读者对此类问题有一个概念性的了解，如果在今后的学习和工作中需要用到这方面的知识，可以找相应的专业教材或专著进行学习，在此不作更高的要求。

习　题

13-1　矿井提升机构如题 13-1 图所示。提升矿物的重(包括吊笼重)为 $G=40$ kN。启动时，吊笼上升，加速度 $a=1.5\ \text{m/s}^2$，吊索横截面面积 $A=8\ \text{cm}^2$，自重不计，试求启动过程中吊索横截面上的动应力。

13-2　如题 13-2 图所示，刚质飞轮作匀角速度转动，轮缘外径 $D=2$ m，内径 $d=1.5$ m，材料的密度为 $\gamma=78\ \text{kN/m}^3$。要求轮缘内的应力不得超过许用应力 $[\sigma]=80$ MPa，轮幅影响不计，试计算飞轮的极限转速 n。

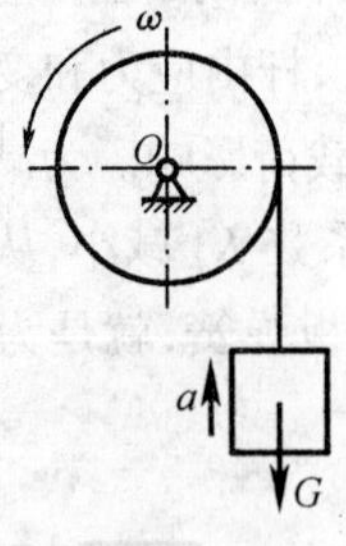

题 13-1 图

题 13-2 图

13-3　桥式起重机以一恒定加速度提升一重物，如题 13-3 图所示。物体重为 $W=10$ kN，$a=4\ \text{m/s}^2$，起重机横梁为 28a 号工字钢，跨度 $l=6$ m。不计横梁和钢索的重，试求此时钢索所承受的拉力及横梁的最人正应力。

13-4　两根吊索匀加速度提升一根 14 号工字钢，如题 13-4 图所示。加速度 $a=10\ \text{m/s}^2$，若只考虑工字钢重，不计吊索重，试计算工字钢的最大动应力。

13-5　如题 13-5 图所示，钢杆下端有一圆盘，其上放置一弹簧。弹簧在 1 kN 的静载荷作用下缩短0.625 mm，钢杆直径 $d=40$ mm，许用应力 $[\sigma]=120$ MPa，$E=200$ GPa，$l=4\ 000$ mm。今有重为 15 kN 的重物自 H 高度自由落下，试求其许可高度 H；若无弹簧，则许可高度 H 将等于多大？

13-6　长度相同、材料相同的变截面杆和等截面杆如题 13-6 图所示。若两杆最大截面面积相同，问哪根杆承受冲击的能力强？设变截面杆直径为 d 的部分长为 $2l/5$。设 H 比较大，可近似地把动载荷系数取为 $K_d=\sqrt{\dfrac{2H}{\Delta l_j}}$。

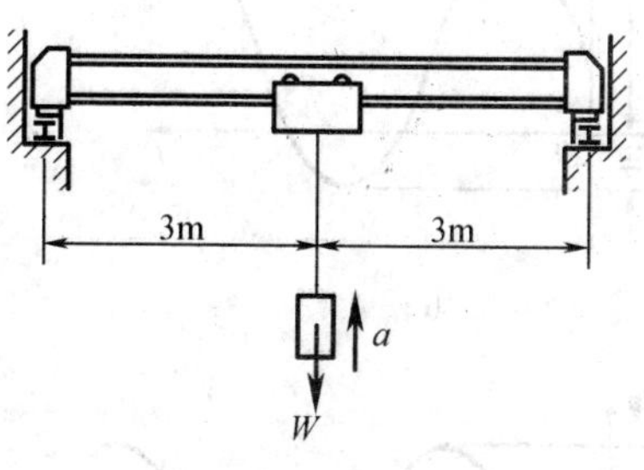

题 13－3 图

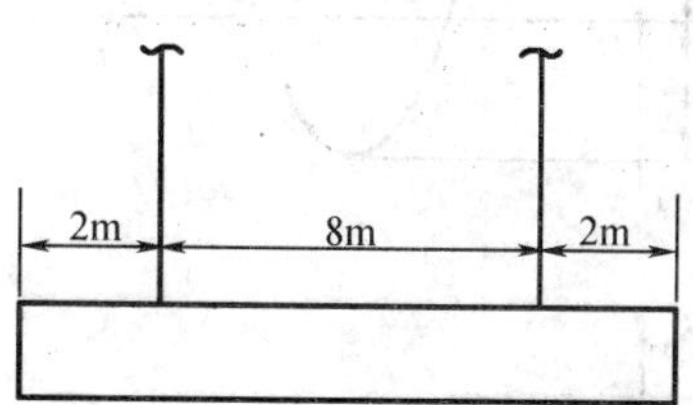

题 13－4 图

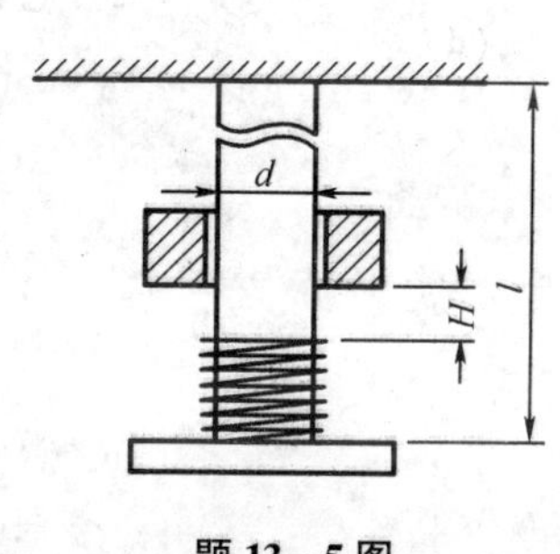

题 13－5 图

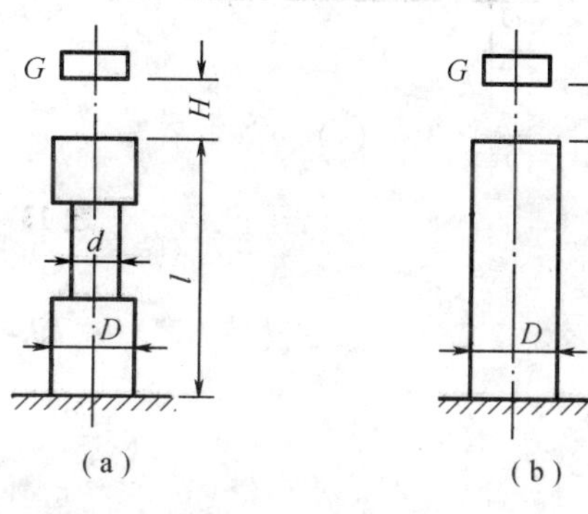

题 13－6 图

13－7　圆形截面杆承受交变的轴向载荷 $\boldsymbol{F}$ 作用。设 $\boldsymbol{F}$ 在 5～10 kN 之内变化，杆的直径 $d=10$ mm，试求杆的平均应力 σ_m、应力幅度 σ_a 及循环特性 r。

13－8　火车轮轴受外力情况如题 13－8 图所示，$a=500$ mm，$l=1\,435$ mm，轮轴中段直径 $d=150$ mm。若 $F=50$ kN，试求轮轴中段截面边缘任一点的最大应力 $\sigma_{\max}$、最小应力 $\sigma_{\min}$、循环特性 r。

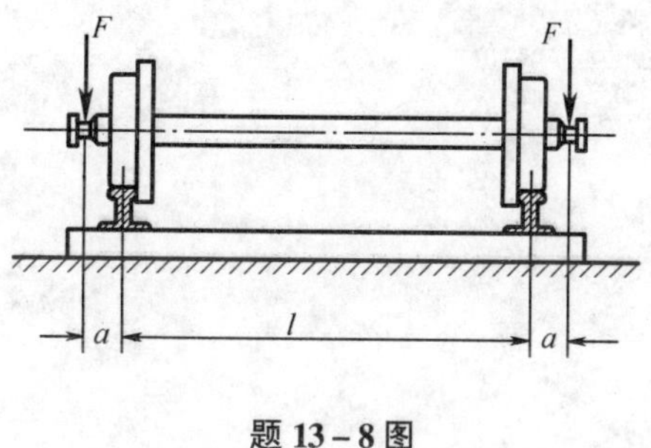

题 13－8 图

13－9　计算如题 13－9 图所示的交变应力的循环特性 r、平均应力 σ_m 和应力幅度 σ_a。

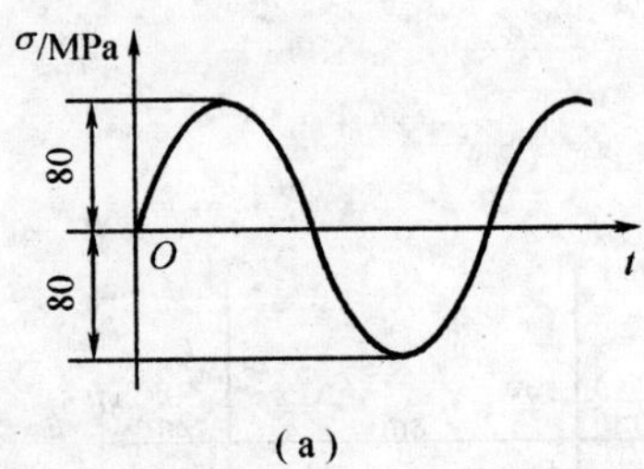

(a)

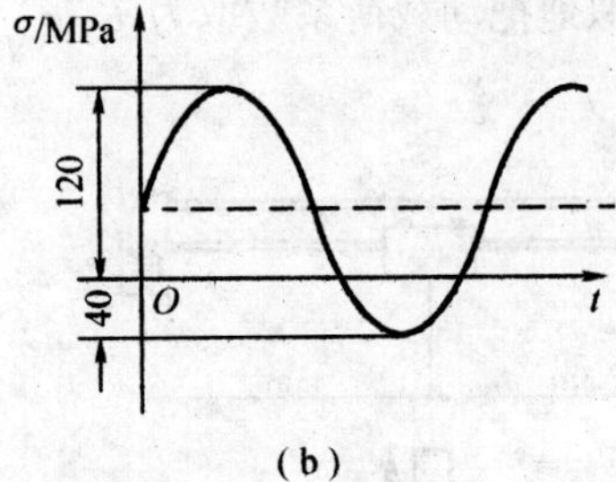

(b)

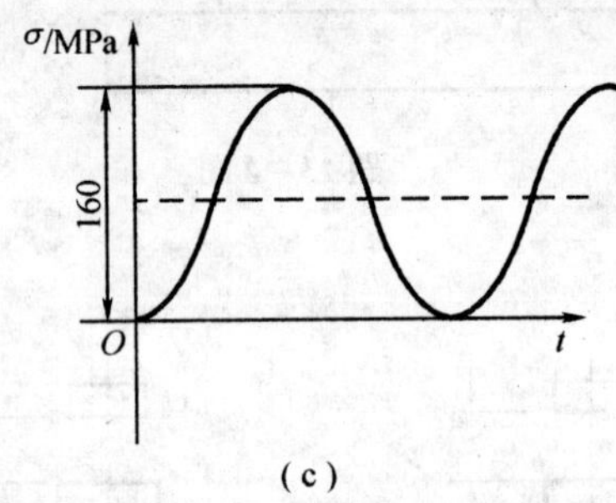

(c)

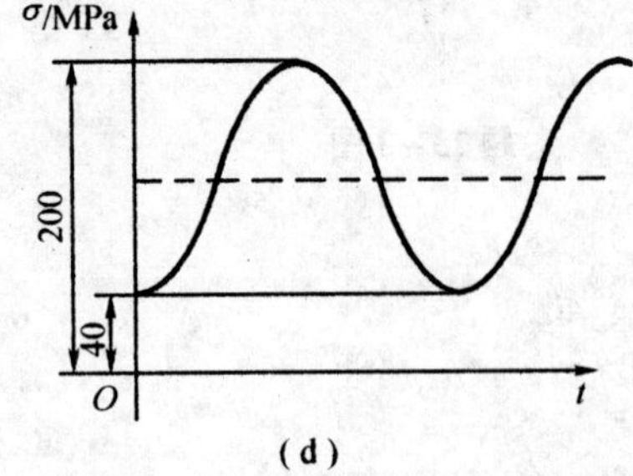

(d)

题 13-9 图

附 录

附录一　常见简单形状均质物体的转动惯量

物体形状	简　　图	转动惯量	惯性半径	体积
实心球	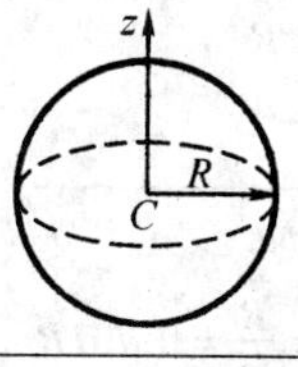	$J_z=\frac{2}{5}mR^2$	$i_z=\sqrt{\frac{2}{5}}R=0.632r$	$\frac{4}{3}\pi R^3$
圆锥体	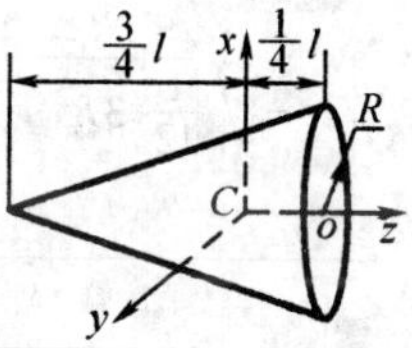	$J_z=\frac{3}{10}mr^2$ $J_x=J_y=\frac{3}{80}m(4r^2+l^2)$	$i_z=\sqrt{\frac{3}{10}}r=0.548r$ $i_x=i_y=\sqrt{\frac{3}{80}(4r^2+l^2)}$	$\frac{\pi}{3}r^2l$
圆环	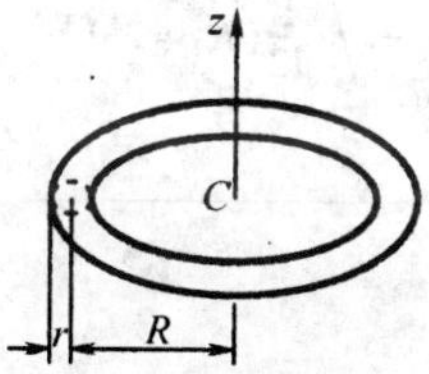	$J_z=m\left(R^2+\frac{3}{4}r^2\right)$	$i_z=\sqrt{R^2+\frac{3}{4}r^2}$	$2\pi^2r^2R$
椭圆形薄板	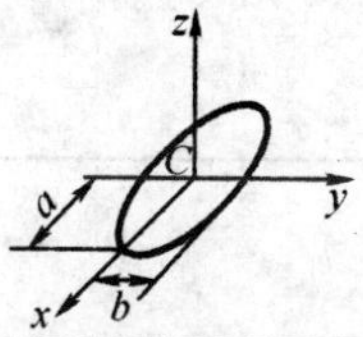	$J_z=\frac{m}{4}(a^2+b^2)$ $J_x=\frac{m}{4}b^2$ $J_y=\frac{m}{4}a^2$	$i_z=\frac{1}{2}\sqrt{a^2+b^2}$ $i_x=\frac{b}{2}$ $i_y=\frac{a}{2}$	πabh
立方体	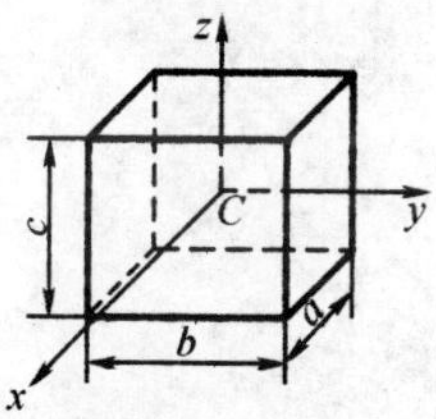	$J_z=\frac{m}{12}(a^2+b^2)$ $J_y=\frac{m}{12}(a^2+c^2)$ $J_x=\frac{m}{12}(b^2+c^2)$	$i_z=\sqrt{\frac{1}{12}(a^2+b^2)}$ $i_y=\sqrt{\frac{1}{12}(a^2+c^2)}$ $i_x=\sqrt{\frac{1}{12}(b^2+c^2)}$	abc
矩形薄板	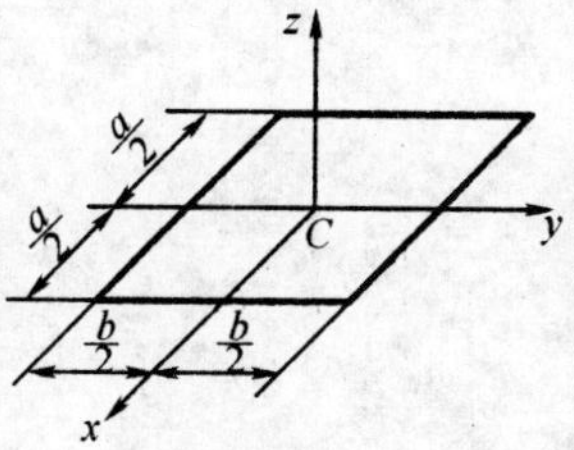	$J_z=\frac{m}{12}(a^2+b^2)$ $J_y=\frac{m}{12}a^2$ $J_x=\frac{m}{12}b^2$	$i_z=\sqrt{\frac{1}{12}(a^2+b^2)}$ $i_y=0.289a$ $i_x=0.289b$	abh

附录一(续)

物体形状	简　图	转动惯量	惯性半径	体积
细直杆	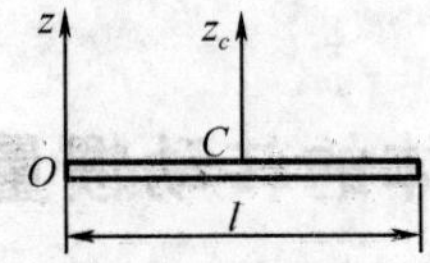	$J_{zc}=\frac{m}{12}l^2$ $j_z=\frac{m}{3}l^2$	$i_{zc}=\frac{1}{2\sqrt{3}}=0.289l$ $i_z=\frac{l}{\sqrt{3}}=0.578l$	
薄壁圆筒		$J_z=mR^2$	$i_z=R$	$2\pi Rlh$
圆柱	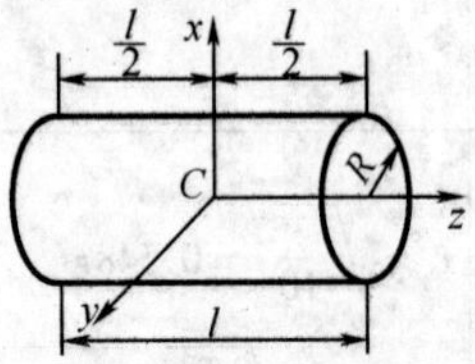	$J_z=\frac{1}{2}mR^2$ $J_x=J_y=\frac{m}{12}(3R^2+l^2)$	$i_z=\frac{R}{\sqrt{2}}=0.707R$ $i_x=i_y=\sqrt{\frac{1}{12}(3R^2+l^2)}$	$\pi R^2 l$
空心圆柱	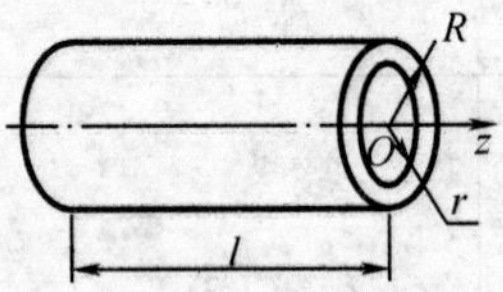	$J_z=\frac{m}{12}(R^2+r^2)$	$i_z=\sqrt{\frac{1}{12}(R^2+r^2)}$	$\pi l(R^2-r^2)$
薄壁空心球	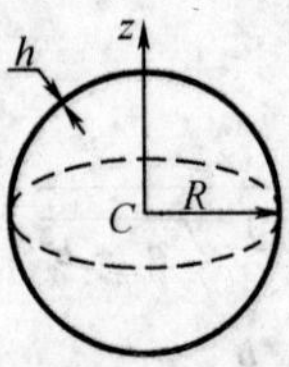	$J_z=\frac{2}{3}mR^2$	$i_z=\sqrt{\frac{2}{3}}R=0.816R$	$\frac{3}{2}\pi Rh$

附录二　常见截面几何性质

图形	面积 A	形心轴位置	形心轴惯性矩 I
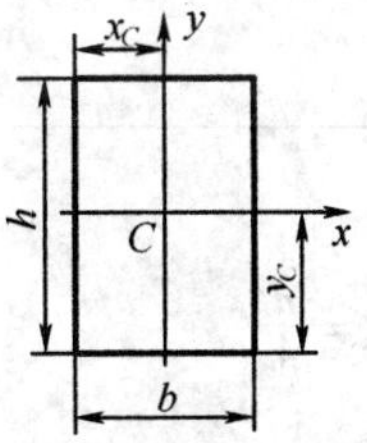	$A = bh$	$x_c = \frac{b}{2}$ $y_c = \frac{h}{2}$	$I_x = \frac{bh^3}{12}$ $I_y = \frac{hb^3}{12}$
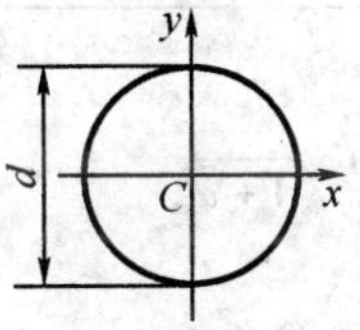	$A = \frac{\pi d^2}{4}$	形心在圆心	$I_x = I_y = \frac{\pi d^4}{64}$
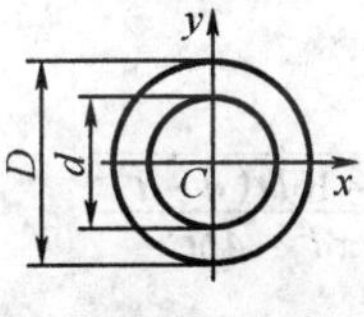	$A = \frac{\pi}{4}(D^2 - d^2)$	形心在圆心	$I_x = I_y = \frac{\pi D^4}{64}(1 - \alpha^4)$ $\alpha = \frac{d}{D}$
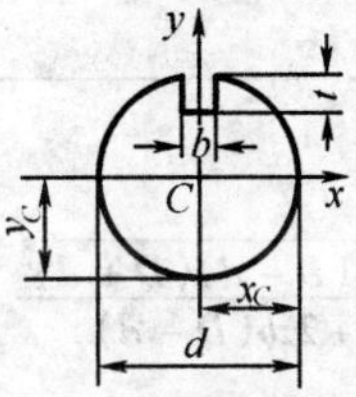	$A \approx \frac{\pi d^2}{4} - bt$	$x_c = \frac{d}{2}$ $y_c \approx \frac{d}{2}$	$I_x \approx \frac{\pi d^4}{64} - \frac{bt}{4}(d - t)^2$
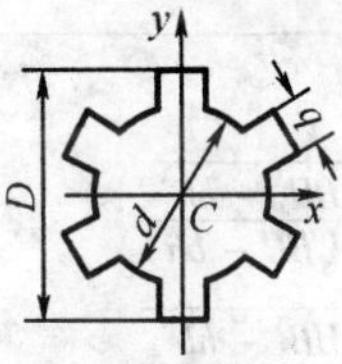	$A = \frac{\pi d^2}{4} + zb\frac{(D - d)}{2}$ z 为花齿数	形心在圆心	$I_x = \frac{\pi d^4}{64} + \frac{zb}{64}(D - d)(D + d)^2$
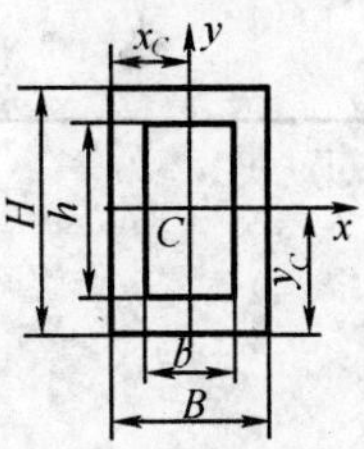	$A = HB - hb$	$x_c = \frac{B}{2}$ $y_c = \frac{H}{2}$	$I_x = \frac{BH^3 - bh^3}{12}$ $I_y = \frac{HB^3 - hb^3}{12}$

附录二(续)

图形	抗弯截面模量 W	惯性半径 I
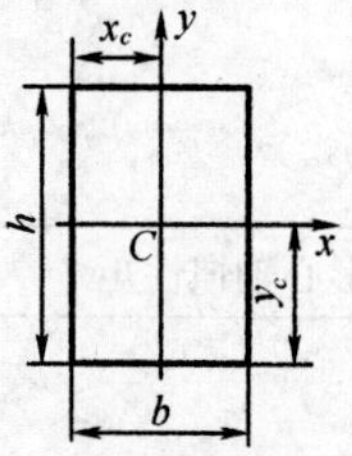	$W_x=\dfrac{bh^2}{6}$ $W_y=\dfrac{hb^2}{6}$	$i_x=\dfrac{\sqrt{3}}{6}h=0.289h$ $i_y=\dfrac{\sqrt{3}}{6}b=0.289b$
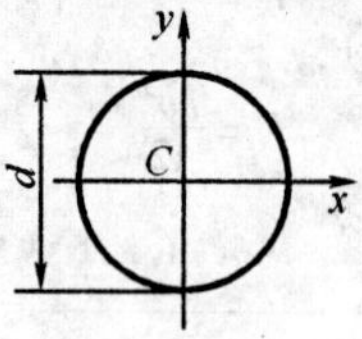	$W_x=W_y=\dfrac{\pi d^3}{32}$	$i_x=i_y=\dfrac{d}{4}$
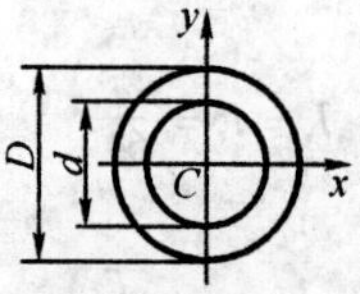	$W_x=W_y=\dfrac{\pi D^3}{32}(1-\alpha^4)$	$i_x=i_y=\dfrac{D}{4}\sqrt{1+\alpha^2}$
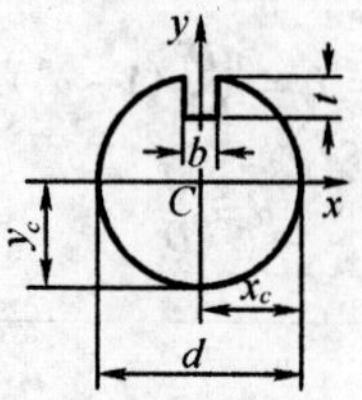	$W_x\approx\dfrac{\pi d^3}{32}-\dfrac{bt(d-t)^2}{2d}$	$i_x=\dfrac{1}{4}\sqrt{\dfrac{\pi d^4-16bt(d-t)^2}{\pi d^2-4bt}}$
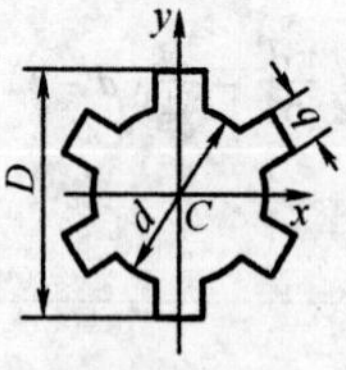	$W_x=\dfrac{\pi d^4+zb(D-d)(D+d)^2}{32D}$	$i_x=\dfrac{1}{4}\sqrt{\dfrac{\pi d^4+zb(D-d)(D+d)^2}{\pi d^2+2zb(D-d)}}$
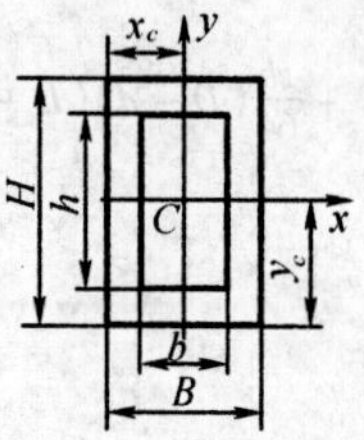	$W_x=\dfrac{BH^3-bh^3}{6H}$ $W_y=\dfrac{HB^3-hb^3}{6H}$	$i_x=\dfrac{1}{2}\sqrt{\dfrac{BH^3-bh^3}{3(BH-bh)}}$ $i_y=\dfrac{1}{2}\sqrt{\dfrac{HB^3-hb^3}{3(HB-hb)}}$

附录三　型钢规格表

附表 1　热轧等边角钢(GB/T9787－1988)

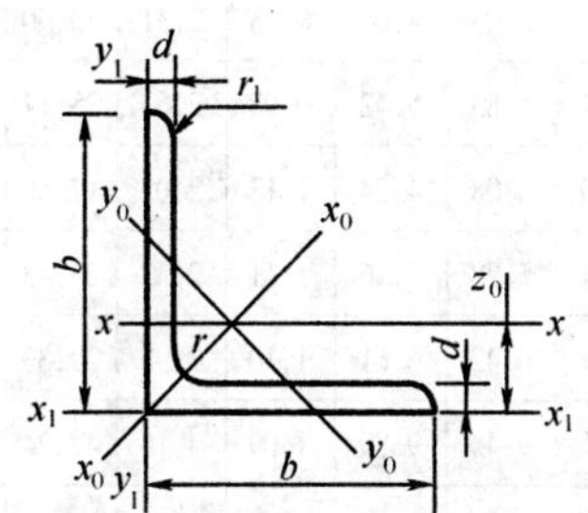

符号意义：

b—边宽度；　　l—惯性矩；

d—边厚度；　　i—惯性半径；

r—内圆弧半径；　　W—截面系数；

r_1—边端内圆弧半径；　　z_0—重心距离。

角钢号数	尺寸/mm			截面面积/cm^2	理论质量/($kg·m^{-1}$)	外表面积/($m^2·m^{-1}$)	参考数值										x_0/cm
							$x-x$			x_0-x_0			y_0-y_0			x_1-x_1	
	b	d	r				I_x/cm^4	i_x/cm^4	W_x/cm^4	I_{x0}/cm^4	i_{x0}/cm^4	W_{x0}/cm^4	I_{y0}/cm^4	i_{y0}/cm^4	W_{y0}/cm^4	I_{x1}/cm^4	
2	20	3	3.5	1.132	0.889	0.078	0.40	0.59	0.29	0.63	0.75	0.45	0.17	0.39	0.20	0.81	0.60
		4		1.459	1.145	0.077	0.50	0.58	0.36	0.78	0.73	0.55	0.22	0.38	0.24	1.09	0.64
2.5	25	3		1.432	1.124	0.098	0.82	0.76	0.46	1.29	0.95	0.73	0.34	0.49	0.33	1.57	0.73
		4		1.859	1.459	0.097	1.03	0.74	0.59	1.62	0.93	0.92	0.43	0.48	0.40	2.11	0.76
3.0	30	3		1.749	J.373	0.117	1.46	0.91	0.68	2.31	1.15	1.09	0.61	0.59	0.51	2.71	0.85
		4		2.276	1.786	0.117	1.84	0.90	0.87	2.92	1.13	1.37	0.77	0.58	0.62	3.63	0.89
3.6	36	3	4.5	2.109	1.656	0.141	2.58	1.11	0.99	4.09	1.39	1.61	1.07	0.71	0.76	4.68	1.0D
		4		2.756	2.163	0.141	3.29	1.09	1.28	5.22	1.38	2.05	1.37	0.70	0.93	6.25	1.04
		5		3.382	2.654	0.141	3.95	1.0B	1.56	6.24	1.36	2.45	1.65	0.70	1.09	7.84	1.07
4.0	40	3		2.359	1.852	0.157	3.59	1.23	1.23	5.69	1.55	2.01	1.49	0.79	0.96	6.41	1.09
		4		3.086	2.422	0.157	4.60	1.22	1.60	7.29	1.54	2.58	1.91	0.79	1.19	8.53	1.13
		5		3.791	2.976	0.156	5.53	1.21	1.96	8.76	1.52	3.10	2.30	0.78	1.39	10.74	1.17
4.5	45	3	5	2.659	2.088	0.177	5.17	1.40	1.58	8.20	1.76	2.58	2.14	0.89	1.24	9.12	1.22
		4		3.486	2.736	0.177	6.65	1.38	2.05	10.56	1.74	3.32	2.75	0.89	1.54	12.18	1.26
		5		4.292	3.369	0.176	8.04	1.37	2.51	12.74	1.72	4.00	3.33	0.88	1.81	15.25	1.30
				5.076	3.985	0.176	9.33	1.36	2.95	14.76	1.70	4.64	3.89	0.88	2.06	18.36	1.33

附表 1(续一)

角钢号数	尺寸/mm			截面面积/cm²	理论质量/(kg·m⁻¹)	外表面积/(m²·m⁻¹)	参考数值										
							$x-x$			x_0-x_0			y_0-y_0			x_1-x_1	x_0/cm
	b	d	r				I_x/cm⁴	i_x/cm⁴	W_x/cm⁴	I_{x0}/cm⁴	i_{x0}/cm⁴	W_{x0}/cm⁴	I_{y0}/cm⁴	i_{y0}/cm⁴	W_{y0}/cm⁴	I_{x1}/cm⁴	
5	50	3	5.5	2.971	2.332	0.197	7.18	1.55	1.96	11.37	1.96	3.22	2.98	1.00	1.57	12.50	1.34
		4		3.897	3.059	0.197	9.26	1.54	2.56	14.70	1.94	4.16	3.82	0.99	1.96	16.69	1.38
		5		4.803	3.770	0.196	11.21	1.53	3.13	17.79	1.92	5.03	4.64	0.98	2.31	20.90	1.42
		6		5.688	4.465	0.196	13.05	1.52	3.68	20.68	1.91	5.85	5.42	0.98	2.63	25.14	1.46
5.6	56	3	6	3.343	2.624	0.221	10.19	1.75	2.48	16.14	2.20	4.08	4.24	1.13	2.02	17.56	1.48
		4		4.390	3.446	0.220	13.18	1.73	3.24	20.92	2.18	5.28	5.46	1.11	2.52	23.43	1.53
		5		5.415	4.251	0.220	16.02	1.72	3.97	25.42	2.17	6.42	6.61	1.10	2.98	29.33	1.57
		6		8.367	6.568	0.219	23.63	1.68	6.03	37.37	2.11	9.44	9.89	1.09	4.16	47.24	1.68
6.3	63	4	7	4.978	3.907	0.248	19.03	1.96	4.13	30.17	2.46	6.78	7.89	1.26	3.29	33.35	1.70
		5		6.143	4.822	0.248	23.17	1.94	5.08	36.77	2.45	8.25	9.57	1.25	3.90	41.73	1.74
		6		7.288	5.721	0.247	27.12	1.93	6.00	43.03	2.43	9.66	11.20	1.24	4.46	50.14	1.78
		8		9.515	7.469	0.247	34.46	1.90	7.75	54.56	2.40	12.25	14.33	1.23	5.47	67.11	1.85
		10		11.657	9.151	0.246	41.09	1.88	9.39	64.85	2.36	14.56	17.33	1.22	6.36	84.31	1.93
7	70	4	8	5.570	4.372	0.275	26.39	2.18	5.14	41.80	2.74	8.44	10.99	1.40	4.17	45.74	1.86
		5		6.875	5.367	0.275	32.21	2.16	6.32	51.08	2.73	10.32	13.34	1.39	4.95	57.21	1.91
		6		8160	6.406	0.275	37.77	2.15	7.48	59.93	2.71	12.11	15.61	1.38	5.67	68.73	1.95
		7		9.424	7.398	0.275	43.09	2.14	8.59	68.35	2.69	13.81	17.82	1.38	6.34	80.29	1.99
		8		10.667	8.373	0.274	48.17	2.12	9.68	76.37	2.68	15.43	19.98	1.37	6.98	91.92	2.03
7.5	75	5	9	7.412	5.818	0.295	39.97	2.33	7.32	63.30	2.92	11.94	16.63	1.50	5.77	70.56	2.04
		6		8.797	6.905	0.294	46.95	2.31	8.64	74.38	2.90	14.02	19.51	1.49	6.67	84.55	2.07
		7		10.160	7.976	0.294	53.57	2.30	9.93	84.96	2.89	16.02	22.18	1.48	7.44	98.71	2.11
		8		11.503	9.030	0.294	59.96	2.28	11.20	95.07	2.88	17.93	24.86	1.47	8.19	112.97	2.15
		10		14.126	1.089	0.293	71.98	2.26	13.64	113.92	2.84	21.48	30.05	1.46	9.56	141.71	2.22
8	89	5	9	7.912	6.211	0.315	48.79	2.48	8.34	77.33	3.13	13.67	20.25	1.60	6.66	85.36	2.15
		6		9.397	7.376	0.314	57.35	2.47	9.87	90.98	3.11	16.08	28.72	1.59	7.65	102.50	2.19
		7		10.860	8.525	0.314	65.58	2.46	11.37	104.07	3.10	18.40	27.09	1.58	8.58	119.70	2.23
		8		12.303	9.658	0.314	73.49	2.44	12.83	116.60	3.08	20.61	30.39	1.57	9.46	136.97	2.27
		10		15.126	11.874	0.313	88.43	2.42	15.64	140.09	3.04	24.76	36.77	1.56	11.08	171.74	2.35
9	90	6	10	10.637	8.350	0.354	82.77	2.79	12.61	131.26	3.51	20.63	34.28	1.80	9.95	145.87	2.44
		7		12.301	9.656	0.354	94.83	2.78	14.54	150.47	3.50	23.64	39.18	1.78	11.19	170.30	2.48
		8		13.944	10.946	0.353	106.47	2.76	16.42	168.97	3.48	26.55	43.97	1.78	12.35	194.80	2.52
		10		17.167	13.476	0.353	128.58	2.74	20.07	203.90	3.45	32.04	53.26	1.76	14.52	244.07	2.59
		12		20.306	15.940	0.352	149.22	2.71	23.57	236.21	3.41	37.12	62.22	1.75	16.40	293.76	2.67

附表 1(续二)

角钢号数	尺寸/mm			截面面积/cm²	理论质量/(kg·m⁻¹)	外表面积/(m²·m⁻¹)	参考数值										x_0/cm
							$x-x$			x_0-x_0			y_0-y_0			x_1-x_1	
	b	d	r				I_x/cm⁴	i_x/cm⁴	W_x/cm⁴	I_{x0}/cm⁴	i_{x0}/cm⁴	W_{x0}/cm⁴	I_{y0}/cm⁴	i_{y0}/cm⁴	W_{y0}/cm⁴	I_{x1}/cm⁴	
10	100	6	12	11.932	9.366	0.393	114.95	3.10	15.68	181.98	3.90	25.74	47.92	2.00	12.69	200.07	2.67
		7		13.796	10.830	0.393	131.86	3.09	18.10	208.97	3.89	29.55	54.74	1.99	14.26	233.54	2.71
		8		15.638	12.276	0.393	48.24	3.08	20.47	235.07	3.88	33.24	61.41	1.98	15.75	267.09	2.76
		10		19.261	15.120	0.392	79.51	3.05	25.06	284.68	3.84	40.26	74.35	1.96	8.54	344.48	2.84
		12		22.800	17.898	0.391	208.90	3.03	29.48	330.95	3.81	46.80	86.84	1.95	21.08	402.34	2.91
		14		26.256	20.611	0.391	236.53	3.00	33.73	374.06	3.77	52.90	99.00	1.94	23.44	470.75	2.99
		16		29.627	23.257	0.390	262.53	2.98	37.82	414.16	3.74	58.57	10.89	1.94	25.63	539.80	3.06
11	110	7	12	15.196	11.928	0.433	177.16	3.41	22.05	280.94	4.30	36.12	73.38	2.20	17.51	310.64	2.96
		8		17.238	13.532	0.433	199.46	3.40	24.95	316.49	4.28	40.69	82.42	2.19	19.39	355.20	3.01
		10		21.261	16.690	0.432	242.19	3.38	30.60	384.39	4.25	49.42	99.98	2.17	22.91	444.65	3.09
		12		25.200	19.782	0.431	282.55	3.35	36.05	448.17	4.22	57.62	116.93	2.15	26.15	534.60	3.16
		14		29.056	22.809	0.431	320.71	3.32	41.31	508.01	4.18	65.31	133.40	2.14	29.14	625.16	3.24
12.5	125	8	14	9.750	15.5014	0.492	297.03	3.88	32.52	470.89	4.88	53.28	123.16	2.50	25.86	521.01	3.37
		10		24.373	19.133	0.491	361.67	3.85	29.97	573.89	4.85	64.93	149.46	2.48	30.62	651.93	3.35
		12		28.912	22.696	0.491	423.16	3.83	41.17	671.44	4.82	75.96	174.88	2.46	35.03	783.42	3.53
		14		33.367	26.193	0.490	481.65	3.80	54.16	763.73	4.78	86.41	199.57	2.45	39.13	915.61	3.61
14	140	10	14	27.373	21.488	0.551	514.65	4.34	50.58	817.27	5.46	82.56	212.04	2.78	39.20	915.11	3.82
		12		32.512	25.522	0.551	603.68	4.31	59.80	958.79	5.43	96.85	248.57	2.76	45.02	1099.28	3.90
		14		37.567	29.490	0.550	688.81	4.28	68.75	1093.56	5.40	110.47	284.06	2.75	50.45	12.84.22	3.98
		16		42.539	33.393	0.549	770.24	4.26	77.46	1221.81	5.36	123.42	318.67	2.74	55.55	1470.07	4.016
16	160	10	16	31.502	24.729	0.630	779.53	4.98	66.70	1237.30	6.27	109.36	321.76	3.20	52.76	1365.33	4.31
		12		37.441	9.391	0.630	916.58	4.95	78.98	1455.68	6.24	128.67	377.49	3.18	60.74	1639.57	4.39
		14		43.296	33.987	0.629	1048.36	4.92	90.95	1665.02	6.20	147.17	431.70	3.16	68.24	1914.68	4.47
		14		49.067	38.518	0.629	1175.08	4.89	102.63	1865.57	6.17	164.89	484.59	3.14	75.31	2190.82	4.55
18	180	12		42.241	33.159	0.710	1321.35	5.59	100.82	2100.10	7.05	165.00	542.61	3.58	78.41	2332.80	4.89
		14		48.896	38.383	0.709	1514.48	5.56	116.25	2407.42	7.02	189.14	621.53	3.56	88.38	2723.48	4.97
		16		55.467	43.542	0.709	1700.99	5.54	131.13	2703.37	6.98	212.40	608.60	3.55	97.83	3115.29	5.05
		18		61.955	48.634	0.708	1875.12	5.50	145.64	2988.24	6.94	234.78	762.01	3.51	105.14	3502.43	5.13
20	200	14	18	54.642	42.894	0.788	2103.55	6.20	144.70	3343.26	7.82	236.40	863.83	3.98	111.82	3734.10	5.46
		16		62.013	48.680	0.788	2366.15	6.18	163.65	3760.89	7.79	265.93	971.41	3.96	123.96	4270.39	5.54
		18		69.301	54.401	0.787	2620.64	6.15	182.22	4164.54	7.75	294.48	1076.74	3.94	135.52	4808.13	5.62
		20		716.505	60.056	0.787	2867.30	6.12	200.42	4554.55	7.72	322.06	1180.04	3.93	146.55	5347.51	5.69
		24		90.661	71.168	0.785	3338.25	6.07	236.17	5294.97	7.64	374.41	1381.53	3.90	166.65	6457.16	5.87

注:截面中的 $r_1=(1/3)d$ 及表中 r 值的数据用于孔型设计,不作交货条件。

附表 2 热轧不等边角钢(GB/T9788 - 1988)

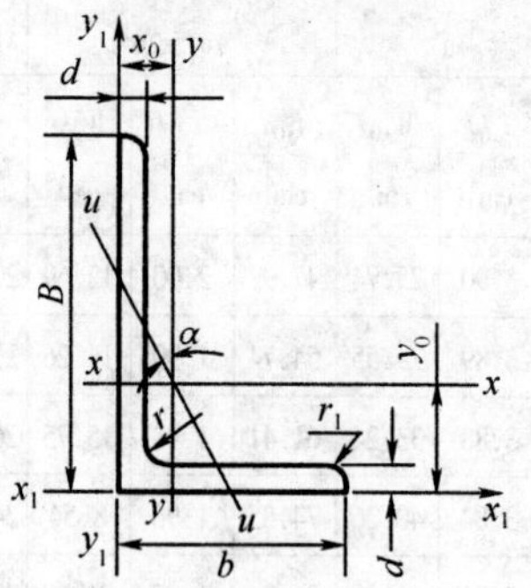

符号意义：

B—长边宽度； b—短边宽度；

d—边厚度； r—内圆弧半径；

r_1—边端内圆弧半径； I—惯性矩；

l—惯性半径； W—截面系数；

r_0—重心距离； y_0—重心距离。

角钢号数	尺寸/mm				截面面积/cm²	理论质量/(kg·m⁻¹)	外表面积/(m²·m⁻¹)	参考数值													
								x－x			y－y			x_1-x_1		y_1-y_1		u－u			
	B	b	d	r				I_x/cm⁴	i_x/cm⁴	W_x/cm⁴	I_y/cm⁴	i_y/cm⁴	W_y/cm⁴	I_{x1}/cm⁴	y_0/cm⁴	I_{y1}/cm⁴	x_0/cm⁴	I_u/cm⁴	i_u/cm⁴	W_u/cm⁴	tanα
2.5/1.6	25	16	3	3.5	1.162	0.912	0.080	0.70	0.78	0.43	0.22	0.44	0.19	1.56	0.86	0.43	0.42	0.14	0.34	0.16	0.392
			4		1.499	1.176	0.079	0.88	0.77	0.55	0.27	0.43	0.24	2.09	0.09	0.59	0.46	0.17	0.34	0.20	0.381
3.2/2	32	20	3		1.492	1.171	0.102	1.53	1.01	0.72	0.46	0.55	0.30	3.27	1.08	0.82	0.49	0.28	0.43	0.25	0.382
			4		1.939	1.532	0.101	1.93	1.00	0.93	0.57	0.54	0.39	4.37	1.12	1.12	0.53	0.35	0.42	0.32	0.374
4/2.5	40	25	3	4	1.890	1.484	0.127	3.08	1.28	1.15	0.93	0.70	0.49	5.39	1.32	1.59	1.59	0.56	0.54	0.40	0.385
			4		2.467	1.936	0.127	3.93	1.26	1.49	1.18	0.69	0.63	8.53	1.37	2.14	0.63	0.71	0.54	0.52	0.381
4.5/2.8	45	28	3	5	2.149	1.687	0.143	4.45	1.44	1.47	1.34	0.79	0.62	9.10	1.47	2.23	0.64	0.80	0.61	0.51	0.383
			4		2.806	2.203	0.143	5.69	1.42	1.91	1.70	0.78	0.80	1213	1.51	3.00	0.68	1.02	0.60	0.66	0.380
5/3.2	50	32	3	5.5	2.431	1.908	0.161	6.24	1.60	1.84	2.02	0.91	0.82	12.49	1.60	3.31	0.73	1.20	0.70	0.68	0.404
			4		3.177	2.494	0.160	8.02	1.59	2.39	2.58	0.90	1.06	16.65	1.65	4.45	0.77	1.53	0.69	0.87	0.402
5.6/3.6	56	36	3	6	2.743	2.153	0.181	8.88	1.80	2.32	2.92	1.03	1.05	17.54	1.78	4.70	0.80	1.73	1.79	0.87	0.408
			4		3.590	2.813	0.180	11.45	1.79	3.03	3.76	1.02	1.37	23.39	182	6.33	0.85	2.23	0.79	1.13	0.408
			5		4.415	3.466	0.180	13.86	1.77	3.71	4.49	1.01	1.65	29.25	1.87	7.94	0.88	2.67	0.78	1.36	0.404
6.3/4	63	40	4	7	4.058	3.185	0.202	16.49	2.02	3.87	5.23	1.14	1.70	33.30	2.04	8.63	0.92	3.12	0.88	1.40	0.398
			5		4.993	3.920	0.202	20.02	2.00	4.74	6.31	1.12	2.71	41.63	2.08	10.86	0.95	3.76	0.87	1.71	0.396
			6		5.908	4.638	0.201	23.36	1.96	5.59	7.29	1.11	2.43	49.98	2.12	13.12	0.99	4.34	0.86	1.99	0.393
			7		6.802	5.339	0.201	26.53	1.98	6.40	8.24	1.10	2.78	58.07	2.15	15.47	1.03	4.97	0.86	2.29	0.389

附表 2(续一)

角钢号数	尺寸/mm				截面面积/cm²	理论质量/(kg·m⁻¹)	外表面积/(m²·m⁻¹)	参考数值													
								$x-x$			$y-y$			x_1-x_1		y_1-y_1		$u-u$			
	B	b	d	r				I_x/cm⁴	i_x/cm⁴	W_x/cm⁴	I_y/cm⁴	i_y/cm⁴	W_y/cm⁴	I_{x1}/cm⁴	y_0/cm⁴	I_{y1}/cm⁴	x_0/cm⁴	I_u/cm⁴	i_u/cm⁴	W_u/cm⁴	tana
7/4.5	70	45	4	7.5	4.547	3.570	0.226	23.17	2.26	4.86	7.55	1.29	2.17	45.92	2.24	12.26	1.02	4.40	0.98	1.77	0.410
			5		5.609	4.403	0.225	27.95	2.23	5.92	9.13	1.28	2.65	57.10	2.28	15.39	1.06	5.40	0.98	2.19	0.407
			6		6.647	5.218	0.225	32.54	2.21	6.95	10.62	1.26	3.12	68.35	2.32	18.58	1.09	6.35	0.98	2.59	0.404
			7		7.657	6.011	0.225	37.22	2.20	8.03	12.01	1.25	3.57	79.99	2.36	21.84	1.13	7.16	0.97	2.91	0.402
7.5/5	75	50	5	8	6.125	4.808	0.245	34.86	2.39	6.83	12.61	1.44	3.30	70.00	2.40	21.04	1.17	7.41	1.10	2.74	0.435
			6		7.260	5.699	0.245	41.12	2.38	8.12	14.70	1.42	3.88	84.30	2.44	25.37	1.21	8.54	1.08	3.19	0.435
			8		9.467	7.431	0.244	52.39	2.35	10.52	18.53	1.40	4.99	112.50	2.52	34.23	1.29	10.87	1.07	4.10	0.429
			10		11.590	9.098	0.244	62.71	2.33	12.79	21.916	1.38	6.04	140.80	2.60	43.43	1.36	13.10	1.06	4.99	0.423
8/5	80	50	5	8	6.375	5.005	0.255	41.96	2.56	7.78	12.82	1.42	3.32	85.21	2.60	21.06	1.14	7.66	1.10	2.74	0.383
			6		7.560	5.935	0.255	49.49	2.56	9.25	14.95	1.41	3.91	102.53	2.65	25.41	1.18	8.85	1.08	3.20	0.387
			7		8.724	6.848	0.255	56.16	2.54	10.58	16.516	1.39	4.48	119.33	2.69	29.82	1.21	10.18	1.08	3.70	0.384
			8		9.867	7.745	0.254	62.83	2.52	11.92	18.85	1.38	5.03	136.41	2.73	34.32	1.25	11.38	1.07	4.16	0.381
9/5.6	90	56	5	9	7.212	5.661	0.287	60.45	2.90	9.92	18.32	1.59	4.21	121.32	2.91	29.53	1.25	10.98	1.23	3.49	0.385
			6		8.557	6.717	0.286	71.03	2.88	11.74	21.42	1.58	4.96	145.59	2.95	35.58	1.29	12.90	1.23	4.13	0.384
			7		9.880	7.756	0.286	81.01	2.86	13.49	24.36	1.57	5.70	169.60	3.00	41.71	1.33	14.67	1.22	4.72	0.382
			8		11.183	8.779	0.286	91.03	2.85	15.27	27.15	1.56	6.41	194.17	3.04	47.93	1.36	16.34	1.21	5.29	0.380
10/6.3	100	63	6	10	9.617	7.550	0.320	99.06	3.21	14.64	30.94	1.79	6.35	199.71	3.24	50.50	1.43	18.42	1.38	5.25	0.394
			7		11.111	8.722	0.320	113.45	3.20	16.88	35.26	1.78	7.29	233.00	3.28	59.14	1.47	21.00	1.38	6.02	0.394
			8		12.584	9.878	0.319	127.37	3.18	19.08	39.39	1.77	8.21	266.32	3.22	67.88	1.50	23.507	1.37	6.78	0.391
			10		15.467	12.142	0.319	153.81	3.15	23.32	47.12	1.74	9.98	333.06	3.40	85.73	1.58	28.33	1.35	8.24	0.387
10/8	100	80	6	10	10.637	8.350	0.354	107.04	3.17	15.19	61.24	2.40	10.16	199.83	2.95	102.68	1.97	31.65	1.72	8.37	0.627
			7		12.301	9.656	0.354	112.73	3.16	17.52	70.08	2.39	11.71	233.20	3.00	119.98	2.01	36.17	1.72	9.60	0.626
			8		13.944	10.946	0.353	137.92	3.14	19.81	78.58	2.37	13.21	266.61	3.04	137.37	2.05	40.58	1.71	10.80	0.625
			10		17.167	13.476	0.353	166.87	3.12	24.24	94.65	2.35	16.12	333.63	3.12	172.48	2.13	49.10	1.69	13.12	0.622

附表 2(续二)

角钢号数	尺寸/mm				截面面积 / cm^2	理论质量 / ($kg \cdot m^{-1}$)	外表面积 / ($m^2 \cdot m^{-1}$)	参考数值													
								x - x			y - y			$x_1 - x_1$		$y_1 - y_1$		u - u			
	B	b	d	r				I_x/ cm^4	i_x/ cm^4	W_x/ cm^4	I_y/ cm^4	i_y/ cm^4	W_y/ cm^4	I_{x1}/ cm^4	y_0/ cm^4	I_{y1}/ cm^4	x_0/ cm^4	I_u/ cm^4	i_u/ cm^4	W_u/ cm^4	tana
11/7	110	70	6		10.637	8.350	0.354	133.37	3.54	17.85	42.92	2.01	7.90	265.78	3.53	69.08	1.57	25.36	1.54	6.53	0.403
			7		12.301	9.656	0.354	153.00	3.53	20.60	49.01	2.00	9.09	310.07	3.57	80.82	1.61	28.95	1.53	7.50	0.402
			8		13.944	10.946	0.353	172.04	3.51	23.30	54.87	1.98	10.25	354.39	3.62	92.70	1.65	32.45	1.53	8.45	0.401
			10		17.167	13.476	0.353	208.39	3.48	28.54	65.88	1.916	12.48	443.13	3.70	116.83	1.72	39.20	1.51	10.29	0.397
12.5/8	125	80	7		14.096	11.066	0.403	227.98	4.02	26.86	74.42	2.30	12.01	454.919	4.01	120.32	1.80	43.81	1.76	9.92	0.408
			8		15.989	12.551	0.408	256.77	4.01	30.41	83.49	2.28	13.56	519.919	4.06	137.85	1.84	49.15	1.75	11.18	0.407
			10	11	19.712	15.474	0.402	312.04	3.98	37.33	100.67	2.26	16.56	650.09	4.14	173.40	1.92	59.45	1.74	13.64	0.404
			12		23.51	18.330	0.402	364.41	3.95	44.01	116.67	2.24	19.43	780.39	4.22	209.67	2.00	69.35	1.72	16.01	0.400
14/9	140	90	8		18.038	14.160	0.453	365.64	4.50	38.48	120.69	2.59	17.34	730.53	4.50	195.79	2.04	70.83	1.98	14.31	0.411
			10		22.261	17.475	0.452	445.50	4.47	47.31	140.03	2.56	21.22	913.20	4.58	245.92	2.12	85.82	1.96	17.48	0.409
			12	12	26.400	20.724	0.451	521.59	4.44	55.87	169.79	2.54	24.95	1096.09	4.66	296.89	2.19	100.21	1.95	20.54	0.406
			14		30.456	23.908	0.451	594.10	4.42	64.18	192.10	2.51	28.54	1279.26	4.74	348.82	2.27	114.13	1.94	23.52	0.403
16/10	160	100	10		25.315	19.872	0.512	668.69	5.14	62.13	205.03	2.85	26.56	1362.89	5.24	336.59	2.28	121.74	2.19	21.92	0.390
			12	12	30.054	23.592	0.511	784.91	5.11	73.49	239.06	2.82	31.28	1635.56	5.32	405.94	2.36	142.33	2.17	25.79	0.388
			14		34.709	27.247	0.510	896.30	5.08	84.56	271.20	2.80	35.83	1908.50	5.40	476.42	2.43	162.23	2.16	29.56	0.385
			16		39.281	30.835	0.510	1003.04	5.05	95.33	301.60	2.77	40.24	2181.79	5.48	548.2	2.51	182.57	2.16	33.44	0.382
18/11	180	125	10		28.373	22.273	0.571	956.25	5.80	78.96	278.11	3.13	32.49	1940.40	5.89	447.22	2.44	166.50	2.42	26.88	0.376
			12		33.712	24.464	0.571	1124.72	5.78	93.53	325.03	3.10	38.32	2328.38	5.98	538.94	2.52	194.87	2.40	31.66	0.374
			14		38.967	30.589	0.570	1286.91	5.75	107.76	369.55	3.08	43.97	2716.60	6.06	631.95	2.59	222.30	2.39	36.32	0.372
			16	14	44.139	34.649	0.569	443.06	5.72	121.64	411.85	3.06	49.44	3105.15	6.14	726.46	2.67	248.94	2.38	40.87	0.396
20/12.5	200	125	12		37.912	29.761	0.641	1570.90	6.44	116.73	483.16	3.57	49.99	3193.85	6.54	787.74	2.83	285.79	2.74	41.23	0.392
			14		43.867	4.436	0.640	1800.97	6.41	134.65	550.83	3.54	57.44	3726.17	6.62	922.47	2.91	326.21	2.73	47.34	0.390
			16		49.739	39.045	0.639	2023.35	6.38	152.18	615.44	3.52	64.69	4258.86	6.70	1068.86	2.99	366.21	2.71	53.32	0.388
			18		55.526	43.588	0.639	2238.30	6.35	169.33	677.19	3.49	71.74	4792.00	6.78	197.13	3.06	404.83	2.70	59.18	0.385

注:1.括号内型号不推荐使用。

2.截面图中的 $r_1 = (1/3)d$ 及表中 r 的数据用于孔型设计,不作交货条件。

附表 3　热轧槽钢(GB/T707－1988)

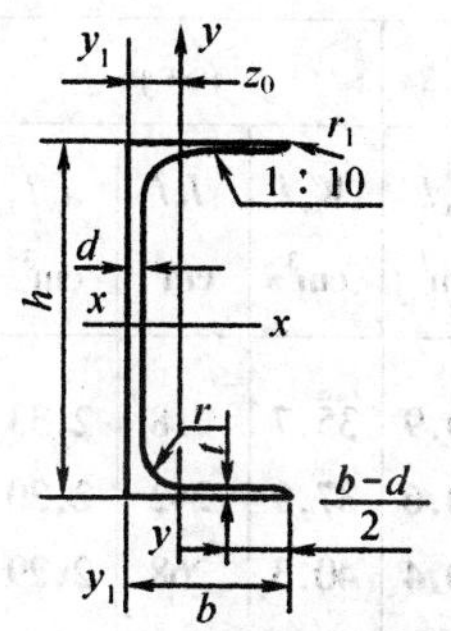

符号意义：

h—高度；　r_1—腿端圆弧半径；

b—腿宽度；　I—惯性矩；

d—腰厚度；　W—截面系数；

t—平均腿厚度；　i—惯性半径；

r—内圆弧半径；　z_0—$y-y$ 轴与 y_1-y_1 轴间距。

型号	尺寸/mm						截面面积/cm²	理论质量/(kg·m⁻¹)	参考数值							
									$x-x$			$y-y$			x_1-x_1	z_0/cm
	h	b	d	t	r	r_1			W_x/cm³	I_x/cm³	i_x/cm³	W_y/cm³	I_y/cm³	i_y/cm³	I_{y1}/cm³	
5	50	37	4.5	7	7.0	3.5	6.928	5.438	10.4	26.0	1.94	3.55	8.30	1.10	20.9	1.35
6.3	63	40	4.8	7.5	7.5	3.8	8.451	6.634	16.1	50.8	2.45	4.50	11.9	1.19	28.4	1.36
8	80	43	5.0	8	8.0	4.0	10.248	8.045	25.3	101	3.15	5.79	16.6	1.27	37.4	1.43
10	100	48	5.3	8.5	8.5	4.2	12.748	10.007	39.7	198	3.95	7.8	25.6	1.41	54.9	1.52
12.6	126	53	5.5	9	9.0	4.5	15.692	12.318	62.1	391	4.95	10.2	38.0	1.57	77.1	1.59
14 a	140	58	6.0	9.5	9.5	4.8	18.516	14.535	80.5	564	5.52	13.0	53.2	1.70	107	1.71
b	140	60	8.0	9.5	9.5	4.8	21.316	16.733	87.1	609	5.35	14.1	61.1	1.60	121	1.67
16 a	160	63	6.5	10	10.0	5.0	21.962	17.240	108	866	6.28	16.3	73.3	1.83	144	1.80
16	160	65	8.5	10	10.0	5.0	25.162	19.752	117	935	6.10	17.6	83.4	1.82	161	1.75
18 a	180	68	7.0	10.5	0.5	5.2	25.699	20.174	141	1270	7.04	20.0	98.6	1.96	190	1.88
18	180	70	9.0	10.5	0.5	5.2	29.299	23.000	152	1370	6.84	21.5	111	1.95	210	1.84
20 a	200	73	7.0	11	11.0	5.5	28.837	22.637	178	1780	7.86	24.2	128	2.11	244	2.01
20	200	75	9.0	11	11.0	5.5	32.837	25.77	191	1910	7.64	25.9	14.4	2.00	268	1.95
22 a	220	77	7.0	11.5	11.5	5.8	31.846	24.999	218	2390	8.67	28.2	158	2.23	298	2.10
22	220	79	9.0	11.5	11.5	5.8	36.246	28.453	234	2570	8.42	30.1	176	2.21	326	2.03
a	250	78	7.0	12	12.0	6.0	34.917	27.410	270	3370	9.82	30.6	176	2.24	322	2.07
25 b	250	80	9.0	12	12.0	6.0	39.917	31.335	282	3530	9.41	32.7	196	2.22	353	1.98
c	250	82	11.0	12	12.0	6.0	44.917	35.260	295	3690	9.07	35.9	218	2.21	384	1.92

附表3(续)

型号	尺寸/mm						截面面积/cm^2	理论质量/$(kg\cdot m^{-1})$	参考数值							
									$x-x$			$y-y$			x_1-x_1	
	h	b	d	t	r	r_1			W_x/cm^3	I_x/cm^3	i_x/cm^3	W_y/cm^3	I_y/cm^3	i_y/cm^3	I_{y1}/cm^3	z_0/cm
a	280	82	7.5	12.5	12.5	6.2	40.034	31.427	340	4760	10.9	35.7	218	2.33	388	2.10
28 b	280	84	9.5	12.5	12.5	6.2	45.634	35.823	366	5130	10.6	37.9	242	2.30	423	2.02
c	280	86	11.5	12.5	12.5	6.2	51.234	40.219	393	5500	10.4	40.3	268	2.29	463	1.95
a	320	88	8.0	14	14.0	7.0	48.513	38.083	475	7600	12.5	46.5	306	2.50	552	2.24
32 b	320	90	10.0	14	14.0	7.0	54.913	43.107	509	8140	12.2	49.2	336	2.47	593	2.16
c	320	92	12.0	14	14.0	7.0	61.313	48.131	543	8690	11.9	52.6	374	2.47	643	2.09
a	360	96	9.0	16	16.0	8.0	60.910	47.814	660	11900	14.0	63.5	455	2.73	818	2.44
36 b	360	98	11.0	16	16.0	8.0	68.110	53.466	703	12700	13.6	66.9	497	2.70	880	2.37
c	360	100	13.0	16	16.0	8.0	75.310	59.118	746	13400	13.4	70.0	536	2.67	948	3.34
a	400	100	10.5	18	18.0	9.0	75.068	58.928	879	17600	15.3	78.8	592	2.81	1070	2.49
40 b	400	102	12.5	18	18.0	9.0	83.068	65.208	932	186010	15.0	82.5	640	2.78	1140	2.44
c	400	104	14.5	18	18.0	9.0	91.068	71.488	986	19700	14.7	86.2	688	2.75	1220	2.42

注：截面图和表中标注的圆弧半径 r、r_0 的数据用于孔型设计，不作交货条件。

附表4　热轧工字钢(GB/T706－1988)

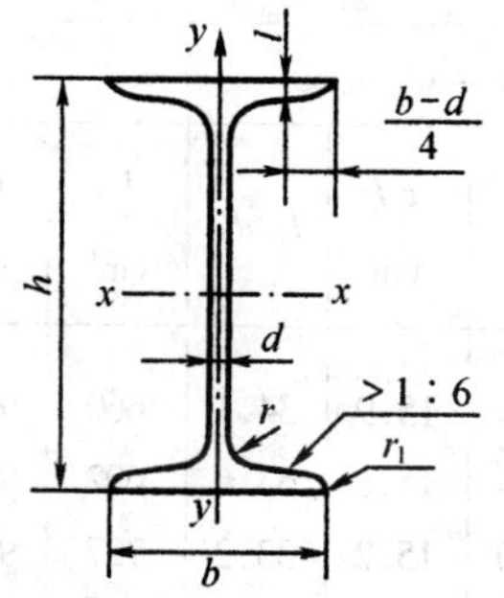

符号意义：

h—高度；　　　　r_1—腿端圆弧半径；

b—腿宽度；　　　I—惯性矩；

d—腰厚度；　　　W—截面系数；

t—平均腿厚度；　i—惯性半径；

r—内圆弧半径；　S—半截面的静力矩。

型号	尺寸/mm						截面面积/cm²	理论质量/(kg·m⁻¹)	参考数值						
									x－x				y－y		
	h	b	d	t	r	r_1			I_x/cm⁴	W_x/cm³	i_x/cm	$I_x:S_x$	I_y/cm⁴	W_y/cm³	i_y/cm
10	100	68	4.5	7.6	6.5	3.3	14.345	11.261	245	49.0	4.14	8.59	33.0	9.72	1.52
12.6	126	74	5.0	8.4	7.0	3.5	18.118	14.223	488	77.5	5.20	10.8	46.9	12.7	1.61
14	140	80	5.5	9.1	7.5	3.8	21.516	16.890	712	102	5.76	12.0	64.4	16.1	1.73
16	160	88	6.0	9.9	8.0	4.0	26.131	20.513	1130	141	6.58	13.8	93.1	21.2	1.89
18	180	94	6.5	10.7	8.5	4.3	30.756	24.143	1660	185	7.36	15.4	122	26.0	2.00
20a	200	100	7.0	11.4	9.0	4.5	35.578	27.929	2370	237	8.15	17.2	158	31.5	2.12
20b	200	102	9.0	11.4	9.0	4.5	39.578	31.069	2500	250	7.96	16.9	169	33.1	2.06
22a	220	110	7.5	12.3	9.5	4.8	42.128	33.070	3400	309	8.99	18.9	225	40.9	2.31
22b	220	112	9.5	12.3	9.5	4.8	46.528	36.524	3570	325	8.78	18.7	239	42.7	2.27
25a	250	116	8.0	13.0	10.0	5.0	48.541	38.105	5020	402	10.2	21.6	280	48.3	2.40
25b	250	118	10.0	13.0	10.0	5.0	53.541	42.030	5280	423	9.94	21.3	300	52.4	2.40
28a	280	122	8.5	13.7	10.5	5.3	55.404	43.402	7110	508	11.3	24.6	345	56.6	2.50
28b	280	124	10.5	13.7	10.5	5.3	61.004	47.888	7480	534	11.1	24.2	379	61.2	2.49
32a	320	130	9.5	15.0	11.5	5.8	67.156	52.717	11100	602	12.8	27.5	460	70.8	2.62
32b	320	132	11.5	15.0	11.5	5.8	73.556	57.741	11600	726	12.6	27.1	502	76.0	2.61
32c	320	134	13.5	15.0	11.5	5.8	79.956	62.765	12200	760	12.3	26.8	544	81.2	2.61
36a	360	136	10.0	15.8	12.0	6.0	76.480	60.037	15800	875	14.4	30.7	552	81.2	2.69
36b	360	138	12.0	15.8	12.0	6.0	83.680	65.689	16500	919	14.1	30.3	582	84.3	2.64
36e	360	140	14.0	15.8	12.0	6.0	90.880	71.341	17300	962	13.8	29.9	612	87.4	2.60

附表 4(续)

型号	尺寸/mm						截面面积/cm^2	理论质量/($kg \cdot m^{-1}$)	参考数值						
									x - x				y - y		
	h	b	d	t	r	r_1			I_x/cm^4	W_x/cm^3	i_x/cm	$I_x:S_x$	I_y/cm^4	W_y/cm^3	i_y/cm
40a	400	142	10.5	16.5	12.5	6.3	86.112	67.598	21700	1090	15.9	34.1	660	93.2	2.77
40b	400	144	12.5	16.5	12.5	6.3	94.112	73.878	22800	1140	15.6	33.6	692	96.2	2.71
40e	400	146	14.5	16.5	12.5	6.3	102.112	80.158	23900	1190	15.2	33.2	727	99.6	2.65
45a	450	150	11.5	18.0	13.5	6.8	102.446	80.420	32200	1430	17.7	38.6	855	114	2.89
45b	450	152	13.5	18.0	13.5	6.8	111.446	87.485	33800	1500	17.4	38.0	894	118	2.84
45e	450	154	15.5	18.0	13.5	6.8	120.446	94.550	35300	1570	17.1	37.6	938	122	2.79
50a	500	158	12.0	20.0	14.0	7.0	119.304	93.654	46500	1860	19.7	42.8	1120	142	3.07
50b	500	162	16.0	20.0	14.0	7.0	139.304	109.354	50600	2080	19.0	41.8	1220	151	2.96
56a	560	166	12.5	21.0	14.5	7.3	135.435	06.316	65600	2340	22.0	47.7	1370	165	3.18
56b	560	168	14.5	21.0	14.5	7.3	146.635	15.108	68500	2450	21.6	47.2	1490	174	3.16
56e	560	170	16.5	21.0	14.5	7.3	157.835	23.900	71400	2550	21.3	46.7	1560	183	3.16
63a	630	176	13.0	22.0	15.0	7.5	154.658	121.407	93900	2980	24.5	54.2	1700	193	3.31
63b	630	178	15.0	22.0	15.0	7.5	167.258	131.298	98100	3160	24.2	53.5	1810	204	3.29
63e	630	180	17.0	22.0	15.0	7.5	179.858	141.189	102000	3300	23.8	52.9	1920	214	3.27

注:截面图和表中标注的圆弧半径 r、r_0 的数据用于孔型设计,不作交货条件。

参考文献

1 范钦珊主编.理论力学.北京:高等教育出版社,2000

2 范钦珊主编.材料力学.北京:高等教育出版社,2000

3 范钦珊主编.工程力学.北京:中央广播电视大学出版社,1991

4 范钦珊主编.工程力学教程Ⅰ.北京:高等教育出版社,1998

5 范钦珊主编.工程力学教程Ⅱ.北京:高等教育出版社,1998

6 范钦珊主编.工程力学教程Ⅲ.北京:高等教育出版社,1998

7 边文凤主编.工程力学.北京:机械工业出版社,2003

8 张秉荣,李泽培主编.工程力学.北京:机械工业出版社,2000

9 杜建根主编.机械工程力学.北京:高等教育出版社,2001

10 张力主编.工程力学.北京:清华大学出版社,2006

11 胡仰馨主编.理论力学.北京:高等教育出版社,1994

12 程嘉佩主编.材料力学.北京:高等教育出版社,1989

13 李龙堂主编.工程力学.北京:高等教育出版社,1988

14 王永研主编.理论力学电子教材.北京:煤炭音像出版社,2003

15 王永研主编.材料力学电子教材.北京:煤炭音像出版社,2003

16 王永研主编.工程力学电子教材.北京:煤炭音像出版社,2004

17 史希陶主编.理论力学.北京:高等教育出版社,1985

18 刘瑞堂,刘文博,刘锦云编.工程材料力学性能.哈尔滨:哈尔滨工业大学出版社,2001

19 李春凤,潘庆丰主编.工程力学.大连:大连理工大学出版社,2004